環境の世紀をどう生きるか

環境倫理学入門

青木克仁 著

大学教育出版

序　論

人知が及ばぬところで、人間の都合通りにコントロールできぬ密やかなドラマが展開し続けてきました。私達が、そのことに気がついたとたんに、人間社会にとっても、取り返しのつかない生態学的な劣化が問題にされるようになりました。オゾン層の破壊、酸性雨、地球温暖化、海洋酸性化、生物多様性の喪失、種の絶滅の加速化、熱帯雨林の激減、珊瑚礁の破壊、漁場崩壊、蜂群崩壊、湖や河川あるいは地下水の涸渇、北極および南極の氷の減少、水源に当たる氷河の後退、永久凍土の融解、湿地や干潟の破壊、土壌の浸食による農耕可能地の縮小、砂漠化、食の安全性の問題、再生不可能な資源の枯渇、薬剤耐性菌の増加、合成化学物質による汚染や放射性物質による汚染など、様々な環境問題が、破局への前奏曲のような禍々しさを呈し、20 世紀後半から一挙に問題視されるようになってきました。こうした環境破壊は、生態的サイクルを壊乱し、生態系の崩壊をもたらすとともに、今や、人間の生物的な生存基盤を脅かすに至り、人間社会そのものの従来通りの発展に疑問符が付せられるようになり、「持続可能性」がいかに実現され得るのか、という課題を担わずにはいかなくなってしまいました。今、列挙したどの問題も人為起源であるがゆえに、人間が道徳的な責任を負うべきである、ということを断言できます。サルトルがかつて「自由と状況」について「状況の中に自由があり、自由が状況を変える」と述べていました。確かに、サルトルの言う通りでしょう。しかし自分の置かれている状況に対する「気付き」があまりにも限定されてしまっている時、人の行動は、時に愚かさを露呈し、状況のさらなる悪化を招いてしまうのです。人間は、自分の気付きの範囲でしか全力を尽し得ないという限界を持っているのです。そして、まさに、この限界があるがゆえに、最善を願う人達は、「協力」という人間的な美徳に頼り、「気付き」の範囲を最大限にし、置かれている状況を的確に掴もうとすることでしょう。こうした状況の把握の仕方があってこそ、取り組むべき課題が視野に入ってきますし、そうなってこそ変革の名に値するものが誕生するのです。本書で私は１人の著者として振舞っていますが、実は私に「気付き」を与えてくれた複数の声から多くを学んでいます。生態系の制約についての「気付き」無しに、「持続可能性」の上に立つ生活様式を語り得ない、ということも学びました。1992 年のリオの「地球サミット」以降、「持続可能性」の問題が浮き彫りになり、「人類の生存」のためにという理由で、人類の生物学的条件が見直されるに至って、人類の生存基盤の保護がそのまま生態系とそれを織り成す他の多くの生物種の保護にも繋がっていることが、「気付き」の範囲内に入ってくるようになりました。つまり、生態系の保護が自分達自身の安全保障にも繋がるという「気付き」が共有されるようになりました。ところが、残念なことに、人間中心主義的な価値観が、生態学的な知識への「気付き」を閉ざしてしまっています。フランシス・ベーコンが述べているように、人間に引き寄せて「価値観」を構築せざるを得ないという制約を持つ、私達、人間が、「人間の感覚が事物の尺度」であるという「種族のイドラ」から抜け出ることは難しいことでしょう。しかし、私達の想像力は、かつて自分の感覚を乗り越えて、コペルニクス的転回を成し遂げ、「地動説」に向かうことができるほどの力を有していることを歴史的に証明しました。今回も想像力の同様の力を借りて、「価値観」のコペルニクス的転回を成し遂げ、「人間中心主義的価値観」から「生態学的転回」とでも呼ぶべき過程を経て新たな価値観へ向けて、私達の拠って立つ中心をずらしてみることにしましょう。もっとも「価値」や「意味」という概念そのものが、人間中心主義的な価値観の磁場に捉えられてしまっているがゆえに、私達は、「人間中心主義的価値観」から位置をずらしつつ、概念が揺らぎを見せ始めるその現場において、概念そのものの改善可能性に賭けてみるしかないのかもしれません。地球生態系、あるいは、進化史、といったシステムの中に、人間を位置付けなおす試みがすでになされているゆえ、そうした科学的な知見を借りつつも、「価値観」の位置ずらしを敢行してみましょう。「人間中心主義的価値観」を源泉に近代的な価値観は主流となり、先進諸国に住む人達の暮らしを向上させるのに貢献してきましたが、私達は、こうした価値観がもはや維持できないことに気付き始めているのです。例えば、先進国の人間にとって、貧しい国々には、未だ経済成長の余地を残してやらねばならない、ということが一方にはあるのですが、他方、そうした国々が先進国並みのライフスタイルを目指して成長を加速化させるとしたら、生態学的な持続不可能性とその後にやって来るカタストロフィに世界経済そのものが飲み込まれてしまうというジレンマが存在することに気付き始めているのです。生態学的な制約が成長の限界として存在するとしたら、私達は、どのような価値観の下、どのようなライフスタイルを目指すべきでしょうか？　本書では、この問いに答えを見いだすべく、「人間中心主義的価値観」からの位置ずらしを試み、そうして見いだされた新たな価値観を「人間中心主義的価値」に再吸収されてしまうことなしに保持しつつ、その新たな価値観から来るライフスタイルがどのようなものになるのだろうか、ということを考えてみたいと思います。

そこで、本論の第１章では、「環境問題」とはどのような問題なのかを考えてみようと思います。第２章では、「人間中心主義」と名付けられた環境問題へのアプローチを再検討します。第３章において、「Sentientist approach」という見方を検討し、「人間中心主義」を地滑りさせて、人間も拠って立つ生物学的な基盤を剥き出しにしていきます。第４章では、「生態系中心主義」と呼ばれているアプローチの仕方を検討し価値観の転換を迫ります。第５章において、現行の社会制度の内、環境問題を悪化させてしまうようなシステムを炙り出していきます。第６章では、地球温暖化の問題を通して、未来世代への責任を考えます。最終章に当たる第７章において、前章までに価値観の転換を図った私達は、生態学的な制約の下、持続可能性ということを考えた場合、どのようなライフスタイルを模索すべきかを考えます。

さて、本書は、私が女子大学で行った講義に基づいています。フロイトも講義口調の著作を残していますが、本書においても、私も講義の際と同じように、対象を女子大生と想定し、講義の口調をそのまま残してみることにしました。

環境の世紀をどう生きるか
― 環境倫理学入門 ―

目　次

第1章

「環境問題」とはどのような問題なのか？

1．私達はどこから来て、どこにいて、どこに行くのか？

地球は46億年前に誕生したとされています。このように言ったとしても何の実感もわきません。そこで、現在までの地球の歴史を、その誕生から1年で表現できるような映画を製作するという仮定の下、お話を進めていくことにしましょう。つまり、46億年を1年に圧縮して映像化したような映画を作ってみたら、というわけです。そのような映画では、1秒間につき146年が過ぎ去るという計算になるゆえ、私達の娯楽には決してなりませんが、興行的に利益を生むことのないだろうこの映画でも私達に訴えるものがあるとすれば、それが何なのかを考えてみることにしましょう。どうもそれだけの価値がありそうだからです。宇宙飛行士は月に降り立って地球を眺めた時、「故郷」という感覚が沸き起こったというのですが、私達は、宇宙飛行士のような特権的体験を誰でもができるわけではありません。私達は、地球の歴史を1年に縮小する思考実験によって、宇宙飛行士が空間的に己を地球から離れた場所に置いたように、時間的に己を地球から離れた場所に置くという錯覚を重視し、「故郷」という感覚が取り戻せることを期待することができそうです。さて、この映画では、何かマッド・サイエンティストのフラスコ内を覗いているような光景がしばらく続きます。ちょっとフラスコを覗いてみましょう。原始地球に無数の小惑星が衝突し、衝突時に発生する激しい熱で、マグマと化した地球は、このようにして合体を繰り返しながら、徐々に大きな星になっていったとされています。衝突時には、数千度という熱が生じ、そのせいで、気体に成り易い物質が蒸発し、原始大気が形成されていきます。主に、それは、温室効果を持つ、水蒸気と二酸化炭素で、その温室効果によって地球の気温は、1,200℃以上になり、地表は「マグマ・オーシャン」の名前の通り、まさに「マグマの海」と化していたのです。けれども、マグマには水蒸気を溶かす性質があるため、大気中の水蒸気がマグマに吸収されて減少することで、温室効果も緩和され、気温の上昇が頭打ちになりました。鉄やニッケルなど密度の高い金属は、「マグマ・オーシャン」の地球の中心部に集まり、それがコアを形成し、それを包むマントルが対流を開始するのです。気温が下がると、大気中の水蒸気が雲に変わり、雨が降り始めます。この頃の雨は、私達が想像するようなイメージからはほど遠く、温度が300℃の雨だったというのです。地球を分厚い大気が囲んでいたため、気圧が200気圧以上もあり、そのせいで、水は100℃でも液体のままだったというのです。ただ、こうして雨が降ると、地表が冷やされ、それが大気を冷やし、それが雨を降らせやすい環境を作るといった循環が起き、豪雨が数百年の長きに渡って降り続けていったのです。これがやがて海を形成するのです。海のお陰で、大気中の二酸化炭素が吸収され始め、さらに海水中に溶けたカルシウムやマグネシウムが二酸化炭素と反応し、「炭酸塩」となり、それが沈殿し、石灰岩になっていくのです。原始地球の大気中の二酸化炭素は、海に吸収され、それで飽和してしまうことなく、石灰岩へと姿を変えていったのです。海底の玄武岩が、水分を含んだ状態で熱せられると花崗岩ができますが、原始地球は、海ができることによって、花崗岩形成にもってこいの環境を提供したのです。花崗岩は、玄武岩より軽いので、玄武岩主体の「海洋地殻」の上に、花崗岩主体の「大陸地殻」が浮かぶような形で、大陸が形成されました。この壮大な物語は、まさに偶然のなせる業の集積なのですが、私達は、事後的に物語を形成する視座から考えて、そこに「必然性」を見いだすわけなのですね。度重なる偶然のお陰で、今ある生物が進化できる環境が整っていったのです。私達は、スタンリー・ミラーが1953年に行った有名な実験を思い出すかもしれません。原始地球の化学的状態を模したフラスコに周期的な放電を１週間に渡って加えた結果、その中にアラニンとグリシンという、タンパク質の成分となるアミノ酸が確認されたのでした。こうした有機化合物で満ちた原始のスープが生成し、いよいよ生命の誕生となるのです。こうしてようやく３月になって生命が兆します。有機物によって構成される物質圏が登場するわけで、これが生物圏の誕生です。やがてシアノバクテリアが繁栄するようになるともに、大気の組成に変化が生じ、これが酸素を利用する生物が繁栄する基盤となり、生物圏に徐々に均衡が生まれるのです。

「複数の構成要素間の相互作用によって規定される全体」を「システム」と呼びますが、地球というシステムが、生物圏を含めて安定していくさまを、私達は目撃してきたのです。恐竜が現れるのが、12 月 13 日で、26 日まで地球上を支配することになります。このように何度か生物の大量絶滅を経て、それでも進化は続いていき、やがて私達のご先祖様の繁栄が始まります。哺乳類が誕生するのが 12 月 15 日です。ホモサピエンスの誕生ということになると、驚くことに、大晦日の 11 時 49 分なのです。そして文明の誕生となると、新年を迎える１分前ということになるのです。そして何と、地球の歴史全体のほんの 0.000002％程度に当たる、この 200 年足らずの内に、人類は、自分達自身を含むありとあらゆる生命の基盤となる、この地球の生物圏を人為的な大量絶滅に向けて変化させてしまうだけの力を手にすることになったのです。１秒が 146 年でしたね。ですから、生命の進化史が、この映画の最後の、まさに瞬きの瞬間程度の時間内に壊滅的な打撃を受けるかもしれないような、そうした環境危機を招いてしまったのです。このように、有史以降となると、たった 60 秒にしかならないのにもかかわらず、人間がそこから進化してきた生物的基盤を自らの足元を掬うかのように、切り崩そうとしているのです。

人間も進化したてのころは、生物圏の恩恵を乱すことなく、他の生物に大変よく似た狩猟採集という生き方を続けていました。けれども、人間は、農耕を機に、松井孝典さんの言葉を借りるなら「地球システムの物質・エネルギー循環に擾乱をもたらす」(p. 16) ようなライフスタイルを開始したのです。松井さんは「生物圏」から、私達が「文明」と呼ぶ「人間圏」が分化した、と述べています。これをもって、私達が環境問題と一括している諸々の問題が起きてくるのです。進化史の中にあって人間が特別な存在ではないということを知るための、こうした思考実験が、ついこの間可能になったばかりだというのに、次の瞬き程度の瞬間に私達の存亡がかかっているという皮肉な状態を迎えているわけなのです。もし「地球システム」と調和できるような「人間圏」の設計に真剣に取り組まなければ、「人間中心主義」の凱歌が決して響き渡りもしない、そんな一瞬に人類の痕跡が消え失せる可能性すらあるわけなのです。もちろん、これが誇張であることを祈りながら、倫理学者としての役割を果たしていこうと考えています。

2. 2つの現実

このような巨視的な見方で捉えてみた、この200年足らずの内に起きた、環境危機を、今度は、もっと間近に迫り繰る危機という形で捉えられるように、比喩に頼ることで描写してみることにしましょう。ダグラス・ラミスは、「タイタニック現実主義」という、卓抜な比喩を使って、私達の今置かれている状況を説明しています。私達の置かれている状況は、まさに「タイタニック号」のようなものである、とラミスは考えます。一方に氷山に向かって突き進んでいるという現実があるゆえ、何人かの人達が警告を発しています。「氷山にぶつかるという避け難い現実があるのだから、エンジンを止めよ！」と警告している人達です。ところが、他方には、「エンジンを止めてしまったら、船のシステムがシステムとして成り立たなくなってしまう。前に進まねば、皆が仕事を失ってしまうだろう。だから船を止めるなんて、現実主義的ではない」と言って、断固として船を前進させる人達がいるのです。しかも、現行のままではだめだから、もっとスピードを上げて、「タイタニック」に乗っているという現実から、もっともっと利益を搾り出そうと考えているのです。そのためには前に進むしかないのだ、というのが、ラミスが「タイタニック現実主義」と呼んで、揶揄している、現状なのです。面白いことに、船のシステムを続行させる人も、止めようとする人も、どちらも「現実」に訴えています。スーザン・ジョージが『オルター・グローバリゼーション宣言』の中で述べているように、「資本主義にとって自然とは、資源の供給源と産業廃棄物を捨てる場所にしか過ぎないように、市場は自然の時間の現実と反対の時間の枠組み内で機能している」というわけで、「自然のリズムは、市場のスピードと明瞭な対照をなす」(p. 60) のです。ですから、ここには「経済の時間」を現実である、とする人達と、「自然の時間」を現実である、とする人達との間の対立が描かれていると言っていいでしょう。「経済の時間」の中では、「自然」は単なる「資源」以上でも以下でもないものに貶められてしまい、体よく産業廃棄物を垂れ流す場所にもされてしまっています。「経済の時間」の中では、「人間」ですら、「労働力」や「人材」あるいは「消費者」にされてしまうのです。

けれども、皆さんが考えて欲しいことは、「船」すなわち、現行の「経済システム」は、地球環境の「サブシステム」に過ぎないのだ、ということなのです。

「サブシステム」そのものが、まさに環境問題という名の「氷山」に突き当たり、限界点に達しようとしているのに、にもかかわらず、「サブシステム」の中でしか、現実を考えられない、という悲しさが、この「タイタニック号」の比喩で表現されているのです。ここで「タイタニック現実主義者」の現実と「環境主義者」の現実を比較してみるために、双方の現実をそれぞれ絵にしてみましょう。

・経済（Economy）⊃ 自然（Nature）：自然は「資源」として搾取される。
・「経済」の集合に「自然」の集合が含まれてしまう関係。

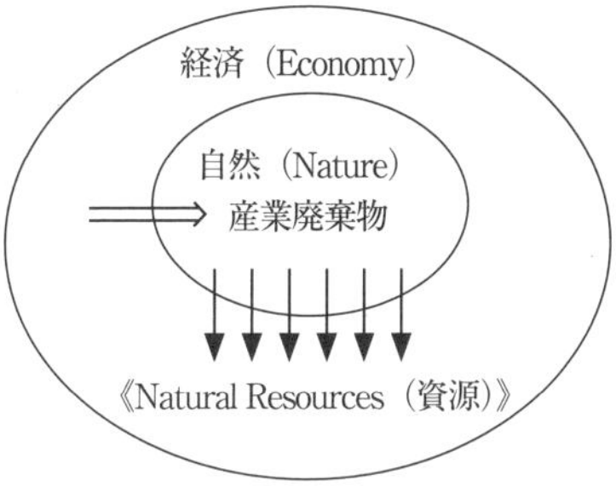

「自然」：経済のシステムのサブシステムに貶められてしまう。
「自然」は「資源」あるいは「エネルギー」の供給源として最大限利用すべし。
「自然」は「産業廃棄物」の処理場（吸収源）である。

図１　タイタニック現実主義者の現実

ご覧のように、経済の集合の方が自然の集合より大きく描かれています。自然の集合が、経済の集合のサブシステムになってしまっている理由は、「自然」が単に「資源」や「エネルギー」の供給源としてしか見られていないからなのです。自然は「資源」として搾取され、徹底的に利用し尽されるだけではなく、廃棄物の「吸収源」としても利用されているのです。1944 年にアメリカ、ニューハンプシャー州、ブレトンウッズで、国際通貨金融会議が開かれ、戦後の世界経済を管理する新しい制度枠組みが設定されました。その時の合意事項の中に、経済成長を、規制を取り払ってグローバルに推進することでこそ、全世界の人々が潤うようになる、ということと、経済成長には、自然という限界は存在せず、自然によっては、制約されることはない、という２つの基本的ドグマが合意されたのです。つまり、この日こそ、「タイタニック」の出航の日であり、タイタニック現実主義者の自然観が、世界を席巻し始めた日なのです。

政治の場面でも変化が起こります。1954年、イギリスのバトラー蔵相が、「年に3%の経済成長が続けば、80年代には、1人当たりの所得が2倍になるのだから、全ての国民が父親の年齢になるころには、2倍の年収が当てにできる」と述べ、「経済成長」を第1の目標に掲げました。これは、まさに画期的な出来事でした。なぜなら、それまでの政策は、どれも、具体的な内容のもので、「成長」そのものを目標にすることはなかったからなのです。そうした具体的な目標は、国民健康保険を実施するなどといったような「社会」をよくするための具体的目標だったわけですが、そのような具体的な目標に照らし合わせた上で、どの位の予算が必要なのか、という思考法が当たり前だったわけなのです。つまり、「社会」の中で「経済」が回っていたのです。けれども、「経済成長」そのものが、目標とされると、「社会」の中で「経済」が回る、という構造が崩れ、「経済成長」のために「経済」が回り、「経済成長」そのものが自己目的化されていくという形態がいつしか当たり前のようになっていきました。日本でも、1960年に、当時の首相の池田勇人がイギリス流を真似て、所得倍増計画を打ち出すのです。これ以降、「経済成長」が国の唯一の目的になってしまうことになり、「経済成長」こそ、よいことだ、という風潮が世界中に波及していくのです。「経済」のために「社会」が忘却されるという倒立が起きてしまったのにもかかわらず、そうした大事件が見過ごされてしまった上に、今や常態化し、私達のものの考え方を支配するようになっています。「成長」が自己目的化すると、人間も環境も経済を回すための犠牲に捧げられているのではないのだろうか、という疑問とともに不安を覚えるようになります。この犠牲は何のためなのか、という問いへの答えに窮してしまうからです。世界中のどの国においても「経済成長」そのものが目的とされ、「利益」の追求が「貪欲」の域に到達することがはばかられることがなくなった現在、「経済成長」を追求するための障壁となる、ありとあらゆる規制が撤廃されるようになり、その弊害として環境劣化を含む諸々の社会問題が噴出しているのです。

「成長」を自己目的にしてしまった「経済の時間」が「自然の時間」を決して追い越さないように、減速あるいは停止を叫ぶ立場が、「環境主義者」の立場です。「自然の時間」と一言で表現しましたが、本当は、単数扱いできず、地球そのものの持つリズムや多種多様な生物種との間に築かれた生態系の織り成す様々な時

・自然（Nature）⊃経済（Economy）：経済活動は決して自然を破壊してはならない。
・「自然」の集合の中に「経済」の集合が含まれる関係。

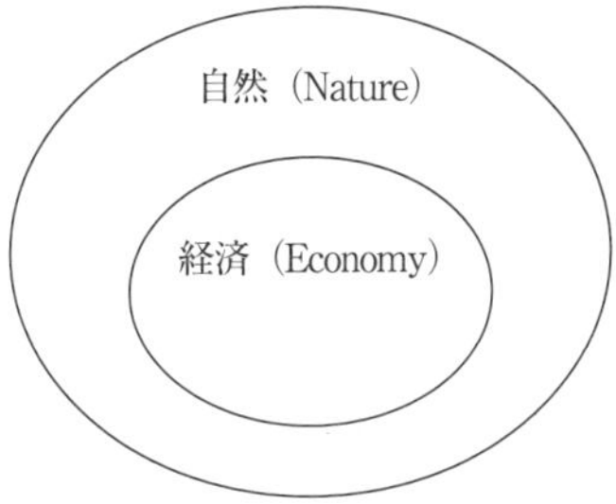

「自然」のシステムには限りがある：資源の有限性、自浄システムの限界。
「自然」のシステムは人間を含むあらゆる生命の生存の基盤。
「経済」は常に「自然」のサブシステムであるべき。

図２ 環境主義者（タイタニック号の減速を叫ぶ人達）の現実

間が、「人知」を超えて複雑に絡み合って成立しているのです。“Sustainability”（持続可能性）ということが叫ばれるようになりましたが、この言葉に含まれている“Sustain（持続する）”という動詞形を考えてみましょう。この英語は、ラテン語起源で、「下」という意味の接頭語“sub-”と「保つ」という意味を持つ語幹、“tenēre”から成り立ち、「下から支え保つ」の意味合いを持っているのです。何が「下から支え保つ」働きをしてくれるのかと言えば、それは地球システムに他なりません。「経済活動」を「持続可能性」という特性で語るためには、やはり、地球生態系を無視するわけにはいかないのです。「自然」は単なる「資源」を提供する供給源や廃棄物の吸収源であるどころか、「生存基盤」として、ありとあらゆる生命活動を支えているのです。今までは自然の生態系の規模の範囲で経済が営まれてきたがゆえに、確かに理論上でも実践上でも、経済が何に基礎を置いているのか、という根本的事実を無視することができただけなのです。持続可能性のためには、地球生態系の収容力の内部に経済活動を押し止め、「成長」ではなく「持続可能な社会」に奉仕するよう改善しなければなりません。

けれども、今や「経済の時間」は暴走を始め、ありとあらゆる生命の源である「自然」の「生存基盤」としての機能を劣化させつつあるのです。「経済の時間」に手綱をつけ、「自然の時間」の範囲に押さえ込まないといけません。「経済の時間」の中で、まさに文字通り「'busy' + -ness」に励んでいる人は、時間に追われ、「自然の時間」を待つ、という簡単な立ち振る舞いに戻ることが難しくなってしまったのでしょう。気がついた時には、何と、再生不可能な「資源」は勿論のこと、再生可能だとされていた「資源」までもが枯渇を始めているだけではなく、自然の自己浄化システムやホメオスタシスが不調を来たし始めたのです。私達の「生存基盤」をなす生態系の維持と「成長」を自己目的とする現行の「経済システム」は、均衡状態を保てるはずがないのです。実際に、限界まで利用され尽された生態系が、もはや自らを維持できぬような予兆が幾つも見られるようになってきているのです。そこには、恐ろしいカタストロフィーの予感が常に現実のものとなるのを待ち受けているのです。

今述べたように、「経済活動」は、それが「持続可能」であるためには、「自然の時間」、すなわち、地球そのものの持つリズムや多種多様な生物種との間に築かれた生態系の織り成す様々な時間、によって「下から支え保たれて」いなければなりません。しかも、そうした「自然の時間」は、「人知」を超えて複雑に絡み合っているというのにもかかわらず、「経済学」は、「物理学」のような科学に憧れるあまり、自然をあまりにも単純化して考えてきたのではないでしょうか？ 金融自由化を経て、サブプライム危機をもたらし、しかもそれをどうコントロールして、どう解決に導くかについても、あたふたしている経済学を見ると、こんな学問に、「タイタニック号」の舵取りを任せて大丈夫だとは、もはや思えなくなってきました。

けれども、にもかかわらず「氷山に突き当たるぞ！」と警告すると、必ず出てくる反応があります。「それは単なる予言に過ぎないのではないのか？　本当に危機が迫っているのか？」という反応なのです。

3．カッサンドラ・ジレンマ

アラン・アトキンソンが紹介している「カッサンドラ・ジレンマ（Cassandra dilemma）」と呼ばれているジレンマがあります。これは、「予言の言葉」を誰も聞いてくれないし、あるいは、聞いてくれても、「単なる予言だから」と軽くあしらわれてしまう、という状況が一方にはあり、他方には「予言が当たった」としたら、当たったがゆえに、嫌われるだけではなく、予言としての意味をなさなかったという状況があるということです。なぜなら、予言が当たったことを皆が分かってくれる時とは、まさに「滅びの時」なのですからね。つまり、「予言」は、「予言に過ぎないという理由で人に聞いてもらえない」か「ほら現実となってしまったじゃないか、予言ではなかっただろう」というような状況では、「予言」として意味を失っているというのが「カッサンドラ・ジレンマ」なのです。「カッサンドラ・ジレンマ」は環境問題を語る時に必ず出てきてしまうジレンマなのです。

トロイア戦争の発端は、トロイの王子パリスが、ギリシアの王子の１人、メネラウスの妻であったヘレンと駆け落ちしてトロイに逃げ帰ったことにあるとされています。トロイでは、パリスの連れ帰ったヘレンを迎え入れるかどうかで議論が続けられました。トロイの王家の娘、カッサンドラは、「ヘレンを迎え入れるとトロイは必ずや滅びる」と予言をしました。実は、カッサンドラは、太陽の神アポロンに愛を告白されたことがあったのです。カッサンドラは、どうしてもアポロンが好きにはなれませんでした。「お前には、元々予言の力がある。その力を私の力で最高のものにしてあげよう。お前に、必ず的中する、神のごとき予言の力を授けてあげた、だから私を愛しておくれ」とアポロンは、最高の贈り物を彼女に与えたのでした。けれども、カッサンドラは首を縦に振ってはくれませんでした。もはや与えてしまった贈り物を取り返すわけにもいかず、アポロン神は、最後の接吻をさせて欲しい、そうすれば、諦めようと言って、彼女に接吻を与えながら、その息に呪いを込めたのでした。「お前は、決して外れることのない予言をするだろう、けれども、悲しいかな、人々はお前の言葉を決して信じることはないだろう」、こうして口づけとともに神は姿を消し、彼女の前には再び姿を現すことはありませんでした。

このアポロンの神の呪いが、ここまで残酷に、彼女を苦しめることになろうとは、その時の彼女も予言できなかったでしょう。それが人間である身の限界なのかもしれません。カッサンドラは、トロイの王宮が炎に包まれるさまが見える、と叫び続けるのですが、狂人扱いされて、地下牢に幽閉されてしまうのです。「ギリシア軍の残していく木馬だけは決して城内に入れてはなりませぬ」彼女の叫びは虚しくも木霊となって響くばかりでした。両軍の力は拮抗し、とうとうギリシア方は、知恵者オデュッセウスの策略によって、巨大木馬を造り、その中に軍勢を潜ませ、引き上げる振りをします。ギリシア軍が退散したと見た、トロイ方は、戦勝品として、木馬を飾ることにしたのです。木馬は城内に入れられ、トロイの王宮は炎に包まれてしまいます。こうして一夜の内に、トロイは滅びてしまうのです。有名な「トロイの木馬」の件ですね。

予言だからといって信じてもらえず、「正しかった」と人々が認識した時には、後の祭りという、ジレンマがここにはあります。アラン・アトキンソンは、環境の危機を訴える人の叫びを、このカッサンドラの叫びに喩えました。そして、これを「カッサンドラ・ジレンマ」と名付けたのです。環境危機が間近に迫っている、ということをどうして分からせるのか、人々を行動に導くような訴えがなかなかできない、ということを「カッサンドラ・ジレンマ」と呼んでいるのです。

けれども、確かに、シューマッハーが『スモール・イズ・ビューティフル』の中で述べているように、「ただひたすら富を追い求めるのを目的とする生活態度は、自己抑制の原理を欠いているので、有限な環境とはうまく折り合えない」ということは、私達にも何となく分かってきているわけなのです。この現代という時代においては、自然を単なる「資源」として使い尽くし、人類は滅亡するという「タイタニック号」の比喩で暗示されているイメージと対抗するためには、自然を守る、という人為に訴えねばなりません。つまり、「タイタニック号」の比喩は、自然を自然のままにしておくことができない状況があるということを言っているわけで、その状況に対抗するには「自然を守る」という人為が必ず入ってくるのです。そこで、私達が考えねばならないことは、「カッサンドラ・ジレンマ」に陥ってしまうような訴えに拠らずに、「自然を守る」という人為を、「タイタニック現実主義」と対抗させるためには、どのような考え方が有効なのか、ということなのです。

4．宮崎駿さんから学ぶ

さて、環境問題は、もっとも現代的な問題です。それが現代的である理由として、「今日の環境問題」は、過去の世代には未だ知られていなかったタイプの問題だからです。しかし、これから私達が見ていきますように、本当は、人類が歴史を綴るようになるころから深刻な環境問題が存在していたことも事実なのです。「今日の環境問題」が、「現代的」である理由は、むしろ、環境問題を引き起こすようなライフスタイルを送っている私達が、「未来世代」を意識しないわけにはいかなくなっているという点にこそあるのです。古くから環境問題があるにもかかわらず、未来世代を気遣わざるを得ないようなタイプの環境問題は、過去には例が無かったのです。こうして私達は、時間軸上のこの「現代」を意識しないわけにはいかないような「環境問題」に直面しているのです。未来の世代は、環境問題が放置されれば一番悪影響を被る世代であるにもかかわらず、当然のことながら、未だ生まれていないゆえに、それに関しては何もできないわけです。しかも、巨大な流氷に向かって突き進む、タイタニック号のように、悲劇が目の前に来ていることが予測されているのです。「滅亡」の文字が点滅している未来が目の前に迫って来ている、という深刻さをもって、環境問題が叫ばれているのは、まさに、この現代なのです。今生きているこの私達の世代が引き受け、私達から始めなければならないという意味で、まさに「現代的」な問題である、と言えるのです。現代的な問題であって、しかも、その影響は未来世代にこそ、波及していくのです。にもかかわらず、これまでの倫理思想は、今生きて生活している人達の利益を公平に扱おうとはしてきましたが、未来世代を視野に入れた倫理観が生み出されることは決してなかったのです。

このように、環境問題は、私達の子どもや孫などの未来の世代に確実に影響していく問題です。そこで、環境問題を若い世代の人達とともに語っていくために、宮崎駿監督のアニメに目を向けて、そこに世代間で環境を語る糸口を見いだそうと考えてみました。そこで、私達は、『風の谷のナウシカ』で提起された問題が『もののけ姫』にどういう形で受け継がれていったのかを考えてみることによって、環境問題へのアプローチの仕方を考えていくことにしましょう。

宮崎駿が環境問題を取り扱った作品は、『風の谷のナウシカ』、『となりのトトロ』、そして『もののけ姫』の３本でしょう。ここでは、『風の谷のナウシカ』で提起された問題が『もののけ姫』にどういう形で受け継がれていったのかを考えてみることによって、環境問題へのアプローチの仕方を考えていくことにしましょう。そこで先ず1984年にアニメ映画化された『風の谷のナウシカ』をその原作の漫画と比較してみることによって、作者の宮崎駿が何故『もののけ姫』

(1997) を制作しなければならなかったのかということを考えてみることにしましょう。

皆さんは映画『風の谷のナウシカ』をご覧になったことがありますか？　主人公のナウシカは「風の谷」と呼ばれる国の王女です。時代は、「火の七日間」と呼ばれる戦争によって、絶頂期を迎えていた文明社会を人類が自らの手で破滅させてしまった後の世界なのです。その世界では、人類にとって有害なガスを撒き散らす「腐海」と呼ばれる菌糸類の森とその森に棲息する巨大な昆虫によって、人間は住むことのできる土地を徐々に奪われていくのです。ナウシカの住んでいる「風の谷」はその名の通り、絶えることなく吹いている谷風によって、「腐海」の毒気から守られているのです。ナウシカは、「腐海」が、実は、産業文明のもたらした汚染のせいで「自然が自身を浄化するために産み出した巨大な浄化システム」であることに気付くのです。そして「王蟲」と呼ばれている巻貝のような形をした巨大な昆虫を始めとする昆虫はこの「自然の自浄システム」である「腐海」を守っていたのでした。ナウシカは「王蟲」とコミュニケーションのできる巫女的な存在として描かれています。ある日、「風の谷」に「火の七日間」戦争で使われた最終破壊兵器である「巨神兵」の卵を乗せた飛行機が墜落します。それを知った大国のトルメキア軍が「風の谷」を襲うのです。そしてトルメキアに国を滅ぼされたペジテ国の人達が「巨神兵」の復活を阻止しようと「王蟲」の幼虫を囮に使い、「王蟲」を狂暴化させ、「風の谷」目掛けて怒涛のごとく押し寄せる「王蟲」の大群によって、「風の谷」ごと「巨神兵」を手に入れたトルメキア軍を滅ぼそうとします。ナウシカは命をかけて、「王蟲」の幼虫を救い「王蟲」の群れに返してやるのです。ナウシカの英雄的行為によって「王蟲」は怒りを鎮め、「王蟲」とナウシカの不思議な交流の光景は、敵味方の区別なく、居合わせた人々を感動の涙に誘います。こうして「風の谷」は破滅の危機から救われるのです。アニメ映画版の『風の谷のナウシカ』は、「腐海」という生態系と「腐海」の存在する意味を悟った人間との共生がテーマになっています。そしてナウシカは、自然との共生という模範を示す英雄として賛えられることになるのです。

けれども、アニメ映画の原作に当たるオリジナルの漫画版は、構成的にも、もっと複雑なのです。ワイド版全７巻の内、第２巻の中ほどまでが、ほぼ映画と同じなのですが、その後、実に壮大な物語が展開していきます。そして、そこには、アニメ映画版には描かれていなかった重要な論点が描き出されているのです。つまり、「腐海」という自己浄化システムによって、蘇った自然は、これまでのように、戦争を起したり、自然を破壊したりしてしまうような狂暴な性質を内に秘めた人類を必要とせず、むしろそのような人類は抹殺してしまって、もっと「穏やかで賢い人類」を誕生させるはずだった、というのです。ナウシカは、「腐海」に秘められていたそんな意味を知った上で、今の人類よりもより優れた性質を持つ新しい人類の卵を破壊してしまうのです。「狂暴でなくて、穏やかで賢い人間なぞ、人間とは言えない」登場人物の一人がそのようにつぶやくのです。恐らくこの時点の宮崎駿は、まだこのつぶやきの意味を十分に展開し切れなかったのでしょう。ですから、私達が知っているアニメ映画のようなエンディングで一応作品としての完結性という問題に決着をつけておいたのかもしれません。取り扱っているテーマという観点から見るのならば、アニメ映画版の『風の谷のナウシカ』に宮崎駿が満足していたとは思えません。「狂暴でなくて、穏やかで賢い人間なぞ、人間とは言えない」という言葉の意味を展開するために、『もののけ姫』を待たなければならなかったのです。『もののけ姫』は、まさにこのつぶやきの意味をさらに深く展開した作品であると言えるのです。どういうことでしょうか？　これを皆さんとともに考えていきたいと思います。

映画『もののけ姫』が空前の大ヒットとなったことは皆さんもご存じでしょう。この作品のためのパンフレットの中に、映画を監督した宮崎駿さんの言葉を読むことができますが、生死を司る森の主的な存在として作品中に描かれている「シシ神（半神半獣の神）を殺してしまったことで、私達は人間として一番核になる部分をなくしてしまった」という印象的な言葉がそこには記されています。ほとんどの皆さんはこの映画をご覧になられたと思いますが、森を切り開く人間達と森の神々（イノシシや山犬、シカなどの動物達が半神半獣の神として描かれています）との最後の決戦の際に、開拓にも邪魔な存在である上、シシ神の首には不老不死の力があると信じた人間の手にかかって、シシ神は首を落とされてしまいます。首を奪われたシシ神は、触れるものの命を全て吸い取りながら徘徊し、そのせいで「シシ神の森」と呼ばれている原生林は死滅してしまいますが、この映画の主人公であるアシタカとサンがシシ神に首を返すと、首の戻ったシシ神は日の出とともに消えてしまうのです。こうして人間はシシ神を殺してしまうのですが、生と死を司るシシ神の最後の力によって森は蘇り始め、再び新しい森の生命が芽生え始めます。けれどもその時に、この映画の主人公の１人であるサンが口にする言葉は実に印象的でした。「甦っても、ここはもうシシ神の森じゃない、シシ神様は死んでしまった」それに対してもう１人の主人公たるアシタカが「シシ神は死にはしないよ、命そのものだから」と答えるのです。しかし私にとっては、サンの言った言葉の方が気になって頭から離れませんでした。どうしてかと言いますと、人間によるシシ神殺しを象徴しているような出来事が史実として存在しているからなのです。シシ神殺しを決行した人物、エボシが、シシ神に向けて鉄砲を構えながら、「神殺しがいかなるものか、しかと見よ」と言う場面があります。「神殺し」とともに、神の名に相応しい神聖な存在を感じさせるような原生林は、このように言っていいのならば、本当に殺されてしまっているからです。この最後のサンのセリフに、作者の宮崎氏はコメントして、こんなことを言っています。「シシ神の首が戻った後、あの自然は再生するのですけど、それはもはや僕らが見慣れた穏やかな、恐ろしくない森になっている。そういう風に日本の風土そのものを日本人が作り替えてきたんです。」

『もののけ姫』の映画は、当時まだ小学生の息子と一緒に見に行ったのですが、ハッピーエンディングだと思った観衆が拍手をする中、息子は、この映画のラストで、シシ神の原生林の精霊的存在で、あれほど無数に存在していた「木霊」が、なぜか、たった１匹しか、姿を現さなかったことを気にして、もう１度、映画を見ることを主張し譲りませんでした。そこで、もう１度、『もののけ姫』を観たのですが、何度観ても同じことで、やはり、最後に登場する「木霊」は、たったの１匹でした。実は、後でお話しするように、これには深いわけがあるのです。ここでは、1匹の「木霊」の謎は、「甦っても、ここはもうシシ神の森じゃない」というサンの言葉に対応しているのだ、とコメントしておきましょう。

宮崎駿さんによれば、最後のサンのセリフは「解決がつかないままアシタカに刺さったトゲですね。…アシタカは…トゲが刺さったまま生きていこうと決めている 21 世紀人だと僕は思っているんですけどね。」ということなのです。そこで先ず、アシタカという人物が象徴している 21 世紀人に刺さっているこのトゲの意味を考えてみましょう。

宮崎駿は、『もののけ姫』のパンフレットの中で、「つつましく生きていること、それ自体が自然破壊に繋がっている」という言葉を記しています。この認識は、漫画版の『風の谷のナウシカ』の中にある、「狂暴でなくて、穏やかで賢い人間なぞ、人間とは言えない」という認識に、呼応しています。たとえ、「つつましく生きている」としても、「自然破壊」を起こしてしまう、そんな「狂暴さ」を秘めているのが、人間なのだ、という、そうした認識を持つことを出発点とするように、と宮崎さんは言っているのです。それゆえ、『もののけ姫』のラストで、アシタカは、サンとともに森で住もうとはせず、タタラ場に残るわけなのです。これは、「つつましく生きていること、それ自体が自然破壊に繋がっている」という深い認識を持っていなければできない決断なのです。さらに、『風の谷のナウシカ』の漫画版で、宮崎さんが提起している問題を確認しておきますと、「自然の自己浄化システム」である、「腐海」という生態系は、人間を必要としない、という問題です。つまり、「生態系」と「人間」の関係を考えた場合、「人間」は「生態系」の中には、ひょっとしたら正当な「居場所」を持てないのではないのか、という問題です。「生態系」にとって、人間は、「狂暴であらざるを得ない」そんな存在なのかもしれない、しかも、「どんなにつつましく」生活しているとしても、自然にとっての脅威になってしまう、という、そんなものの見方が、提示されているのです。これが彼の言っている「トゲ」の意味なのでしょう。この辺りをもっと深く考えてみたい、と思います。そこで、人間による「生態系」破壊の歴史をたどってみましょう。「シシ神様の森」が失われる歴史をたどってみましょう。

和辻哲郎という哲学者がとても有名な『風土』という作品を残していますが、その中で彼はヨーロッパの森は、端正で整然とし過ぎており人工物のようだ、という印象を記しています。NHKの『人間大学』という番組の中で、安田喜憲さんという環境考古学者が言うには、花粉分析法という方法によって、ヨーロッパにはかつて広大なブナやナラの大森林があったということが分かったということなのです。それが12世紀以降の開拓によってほとんど破壊されてしまった、というのです。その証拠として、16～17世紀にはイギリスでは90%の森が失われ、ヨーロッパ大陸でも似たような状況であった、ということを挙げています。建築材として、造船用として、そして何よりも日々の生活を支える燃料の薪として、あるいはただ単に開墾のために森林資源は徐々に破壊され、資源は枯渇の一途を辿り始めていきました。けれども産業革命で石炭が使われるようになり、都市が公害で汚染し始めると、一部の貴族達の間で森林を保護しようという動きが見られるようになり、19 世紀に入ってようやく植林が始まったということなのです。その際に、人間の美的好みによって、真直ぐな苗木だけが選ばれて植林されたために、現在のヨーロッパに残っている森はどれも人工的であると感じるほど、整然としており、そのせいで人々は森林を散策して楽しめるほどなのだ、というのです。ヨーロッパの森林は確かに蘇ったのだけれども、その森は人間に畏敬の念を与えるかつてのシシ神の森ではなくなってしまったのであり、まさにサンの言葉にあるように「もうシシ神の森じゃない」ようなそんな森、つまり人間に従属し、いわば飼い慣らされてしまった「人工の森」なのです。このようにヨーロッパでも、シシ神殺しが起きてしまっていたのです。

日本でも、離島や山岳地帯や社寺林などに手付かずの原生林がありますが、原生林はほとんど失われてしまいました。世界自然遺産に指定された屋久島や青森県と秋田県をまたがる東北の白神山地の原生林が有名です。仏教の強い影響によって、四つ足の獣の肉を食べる風習がありませんでしたので、原生林の崩壊後に、「二次林」として赤松などの針葉樹が山間部を覆うことになりました。どういうことかと言いますと、原生林を失った跡地に芽生えた赤松などの新芽を、豚や羊や山羊のような放牧用の家畜に食い荒らされてしまう恐れがなく、日本の山は再び緑を取り戻したのでした。『もののけ姫』のラストで、「シシ神の森」という原生林が、絶滅してしまった後、再び木々が芽生え始めますよね。あれが「二次林」なのです。人間が手を加えたわけではないけれども、「原生林」では決して無いのですね。それは確かに「シシ神の住まう畏怖の対象の森」ではなく、私達が「里山」と呼んで慣れ親しんでいる、まさに裏山にあるような「雑木林」なのです。文部省唱歌の『ふるさと』が歌い上げているような、そんな私達の心の故郷になっている山林です。「木霊」がたった 1 匹しか登場しなかったわけがお分かりになったでしょう？　この甦った森は、もはや「原生林」とは違うんだよ、ということを表現しているのです。ヨーロッパ社会では、放牧が行われたので、新芽が食い尽くされ、山野は全く荒廃した荒れ野と化したのです。先ほど、お話ししたように、19 世紀に入って植林が行われた地域は森が蘇ったのですが、ヨーロッパ各地に、岩肌が突出し、石が転がっているような荒涼とした荒れ野が見られるのです。

さて、宮崎駿さんの言うように、「つつましく生きていること、それ自体が自然破壊に繋がっている」という認識が正しいとしたら、環境問題は古くからある問題でなければなりません。実は、5,000 年前に、歴史が記され始めた、その時から、「環境問題」が存在していたのです。私は近代ヨーロッパのお話から始めました。ところが驚いたことに、何と「シシ神殺し」の物語の原形に当たる物語が、文字を使って人類が書いた最古の物語の中に存在していたのです。私がこの神話の名前を聞いたのは、まだアメリカ滞在中のことでした。それは、『スタートレック、ザ・ネクスト・ジェネレーション』の中で主人公のピカード船長の口を通してでした。その神話はギルガメシュという古代メソポタミアのシュメールの都市国家ウルクの王様とその親友のエンキドゥの話でした。この話は 5,000 年も前に楔形文字によって粘土板に記されていたのです。スタートレックのエピソードでは、あまり詳しく触れられていませんでしたが、実は、この人類最古の物語である『ギルガメシュ叙事詩』の中に森の守護神を殺害する話があるのです。この話には、先に紹介した安田さんも関心を寄せていました。確かに、今日的な環境問題とは異なる環境問題なのですが、何と、人類の最古の物語の中に、「環境問題」が記されているのです。メソポタミア文明は、いわゆる、４大文明発祥の地の１つですね。つまり、文明の始まりとともに、「環境問題」も存在していたのだ、ということなのです。

ギルガメシュ王は、女神ニンスンと人間の間にウルクの王として生まれました。彼は初めの内は、自分の力を誇示し、ウルクの国民を乱暴に扱う暴君でした。王の暴虐に耐え兼ねたウルクの国民達は神に祈りました。この祈りに応えるかのごとく、森からエンキドゥという野人が現われ、２人は戦いを始めます。この戦いはギルガメシュ王が勝ちますが、２人はこれ以上戦えなくなるまで戦い続けている内にお互いの力を認め合うようになり親友同士になったのでした。こうして親友を得た王は、その活力を英雄的冒険にあてるようになり、ウルクの国民に愛されるようになります。ギルガメシュ王は、ウルクの民が北方のレバノン杉の森林に材木を切り出しに出かける度に、レバノン杉の森林を守り続けてきた半神半獣のフンババから害を受けていることを聞きます。ギルガメシュ王は「たとえ私が倒れたとしても、後に永続する名が残るだろう。ギルガメシュは残忍なフンババと戦って倒れた、と。」そのように考えて、ウルクの国民に向かってフンババ征伐の決意を告げるのです。「フンババをうち滅ぼし、ウルクの民がどれほど強いのか教えてやろう。杉の森を切り倒し、フンババのような怪物が住めないようにしてやろう。」このように宣言すると、ギルガメシュ王は、親友のエンキドゥと共に、北方の杉の森林を目指して旅立ちます。「誰だ？　私の森を切り倒してやってくる者どもは！」怒り狂ったフンババは炎を口から吐き戦うのですが、当時の人類の開発した青銅の武器の前に、フンババは奮戦も空しく頭を割られてしまうのです。この叙事詩によりますと、フンババ征伐の目的を達成した２人は杉の大木を切り倒しユーフラテス川の流れを利用してウルクに運び、国民の大歓迎を受けるのです。

この話を元に梅原猛さんが『ギルガメシュ』という戯曲を書いていますが、その戯曲では、ギルガメシュ王に「この森を破壊し、ウルクの町を立派にすることが、人間の幸福になるのだ」というセリフを語らせています。豊かな王国を築き上げるためには、青銅の武器を作ったり、パンや土器を焼いたりするために、山を切り崩し、森林を伐採する必要があったのでした。さて、ここで皆さんに考えていただきたいことは、恐らく人間は人間らしく生きようとするだけで知らずと自然破壊をしてしまう生き物なのではないのだろうか、ということなのです。例えば、寒い冬に暖をとるためには、あるいはパンを焼くためには、どうしても薪が必要になります。すると当然の結果として木々を切らねばならなくなります。『ギルガメシュ叙事詩』から窺い知ることのできることは、当時のウルクはユーフラテス川上流地域に広がる広大なレバノン杉の森を資源として開発せねばならない状態にあった、ということなのです。恐らくウルクの周辺の木材資源はウルクの人口増加とともに、切り尽くされていったのでしょう。レバノン杉の大森林という木材資源を枯渇させてしまったメソポタミア文明は、森林を失ったがゆえに山々からユーフラテス川に流れ込むようになった土砂に混じっていた岩塩のために酷い塩害に合うようになってしまうのです。森林は、雨を地中に溜めて置く、保水効果を持っていますので、森林を失えば大洪水が起きるのです。こうして大洪水や塩害に見舞われるようになったメソポタミア文明は衰退の一途を辿るのです。こう考えますと、フンババを殺したギルガメシュ王はメソポタミアのために良いことをしたのかどうか分からなくなってしまいます。

『ギルガメッシュ叙事詩』の中にも洪水の記載が至る所に見られます。森を失うと大洪水が起きる、という警告として読むと、興味深いものがありますので紹介しましょう。フンババ征伐の後、２人の英雄、ギルガメッシュとエンキドゥはどうなったと思いますか？ フンババを征伐し、杉の木を乱伐したために、ギルガメッシュとエンキドゥは、神々の怒りをかうのです。「杉の山を荒らしてフンババを殺したために、その内のひとりが死なねばならない」エンリルの神がそう言い、その言葉通り、エンキドゥは病気になるのです。エンキドゥはうわごとで、「わたしは杉の森の入り口まで行って、背高い杉の木を見たが、その入り口は私にとって災厄であった」と言います。エンキドゥは、いわば「文明の快楽」を教えられ、森との調和的生活を離れてしまった「野人」なのですが、その彼が、自然への回帰が不可能になってしまったことを嘆いているかのようです。そして、あたかも「森の乱伐をすれば、そのことは因果応報としてあなたに災いをもたらすのだ」と警告を与えているかのように、この物語は進んでいくのです。親友、エンキドゥの亡骸を手厚く葬ったギルガメッシュは、「人間は死ななければならない」という真実に苦しむのです。人間がいくら叡智を賭けて、自然を征服していったとしても、自分自身が持つ生物学的基盤のせいで決して乗り越えられぬ「自然の掟」、それが「死」なのです。道行く人々を掴まえては、彼は、こう言うのでした、「わたしもいつかエンキドゥのように死ななければならないのか。悲しみがわたしの心をいっぱいにしてしまった。わたしは死が恐ろしい」と。ギルガメシュは、永遠の命を得たとされる賢人、ウトナピシュティムのことを聞き、不死を得る旅に出るのです。驚くことに、ウトナピシュティムの話して聞かせる「神々の秘密」は、皆さんが知っているあの「ノアの箱舟」の話と全くと言っていいほど同じ話なのです。６日６晩続く大洪水の話をウトナピシュティムは語って聞かせるのです。６日６晩眠らずにがんばり通したウトナピシュティムは、神に祝福された者として、その妻とともに神のごとき存在になったのです。ウトナピシュティムは、「永遠の命を求めると言うが、おまえは６日と６晩眠らずにいられるか」とギルガメッシュに尋ねますが、その言葉とともに彼は眠気を覚え、なんと６日と６晩眠り続けるのです。自分が眠り続けた事実を、ウトナピシュティムから聞いたギルガメッシュは死期が近いことを悟り、恐怖に打たれます。ウトナピシュティムは哀れに思い、不死を得ることのできる海草を教えます。ギルガメッシュは両足に重りをつけて海中に飛び込み、不死を約束する海草を手に入れますが、水浴中に蛇がそれを食べてしまうのです。自分に恵みが得られなかったことを嘆き、ウルクに戻った彼は、死後「すべてを味わい尽くし、全てを知った人」としてウルクに名前を残したのでした。

森を失うと大洪水が起きる、ということは、アメリカ・インディアン達も知っていました。シャスター族の間で言い伝えられている神話にこんなものがあります。

> 昔コヨーテが弓と矢を持って旅をして廻っていた。コヨーテは悪い精霊の住んでいる湖にやってきた。コヨーテを見ると悪い精霊は湖から姿を現して、「森は一つもないぞ。」と言った。それから悪い精霊は水かさを増して、コヨーテの姿が隠れるまで陸地に洪水を起こした。

この神話が示していることは、インディアン達は、森林の保水効果をよく知っていたのではないか、ということです。悪い精霊は、「森は一つもない」ことを告げるわけですが、それが引き金になって大洪水が起き、先祖霊に当たるコヨーテを困らせたのです。森を失えば洪水が起きる、という叡智は、このような神話を通して知れ渡っていたことなのでしょう。シャスター族は、神話に教訓を読み取り、森とともに生きることを叡智とし、一族の「ヘリテージ（文化遺産）」としてきたわけですが、メソポタミアでは、せっかく『ギルガメッシュ叙事詩』が残されたにもかかわらず、そこから教訓や叡智を読み取ることはできなかったのです。

人間が人間中心的な理想社会を夢見て、人間の幸福のために、森に戦いを挑み、文明を築き上げていく歴史の幕開けはこのように古いものなのです。けれども、本当のところはどうだったのでしょうか？　ギルガメッシュ王は、ウルクの人々の幸福を願って、「レバノン杉」の守り神、フンババ殺害、といった「神殺し」まで企てたわけですが、結果は、歴史が知っている通りだったのです。長い目で見た時、ギルガメッシュ王のもたらしたものは、大洪水、砂漠化、塩害、といった大災害だったのです。ギルガメッシュ王に見られるような、死をも含めた自然への挑戦は、大局的に見れば、必ず無残な結果に終わるのだということを確認するために、エンゲルスの残した大変興味深い一節を引用します。

> われわれ人間が自然にたいしてかちえた勝利に、あまりに得意になり過ぎることは止めよう。そうした勝利のたびごとに、自然はわれわれに復讐するのである。なるほど、どの勝利も最初はわれわれの見込んだとおりの結果をもたらしはする。しかし、二次的または三次的には、まったく違った、予想もしなかった効果を生み、これが往々にして、あの最初の諸結果を帳消しにしてしまうことさえあるのである。メソポタミア、ギリシア、小アジアその他の地域で耕地を得るために森林を根こそぎ引き抜いてしまった人びとは、森林と一緒に水分がたまり、貯えられる場所を奪い去ることによって、あの国ぐにのこんにちの荒廃の土台を自分たちが築いているのだ、とは夢想もしなかった。…。こうしてわれわれは一歩すすむごとに、つぎのことを思いしらされるのである。すなわち、自分たちが自然を支配するのは、或る征服者が或るよその民族を支配するとか、だれか自然の外にいる者が自然を支配するとか、といった具合にやるのではなく、——そうではなくて、自分達が肉と血と脳髄とをあげて自然のものであり、自然のただなかにいるのだということ … である (p. 63)

エンゲルスは、たとえ、それが善意によるものであっても、環境破壊によって、意図せざる、人知の及ばぬ結果が、最初の善意すらも打ち砕いてしまうような悲劇をもたらすことが十分にあり得るということを、歴史から学んで知っていました。メソポタミア以外の名前をエンゲルスが引いていますように、森の喪失が文明の崩壊をもたらすという悲劇は、あらゆるところで繰り返されてきました。私達は、歴史というものの見方を生み出し、過去を振り返って、過去を総括してみることができるようになりました。これからお話しするイースター島の人達は、メソポタミア文明について知らなかったのです。ですから当然、メソポタミア文明の失敗から学ぶ機会はありませんでした。私達は、エンゲルスと同様に、地理的に隔絶した文明や時間的に隔絶した文明を総括的に眺めて、そうした様々な過去の失敗例から教訓を得ることができるわけですね。そこで、そんな失敗例の1つとして、私達は、皆さんもご存知のあのモアイ像のあるイースター島で起きた悲劇をみておきましょう。

イースター島は、南米チリの首都、サンティアゴから、西に 3,700 km ほどの太平洋上に位置する、周囲 60 km ほどの小さな島です。この孤島に、紀元 400 年前後に、有名なモアイの像を造ることができるような技術を持った文明が栄えました。このモアイ像ゆえに、世界遺産にも登録されていることは皆さんもご存知でしょう。イースター島の周囲には、岩礁がありませんので、小さな魚が生息する環境ではありませんでした。そのため、人々は海産物と言っても、主にイルカを食べていたことが調査によって分かっています。大型カヌーで沖合に漕ぎ出し、イルカ漁をしていたのです。最盛期には166 km^2 のこの島に、2万人以上の人口を有していました。ちなみに現在、この島の人口は2,000人程度ですので、過密人口に陥っていたことがイメージできると思います。人口の増加にともなって、この文明でも、森林破壊が進みました。イルカを食卓に供給するために、多くの大型カヌーが必要になったのです。しかもあのモアイ像は、島の部族の権力の象徴であり、部族間で争うかのように、巨大モアイ像の建造を始めたのです。大型カヌーの建造に加え、モアイ像用の巨石を運ぶために、大きな丸太が必要になりました。それゆえ、島民達は、島の森林が決して回復しないような乱伐を始めてしまい、そのせいで、とうとう人々は、沖合に漕ぎ出すカヌーを建造することすらできなくなってしまったのです。島国ですので、ギルガメッシュ王のように、森林資源を求めて遠征をすることすらできません。森林が無くなれば、農地は失われる、ということ、これは、メソポタミア文明の衰退が教えてくれた教訓です。イルカなどの海産物が容易に手に入らなくなった上に、土地が枯れて農業もできなくなってしまった、この島では、人肉食が始まったのではないのか、ということが言われています。ある地層を境に、主食であったイルカの骨に混じって、人骨が多く発見されたからです。経済が、環境的に持続不可能な発展に動き始めた瞬間に、その文明は滅びの道を歩むことになるのだ、ということを、イースター島の悲劇は教えてくれています。環境の自己復元力の限界を知らねば人は生きていかれないのだ、という教訓をここから得ることができるでしょう。人は、豊かさを求める、という人間的な理想にのみ突き動かされると、自然の持つ限界には盲目になってしまうのです。ギルガメッシュ王も、人々の幸せを、豊かさを考えていたわけですからね。

さて『もののけ姫』の中にも、このギルガメシュ王的な人物が登場しています。それはタタラ場と呼ばれる製鉄工場の女頭領であるエボシです。彼女は、シシ神の森を開拓しようとし、シシ神殺しを企てますが、それは別に彼女が邪悪であるからではありません。むしろその理由は、レバノン杉の大木を手土産にウルクに凱旋したメソポタミアの神話的英雄ギルガメシュ王と同じく、人間の幸福を願う理想主義的な理由であり、いわく「森に光が入り、山犬共（森の神々）が静まれば、ここは豊かな国になる」からなのでした。ギルガメッシュ王やエボシのような人物は、国土を豊かにし、その結果、子々孫々まで繁栄し、幸福の礎を築きたい、と願ったはずですが、むしろこのことが裏目に出てしまい、彼等の施した政策から直接恩恵を被ることもなかった未来世代に、環境劣化というつけを回してしまうことになったのです。「今、幸福でありたい」と願う人達がいるとしても、そうした人達の権利の追及が、環境に及ぼす影響を無視しているのであるのならば、そうした権利の追求自体を差し控えねばならなくなる、という「世代間の公正」の問題を教えてくれるような物語が、歴史記述の開始とともに記されていたのです。

環境破壊は、確かに近代の到来とともに加速化されましたが、メソポタミアの時代からあった問題なのです。人間らしい生活を求めるとどうしても自然を破壊してしまうという業を人間は背負ってしまうことになるのですね。『風の谷のナウシカ』にある「狂暴でなくて、穏やかで賢い人間なぞ、人間とは言えない」という言葉をもう１度思い出してください。自然にとって人間は「狂暴なるもの」なのです。なぜなら人間らしい生活を求めることが、自然破壊に繋がっていってしまうからです。自然を破壊しない「穏やかで賢い人間」は恐らく子孫を残すことなく滅びてしまうことでしょう。寒い冬に暖をとるためには、あるいはパンを焼くために、木を伐採し薪を燃やさねばなりませんが、燃える薪からは大気汚染に繋がる化学物質が排出されるでしょうし、木々を伐採した場所は生態系のバランスを失ってしまうでしょう。映画『もののけ姫』のパンフレットで宮崎駿が言っているように「つつましく暮らしていること自体が自然を破壊しているという認識」が必要なのです。もう１度確認しておきましょう。２つあります。第１に、「つつましく暮らしていること自体が自然を破壊しているという認識」するということ。そうである限り、環境問題は、人間の歴史の始まりの頃から、まさに「人災」として始まったということなのです。第２に、自然の自己復元力を無視した経済発展は、悲劇をもたらすという歴史上の教訓、これを「ヘリテージ（文化遺産）」として今後のライフスタイルに活かしていくことができるかどうかということ。以上です。特に、この「つつましく暮らしている事自体が自然を破壊しているということ」であるのならば、「環境問題」は、まさに、古くからある問題なのです。実際に、私達が見てきたように、5,000 年前に、最初の歴史書に当たる本が書かれたと同時に、「環境破壊」の記録が記されたのですから。

宮崎駿は、「自然の一部である人間」として、つつましく生きたとしても、自然を破壊してしまうということを認識し、それを人間の業として捉え、その業を担って生きていかねばならないのだ、としました。『風の谷のナウシカ』に出てきた「狂暴でなくて、穏やかで賢い人間なぞ、人間とは言えない」という言葉は、映画『もののけ姫』のパンフレットで宮崎駿が言っていた「つつましく暮らしている事自体が自然を破壊しているという認識」へと繋がっていきました。以前、紹介した「タイタニック号」の喩え話に沿って考えると、「タイタニック号」にただただ乗っているというだけで、私達は自然破壊してしまっている生き物なのだというわけなのです。そうであるのならば、「人間は自然の一部である」と言うけれども、それでは、「人間は自然にとってどのような一部なのだろうか」ということを考えさせるという点において、宮崎駿の認識は一段深いところにあるわけですね。

杉の神であるフンババを殺害し、レバノン杉の大木を手土産にウルクに凱旋したメソポタミアの神話的英雄ギルガメシュ王やシシ神の森を開拓しようとし、シシ神殺しを企てたエボシは、どちらも、人間の幸福を願い、理想社会を夢見て、森に戦いを挑み、文明を築き上げようとしたのです。そこで、人間は人間らしく生きようとするだけで知らずと自然破壊をしてしまう生き物なのだ、という認識を出発点に据えましょう。

私達は、メソポタミアで起きてしまったこととイースター島で起きてしまったことを調べてみました。メソポタミアの場合、ウルクの周辺で森林資源が無くなったので、ギルガメッシュ王は、レバノンまで遠征を企てました。ところが、イースター島の場合は、森林資源が枯渇してしまった時、遠征したくとも遠征できませんでした。理由は、もちろん、島国という閉ざされた環境にイースター島の人達が置かれていたからです。

メソポタミアの場合は、遠征という形で森林資源を求めて移動できました。実際に、ヨーロッパでも、資源を求めて植民地化を推し進めていったのです。けれども、私達が、最終的に気付いたことは何か、と言いますと、どうも私達の置かれている状況は、イースター島の場合に似ているということなのです。現代の環境問題の深刻さは、まさに、もうこれ以上遠征して資源を求めるわけにはいかない、というところにあるのです。一言で言えば、「資源が有限である」、つまり「資源に限りがある」ということなのです。こうして、現代の私達の環境問題は、イースター島の人達が直面したような深刻さを以って私達に迫ってきます。つまり、イースター島の問題を一言で表すとしたら、「行過ぎ」の問題である、ということなのです。「タイタニック現実主義」の信奉者は、経済という大きなシステムの中の部分集合として「自然」を捉え、自然を単なる「資源」として使い尽くしていこうとしています。イースター島でも、「自然」は「資源」として使い果たされ、ギルガメッシュ王のような遠征も適わぬまま、自然は単なる「資源」として徹底的に搾取され尽くされ、挙句の果てには、「人間」までもが「資源」として、食べられるようになってしまったのです。明らかに、ここには「行過ぎ」があるのです。私達は、ギルガメッシュ王のように、銀河系宇宙という広大な遠征先を開拓し尽くしていくのでしょうか？　それとも、「宇宙船地球号」は、「イースター島」という隔絶した孤島の辿った運命を繰り返すのでしょうか？　いずれにせよ、歴史から学ぶ以上、深刻な問題が投げかけられていることは確かなのです。

メソポタミアの歴史から学ぶことができますように、人類の歴史が開始されると同時に、私達は、「環境劣化」の問題を抱え込むことになりました。それは宮崎駿さんが指摘しているように、「どんなにつつましやかに生活をしようと」起きてしまう問題でもあったのです。確かに、この教訓は肝に銘じておく必要があるでしょう。それゆえ、超えてはならない一線を教訓として、神話や伝説に残し、民族の智恵が語り継がれていくようになったのでしょう。けれども、こうした教訓にもかかわらず、人間は、同じ過ちを繰り返してきました。こうして、地球上の至る所で、「環境劣化」にまつわる悲劇が繰り広げられていったのです。けれども、現代の環境問題は、人類が歴史的に繰り返してきた過ちとは決定的に違う要因を持っているのです。すなわち、現代の環境問題は、１度起きたら、「取り返しがつかない」影響を、まさに現在進行形で引き起こしつつあるゆえ、もはや教訓から学べば済むだろうという域の問題ではないということ、しかも、その影響は、全地球的な規模でありとあらゆる生命に及ぶだろう、ということ、この２点が決定的に異なっているのです。地球規模の影響ということの意味は、地球そのものを実験室のように考えて、そこから教訓を得ようという贅沢な構えがもはや不可能であるということなのです。そんなわけで、地域的な出来事には違いありませんでしたが、「イースター島」という孤島で起きた出来事は重要な教訓を残してくれているのです。

地球が生まれて間もないころは、大気中の二酸化炭素濃度は高く、酸素はほとんど存在していなかったのです。それが、太古の海の中で、光合成を行うことのできる微生物が誕生し、徐々に大気の組成が変わっていったのです。その後、植物は、陸上に進出し、大地は広大な森林に覆われるようになりました。こうして、大気中には、好気呼吸を行う生物にとって、必要となる酸素が生じるようになったのです。ギルガメッシュの時代より、ずっと前の時代、つまり、人類が登場し、未だ農業を営むことのなかった、8,000 年ほど前の地球には、陸地の半分に当たる 60 億 ha 以上の大地が森林に覆われていたのです。そして、今や、この森林面積の半分以上が失われ、毎年千数百 ha というペースで森林が失われつつあるのです。しかも、化石燃料に頼る私達の文明は、大量の二酸化炭素を放出することとなりました。こうして、再び大気の組成に変化が生じるようになってきているのです。

また、ほとんどの生物が、食料として取り入れた炭水化物を体内で酸化して、エネルギーを取り出しています。その過程で二酸化炭素が出てくるのですが、この二酸化炭素を、光合成によって、還元し、再び炭水化物を生成してくれているのは植物なのです。ここには、大いなるバランスが存在しているわけで、私達、人間も、このバランスのお陰を被って生きているのですから、ここに私達の生物的生存基盤が確固として存在しているのです。

産業廃棄物が、生態系を回復不可能なまでに破壊するようになり始めたのは、人類の文明が化石燃料に依存するようになってからのことなのです。つつましやかに生きているだけで環境を破壊してきた人類は、今や、つつましやかさすらをも失い、自然の再生能力や自浄能力のような自己復元力の範囲内に留まることを忘れ、己の生物的生存基盤を切り崩しつつある「愚者」に成り果ててしまっているのです。そしてこの「愚者」の生み出したライフスタイルによって、全ての生物をも巻き込む、まさに滅びに至る環境問題が顕著になってきているのです。私達は、「つつましやかに生きるとしても自然を破壊してしまう業」を念頭に置きつつも、シャスター族のように、それでも自然との調和を目指した人達の言葉を再発見し、そこから教訓を見いだしていくことで、自然の大いなるバランスを、己の生存基盤もろとも、破壊してしまわぬように生きていかねばなりません。

5．自然に対する３つのタイプの価値

『もののけ姫』の最後の場面において、サンは「人間を許すことはできない」と明言しています。宮崎さんは、サンのこの言葉を「21 世紀人を象徴するアシタカに刺さった棘」である、と解説されていました。これに対して、アシタカは、「サンは森で、私はタタラ場で暮らそう。共に生きよう。」と答えています。だとしたら、「21 世紀人」は、「共に生きる」ということの意味を考え抜く必要があるのです。そこでこれから、自然環境問題への３つのアプローチを勉強していきますが、そのために、必要な３つの価値観についてお話ししておきましょう。自然に対する人間の態度を考えていく上で、人間がどういう価値観を持っているのか、ということを知っておく必要があります。

前節で確認しましたように、『風の谷のナウシカ』漫画版の「狂暴でなく穏やかで賢い人間なぞ、人間とは言えない」という言葉は、「つつましやかに暮らしていること自体が自然破壊に繋がる」という、『もののけ姫』における認識に呼応していました。エボシやギルガメッシュ王的な人物が、「人々の幸福を願う」ことによって「自然破壊」に手を染めてきました。こうした人間が、いかに「共に生きよう」と言い得るのでしょうか？　イースター島の悲劇を思い出してください。人間は「行過ぎ（神殺し）」という罪を犯す動物なのです。だとしたら、人間は「生態系」の中に場を持たないのではないだろうか、という疑問が脳裏を過ります。そんな人間が、ではいかに、「共に生きる」ことが可能なのでしょうか？　当然、すぐに思いつく答えは、「行き過ぎ」を押さえる、ということでしょう。私は、この当然の答えに辿り着くために、皆さんに「価値観の転換」を迫りたいと思うのです。

Mark Sagoff は、*Charlotte's Web* という童話を使って、３つの価値についてのお話を始めています。これは 2006 年秋に、映画化され、『シャーロットの贈り物』という邦題で上映されていましたので、観た人もいるのではないでしょうか？
ただ映画版は残念ながら、今回引用している箇所を重視していませんでしたが、

明らかに、最も美しい場面の１つなのです。お話の粗筋はこんな感じです。

蜘蛛のシャーロットが、豚のウィルバー（Wilbur）を助けてあげるお話です。ウィルバーの飼い主のズッカーマン（Zuckerman）さんは、ウィルバーを市場で売ろうと考えていました。ウィルバーの豚小屋に巣を作っていて、ウィルバーと友達になったシャーロットは、ウィルバーの豚小屋に、蜘蛛の糸で、「Some Pig（たいした豚君）」と文字を編んであげるのです。それを見た、ズッカーマンさんは、蜘蛛が文字を知っているわけがないから、神から啓示があったのだと思い、豚のウィルバーを特別なものとして扱い始めます。ウィルバーは、お祭りで、特賞を勝ち得ます。ズッカーマンさんは、豚を市場に送ることを止めて、ウィルバーの命を助けてあげることにしました。

まあ、ざっとこんなお話ですが、このお話の最後の方にこんな場面があります。

"Why did you do this for me? I don't deserve it. I've never done anything for you."（どうして、僕なんかのために、こういうことをしてくれたの？　僕なんか、それに値しないよ。君のために、何もしたことがないもの。）"You've been my friend," Charlotte replied.（「あなたはずっと私のお友達だったじゃないの」、シャーロットは答えました。）"That in itself is a tremendous thing. I wove my webs for you because I liked you. After all, what's a life, anyway? We're born, we live a little while, we die. A spider's life can't help being something of a mess, what with all this trapping and eating flies. By helping you, perhaps I was trying to lift up my life a little. Heaven knows, anyone's life can stand a little of that."（そのことだけでも本当に凄いことなのよ。あなたのために、蜘蛛の巣を編んだのは、あなたが好きだったからよ。そうでなければ、生きるって何の意味があるの？　生まれて、少しばかりの間生きて、死んでいくのよ。蜘蛛の人生なんて、ちっとした「ごちゃごちゃ」にならざるを得ないのよ、だって、こんな風に罠を仕掛けたり、蝿を食べたりだもの。あなたを助けることで、おそらく、私は少しばかり自分の人生を高めようとしていたのよ。確かに、どんな人の人生でも、少しばかり高めることができるんだと思うわ。）

私がこの物語の中で最も美しいと感じていた、この肝心要の場面が映画版ではカットされてしまいました。残念です。この場面の重要さを分かっていただくためにも、３つの価値観を紹介しましょう。

①　道具的価値（Instrumental Value）

「自然は恵みだ」という言い方がされます。何に対する恵みかと言いますと、やはり人間に対する恵みということを表現しているのでしょう。自然は人間の役に立ってくれている、と私達が思う時、私達は、「道具的な良さ」を自然に見いだしているのです。あるものが、私達の利害関心によって立てられた何らかの目的を達成するのに役立ってくれるような道具となり得る時、私達は、それには道具的な価値がある、と考えるのです。つまり、道具的な価値は、人間の利害関心に役立て得る道具になってくれるものに附与されるのです。

ズッカーマンさんにとって、豚のウィルバーは市場に出せば、お金になるゆえ、金儲けの手段でしかなかったのでした。その時、豚のウィルバーは「道具的価値」を持っているだけに過ぎません。

② 美学的価値（Aesthetic Value）

私達が何かを美しいと判断する時、そこには予め何の利害意識も前提にされていません。「何かに役立つから美しい」ということはないわけなのです。「美しいものは美しい」というしかないような感じを持つ時、何かそれを役立てようとか、それを使って何かをしようとか考えているわけではありません。美しいとされるその対象自体がそのもの自身の性質ゆえに美しいと判断されているのです。カントは、『判断力批判』の中で、「美しい」という判断が、私達の利害関心に関わらずなされるということを、「無関心（利害を離れること）」というふうに名付けています。私達の利害関心を離れて、つまり役立つかどうかということを離れて、「美学的な良さ」は、その対象自身の性質ゆえに評価されるのです。

「Some pig」という蜘蛛の糸によるサインを見た日から、豚のウィルバーを見るズッカーマンさんの見方が変わっていきます。その日以前までは、豚は「売るためのもの」に過ぎず、単なる金儲けの手段でした。けれども、その日以降は、豚のウィルバーそのものの良さにズッカーマンさんは気付くようになるのです。「たいした豚、だって？　そう言われてみれば、中々立派な豚じゃあないか、この豚には、確かに何か特別なものがあるな。」というふうに，豚そのものの良さを認識するようになったズッカーマンさんは、今や、豚のウィルバーの「美学的価値」を認めるようになっていったのです。

③ 道徳的価値（Moral Value）

「Juggernaut theory of human nature（人間性に関するジャガナート理論）」と

呼ばれている、人間性に関する理論があります。「ジャガナート」とは何かといいますと、インド神話のクリシュナ神の像のことで、この像を載せた車にひき殺されると極楽浄土へ往生できるという信仰があります。そうした信仰から、「ジャガナート」は「人を犠牲にするもの」の喩えに使われています。「人間性に関するジャガナート理論」とは、何かといいますと、「人間は、その遺伝子によって、利己的に振舞うようにプログラムされており、個人は自分（Self）を第1に考え、次に家族（Family）を身近なものと考え、友人（Friend）、知り合い（Acquaintance）、そして最後に、普段は全く無関心でいられるように、自分からずっと距離を置いた、離れたところに、その他大勢の場所がある（Others）」という理論です。自分のためなら、他は犠牲にしてもいい、といった「利己心」という「ジャガナート」が人間なのだ、というわけです。

そんな利己心を持った人間でも、「あなたを助けることで、おそらく、私は少しばかり自分の人生を高めようとしていたのよ。きっと、どんな人の人生でも、少しばかり高めることができるんだと思うわ」と、シャーロットが言っていたように、愛情をもって相手に接する時、「私利私欲の塊のような利己心」を持った自分より、少しばかり高いとこに向けて、自分を高めることができます。

シャーロットが豚のウィルバーにそうしたように、確かに、私達は、愛情をもって、対象に接することがあります。そのような場合、私達は、相手の幸福に関心を寄せます。愛の対象が、他ならぬ、愛の対象として、幸せであることを望むわけです。愛しているものが幸せであることを望む時、私達は、普段の利己的な私より、完全に利他的とは言いませんが、それでも利己的な自分を脱して、相手を思いやれるような一段高い位置に自分を置いています。愛する相手のために、自分を犠牲にできるような、一段高い位置に自分を置いているわけですし、相手のことも、そういう自己犠牲に相応しいものとして、それ自身として評価しているわけです。相手それ自身の良さを分かっているわけです。そんな場合、相手に「道徳的な価値」を見いだしているのです。相手を、道具としてではなく、まさにそのものとして重んじなければならないような価値を「道徳的価値」と呼ぶのです。

2002年10月30日、イギリスで、12歳の少年が、強風で倒れてきた大木の下敷きになりかけた16歳の兄を突き飛ばし、自分の命にかえて、兄の命を助けた、という、イギリス中の同情を集めた事件がありました。ここまで極端な場面を設定せずとも、例えば、愛する子どものために、日々あまり面白くもないような労働に耐える、というようなことは、どこでも聞くことのできる話でしょう。けれども、いずれの場合にせよ、やはり「愛する人」に道徳的価値を見いだしているからこそ、自分の命でさえ犠牲にすることによって、シャーロットが言うように、「あなたを助けることで、おそらく、私は少しばかり自分の人生を高めよう」としているわけなのです。

美学的価値と道徳的価値の場合は、対象そのものの「内在的な価値」に気付くことになります。「内在的価値」というのは、「そのものがそのものとして良い」、ということです。かつて西欧では、鯨は、ランプの油をとるための資源でしたので、ランプの油をとるための道具として、道具的価値を与えられていました。それが電化によって、ランプが不要になると、人々は、道具的な価値以外の見方で鯨を見ることができるようになりました。例えば、そのコミュニケーション形態のユニークさに人々は感嘆し、鯨そのものの内在的価値を発見できるようになっていったのです。同様に、ズッカーマンさんは、シャーロットの「たいした豚君」という蜘蛛の糸で編まれた文字を読むことによって、豚のウィルバーを、夕飯の食卓を飾るための「豚肉」といったような「道具的価値」によって眺めることを止めて、ウィルバーそのものの良さに気付いていくようになります。Sagoffが言っているように、私達が、対象を「道具的価値」によって眺めるのを止めればそれだけ私達は、「内在的価値」に気付くようになるのだ、というわけです。そのきっかけが、愛情でしょう。私達は、愛情を抱く相手を、単なる道具として扱うことはありません。「アッシー」に使ったり「メッシー」に使ったり、「性欲のはけ口」として利用したりしている相手は、ただ単に道具的価値があるのみです。ここで気付いていただきたいことは、道具的価値として使っているものは、道具一般がそうであるように、他と交換可能だということです。電池が切れれば、他の電池に交換すればいいわけです。同様に、「アッシー」君が、何らかの理由で使えなくなったら、同じ機能を果たしてくれる「アッシー２号」に置き換えればいいわけです。けれども、一旦「内在的価値」に気付いたものに関しては、そういうわけにはいきません。

皆さんは、恐らく、サン＝テグジュペリの『星の王子様』は読んだことがあるでしょう。あの本の中に、王子様が、キツネと仲良しになる場面があります。王子様の台詞を引用しましょう。「あのキツネは、はじめ、十万のキツネとおんなじだった。だけど今じゃあ、もう、ぼくの友だちになっているんだから、この世に一匹しかないキツネなんだよ」この場面のちょっと前に出てくる、王子様に語りかけるキツネの台詞も引用しておきましょう。「もう一度、薔薇の花を見に行ってごらんよ。あんたの花が、世の中に一つしかないことが分かるんだから」この2人の台詞にもあるように、一旦「内在的価値」に気がつくと、もはや、「集合論的に交換可能なのもの」として、相手を見ることができなくなるのです。

美学的価値を有する芸術は、一度失われてしまうと、二度と戻りはしないのです。美学的価値のある、ピカソの『ゲルニカ』は失われたらそれっきりで、他で代用できません。第2次世界大戦直前まで、ドイツそして亡命後にはスイスで活躍していたパウル・クレーの絵画は、ナチス・ドイツから「退廃芸術」の烙印を押され、破壊され、多くが失われました。

また、アルフレッド・ジャリの小説にあったように、愛する子どもを無くした女性に、「ご安心あれ、奥方、余が新しい子どもを作ってしんぜよう」というわけにはいかないのです。亡くなった子どもは、他で代用がきかない、交換不可能な「掛け替えのない唯一無二なもの」だからです。

「内在的な価値」を持つものは、まさに「掛け替えのない唯一無二なもの」と私達が認めたものなのです。「掛け替えのない唯一無二なもの」は集合論的な処理ができません。そういうものに出会った時、私達は、それを「固有名詞」を使って呼びます。「女の集合」の中の一メンバーではなく、「順子」と固有名詞で呼びかけるのです。私達は、親しくなればなるほど、相手の「内在的価値」に気付き、時を同じくして相手を固有名詞で呼ぶようになります。自然物も同じです。自分の生まれ育ったこの地域に愛着を持っている皆さんにとって、あの川は、「川の集合」の中の1つ何かではなくて、「大田川」という固有名を持ったものなのです。故郷の自然に接し、固有名で呼ばれているものを知ることは、自然を愛するためにも大切なことです。愛情をもてば、道具的価値から離れ、相手の「内在的価値」に気付くようになるのです。「内在的価値」があるとは、ですから、「掛け替えのない唯一無二なもの」なのだ、ということに帰着します。生まれ育った故郷の自然には、そのような愛着を感じるでしょう。

まとめますと、対象の「道具的価値」を離れ、その対象に「美学的価値」や「道徳的価値」のような「内在的価値」を感じた時初めて、その対象の「掛け替えの無さ」が分かるようになるのだ、ということです。故郷の自然で、固有名詞で呼ばれている自然を愛してください。固有名詞で呼ばれている自然は、「内在的価値」が認められている自然なのであって、そのことはまさに、そこに住んでいる人達の愛情の現われなのです。皆さんが、「内在的価値」への感受性を養い、自然事物を「掛け替えの無いもの」として捉えることができれば、皆さんは、そうした自然事物を守ろうとするでしょう。これをここで失ったら二度とは同じ形では帰ってこないもの、つまり、絶対に交換不可能なものに対する感受性を養ってください。

日本で民主主義が機能することはあまりないのですが、吉野川の河口堰を住民投票で阻止した出来事ほど、民主主義を語る上で素晴らしい事件はありません。住民運動の代表者となった姫野雅義さんの言葉に耳を傾けましょう。

> 「反対、反対」っていくら空中戦をやってもだめなんですよ。講演会でも外部の講師に「反対」と言ってもらっても住民には響かない。「あんたの川や」と言ってもらうのが一番効く。「そうか、自分達の川なんだ」と、そのかけがえのない価値に気付いた時、人は変わる。自分自身の経験を振り返ってみてもそうですよ」

掛け替えのない唯一無二のものに対する愛を感じた時、人はそれを守ろうとするのです。吉野川がいかに自分の暮らしに深く関っていて、子どもの頃から深い愛着を抱き続けてきたのかを身体で感じている住民は、直接民主主義である「住民投票」に出掛けました。そして、投票率55％という驚異的な住民参加の下、可動堰反対90％の多数によって、吉野川を守ったのです。私達はこの「吉野川のための住民投票」を記憶に留めるべきでしょう。何が民主主義を動かし、人々は何をしたのか、記憶に留めるべきでしょう。「内在的な価値」に気付き、愛情を抱くという、この観点は、後の講義でも重要になりますので、吉野川の話ともども心の片隅にでも置いておいてください。

けれども、ここで、宮崎駿の『風の谷のナウシカ』と『もののけ姫』との関連で、一言だけ、コメントを加えておきましょう。私達が見てきましたように、「生態系」の中に自分の「居場所」を持てる、「穏やかで賢い」そんな人間の「卵」

の話が、宮崎駿の『風の谷のナウシカ』の中に描かれていました。けれども、ナウシカは、自分のことを母親のように慕ってくる「巨神兵」に命じて、「穏やかで賢い人間の卵」を破壊してしまいました。宮崎さんの心の中には、たとえ、「慎ましく生きたとしても、自然を破壊してしまう、ある意味で狂暴な人間」のイメージがあったのです。どうして、人間だけが、「生態系」の中で自分の「居場所」を見つけ、安住できないのでしょうか？

20 世紀を代表する大哲学者のハイデガーは、私達は、普通、単なる事物に出会う、ということはない、と述べています。目の前の「黒板」を「黒い物体」と先ず認識し、それから、「そうか、この黒い物体は『黒板』なのだ」という認識の仕方を通常していないのです。初めから、端的に「黒板」として捉えるのです。私達が日々出会う事物は、「道具」として、あるいは「有用なもの」として、存在しているのです。そのような「人間にとって有用なもの」という存在の仕方を「Zuhandenes（手元にあるもの）」と呼んでいます。そんなわけで、「何かをするために、道具として手元にある事物」という出会い方をします。「道具」の根本的な特徴は、「それが何かのために手段として使用される」ということなのです。人間が日常の中で、「道具」として事物に出会うということは、人間の環境が既に人間の目的によって構成されてしまっている、人工的な環境なのだ、ということを意味しているのです。そんな環境の中では、事物は「道具」として、「道具的価値」を持つものとしてしか現れてきません。これは重要なことです。例えば、私の使っているマジックが、インクが切れるなどのせいで「書くための道具」として使えなくなれば、私は「書くため」という機能を失ったこの物体には、もはや何の関心も持たなくなります。なぜならば、このインクの切れた「マジック」では、もはや「目的を果たすことができなくなったから」です。そんなわけで、「書くための道具」としての機能を失った瞬間に、この「マジック」には、もはや何の関心も寄せられずに、単なる「ゴミ」として廃棄されることになるのです。「ゴミ」とは、すなわち「道具的価値」を失ったものであり、「ゴミ」というものも、そんなわけで、人間的な環境の中からのみ生まれてくるのです。「道具的価値」を失う、ということは、簡単に言えば、「目的」達成の手段として「有用ではなくなること」つまり「役に立たなくなること」です。人間の「文明社会」と呼ばれる環境は、「有用なもの」が、人間に役立つように配置されているような、そんな人工的な環境なのです。

人間以外の生物は、長い年月をかけて、他の生物とのバランスを作り上げ「生態系」の中に「居場所」を持っています。けれども、人間の場合は、例えば、1本の枝を見た場合でさえも、それを「杖」に見立てたり、「武器」と解釈し武器として使ったり、地面に絵を描く道具として使ったり、「お箸」を作る材料にしたり、馬を駆るための「鞭」にしたり、いろいろな見方で、「道具（有用なもの）」として解釈してしまいます。他の生物にとって、この同じ１本の枝は、ただ単に、その生物にとっての何らかの環境を提供しているに過ぎません。けれども、人間の場合は、そうした自然環境に「意味」あるいは「価値」を与えることができるわけですし、できるだけではなく、常にすでに、「意味」や「価値」を与えてしまっているのです。１本の木は、そこから「家」を作るための材料であるし、「船」を作る材料でもあるし、「薪」にもなる、といった具合に、多様に「意味」や「価値」を与えられ、解釈されてしまいます。特に、人間の幸福に役立つ、そんな「道具」として解釈されてしまい、そのようなものとして意味づけされてしまうのです。「生態系」そのものの中からは、「意味」や「価値」などというものは派生してきません。人間は、「意味」や「価値」といった余計なものを「自然」に付け加えてしまう生き物なのです。それゆえ、エボシやギルガメッシュ王のように、「人間の幸福」を願うような人達だからこそ、「自然」を道具として捉え、意図しない内に、環境破壊をしてしまっているのです。「環境破壊」をもたらさないために、唯一人間にできる物の見方は、「自然」を、単なる「道具」としてのみみなさない、そんな見方あるいは扱い方、なのです。

「グリーン・ベルト運動」という名で知られている植林運動が認められて2004年にノーベル平和賞を受賞した、ケニアのワンガリ・マータイさんは、2005年に来日した折に、日本語の「モッタイナイ」という言葉に触発されて、資源を無駄にしないという彼女のキャンペーン運動の標語として取り入れたいということを話していました。それが「４つのR」ということで、「R」は、具体的には、「消費削減（Reduce）、再使用（Reuse）、資源再利用（Recycle）、修理（Repair）」の４つの方法を指すのです。これは、資源の「別様」な使い方、すなわち、「Xとしてだけではなく、Yとしても、Zとしても使えるぞ」ということを発見し「ゴミ」にしないということが入っています。かつて、高度成長の頃、八百屋さんは、果物を包む包装用として、その日の新聞紙を再使用（Reuse）していました。けれども、現代の私達は、「新聞紙」には「新聞紙」としての固定した「道具的価値」しか見いださないのです。消費社会に慣らされた結果、それほど、想像力が貧困化してしまっているのです。「新聞紙」は「包装紙」としての「道具的価値」もあるし、別様の「道具的価値」だってあるはずなのです。日本語の「モッタイナイ」の精神は、「～として見る」という想像力によって、多種多様な「道具的価値」を発見し、「ゴミ」にしてしまわない、というところにあるのです。こうした「モッタイナイ」の想像力が取り戻されれば、マータイさんが言うように、資源の無駄を防ぐのに役に立つことでしょう。私達は、「道具的価値」を見いだすとしても、常に別様に使い得るという想像力を駆使し、資源を「ゴミ」として即刻廃棄してしまわないで、使い続けることができるのです。マータイさんの来日を機に、日本でも「モッタイナイ」を標語に掲げた環境運動の取り組みが数多く見られるようになりました。皆さんも聞いたことがあるのではないでしょうか？　しかし、こうして「モッタイナイ」の精神に基づいて、多種多様な「道具的価値」を見いだすことで、即刻「ゴミ」にしてしまわないような想像力を発揮したとしても、やはり、形あるものはやがては劣化し、「道具的価値」を失い「ゴミ」となってしまいます。こうした「ゴミ」を自然の自浄作用に組み入れられないのだとしたら、私達は、自然から負債を負って生きているということになるのです。従って、「道具的価値」の創造は、それが自然資源や自然エネルギーによらねば加工し得ないとしたら、自然界に返済すべき債務を負ったことと同じなのです。ゆえに私達は、自然の自浄作用のサイクルを超過した創造や初めから自然に帰り難いような物質の創造は、まさに返済不可能であるがゆえに差し控えるべきなのです。

環境保護運動を語る時に絶対欠かすことのできない名前の中にレイチェル・カーソンの名前がありますが、カーソンは、彼女の死後出版された『センス・オブ・ワンダー』の中で、印象深い言葉を記しています。「この畏敬と驚きの感覚（センス・オブ・ワンダー）、つまり、人間的現実の境界を越えたなんらかの存在を承認する意識を維持し、強めること」を強調しているのです。私達が、見てきたように、「人間的現実」は、「人間にとって有用なもの」に取り囲まれていて、そこでは「道具的価値」が主流でした。カーソンは、こうした人間的現実を越えるために、「畏敬と驚きの感覚（センス・オブ・ワンダー）」を強めることを訴えているのです。彼女の言う「畏敬と驚きの感覚（センス・オブ・ワンダー）」は、単なる「道具的価値」を越えて、自然の「内在的価値」に向かうのです。「有用である」とか「役に立つ」という見方は、もうそれが道具としてどのような機能を果たすのかが予め分かっているので、そこには、何の畏敬も驚きも感じることはないでしょう。つまり、人間的な環境が「Zuhandenes（手元にあるもの）」であって、「道具的価値」を持つ「役に立つ」ものに囲まれている限り、そこには何の畏敬も驚きも見いだせないことでしょう。私達が見てきましたように、何かに役立つから美しいと感じるわけではありませんでしたし、何かに役立つから友情や愛情を感じるわけではありませんでした。それと同様です。「畏敬と驚きの感覚（センス・オブ・ワンダー）」は、「道具的価値」を重視してしまう、人間特有の見方を越えているのです。カーソンは、「Zuhandenes（手元にあるもの）」に囲まれて、「畏敬と驚きの感覚（センス・オブ・ワンダー）」を忘れてしまった私達を「別様の見方」に誘うのです。「畏敬と驚きの感覚（センス・オブ・ワンダー）」は、「道具的価値」を越えて、「内在的価値」への通路になっているのです。カーソンは、子どもとともに驚いてあげることのできる大人が必要だ、ということを述べていますが、確かに、やがては、玩具を与えられ、自分の環境を「有用なもの」という視点でしか眺められなくなってしまう前に、「畏敬と驚きの感覚（センス・オブ・ワンダー）」を認めてあげる大人の存在が必要なのです。

「道具的価値」を離れ、対象に「内在的価値 Intrinsic Value」を見いだす時、私達は、「掛け替えの無さ」を発見します。そのきっかけは、「美しい」とか、「大切だ」（美学的価値）、あるいは「好き」とか「愛しい」（道徳的価値）などと感じたりすることにあるのです。そういうものは、交換不可能で「世界に１つしかないもの」として私達の心を魅了します。「畏敬と驚きの感覚（センス・オブ・ワンダー）」は、「世界に１つしかないもの」に私達の注意が向けられた時に感じられるのです。「世界に１つしかないもの」つまり「他でもないあなた」、「他でもないこれ」であることの印として、私達は固有名詞で呼びかけねばならないようになるのです。

「自然」を単なる「道具」としてのみみなさない見方は、「内在的価値」を「自然」に認め得るかどうかにかかってきます。「畏敬と驚きの感覚（センス・オブ・ワンダー）」を自然に感じるかどうかにかかっているのです。

第2章

人間中心主義

それでは環境問題を考えていく上で重要な３つの観点についてお話ししましょう。この３つの観点を順番に説明していくことで、皆さんは、「内在的価値」へ向う旅を経験することになるでしょう。「内在的価値」へ向けて価値観を転換することが、私の講義の狙いの１つでもあるのです。

３つの観点は、全く違うというわけではありません。これら３つの観点に立つ人達が一致している点が２つあります。つまり、①　人間の行動によって自然環境が汚染され、破壊されている、という事実には誰しも異論を唱えないでしょう。②　そしてそうした自然環境の崩壊は道徳的に間違っており、人間が道徳的責任を負うべきである、ということにも賛成することでしょう。けれども、どうしてそれが道徳的に間違っているか、説明しようとする段階で、見解の相違がいろいろ出て来たのです。つまり、問題は、自然環境に価値があるかどうか、ということだけではなく、いかに自然環境を評価すべきか、ということにあるのです。それらを大別すると、３種類の見解に分類することができるのです。先ず、それら３種類の見解につけられた名称を列挙してみましょう。

①　Anthoropocentric approach（本章において検討）
②　Sentientist approach（第３章において検討）
③　Ecocentric approach（第４章において検討）

これらの３つの見解を追うことで、「内在的価値」への気付きがどのように深められていくのか、ということに注目していただきたいと考えています。「価値観」の天動説から地動説への転換を図ろうと思うのです。それでは、これら３つのアプローチを章ごとに紹介していきましょう。では早速、Anthoropocentric approach の検討に入ることにしましょう。

1. レイチェル・カーソンの警告

さて皆さん、皆さんが環境問題を訴える運動を起そうとしているとしましょう。その運動のために、プラカードを書こうとしていると考えて、どのような文句をプラカードに書くか1つ考えてみてください。なるべく効果的に訴えるキャッチフレーズを考えてみてください。どうでしょうか？　ちょっとプラカード用のキャッチフレーズを書いてください。恐らく、多くの皆さんは、何らかの形で「人間にとっての不利益」を強調するようなキャッチフレーズを書いたのではないでしょうか？　つまり、「環境問題を今のまま放置しておくと、それがいかに人間にとって不利益か」を謳い文句にするのではないでしょうか？　環境問題を訴えるカッサンドラ達は、人から信じてもらうためには、やはり、「人間にとっての不利益」を強調せざるを得ないのです。

「人間にとっての不利益」を強調するタイプの運動は、有名なレイチェル・カーソンの『沈黙の春』(1962) によってスタートしました。だからといって、「畏敬と驚きの感覚（センス・オブ・ワンダー）」を強調しているカーソンを「人間中心主義」に分類しようというわけではありませんので誤解なきようお願いします。この本は農薬のために死の沈黙に見舞われた架空の町の描写で始まっています。確かに、架空の町だけれども、アメリカ人なら誰でもが心の片隅に「故郷」として描くような、そんな町ですので、アメリカ国内に与えたインパクトは強烈でした。しかも、1958年2月にロングアイランドで起きた「空からの」農薬散布の危険性を訴えた住民グループの公害反対運動が、その架空の町を襲った悲劇が決して絵空事ではないのだといった現実味を与えていたのでした。実際にカーソンはその時の訴訟資料を活用したのです。自然に道具的価値のみを見いだし、便利さを追求していく内に、『沈黙の春』の第15章のタイトルにもあるように、「自然は逆襲する」ようになったのです。人類の幸福を願って行うことが、むしろ災いとなって自分自身に降りかかってくる、という逆説を人類が体験していく歴史が、こうしてカーソンによって再び記されることになってしまったのです。

皆さん、覚えていますか？　これはかつて『ギルガメッシュ叙事詩』の主人公ギルガメッシュがメソポタミアにもたらした逆説と同じものなのです。ギルガメッシュの時との決定的な違いは、人間が繁栄のために、今まで自然界には存在していなかった、人工的に合成された化学物質のような新しい物質を発明し始めた、ということなのです。人類が発明し環境に撒き散らした化学合成物質が、自分の首を絞める形で、因果応報的に人類に報復を始めているということなのです。これは、ギルガメッシュの時代には知られていなかった新しい環境問題なのです。つつましやかに生きていても環境破壊してしまう生物が、自分の発明品のために、環境からますます場を奪われていく、というのが現代の環境問題の特徴の１つなのです。カーソンは『沈黙の春』の中で、こうした事態を指して、「ひとつの種――人間――が、この世界の性質そのものを変えるほどの重大な力を獲得したのは20世紀に代表される時代においてだけである」と述べているのです。彼女は「環境に人間が加えている攻撃」とまで呼んでおり、彼女によれば、そのせいで「世界の性質そのもの――生命の性質そのものを変えてしまう」のです。生命は、何千年という時間をかけてやっと現在との環境との間にバランスを保つことができるようになったというのに、生命は人工的な合成物に犯された環境に適応しなければならなくなってしまったのです。カーソンは、工業化された技術社会全体の責任を問うために、『沈黙の春』を著したのです。

長年人類を苦しめてきた害虫や雑草を駆除するために、1945年前後から、塩基系の化学合成物が200余りも作られました。これは終戦の年です。中にはそうでないものもありますが、化学合成物は、もともと、第１次および第２次世界大戦の兵器開発を目的に組織された合成化学薬品工業によって作り出されたのです。つまり、化学戦争を勝ち抜くための毒ガスなどの大量破壊兵器として、無数の化学合成物が人工的に生産されていったのです。そんなわけで、化学合成物は、偶然生み出されたのではありません。第２次世界大戦前後に組織された合成化学薬品工場は、もともと、人間を殺すために、昆虫を実験動物として使ってきたという経緯があったため、戦後も、殺虫剤生産を目的とした組織に模様替えして生き残ったわけです。もともとは、「人間殺害」という目的で組織された工場なのですが、一度組織されて、利潤を上げ、順調に操業されれば、組織を解体するのが難しくなるのです。一度、組織化されてしまったものは、解体しなければならないよほどの理由が無い限り、こうして惰性的に存続してしまうのです。特に儲かっているわけで、多くの人達の生活が関わってしまっていますから、止められないというのです。同様に、例えば、原爆製造を主導したマンハッタン計画の組織も、戦後もそのまま「エネルギー省」に改組されて受け継がれているわけなのです。ここにも、突っ走る「タイタニック号」のエンジンを止めることがいかに難しいのかが描かれています。この場合は、エンジンを止めずに、「人間殺害」から「害虫殺害」に目的を変更して、組織を存続させたのですね。こうして戦争は終わったのに、新しい薬品の製造は終わらなかったのです。もともとが今お話ししたような経緯で組織された工場ですので、そうした化学合成物が環境に放出された際にどのような影響を与えるのかという問題に気付かぬ振りをしつつ、実験室の中で、無数の、見たことも聞いたこともないような合成物質が生み出されてきているのです。

こうした化学合成物質が、そもそもなぜ作られ始めたのかを考えれば、本当は人間に害があることを気付かないはずがないのです。なぜなら、「人間殺害」目的の副産物として生み出された化学合成物だからです。実際に、そうした物質のせいで、環境は汚染され、『沈黙の春』の冒頭の場面は現実のものとなっているのです。例えば、50年代、60年代は、まさにDDTの時代でした。農薬として、害虫駆除のために、大量に空中散布されたのでした。マラリアなどの病原菌を媒介する、はまだら蚊などのせいで、人命が奪われているアフリカなどの地域では、DDTはまさに公衆衛生において奇跡をもたらす薬品として珍重され続けてきたのです。こうして化学合成物は、「悪い病気の原因になる害虫駆除に役立つもの」という良いイメージで考えられるようになっていったのですね。しかも、カーソンが強く非難しているように、産業界は、金儲けにのみ走り、専門家も、害虫、雑草、害獣の駆除ということで近視眼的になってしまい、土壌や水質、人間を含む生物にどのような影響を与えることになるかを視野に収めていなかったのでした。そんなわけで、カーソンは、シュヴァイツァーを引用して、このように言っています。「自分自身で作り出した悪魔の姿が見分けられなくなってしまったとは」と。化学合成物質は、兵器としての出自を持つゆえ、環境問題の視点から見れば、まさに「大使の仮面を被るに至った悪魔」なのでした。

20世紀までに、人間が作り出した化学合成物質は、1,000万種類以上あると言われており、その内、7万5千種類が私達の日常に深く関係していると言われています。このように、環境中に、人間が人工的に生み出された新たな物質を放出し、それが人間自身の生物学的基盤に悪影響を与えるという、今までは見られなかった、新しいタイプの環境問題が出現したのです。シュヴァイツァーは続いてこのようにも語っているのです。「人間は予見し、物事に予め対処する能力を失ってしまった。人間は地球を破滅して滅びるだろう」。自分が何を作ったのか理解する速度を越えて、まさに加速度的に化学合成物質は増え続けており、それが何をもたらすのかがはっきりしないまま、環境に放出されているのです。

カーソンの本の出版を契機にして、影響を受けた人達が、環境運動を展開し始めました。1970年4月22日、スタンフォード大学の学生、デニス・ヘイズの呼びかけで、「アース・デー（Earth Day）」が始まりました。私も在米中「アース・デー」に参加し、日の出から日の入りまで、インターステイト・ハイウェイ沿いに散らばっている空き缶やごみを、哲学科の仲間達と日が沈むまで、拾って歩きました。

けれども、カーソンは、『沈黙の春』出版と同時に、化学関連の既得権益を持つ利害集団から攻撃され、少しの事件を大袈裟に騒ぎ立てる「ヒステリー女」という烙印を押され、葬り去ろうという動きすら見られました。カーソンは、『沈黙の春』の中で、金儲けを優先させる産業界を強く批判して、「金儲けが不文律となっているこの産業の時代であり、うまい商人の口車に乗せられ、かげで糸を引く資本家にだまされて、普通の市民は、いい気になっているが、自分の周りを危険物でうめている」と述べているのです。こうして、化学産業界との間に不穏な空気が漂い始めたころ、カーソン自身も、乳癌に侵されており、『沈黙の春』刊行後しばらくして世を去ったのでした。

カーソンは、既得権益を持った企業や企業の息のかかった学者から非難されたように、単なる「ヒステリー女」だったのでしょうか？　そうではありませんでした。現在も、第三世界では、プランテーションのような大規模農場で大量に使われる農薬によって、毎年、およそ300万人の人達が農薬中毒で入院し、そのせいで、死者だって数万人単位で出ているのです。

ドイツの新聞『ターゲスツァイトゥング』の2001年1月の記事は、南米、ニカラグアのバナナ・プランテーションの労働者、ルーカス・バラホナさんの証言を掲載しています。彼の証言に耳を傾けてみましょう。「医者という医者は私に、家に帰って死ぬのを待てと言った。連中は、私も私の子どもも、私の家族全員に、家に帰って死ぬのを待てと言ったのだ」44歳になるバラホナさんは、この時、既に骨癌を患っており、10歳の娘さんがいました。彼女は1人では立ち上がることさえできなくなっていたのです。アメリカは、「ネマゴン」というバナナの害虫駆除剤を開発し、それをニカラグアの農園に空中散布していたのです。ニカラグアでは、この農薬のせいで2,200人が死亡しました。バラホナさんの一家も犠牲になったのでした。ホンジュラスでも、この「ネマゴン」が使用され、オマール・ゴンザレスさんというお医者さんの話では、彼の病院で生まれる子どもの1％が脳を持っていない子どもとして生まれてくるのだ、ということで、彼は「ネマゴン」の使用が関連していることを警告しました。実は、「ネマゴン」を開発した、ダウ・ケミカルとシェル・オイルは、動物実験の結果、わずかな分量でも精巣消失や不妊、肺・肝臓・腎臓障害が引き起こされることを記した実験報告書を残していたのです。けれども、この報告書に記された結果は、自社において極秘扱いされ、アメリカ認可当局にも秘密にされていたことが発覚したのです。「ネマゴン」は、アメリカでは、1977年に使用禁止になっていたのにもかかわらず、ラテンアメリカ諸国では、アメリカ系の多国籍企業ドール、チキータ、デルモンテなどによって使用し続けられていったのです。現在でも、チキータは犠牲者に補償金を支払うことを拒否、他のメーカーは、和解に向けた努力を開始した、ということです。

カーソンは、『沈黙の春』を著すことで、農薬の恐ろしさを警告しました。この農薬の恐ろしさは、私達の知らぬところで現れつつあるのです。例えば、近代農業は、確かに、工業化し、規模が拡大していきましたが、受粉の仕事を請け負っているのは、機械などではなく、蜜蜂なのです。蜜蜂は、巣箱から、大体、半径3～4km位の距離まで飛行し、蜜や花粉を集めてきます。そうした習性に頼って、蜜蜂に受粉作業をさせているのです。虫媒花は、花粉媒介昆虫による受粉によって果実や種をもたらすわけですから、そもそも受粉が起きなければ、私達、人間の許に、果実や種が入ってこないということになるのです。それゆえ、毎年、時期が来ると、養蜂家が、農家に蜜蜂を貸し、農家は、蜜蜂の助けを借りて、農地で栽培している作物の受粉をしているのです。ところが、最近、農地に散布される農薬にまみれた花粉を食べ、蜜蜂の免疫力が極端に低下してしまい、蜜蜂の寿命が極端に短くなってしまっている、ということが分かったのです。アメリカでは、養蜂家の飼育している蜜蜂の半数近くが、元の巣箱に返ってこない、という事件が相次いでいるのです。専門家は、これを「Colony Collapse Disorder 蜂群崩壊症候群（CCD）」と呼んでいます。まだはっきりした原因は分かっていませんが、「イミダクロプリド」のような、神経系に作用するネオニコチノイド系農薬の使用が疑われています。蜜蜂は、神経毒に侵され、方向感覚を失い、帰巣できぬまま、餓死していく、というのです。このような新種の農薬だけではなく、ありとあらゆる農薬による複合汚染が問題だというのです。『ハチはなぜ大量死したのか』の中で、著者のローワン・ジェイコブセン氏は、2008 年、マリアン・フレイジャーの蜜蜂に対する農薬の影響に関する研究を紹介しています。詳細な農薬の使用歴が残っているペンシルベニア州のリンゴ農園が選ばれ、196 例に及ぶ、蜂の巣箱が調べられたのです。蜜蜂の運んできた農薬の中には、長きに渡って噴射されたことのないような種類のものまでが含まれていました。これは、ジェイコブセン氏が言うように、想像以上に大地に複数の農薬が残留したままになってしまっている、ということを意味するのです。個々の農薬の安全基準が設けられたとしても、複合して環境に圧力を加えた場合に関しては調査されたことすらなかった、というのです。経済的にも、蜜蜂の貸し出し料金が上がれば、それが農作物にも反映され、値段が高騰することが心配されています。それどころか、もし蜜蜂が減少すれば、私達は、農作物を手に入れることさえ難しくなるかもしれないのです。この蜜蜂の事件をきっかけに、私達の食卓に上る食物の 8 割が花粉媒介の役割を果たす、何らかの生物の恩恵を被っていることを再確認すべきでしょう。1 億 5000 年前から、受粉昆虫や一部の鳥類などと顕花植物との共生関係が続き、人類を含む多くの生物が、そこから恩恵を受けてきた、というのに、この長きにわたる平穏が撹乱されつつあるのです。『沈黙の春』には、こんな一節がありました。「耳をすましても蜜蜂の羽音もせず…、花粉は運ばれず、りんごはならないだろう。」何ということでしょう、ここでも、私達は、自分達の生物学的基盤を脅かし、滅びに至る道を切り開くような愚行を犯しているのです。こうした事実の前で、今では、誰もカーソンのことを「ヒステリー女」などとは非難できないでしょう。

これだけでも十分驚きに値しますが、化学合成物質のもたらす害悪は、人間の想像を絶するものがあったのです。そのことを明らかにし、警告した人物が、シーア・コルボーンなのです。

2．シーア・コルボーンの警告

化学物質を野放しにする危険性を訴えたカーソンによってこうして始められた「人間にとっての不利益」を強調するタイプの運動は、1991年7月のシーア・コルボーン（Theo Colborn）等による『ウィングスプレッド宣言』に受け継がれていっています。これは、いわゆる「環境ホルモン」の危険性に注意を向けた重要な宣言なのです。コルボーンさんは、2000年、「ブルー・プラネット賞」を受賞し、来日しています。彼女は、五大湖にくるセグロカモメが、通常のように雌雄で巣ごもりせず、雌同士で巣ごもりする異変を観察したのでした。彼女は「ある化学物質には生体のホルモンバランスを崩す働きがある」という貴重な発見をしたのです。コルボーンさんは、もともとは水質検査を手伝うボランティアでしたが、「自分の子どもの世代を環境悪化から守ろう」という決意をし運動に励んだのでしたが、素人扱いされたのをきっかけにコロラド大学の大学院に入り直し、そしてウィスコンシン大学で動物学の博士号を取得しました。何と58歳の時でした。「先ず何か解決すべき問題が生じて、その時に学問の必要性を感じたから改めて勉強を始める」といった態度からは学ぶべきものがありますね。皆さんも、何か問題にぶつかって必要性を感じたら、勉強を開始してください。アメリカでは、70歳の大学1年生はめずらしくも何ともありません。必要なことは、「学びたい」という純粋な動機だけです。「もう遅い」ということは絶対にありません。

コルボーンさんの発見とともに、深刻な問題が浮かび上がってきました。従来の毒性学では、どの位高濃度であれば危険なのか、ということが基準でした。つまり、投与量が多ければそれだけ一層毒性も増すだろうという考え方なのです。これは私達の常識とも一致していますね。私達は、間違って毒物を飲んでしまった場合、常識的に、少量飲み込んだ方が大量に飲み込むよりも助かる確率が高いだろうと考えます。つまり、投与量に応じて毒性も増すであろう、と考えるのです。けれども「環境ホルモン」の場合は、従来の毒性学で考えられているよりも低いレベルの濃度が問題にされているのです。「環境ホルモン」濃度を考える時に、ppbという、微少含有量を表現する単位が使われますが、このppb（parts per billion パーツ・パー・ビリオン「10億分の1」$1/10^9$）という単位は、50 m プールいっぱいの水にスポイトでたった一滴を加えた時の濃度なのです。あるいは、

ppt（parts per trillion）つまり「1兆分の1；1／10^{12}」という単位が使われるのです。こうした微量な分量に加えて、毒物にいつ暴露されたのか、という暴露の時期が重要になってきます。例えば、胎児が胎内のホルモン信号に反応する時期があるわけで、その時期に重なってしまえば、たとえ極少量でも「環境ホルモン」の影響は絶大なものがあるのです。しかも、暴露されたら直ぐに効果が現れるというわけではないので始末におえません。胎児期に「環境ホルモン」に暴露して、その結果が、例えば、精子の数の減少や精巣の縮小、あるいはペニスの短小という形で、成人期に現れるのです。影響がすぐに現れないということは恐いことですね。直ぐに失敗から学び教訓とすることができませんし、誰にも分かり易い目に見える形で因果関係も掴みにくいからです。まとめておきましょう。

① 極少量でも影響があるので、ここまでは安全という従来の安全基準は意味が無い。
② 暴露される時期に問題がある。
③ 影響が現れるのは、暴露直後ではないので、目に見える形で因果関係が掴みにくい。

「環境ホルモン」の問題は、実に身近な問題として存在しています。1998年、アメリカ化学学会の会議において、アメリカ食品医薬品局（FDA）は、発達や生殖を阻害するとされているプラスチックの原料ビスフェノールA、ノニルフェノールなどがパッケージから絶えず食品に流れ出ていることを発表しました。ここで私達が特に注目すべきことは、市場で出回っている哺乳瓶の95％が「ポリカーボネート樹脂製」で、この種のプラスチックにビスフェノールAが使用されているという事実なのです。熊本県立大学の研究チームが、アメリカ、日本、韓国、マレーシア、フィリピンで購入した10の銘柄の哺乳瓶を調べたところ、熱した場合は、どの哺乳瓶からもビスフェノールAの流出が確認された、というだけではなく、常温の使用においても、常用された哺乳瓶は、ビスフェノールAの数値が、最初に哺乳瓶が使われた時の数値より高くなっている、ということを突きとめたのです。おろし立ての哺乳瓶（3.5 ppb）よりも使い古しの哺乳瓶（6.5 ppb）の方が、さらに使い古しのものより、傷のついた摩滅の激しい哺乳瓶（28 ppb）の方がビスフェノールAの濃度が高くなっているのです。環境ホルモンは、50 m プールにいっぱいの水にスポイトでわずか1滴の量（ppb に相当）でも、動物の内分泌系に作用してしまうと言われています。

同じ研究グループの発表によれば、自動販売機で売られている缶入り飲料の内部塗装も調査されています。清涼飲料水で1 ppb、ウーロン茶は最低で7 ppb、缶コーヒーでは何と127 ppb のビスフェノール A が検出されたのです。この結果を重く捉え、コーヒー製造業者は容器のデザインを見直したということです。

さらに、私達が食品を保存したり、包んだりする際に、ラップが使われますが、ラップが開発されたのは昭和30年代で、その当時は、未だ電子レンジが一般的に普及していない時期でした。それゆえ、当然のことながら、油ものにラップをかけて電子レンジで温めるという発想の無い時期でした。けれども「環境ホルモン」は油に溶けやすいものが多いのです。そんなわけで、コンビニやスーパーで買う弁当は、プラスチック容器に入っているものがほとんとですが、電子レンジにかけると、プラスチックの可塑剤などが食品に溶け出すのです。こうして私達は、今では日常的に「環境ホルモン」に晒されていると言えるでしょう。

先ほど、話題にした、ビスフェノール A は、「環境ホルモン」として作用しても不思議はありません。なぜならば、ビスフェノール A はもともと「合成エストロゲン」として作り出されたからです。その後、合成エストロゲンとしてもっと効果的な化合物ができた時、ビスフェノール A を使って、「ポリカーボネート樹脂プラスチック」を作り出すことを考えた化学者がいたのです。そしてこのアイディアが商業ベースに乗り、今では日常生活の至るところに「ポリカーボネート樹脂プラスチック」が存在しているのです。

科学者のフォン・サール博士は、ポリカーボネート樹脂プラスチックの低濃度での影響を立証した最初の人物です。彼は、「ポリカーボネート樹脂プラスチック」の大手製造業者のダウ・ケミカル社から、「論文を取り下げてくれれば、悪いようにはしない」という買収とも威しともつかない申し出を受けたそうです。企業側としては、「巨額の儲け」がかかっているため、彼等の「金儲け」に不利な場合は、「正しいことを発言する」というのがまさに命がけの時代になっているのだ、という認識を皆さんもしておいてください。カーソンさんが、企業の一斉放火を浴びたように、「環境ホルモンは安全だ」として、工業側、商業側の攻撃は凄まじいものがあります。お抱えの科学者が、日本で開催された学会にも顔を出し、マスコミ相手に安全性を吹聴しているのです。

さてこのいわゆる「環境ホルモン」などの化学物質汚染に関する事件は、例えば、1976年にイタリア、ミラノ市近郊の化学工場で起きた農薬原料の製造プラントから百数十kgのダイオキシンが放出される事故を挙げることができます。被害は1,800 haにも及び、ミラノ市のお隣のセベソ市の住民3万人がダイオキシンを浴び、そのせいで流産、内臓障害、死亡率の増加といった事態が起きたのでした。事件処理の対策として、被害地の土を45 cm掘り起こして表土を入れ替えるなど大騒ぎになった事件です。この当時は、未だダイオキシンがどのような被害をもたらすか正確には分かっていなかったのですが、とりあえず、表土の入れ替えをしよう、という応急処置をとったのが功を奏したわけです。

ダイオキシンと言えばヴェトナム戦争の時に、アメリカ軍が、ヴェトナムの鬱蒼としたジャングルを裸にしてしまおうと空中散布した「枯葉剤」の主成分です。皆さんも、そのせいで生まれてきた、先天性奇形の子ども達の写真や話を見たり聞いたりしていて知っているのではないでしょうか？　日本で、1968年に起きた「カネミ油症事件」の主犯が、最近では、ダイオキシン類ではなかったのか、と言われるようになりました。2002年に、当時の被害者の血液中に含まれるダイオキシン濃度の測定が行われ、毒性のかなり強いダイオキシン類が検出されたからです。当時、カネミという会社の米ぬか油を使った、1万人以上の人達が、中毒症に陥り、120人の死者を出しました。激しい嘔吐感に見舞われる中毒症でしたが、全身に黒い吹き出物ができ、肝臓障害を起こし、脱力感、倦怠感を覚え、抵抗力も落ちて風邪を引き易くなる、という後遺症が残ったのでした。

さて、ミラノのダイオキシン事件の取り調べが進む内に、高濃度ダイオキシン汚染廃棄物を詰めたドラム缶41缶がどのように処理されたのかが分からないといったことが出てきました。そして驚くことに、1983年になって、これらのドラム缶が北フランスに違法放置されていたことが分かったのです。ヨーロッパでは、各国が陸続きですので、環境問題は国境を越えてしまって起きることがあるのですね。この事件は波紋をよび、「国連環境計画（UNEP）」の呼びかけによって、1989年、「バーゼル条約」ができました。バーゼル条約には「1．廃棄物は発生国の責任で処分すること、2．有害廃棄物の越境移動を国際的に監視すること」などが謳われています。有害廃棄物の国境間移動を管理しよう、というわけですね。このころ、自分達の工場が廃棄している廃棄物の正体を正確には知らずに廃棄してきたわけなのですが、1つは、「自分達自身が廃棄物のことをよく知らない」ということ、そしてもう1つは、公害に関する規制が強化される動きが出てきた、という、この2つが重なって、廃棄物の処理を、自国の外に移転してしまう、という行為が見られるようになったのでした。

ちょうどこのバーゼル条約の1年前、「環境総会」とあだ名されている1988年の国連総会で、ナイジェリア代表が、有害廃棄物の国境を越えての投棄は、戦争行為に等しいという演説をしています。有害廃棄物の国外投棄がいかに国際的問題となっていたのか、ということを物語っています。70年代に、日本でも、原子力発電所から出る放射能を含んだ廃棄物を、トンガの海域に投棄する交渉がありましたが、トンガ代表に、「そんなに安全なら、お前抱いてみせろ」と言われて日本側がたじたじになってしまった、といったエピソードも残っています。このように、有害廃棄物を、国の外部、特に発展途上国に向けてそのまま移動させてしまうことを、「NIMBY（Not in my backyard）syndrome＝家の庭にはごめんだな症候群」（ランファル）と呼んでいます。バーゼル条約は、有害廃棄物を途上国に廃棄しよう、という秘密交渉がいろいろなところで行われているという事実が発覚することによって、それに対する対応策として、提案されたのが発端だったのです。

日本国内の事件としては、香川県の豊島に国内最大規模の約50万tの、ダイオキシンなどの産業廃棄物が不法投棄されていた事件を真っ先に挙げることができます。人口わずか1,400人のこの島では、1977年、6月に最初の訴えを起して以来、行政を相手に20年以上に渡る住民運動が繰り広げられてきました。これは瀬戸内海の話ですので、身近な所で起きた事件なのです。このように、身近にも深刻な環境汚染問題があることを知ると、何か解決策を探さねばという気になってくるでしょう。「NIMBY（Not in my backyard）syndrome＝家の庭にはごめんだな症候群」が出てきてしまうのも、「身近にあれば、自分達に害が及ぶこと」を私達が良く分かっているからなのです。「身近」に問題があるのならば、それを地方や発展途上国にそのまま運んでしまって、「臭いものには蓋」をしておこう、という態度があるからこそ、「バーゼル条約」ができたわけなのです。確かに、「身近」に大変なことがあれば、何とかしなければ、と自然に思うわけです。

身近に感じられなかったら、「国が沈む」という実に深刻な響きをもった問題もまさに「他人事」で、恐らく「ツバルという国が、国が沈むという理由で移民を決意した」という内容のビデオを皆さんにお見せしたとしても、皆さんは、退屈で寝てしまうという反応すら見せるでしょう。実際に、以前、私はこうした悪戯っぽい実験を思いついて学生さんに「国が沈む」という内容のビデオを見せたところ、見せ始めてから、15分後くらいには、半数以上の学生さんが机にうつ伏せになって寝る体勢になりました。教訓は、どんなに深刻な問題に響こうが、離れていて「身近に」感じられなければ「他人事」として受け止めがちなのだ、ということなのです。私が皆さんにとっても身近な問題を取り上げることによって、皆さんから引き出したかった感情は「自分にとっての不利益」を強調されて始めて出てくる「何かしなければならないんじゃないか」という気持ちなのです。

こうした「気持ち」を味わっていただいた上で、私は「Anthoropocentric approach」について説明していこうと思います。なぜでしょうか？　それは説明を聞けば、直ぐにお分かりいただけます。

3．人間中心主義的アプローチ（Anthoropocentric approach）とその長所

「Anthoropocentric approach」は「人間中心主義的アプローチ」と訳すことができます。西欧で誕生した倫理思想はどれも「人間中心主義」をコアにしていますので、「西欧の伝統的見解」と呼んでも構わないでしょう。この考え方は、「評価をする人（価値を与える人）がいるからこそ価値が存在するようになるのだ」「評価をする人との関係を考えること無しに価値は存在しない」という考え方を背景に持っています。全ての価値は、評価をする人、評価者との関係の下に成立しているのだ、というわけです。ここで、評価をする人、評価者とは誰かといいますと、人間をおいては他に考えられないでしょう。そこで、評価者である人間の興味、関心を中心に形成された価値基準が重要視されるようになるのです。人間のみが言葉を持つゆえ、万物に意味を与え、それゆえ評価することができるのだ、と考えるわけです。評価者との関係によって価値が決まる、ということは、具体的に言ってしまえば、万物に意味を与える特権的立場にある人間にとって有益であるかどうか、ということで価値が決まるのだ、ということなのです。

この考え方を自然環境問題にそのまま応用する場合を、Anthoropocentric approach と呼ぶのです。このアプローチの中核には、「人間の利益、関心が、自然環境に対してどのような義務を人間が持つべきか、ということを決定する」という考え方があるのです。「人間の利益、関心が万物の尺度」であるというわけですが、このようなアプローチの中核にある「人間中心主義」は、先ほど強調したように従来の道徳が採用してきた方法なのです。ですから、従来の伝統的な方法をただ単に自然界にも適用しよう、という考え方なのです。このアプローチによると、人間との関係で価値が決まるわけですから、人間が自然環境を保護しなければならない理由は、例えば、人間自身のために、人間が「飲むことのできる水」が、「呼吸することのできる空気」が、「食べることのできる食べ物」が、「住むのに適した気候」が必要だからなのです。人間の利害関心に基づいていますので、とても分かりやすい考え方であると言えましょう。つまり、自然環境を破壊すれば、人間自身の不利益になるがゆえに、自然環境を保護する義務が生じるのだ、と議論していくわけです。人間は快適な環境に関する権利を有しているのだ、というわけです。

人間の快適な環境に関する権利は、しばしば人間の経済的な関心と衝突します。人間はやはり快適な生活をするために、経済活動をして生計を立てていかねばなりませんので、経済的関心も「人間中心的」な考え方から外すわけにはいかないどころか、重要な要因なのです。

人類が文字を発明し、自分達の文明を歴史として残し始めた、5,000 年もの昔、ギルガメッシュ王は、木材資源を求めて、遠くレバノンまで遠征しました。ウルク周辺の木材資源が底をついていたからでした。人間が人間を幸せにするはずの経済活動を開始したと同時に環境破壊が起きたことを私達は確認したばかりです。経済活動によって資源が希少なものになるからこそ、それが問題になるのです。つまり、経済活動によって、環境が破壊されるからこそ、人は環境に「希少価値」を見いだすという皮肉な結果になっているのです。そんなわけで、経済的な関心を外して、環境問題を語ることはできないのです。

人間中心的なアプローチは、自然環境に関する関心が、特に経済的な関心と衝突する場合、その脆さを露呈します。私達はどちらの関心がより重きをなすか秤にかけねばならなくなるでしょう。例えば、今、ある工場が公害を起こしていると考えてください。自然環境への関心が経済的関心より、重きをなすのだ言えるための条件とは何でしょうか？　工場が封鎖された場合、より少ない人数の人達が仕事を失うことになるのが分かれば工場を封鎖していいのでしょうか？　その工場が国の経済にどの位貢献しているのかを調査し、その貢献度が低ければ封鎖して構わないのでしょうか？　工場が国の経済に貢献している時、公害によって汚染されている領域が小さければ、多少の犠牲には目をつむるべきだとするのでしょうか？　汚染領域が大きい場合はどうでしょう？　その工場を運営するのにどれだけ資本を投資しているのか考えてみて、投資額が低ければ封鎖すべきだというのでしょうか？　その工場が生産している製品が生活には差ほど必需品とは言えなければ、工場失業者がどれ程いようが、封鎖すべきなのでしょうか？　今疑問に挙げたような考慮すべき要因が沢山あり、これらの要因をこれまたいろいろと組み合わせて考えていくと大変なことになります。例えば、工場は、国の経済へ貢献している上に、とても危険な物質なのだけど汚染領域は小さい、そしてその商品は生活必需品で生産が止まると国中が困る、けれども封鎖した場合、失業者は比較的少なく済む、その地域の住民は例えば漁業で生活しているために簡単に移住などできない上、公害で長く苦しみ徐々に苦痛に満ちた悲惨な死を向かえている、としましょう。このような場合、一体どの要因を重視してどのように利害を計算していくべきなのでしょうか？　人間中心的アプローチはこのような難問に対して、結局「コスト・ベネフィット分析（cost-benefit analysis ＝費用・便益分析）」を使って、「損得勘定」をすることによって対処するのです。これは、簡単に言えば「費用と利益を考えた分析」ということで、つまり、ある対策にかかる費用と、それによって得られる利益を比較することで、その対策の必要性を判断するという分析法なのです。自然環境の問題に当てはめて考えると、公害のもたらす害毒が人間の経済的利益を凌駕する場合のみ、環境問題を優先して考えるということになるでしょう。この分析法によれば、よい行為とは、「なるべく少ない費用によって、大きな利潤を上げるもの」である、ということになります。“Cost”には、「費用」という意味の他に「代償」という意味や「犠牲」という意味が含まれていますが、このことは、この分析方法が、しばしば、人間の命という「犠牲」でさえ、それがもたらす大きな利潤に比べた時に無視し得るとしていることを考えると大きな意味を孕んできます。この分析法では、人命や自然にまで値段をつけて、貨幣価値の基準に平準化してしまわないと何も始まらないのです。この時点で合意形成が難しいということを皆さんも直感できるでしょう。「費用・便益分析（cost-benefit analysis）」などと言って、「環境汚染があって苦しんでいる人達がいるようだが、全体から見れば、それだけの代償は仕方がない」などと、どのような立場の誰が言い得るのでしょうか？　苦しんでいる当の人達が、自分達にも「利潤」があるのだから、自分達の被る不利益もやむを得ない、と判断するという場合とは、全く異なる状況が存在しているのです。つまり、現実は、環境汚染に苦しむ人達には、何の利潤も無く、他の誰かが、利潤を享受しているにもかかわらず、あたかも全体を見渡すことのできる第三者がいるかのように分析をする、ということの生み出す不正義があるのです。経済的な「利潤」を得る者とその陰で「苦しみを被る者」は、同一平面にはいないというだけではなく、「苦しみ」という質をも、第三者の視座から、計算可能なものとして、無理矢理同一平面に押し込もうとする暴力が存在しているのです。最近、流行りのリスク論では、リスクを計算可能にするために、「リスク」を「代償となって死亡する人の数」と捉えているのです。もちろん、経済的「利潤」追求の「代償」ということなのです。こうした数量化の暴力の中、「損得勘定」に基づく分析の結果、一定地域の環境が破壊されたとしても、利潤を生むがゆえ「経済的」であるという判断があり得るようになるのです。「経済的」という形容詞に限定されている「利潤」の追求は前提にされており、人命を代償にしてまで「利潤」を追求せねばならない理由は何か、などといった問いは、初めからあり得ない問いなのです。つまり、この“cost-benefit analysis”においては、人間の命でさえ、「内在的価値」を持たぬものとして扱われてしまうということなのです。例えば、公害に関する規制の緩い途上国に工場を移転した大企業が、公害を撒き散らしながら、現地の安い労働力を使って生産したテニス・シューズが、その安価さのために、その大企業や先進諸国の消費者の「利潤」になったとしても、そんな「利潤」は、公害や過酷な労働条件に苦しむ現地の人の「犠牲」の前では、色褪せてしまうことでしょう。特にそれが生命すらをも奪う場合はなおさらです。問題は、損得勘定を考えるために参照される「経済学」という学問においては、人間を含む自然は資源を供給するための、経済の従属物にしか過ぎないということにあるのです。

「Anthoropocentric approach」の持っている長所は何でしょうか？　それはこ

の考え方による環境保護運動の思想が分かりやすい、ということです。人間にとって不利益になるのだから、自然は保護されねばならない、という、この考え方は、私達、人間の不利益を説いていますので、とても説得的です。自然を汚染すれば、結局、我が身に降りかかってくるのだ、自分で自分の首を絞めることになるのだ、という考えならば、利己的で我が身可愛さの人間も最終的には首を縦に振って自然保護に同意してくれることでしょう。逆に言えば、自然保護を説得的に説こうとすれば、それだけ「人間にとっての不利益」を強調してしまうことになり、「人間中心主義」を強調してしまうわけなのです。先ほど、私が豊島の問題をお話しした際に、「自分にとっての不利益」を強調されて始めて出てくる「何かしなければならないんじゃないか」という気持ちを思い出してみてください。あるいは、皆さんに作っていただいた「環境キャンペーン」のためのキャッチフレーズを思い出してみてください。環境問題を効果的にアピールしようと思えば、どうしても「人間にとっての不利益」を説かざるを得ないのです。

4．人間中心主義の難点、その１＆その２
—誰が「人間」の中に含まれるの？—

けれども、もし人間に不利益になりさえしなければ、自然破壊は構わないのでしょうか？　ここで５点ほど、注意していただきたいのです。

先ほど紹介したコルボーンさんは、「自分の子どもの世代を気遣って」環境問題への取り組みを始めました。この視点は「人間中心主義」を批判する際に重要になってきます。なぜならば、先ず、第１に、注目していただきたいことは、「人間中心主義」と言っても、現在生きていて自由を謳歌している成人に限って「人間」と呼んでいるのであって、そこには「まだ誕生していない未来の世代」は含まれていない、ということがあるからです。つまり現在の私達の利益関心に基づいて、自然を保護するかどうかが計算されていくことになるのだ、というわけです。このような利害に基づく計算からは、「未来の世代」は完全に排除されてしまっているのです。ケインズが、「人は皆死ぬ」という真理に基づいて、だからこそ、「長期より短期」をはるかに重くみる、と端的に述べているように、「今、ここに、生きて自由を謳歌している私達」の利益が、「損得勘定」の分析で重んじられることになるのです。つまり、今生きている世代が、自分が生きている間だけの短期的な利益拡大と満足の極大化を求めてしまうという傾向が拭えないのです。

２点目は、人間中心主義の立場という時、「人間」ということで実は特定の「人間」が前提されている、ということが見透かされるようになってきた、ということです。「計算ができる人間」と「計算に入れることのできる人間」との間に差が存在しているのです。「これ以上環境破壊が進んだらどうしよう、これ以上資源が枯渇したらどうしよう」と考えている人間達は実はいわゆる「先進国に住む人間達」なのであるということが分かったのです。「先進国に住む人々の生活に危機感を感じているからこそ、環境保護を促進しようではないか」という論法は、「人間」ということで誰を意味しているのか、といったより根本的な議論を活性化してしまいました。例えば、ボルネオ島にある、マレーシア最大の州、サラワク州では、森林伐採のために、毎年40万haの森林が奪われています。その大半が日本に向けて輸出されているのです。80年代辺りから、サラワクの先住民の１つ、プナン族は、日本の商社の下請け会社が、木材の伐採用に切り開いた道路を、自分達の身体で塞いで抗議運動を展開し始めました。プナンの人達は、樹木の１本１本に固有名詞をつけるほど、環境と一体化して生きているのです。私達が学んだように、「固有名詞」は、まさに愛情の表れであり、「内在的価値」への気付きなのです。けれども、抗議運動に参加したプナン族は、地元警察から酷い扱いを受けたり、逮捕され、数週間に渡って拘束されたりする事件が相次ぎました。日本政府は、各国のNGOから非難されるようになり、テレビなどでも紹介されたことがあります。例えば、日本車に向けて、クレーンで吊るした丸太を落とすなどといった過激なパフォーマンスをしてみせることによって、日本政府に抗議をするなどといった行動が展開されました。ブルーノ・マンサーという活動家は、日本の商社の前でパンツ一丁の裸になり、そのまま断食を決行しました。こうしたニュースに触れると、一体誰の利害関心のために、誰が苦痛を被っているのか、といった疑問が浮かんできます。「住むための家が欲しいから」という理由で、森林伐採を敢行しているのは、先進国の人間なのであって、そのために、先住民の生活どころか先住民の生存も脅かされているのです。

どうでしょうか？　このように「計算に入れることのできる人間」という観点から考えると、人種や性別や階級などを考慮した場合、「人間」という概念には、すでに偏見が入り込んでしまっているのではないのか、といった議論が起こるのは当然です。例えば、イギリスの『ブリタニカ百科事典』は、かつて、「アボリジニー」と呼んでいるオーストラリアの原住民を全く人間扱いしておらず、オーストラリアの原住民をこのように記述していたのです。「オーストラリアの人間は、捕食性の動物である。ヤマネコ、ヒョウ、ハイエナよりも凶暴で、自分たち自身を食する」と。このように露骨なまでに「動物」扱いを受けてきたのです。オーストラリアの教科書では、オーストラリアの原住民を「野生の犬」と同等に扱っていたほどでした。こうした歴史を考えてみると、「人間中心主義」の中にある「人間」という概念には果たして、女性は含まれているのだろうか、有色人種は？　などの疑問がわいてきます。

先ほどお話ししましたように、「コスト・ベネフィット分析」がグローバルに拡張された時に、私達にはっきり見えてくるものがあります。「コスト・ベネフィット分析」が意味する「費用」と「利益」とは何なのかということが。現実の世界を観察してみますと、結局「利益」は、先進国の投資家に流れていき、それは「社会」を飛び越えていってしまい、何も社会には還元されていません。にもかかわらず、「費用」の方は、どうかといいますと、市場の部外者に重く圧し掛かっていき、そうした人達の「社会」を劣化させて不幸をもたらしているのです。特にそれがいわゆる「第三世界」の人達を巻き込み、そこに「公害」や「貧困」といった社会悪を生み出しているのです。「便益」は社会に還元されないにもかかわらず、「費用」の方は、後の章で詳しくお話ししますが「外部性」の名において「社会」を巻き添えにし、「社会悪」までもたらしているという、このアンバランスは一体何なのでしょうか？　経済学者にとって単なる「効率」の問題であることが、私のような倫理学者には「正義」あるいは「公正」の問題に見えてしまうのです。

５．人間中心主義の難点、その３

３点目の問題はこうです。「人間が価値を与える」ということを批判しているわけではありません。ただ、「人間が価値を与える」際に、あたかも人間が、「自然に価値を与えるために、自然の外に立ち得る」かのように考えてしまう点に問題があるのです。こうして出てくる観点が、「人間は自然の所有者である」という観点なのです。「所有者」としての観点から出てくる価値観は、「道具的価値」をおいて他にありません。「これこれしかじかのものを所有すれば、これこれしかじかのことの役に立つ（特に経済的価値）」というわけですから。

地球上にいる人間全体が「所有者」としての態度で、自然を征服することが可能な場合は、どのような場合かというと、自然という資源が無限である時に限られます。自然資源が無限であるのなら、人間中心主義的な態度で自然を「所有物」とみなすことが可能かもしれません。けれども環境問題が私達人間に教えていることは、「自然資源は無限ではない、有限なのだ」という重大な真理なのです。この真理をしっかりと受け止めることが出発点なのです。有限であるからこそ、自然破壊行為に何らかの形で歯止めをかけなければならない、と私達は考え始めているわけですから。これに関連して「フロンティア倫理（Frontier Ethics）」と呼ばれている考え方をここでみておきましょう。

「Frontier」という言葉は、「開拓地と未開拓地の境界線地域」という意味で、まさに開拓の「最前線」を意味するのです。開拓の最前線の存在は、当然ながら、この先に「未開拓地」が広がっているということを前提にしているのです。この倫理は２つの前提の上に成り立っています。

①　人間が自然の支配者である。
②　資源は豊富で際限がない。

以上２つの大前提に加えて次に記すような考え方があるのです。

③　「カウボーイ経済」：早い者勝ち主義「First come, first served」（先行者優先＝「先にやって来た者が先に権利を得ること」）。

最初の２つの大前提、すなわち、「人間が自然の支配者」であり「資源が豊富で限りのないものである」という前提に立てば、人間は自然という際限のないフロンティア（最前線）を開拓していく開拓者である、というイメージができあがります。無尽蔵な自然の豊富さを人間が自分達のために消費し続けていく、そしてそれが人間である限り誰にでも許されていることなのだ、という考え方がここにあります。ギルガメッシュ王のころは、自分の国の資源が無くなれば、豊かな自然を求めて遠征を続ければよかったわけです。実際に、ギルガメッシュ王は、レバノン遠征をしました。ヨーロッパ社会も、自国の自然資源が不足したら、植民地を開拓していけばいいと思っていました。「資源は豊富で際限がない」という考え方に従って、どんどん開発を続けたわけです。けれども、先ず、「あり余るほど豊富で無尽蔵な自然」という第２の前提が間違っており、神話に過ぎなかったことが分かります。イースター島の悲劇を教訓にできていさえすれば、本来はもはや常識になっていなければならないことなのですが、「自然には限りがある」という事実が20世紀の人類に改めて突きつけられたのでした。これこそが、現代の環境問題をギルガメッシュ王のころの環境問題と完全に分かつであろう、全く新しい認識なのです。遠征が可能なような「開放系」の社会とは、異なる、「閉鎖系」としての地球は、カウボーイ経済とは異なる原則を要求しているのです。中国、インド、ブラジルなどのように、巨大な人口を抱えた国々が発展を続けています。にもかかわらず、ひたすら「成長」のための新天地を強迫的に求め続けているのです。もし、アメリカや日本の中流階級が普段当たり前のように享受している消費生活と同じ水準の生活を全世界の人々が要求するようになれば、石油などの重要な資源は、１～２世代ほどで枯渇してしまうでしょう。

最後に、この「フロンティア倫理」の３番目の前提が意味することを見ておきましょう。アメリカ西部で金が出た時に、早い者勝ち主義が登場しました。これは、最初に発見した者が、発見されたものに関する権利を主張し、私物化することによって独占できる、という考え方でした。生存に欠かせない「水」のようなものまで、この「早い者勝ち主義」によって、最初に主張した者に優先権が与えられ、「水」でさえ「私的所有物」扱いされるようになっていくのです。この考え方は、アメリカ起源で、世界共通の考え方ではありませんでした。生存に不可欠の水のようなものは、一時的な使用権はあっても、私的に所有してはならない「公共財（コモンズ）」として扱われる伝統の方が、世界共通の考え方だったのでした。例えば、インドで起きた出来事を見ておくことにしましょう。

インドでは、1972年マハラシュトラの旱魃の後、世界銀行の助けを借りて、地下水を汲み上げる電動式動力ポンプの井戸を導入しました。いわゆる「緑の革命」です。水があれば、1年中作物の栽培ができるから、水を豊富に供給し、1年中作物を育てることで、収穫量を増やし、飢餓を防ごうという主旨で始められた大革命でした。ところがその結果、この井戸は、灌漑用水に使用され、さとうきび畑が急増し、「砂糖成金」と呼ばれる裕福層が誕生したのでした。さとうきびの栽培面積は、マハラシュトラの灌漑農地の3％にしか過ぎないにもかかわらず、灌漑用水の80％の水を使用しているのです。実際に、他の作物の8倍近い水が、さとうきび栽培に使われているのでした。これによって、マハラシュトラの住民共同の井戸が涸れ、小作農家の私家製の浅い井戸も涸れ果ててしまいました。つまり、風土と植生のような生態系を考慮しない開発が、マハラシュトラに水不足という危機をもたらしたのでした。

電動式動力ポンプが普及し、水が有り余るようになると、村の共同体では、貴重な資源を分かち合うという、共同体による水の管理体制が崩壊してしまいました。水はもはや節約して大事に使う「公共財（コモンズ）」ではなくなってしまったのです。空気や水は、人間が生存に必要な「公共財（コモンズ）」ですから、当然のことながら、どの伝統社会でも「私有されていいもの」とは明確に区別されていたのです。けれども、水は私有できるものと皆が考えるようになってしまったがゆえに、いざ水不足に直面すると、かつての貴重な共有財を節約し、皆と分かち合うという伝統的精神は忘れ去られてしまい、奪い合いまで起きるようになってしまったのです。水不足の解決は、電動式動力ポンプを増やすことで安易に解決しようとしたため、水源が枯渇するという危機に瀕するようになったのです。水源は、雨水などによって補充される充填可能範囲で汲み上げねば、当然のことながら、いずれは涸れ果ててしまうでしょう。

70年代の「緑の革命」は、発展途上国の農業を科学に基づいて変革することで収穫量を増加する計画でした。例えば、品種改良が行われ、悪条件の土地でも作付けが可能な「奇跡の種子」と呼ばれる新種が使われました。この功績で、生物学者のノーマン・ボーローグは「ノーベル平和賞」を受賞しました。農地拡大の名目で森林伐採がなされ、農薬や化学肥料を多用し、電動式動力ポンプの導入によって灌漑用水を確保することで、食糧生産量は大幅に増加していきました。ところが、これも長くは続きませんでした。

農薬や肥料を大量に入れなければ、何も育たないほどに土壌は疲弊し、農薬に対して耐性を備えた病害虫が大量発生するようになってしまいました。肥料に頼りすぎたせいで土壌は劣化し、旱魃（水がれ）、塩害、砂漠化などが起きるようになったのです。そのせいで、かえって飢饉が蔓延することになりました。問題解決を新たなる技術に求め、農薬や肥料などの導入のために、膨大な借金を抱えるようになった途上国は、こうして、先進国への依存をますます強化していくのです。途上国では、経済的なダメージだけではなく、今、見てきたような伝統的共同体の崩壊が起き、単一の種子を重用するようになってしまったため、農村に古くから伝わっていた多種多様な種子が忘れ去られ、種子の遺伝的多様性の破壊に繋がってしまったのです。伝統的な智恵は、例えば、ある種の種子は冷害に強かったり、ある種の害虫や病気に強かったりと様々な性質を持っているがゆえに、多種多様な種子を撒くことで、予期できぬ天災に対処してきたのです。

こうして、世銀は、1970年代までの「緑の革命」の失敗後、1980年代に入ると水供給の手段として、水供給の民営化を行ったのです。水を「公共財（コモンズ）」として扱う伝統的な考え方が、崩れると、「水」を所有する、という考え方に対して、人々はあまり抵抗を示さなくなってしまったのです。そんな時に、多国籍大企業が入ってきて、まさに「水」を所有してしまったわけなのです。「私有化する原理」はもちろん、「早い者勝ち主義」なのです。今まで誰も発見したことのない、地下の帯水層を、企業は掘り当てていきました。こうして企業は破壊的なテクノロジーで、地下のさらに深い帯水層（1,500から1,800フィート）にまでボーリングし、加速度的な勢いで水を汲み上げました。けれども強力な吸水技術は、結局、危機的な帯水層の枯渇を招いたのでした。

水の民営化を図る企業は、「水」を「公共財（コモンズ）」ではなく「商品」として扱うということがいかに良い結果をもたらすのかを説きました。これを「市場の仮説」と呼ぶことにしましょう。「市場の仮説」によると、第1に水が自由市場に出回れば、需要の多いところに水は輸送されて集まることになるだろうし、第2に、高価格にすれば、人は節約するようになるので、二重に良い結果が自ずと生まれることになる、というのです。確かに、第1の理由と第2の理由を切り離して、それぞれ独立した理由として考慮すれば説得的に聞こえます。けれども、ヴァンダナ・シヴァが言うように、2つの理由を合わせて考える時に、この理屈が大変なことを帰結することが分かってきます。つまり、こういうことです。水を最も必要とする人達は、貧しい人達であり、「水」が高価格になってしまった途端に、購買力の無い、貧しい人達は、水という生存に不可欠なものすら入手できなくなってしまうだろう、ということです。

企業は利潤を上げさえすればいいという原理で動きますから、地域住民の幸福など考えるはずがありません。水を汲むだけ汲んで、利益を上げ、水が無くなってしまって、利益を上げる手段ではなくなれば、企業はその地から引き上げてしまうわけです。後に残されるのは、当然、水の涸れた荒涼とした大地と渇きに苦しむ地域住民なのです。

「水」のような「公共財（コモンズ）」まで、「フロンティア倫理」に侵されつつあるのだ、ということを知ってください。世界中のあらゆるものが「商品」にされてしまう、このグローバライゼーションの時代ですが、あらゆるものの商品化の背景には、「フロンティア倫理」の考え方が潜んでいるのです。

資源は有限だ、という大問題が突きつけられているにもかかわらず、これで「フロンティア倫理」の考え方がなくなってしまったわけではありません。さすがに第2の前提は崩れてしまいましたが、その代わりに「科学至上主義」という新しい神話が登場するのです。これはどういう神話かといいますと、「たとえ資源が限られていても、いつかその内、科学技術が新しい資源を開発する手だてを教えてくれるだろうし、環境汚染の問題の解決法も与えてくれることだろう」という考え方なのです。科学がきっといつか助けてくれる、というわけですね。こうした考え方は、私達が心の片隅で「科学に対する期待」として持っているような、私達に馴染み深い考え方なのではないでしょうか？　ことに「鉄腕アトム」の世代である私などは、この考え方が棄て切れずにあることを告白しておかねばなりません。けれどもこの考え方の中にある「いつかその内科学が救ってくれる」という表現に注目すれば、これが神話に過ぎないことが分かります。「いつかその内」とは具体的にいつなのでしょう？　地球温暖化の問題などに窺われるように、環境問題は、もはや一刻の猶予も許さぬ深刻さを帯びてきているのに、「いつかその内」という言葉は、空しい信仰告白にしか響きません。さらに、過去の事例でうまくいったからといって、同じやり方が再び通用することを保証してくれるものは何も存在しないのです。確かに、科学至上主義では、何か物足りない感じがします。例えば、木材が無くなっても、コンクリート材があるから、家を建てるに困らない、といった代用の思想が働いているわけです。その「代用物」の発明を科学に任せようというわけなのです。理論的には、機能的に等価であれば、代用が利くわけです。しかし、もし地球生態系そのものが危機に晒されている場合、地球生態系と機能的に等価なものを発明しなさい、ということは不可能なのです。

けれども、反面、科学技術であるというだけで果たして、「反自然的」なのだろうか、という問いを掲げておかねばならないでしょう。科学技術というだけで、「自然の敵」なのでしょうか、この辺りは十分考えてみる必要がありそうですね。ただ忘れてはならないことは、いくら科学技術が発展しても、地球生態系に自らの生命の存続基盤を持つ人間は、そこから進化してきたのであるゆえに、地球生態系への依存から脱することはできないということなのです。例えば、水が枯渇したとしても「水」の「代用物」を飲むようになるということは想像できないでしょう。ともかく、ここで皆さんに注意していただきたいことは、「フロンティア倫理」の２つの前提、つまり、「1．人間が自然の支配者である。2．資源は豊富で際限がない。」が一緒になると、自然破壊をも肯定できるようになる、ということです。この２つの前提の内、２番目の「資源は豊富で際限がない」が誤りであることが明らかになった以上、「フロンティア倫理」を今あるような形で維持することはできないのだ、ということはお分かりいただけたと思います。

6．人間中心主義の難点、その４

人間中心主義の４つ目の問題点として、「役に立つ」ということの盲点が存在する、ということを挙げておきましょう。「道具的価値」は、人間の「目的」にとって「手段」として「役に立つ」かどうか、ということに関係する価値です。人間の「目的」は、しかし残念ながら、常に目先の興味・関心によって定められるのです。今、こうして生きて自由を行使している人間が、自分の人生が尽きない内に享受したいと欲望する、大変卑近な幸福のみが、視野に入ってくるわけで、ここから、目先の興味・関心によって近視眼的に選択された「目的」の実現に「役に立つ」手段が､「道具的価値」を有するものとして尊ばれるようになるのです。まさに「目の黒い」内に享受できる、短期的な実利を上げられる何かが、近視眼的に「目的」として設定されるというところに、人間に「役に立つ」はずの「道具的価値」が自ずと抱え込んでしまう盲点があるのです。例えば、人間中心主義の問題点として､「人間に損か得か」という「損得勘定」が出てくるわけですが、この損得勘定が、目先の実利を優先してしまうような「経済的効率」の考え方と固く結びついてしまっています。自然の環境保全機能の維持という仕事は、直接経済には結びつきません。例えば、雑木林を整備することは、経済的には効率が悪いのです。時間はかかるし金もかかる。その割には、経済的な効果という点で、表立った結果が得られないわけです。「雑木林」には、「いろいろな木々が混じっている」という意味の他に「良材にはならない材木」といった意味があるように、「いろいろ混じっている木々」の中には、「良材にならない木々」も混じっているわけです。経済的効率という観点だけから眺めれば、何のために、お金と時間をかけて、そんな「売り物」にもならない木々の世話をしなければならないんだ、という話になってしまいますよね。話が直ぐに、経済的に「損か得か」ということになってしまうのですが､「生態系として維持していくと、人間という種にとってどうか？」といった直接には経済効率には関係しない問題が盲点になってしまうのです。例えば、ブナの植林をすることは、大人の背丈ほどに成長するのに8年もかかってしまう､ということで､効率が悪いとされてしまうのです。1955年、日本は、高度成長期における木材の需要増加を見越して、「拡大造林計画」を打ち出しました。成長の遅いブナなどを皆伐し、成長の速い杉を植林したのです。こうして「資源」として「役に立つ」杉の植林が全国的規模で開始されたのです。その帰結として、花粉症、緑の砂漠、土砂崩れの頻発、海洋資源の枯渇などの弊害が引き起こされてしまったのです。杉の花粉アレルギーは、国民病と呼んでいいほど深刻です。真直ぐに伸びた杉は、日光を遮り、空から見れば青々としているのに、木々の間を歩いてみると、下草の生長をも許さぬような不毛な大地を眠らせているのです。これを「緑の砂漠」と呼ぶのです。森がこんなふうに劣化してしまった証拠として、猪や熊、あるいは猿などの動物達が人里に下りてくるというニュースが多くなったことが挙げられます。また、杉はもともと、水辺に生える木であるゆえに、根が浅く、昨今の異常気象ゆえの土砂降りによって、簡単に根こそぎ流されてしまうのです。しかも、針葉樹である杉の場合は、落ち葉の堆積によって腐植土を形成することもないので、川を経由して、腐植土中の養分を海へ運び、海に恵みをもたらすということもなくなってしまったのです。このように、目先の興味・関心によって「役に立つ」とされたことの盲点が、今や人間を苦しめているのです。化石燃料をわざわざ掘り起こし大量に消費するようになった、ということも、同様ですね。あるいは、「Pacific Yew」という名前の木は、製材用としては「役に立たない」もの扱いをされてきましたが、近年、抗癌物質の「タクソール」を含有していることが分かり、その価値が新たに再発見されたのです。ここでの教訓は、人間の目先の「興味・関心」からは、見えてこないものがある、ということなのです。「役に立つ」ということによって、近視眼的になってしまい、そのことで生じた盲点が長期的には災いをもたらすかもしれないのです。ここでついでに批判しておきたい考え方は、「損得勘定」というと直ぐに「経済的な効率」の話になってしまう、ということです。ヨーロッパでは、デ・カップリングという所得保証制度があり、「生態系の維持」のように、直接経済に結びつかない、つまり、お金にならない仕事に従事している人々に政府が賃金を支払っています。日本も 2000 年から、助成金という形で、環境保全の仕事を支援することになりました。

7．人間中心主義の難点、その５

人間中心主義の最後の問題点は、私達は環境破壊を繰り広げることによって「自分の首を絞めている」ことに容易には気付かないということです。以前、お話ししましたように、環境問題に訴えることで、「経済の時間」に歯止めをかけようとする時、私達は「カッサンドラ・ジレンマ」に陥ってしまいます。けれども、ここに、この問題を深めていくために、恐らく一番効果的な喩え話があります。アメリカのアル・ゴアさんが、クリントン政権の副大統領だったころ、卓抜な比喩を駆使して環境問題に触れていました。その比喩をここで再び思い起こしておくことにしましょう。気候変動による環境危機を訴えた、映画『不都合な真実』で見られるような、旺盛な啓蒙活動ゆえに、ゴア（Al·Gore）さんは、2007 年に、IPCC（Intergovernmental Panel on Climate Change：気候変動についての政府間調査委員会）とともに、ノーベル平和賞を受賞しましたね。アル・ゴア元副大統領は「環境派」と呼ばれていますが、彼はこんなことを言っていました。

熱湯に蛙を入れればすぐさま飛び出すだろう。だがぬるま湯に入れられた蛙は心地良さそうにしており、徐々に熱せられていって、飛び出さねばならない、という限界点においては既にぐったりとなってしまっており機を逸した蛙はそのまま往生を遂げてしまう。

この比喩は、映画『不都合な真実』の中でも確認できますのでご覧いただきたいのですが、人間を「蛙」に、人間の置かれた環境を「徐々に熱せられるお湯」に、喩えた喩え話です。この話のモラルは、環境問題に関して、私達は「ぬるま湯の蛙」のように、「まだ大丈夫だ、まだ大丈夫だ」「もうちょっといいだろう、もうちょっといいだろう」と思ってしまっているのですが、このように思っている間に、もうすでに人間の身体を含む自然が徐々に犯されつつあり、事の重大さに気が付いた時には、環境問題はもはや手遅れの状態になってしまっている、ということです。害悪が目に見える形で直接私達の利害に関わってこない限り、私達は「ぬるま湯の蛙」のように「まだ大丈夫だ、まだ大丈夫だ」「もうちょっといいだろう、もうちょっといいだろう」と合唱を繰り返すばかりで、害悪が目に見えるようになり、直接私達を蝕むころはもう手遅れとなってしまっているのです。自然環境は、この徐々に熱せられるぬるま湯のように、確実にしかし緩慢に劣化しているのだと考えてみてください。人間は「ぬるま湯の蛙」のように「気付き」の範囲が現時点における快適さに絞られてしまっていますので、現在が快適であれば何事も問題が起きていないかのように振舞ってしまうでしょう。こうして現在が快適であれば、さらに目先の欲望を追求してしまい、そうすることで、ますます環境劣化に加担してしまうことになるかもしれないのです。この「ぬるま湯の蛙」の比喩は、こうした人間の愚かさを客観視させてくれます。ちなみに、映画『不都合な真実』の中では、「ぬるま湯の蛙」は往生してしまう前にお湯から出してもらっていましたね。「可哀想だ」、という子ども達からの声を反映して、蛙を助けてあげることにしたそうです。

皆さんの中には、ひょっとしたら、きっと科学者が、環境がどのように悪化していくのか、予測してくれるだろうから、本当に危なくなるまで、「もうちょっといいだろう」と言い続けていても大丈夫、と思っている人がいるかもしれません。そういう人達のために、こんなお話をしておきましょう。

私達は、実験室のような場で、無関係な要因とされるものを排除しながら「原因／結果」の連鎖を特定できる、といった「実験室のシナリオ」とでもいったようなイメージによって、世の中の現象を見ていこうとする傾向があります。そうすることによって、「予測可能なもの」「計算可能なもの」を見いだそうとするからです。皆さんは、小学校で、比例のグラフを習いましたが、あのようなグラフですと、X の変化にともない Y がどうなっていくのか予測可能ですよね？　科学というものを私達は、あのグラフから来るようなイメージで捉えがちです。単純化してものごとを予測しようとする傾向は一概に悪いとは言えません。実際に「予測可能なもの」「計算可能なもの」を求めて、特定の現象を別個に扱ってしまうから、科学研究の専門化、細分化が進むのです。そして単純化をすることの中には、「価値判断」の排除ということも入ってきます。余計な価値判断は持ち込まないで、実験室の中で確認できる事実にのみ集中しようというわけです。

「ここまでなら何とか大丈夫だ」といった限界点のようなものを科学が教えてくれるはずだ、という期待を私達は持っているわけですが、最近では、コルボーンさんが警告した「環境ホルモン」のように、「ここまでなら人体が許容できるから大丈夫」といった従来の安全基準の考え方が通用しないようになっているのです。「ppb（いっぱいにした 50 m プールにスポイトに一滴という極々少量を表す単位）」という、極々少量の「環境ホルモン」でも生物に影響があることが分かってきました。それゆえ、「ここまでは大丈夫だ」という警告の仕方（「閾値を定める方法」）自体を変えなければならない、という事態になっているのです。

さらに、環境問題を扱おうとする時、「全体はその部分の総和以上のものだ」という金言は、科学は何でも予想可能だ、という考え方に警告を発しているのです。「部分的なものにのみ専門的に詳しくなろう」とする傾向は、特に、私達の自然環境が、どのように悪化していくのかを予測しようとする時、その方法の欠陥がはっきり分かるのです。生態系という全体を見ようとすると、「環境劣化のプロセスが予測可能である」という楽観的な考えが、間違っているということが分かるのです。環境についての１つの問題がもう１つの別の問題と結び付く時、「予測しにくい急激な変化（カタストロフィ＝非連続性）」が起きてしまうのです。

環境は予測しにくい、「カタストロフィ（Catastrophe）」という形で急激に劣化するのです。

急激な変化とはどんな変化なのかを皆さんに実感してもらうための実験をしてみましょう。実際に実験をするのではなく、頭の中で想像力を駆使して行う実験のことを「Thought Experience 思考実験」といいますが、これから紹介するのも「思考実験」です。池を思い浮かべてみてください。その池に、宇宙から飛来したピンク色のアメーバ―みたいな生き物が１匹浮かんでいます。その生き物は、１日経つと細胞分裂を起こして、１匹が２匹になります。また次の日には、今度はその２匹が同時に細胞分裂を起こして４匹になるのです。分裂を起こすのは、１日に１回きりで、いつも同時だとしましょう。さて、あなたは池がいっぱいになるまで観察を続けたかったのですが、どうしても旅行に行かねばならず、旅行から帰ってきたら、あなたの友人が「池はもうあの生き物でいっぱいになっているよ。」と言いました。友人の話では、30 日後にいっぱいになったというのですが、さてここで問題です。(Q) 何日後に、その生物は池の半分を満たしたのでしょうか？　(A) 29 日後です。次の日は、必ず現状の個体数の倍になるわけですからね。池の半分になった次の日は、池いっぱいになるわけですよ。池半分だから、まだ大丈夫だと思っていると大変なことになるわけです。「急激な変化」を実感していただけましたか？　今の例の場合ですと、まだ計算できますが、どのような急変が待ち受けているのか分からぬゆえ、ぬるま湯の蛙のように、「まだ大丈夫だ、もう少しいいだろう」と言ってはいられないのです。こうした急激な変化が起きる場合、数学では「非線形（Non-linear）」などと表現します。それでは、「予想ができない」とはどういう事態なのかを考えてみましょう。

オックスフォード大学の生態学者、ノーマン・マイヤーズ（Norman Myers）教授は、いろいろな問題の相乗効果によって予想外のカタストロフィが起きることを「super-problem（予想外の超問題）」と呼んでいます。環境は予想外の激変によって悪化していく、というのです。

ちょっと幾つか例を見ていくことにしましょう。いろいろな環境問題が幾つも重なって、相乗効果を生み出し、全く予想外の結果をもたらしていく様子に注意して聞いてください。異変が起きてしまう前に、その異変を予測することは不可能で、異変が起きてしまって初めて、事後的に説明ができる、といった情けない有様なのです。私が紹介するのは、事後的な説明なのです。

環境NGOとして国際的に知られるWorldwatch Instituteの所長レスター・ブラウン（Lester R. Brown）が挙げている例を紹介します。カナダの東部で起きた干ばつのせいで、カナダの幾つかの湖に注ぐ河川の水量が減少してしまいました。このため、湖に川が運ぶ有機物があまり流れ込まなくなってしまいました。有機物の減った湖がどうなるか、知っていますか？　微生物がいないので、水が透明になっていくのです。ここで思わぬことが起こったのです。オゾン層の破壊というもう１つ別の現象が関わってきたのです。オゾン層の破壊は、地球の北極付近で広がりつつあるわけですが、北極に近いカナダはその影響を受け、地表に届く紫外線の量が増えてきているのです。その紫外線が、透明化した湖のせいで、湖の1.5 mにまで達するようになってしまったのです。以前は、紫外線はせいぜい30 cm程度までしか透過しなかったのです。これだけではありません。酸性雨によってさらに予想外の効果が湖にもたらされたのです。酸性雨によって、微生物の死滅が促進され、湖の透明度が高まる結果になったのです。紫外線は、今や、水深3 mにまで達するだろうと言われるようになり、紫外線の害が湖に生息する生物に及ぶようになったのです。

このように、幾つもの要因が、相乗効果を起こし、全く予期できなかった結果を生み出してしまい、異変が起きてしまった時はもう「後の祭」なのです。他にもこんな例があります。地球の温暖化が原因で、北極の氷が減少し続けています。2000年の段階で、1996年に比べると5%減少した、というのです。ところで、氷は地表に届く熱射量のほとんどを反射してしまいますが、氷がなくなった海表は90%以上も吸収するのです。すると、海が暖まり、それが、氷の溶ける早さを加速させるのです。どうしてか分かりますか？　つまり、氷が溶けると海が暖まり、海が暖まると氷が溶ける、という悪循環が、「正のフィードバック・ループ」を作ってしまって、変化を加速度的に激化していくのです。このように、「フィードバック」することで、自己強化してしまうシステムを「Positive Feedback Loop 正のフィードバック・ループ」と呼びます。「正のフィードバック・ループ」は、原因によって生じた結果が原因をさらに加速させる方向に働き、そのためどんどん加速化していくのです。この「正のフィードバック・ループ」が、どのように加速化していくのかは、科学者には正確には予想できません。

以上、２つ例を示しましたが、環境の悪化は、予測しがたい激変という形で起きるわけです。確かに、比例のグラフか何かのように示されれば、「ああ、グラフがこの辺りに来たら、本当に危ないんだな」と実感できるかもしれませんが、そのように「予測可能」ではないのです。確かに、それでも、部分ではなく全体を総合的に考慮しようとしていくことで、科学的に予測しようとする努力は続けねばならないでしょう。けれども、ここでの教訓は、環境破壊は、予測できない急激な変化の形をとる、つまり、カタストロフィなのだ、ということなのです。であるとしたら、「ぬるま湯の中の蛙」達が、顔を真っ赤にして「ひ〜、ひ〜」唸りながらも、「いつかその内、科学が救ってくれる」などと言い合っている様は何か滑稽ですね。

最後に、人間の何気ない行為が、幾つもの要因の相乗効果を引き起こし、全く予想すらできなかった結果を招いてしまうという例を身近な所にとりましょう。東京湾の埋め立て工事の時に起きたことです。東京湾を埋め立てする際に、必要な土砂を海底から掬いました。この時は、誰１人として何が起きるのか全く分からなかったのです。ただ埋め立てに必要だったから、手っ取り早い方法で、浚渫船を使って土砂を海底から掬ったわけです。ところが、こうしてできた海底の窪みに、死んだプランクトンがたまっていくようになりました。窪みに堆積したプランクトンは、海中の酵素によって、基本的には二酸化炭素と水に分解されていきます。けれども、それだけではなく、ある種の嫌気細菌の働きによって、堆積したプランクトンの死骸から、「硫化水素」が生じるのです。そして何と、窪みの中の二酸化炭素や硫化水素の量が酸素の量を上回り、酸素のない「死の海」ができてしまったのです。海水は水温が比較的暖かい表層水と、冷たい下層水に分かれて動いています。表層水には、空中の酸素が溶け込みますが、それが、下層水に混じることはないのです。こうして、無酸素化した下層水が窪みを中心に形成されてしまうのです。さて、台風のような低気圧の接近で、陸地から沖合に向けて風が吹くと、表層水が沖に向けて流れ、表層水が流れてしまった分を補うように、今や「死の海」と化した下層水が、海面に上がってきてしまうのです。この無酸素の「死の海」に魚が巻き込まれると当然魚は死んでしまいます。この現象は「青潮」と呼ばれるようになりました。「青潮」の名前は、無酸素水に含まれる「硫化水素」が海面近くで酸素に触れて、酸化して硫黄（$2H_2S + O_2 =$

$2H_2O + 2S$）が生成し、海が緑色っぽく見えることに由来しているのです。

このように、環境の悪化は、予想もできなかった急激な変化、つまり、カタストロフィという形をとるのです。また、自然のように、相互作用的で複雑なシステムの場合は、ほんの小さな出来事が、システム自体に崩壊をもたらすような予測不可能な連鎖反応を起こしてしまうことがあるのです。デンマークの理論物理学者のパー・バクは、こうした微妙なバランスを「自己組織化臨界現象」と呼んでいます。例えば、米粒の山に一粒ずつ米粒を追加していくと、この一粒を加えたばかりに、全体が崩れるといった瞬間がやってきますね。「この一粒」が原因ということが予想できない上、一度こうしたバランスを崩壊させる引き金が引かれてしまうと、まさにカタストロフィに向かって不可逆で取り返しのつかない時間が流れてしまうのです。そして悲しいかな、何かがおかしいと人間が感じるのは、諸々の原因の相乗効果が、人間の利益を直撃した時だけなのです。

さて環境問題を論じる論者達が懸念している環境破壊という過程がカタストロフィとなるとした場合、つまり環境が急激に悪化の道を辿ることになる場合、ここに以下のようなジレンマが生ずるだろう、ということです。つまり、一度環境カタストロフィが起これば、各自が自衛本能に任せて行動するだろうゆえに理性的解決が不可能となる一方、理性的解決が可能な間は環境カタストロフィに対する実感が全く沸いてこないゆえ、ゴア元副大統領の「ぬるま湯の蛙」のごとき運命が待ち受けることとなろう、というジレンマです。これを仮に「蛙のジレンマ」と命名しておくこととしましょう。環境問題において、私達は皆この「蛙のジレンマ」の状況に投げ込まれているのです。だから環境問題を考える時は、先ず私達がこの蛙のジレンマの状況に投げ込まれているのだ、ということの自覚を促さねばならないでしょう。私達が未だ「ぬるま湯の蛙」でいる内に理性的な討論を真剣にやって解決策を見いださねばならないのに、「ぬるま湯の蛙」は直接に害悪を被らない限り「まだ大丈夫だ」の合唱を繰り返すのみなのです。人間中心的なアプローチは説得的なのですが、今の自分の損得感情に直接影響ない限り、無関心を装い、その無関心の代償として知らぬ間に「蛙のジレンマ」に追い込まれてしまうのです。

このように、科学が「ここまでなら大丈夫」という見方で警告を与えるのが難しい、というわけなのです。事の重大さに気がつく時には、すでに身体が蝕まれてしまっており、取り返しがつかないのです。「ぐったりと力なく死を待つ蛙」のようになる前に、「ぬるま湯」から飛び出すにはどうしたらいいでしょう？アラン・アトキンソンが言う「カッサンドラ・ジレンマ」を思い出しましょう。「ぬるま湯の中の蛙」達に、「環境危機」を訴えても、「まだ大丈夫だ」「もう少しいいだろう」と言って誰も真剣に耳を貸さないか、あるいは、聞いてくれても、「単なる予言だから」と軽くあしらわれてしまうことになることでしょう。

環境問題の難しさは、「Invisible Problem（見えにくい問題）」にある、と言えます。1つは、環境問題は、子どもや孫の世代のような未来世代に大きく影響する問題なので、自分には切実な問題として見えてこない、という意味でInvisible Problemなのです。もう1つは、環境破壊が行われている場所が、自然が豊かな、いわゆる「南」の国々なので、「北」の先進国で生活している人達の目には、切実な問題として映り難い、という意味でInvisible Problemなのです。そして最後に、「予想外の超問題（Super・problem)」ということがあるがゆえに、「予想が難しい」という意味でInvisible Problemなのです。ある日、突然、「予想外の超問題（Super・problem)」が、カタストロフィー（激変）という形で人類を襲うかもしれません。あるいは、「環境ホルモン」のように因果関係が直接的には「見えてこない」という意味で「Invisible（見えにくい)」問題があるのです。あるいは、「人間中心主義」お得意の「Cost-benefit analysis（費用と利潤を考えた分析)」を適用した場合、多大な「コスト」を時には「リスク」という形で引き受けねばならない人達（「南」の途上国の人達や未来世代）と、「ベネフィット（利益)」の恩恵を受ける「現行」の「北」の人達は、誰が「人間」かという点において、全く違う次元に位置してしまうのです。しかも、こうしたことに加えて、水や大気のように、人間を含むありとあらゆる生物の生存基盤をなすがゆえに、金銭による「損得勘定」では捉えられない自然物が問題になっているのです。そうした自然物は、失ってしまったら取り返しがつかないという「不可逆性」の刻印を帯びているゆえ、なおさら一層、私達は、慎重であるべきだからこそ、いつまでも、「未だ大丈夫だ、もう少しいいだろう」の蛙の合唱を繰り返す猶予は無いのです。

8.「地球1個分」の思考

目先の利益·不利益しか計算できない「ぬるま湯の蛙」には、「人間中心主義的」な考え方は、何もしないことの隠れ蓑にしかならないのです。「人間中心主義」に頼る限り、目に見える現実の利益·不利益、しかも経済の用語で飾られた利益·不利益しか分からないのです。

最後に、「人間中心主義」が抱える決定的な問題を指摘しておきたいと思います。私達が確認しましたように、「人間中心主義」のアプローチでは、環境に関する利害が経済的関心と衝突した場合、「Cost-benefit analysis（費用と利潤を考えた分析）」、すなわち、「損得勘定」をするということでした。環境問題のもたらす害毒が人間の経済的利益を凌駕する場合のみ、環境問題を優先して考える、というのが定番なのです。こうして、このアプローチにおいては、経済的利益が重視されることになるのです。なぜかといいますと、どのような問題に対しても解決策を見いだすのにも、実行するのにもお金が要るからなのです。このように考えますと、どのような問題であれ、個々の問題の解決の答えは、常に「経済成長」ということになるのです。環境問題があるとしても、その問題解決に先ず、お金が要るという理由で、経済成長にブレーキをかけるという発想は出てこないわけなのです。ありとあらゆる問題の解決策のために、お金を捻出しなければならず、それには経済成長路線を突き進むしかないと考えるのですからね。これこそが、以前紹介した「タイタニック現実主義」の考え方なのです。船内の問題解決のためには、船をむしろ加速させねばならい、というわけなのです。こうして「開発·発展」を止め処無く続けることを奨励するような経済学が重視されることになります。

けれども、ここで私達が気をつけねばならない問題は、論理学者の言う「複合の詭弁（Composition）」なのです。つまり、個々で「真」であっても、全体ではそうではない、というのです。個々の問題の解決を考えると、確かに、答えは1つで、「経済成長」ということになるでしょう。けれども、個々の問題の解決策として「経済成長」ということになろうとも、だからと言って、温暖化のような地球規模の問題を解決するのも「経済成長」だ、とは言えないのです。なぜならば、個々の問題を解決するために投入するエネルギーが集積していくと、「有限性の問題」に突き当たることになるからです。なぜ有限かといえば、当然、地球が1つしかないからですね。「経済成長」を求めて、例えば、皆がアメリカ人並みになろうとすれば、地球が5個と3分の1個必要になる、という計算が存在しています。たとえ、計算上は、地球が5個と3分の1個あれば、全ての問題が解決するとしても、これは、端的に不可能です。環境問題がグローバル化している今、「複合の詭弁（Composition）」を乗り越えることのできないような、現行の「経済成長」路線を優先させる経済学を捨て去る時が来ていると言えるでしょう。なぜ「タイタニック号」が、いつとは確定できないけれども確実に氷山に突き当たると言い得るのか、という、その理由は、地球が1つという有限性の枠組みの中で考えねばならないのにもかかわらず、「複合の詭弁（Composition）」の発想法を捨てないで、「成長路線」を叫び続けているからなのです。

経済が、自然をサブシステムにしているような、現行のシステムでは、問題解決には、金が要るゆえに、「効率性」という観点から、「経済成長」を重視したシステムの運営が行われ、結局は、「複合の詭弁」に陥って、破綻への道を歩むことになってしまいます。それではどうすればいいのでしょうか？　自然をサブシステムとして捉えない見方への転換が必要なのです。それは、ある意味で簡単なことなのです。なぜならば、自然の浄化システムを筆頭とする、自然の「復元力」を中心にして、システムの運営を再開することを目指せばいいのですから。個々の場面では、「効率性」を最大限に引き出し得る、賢い人間が、「地球1個分の思考」という有限性を忘れ、「複合の詭弁」に陥るのであるのならば、そうした避け難い愚かさに対して「倫理」すなわち、「ある選択肢を選び得るにもかかわらず敢えて自粛すること」が必要となってくるのです。私達が見てきましたように、インディアン達は、自然の「復元力」に挑戦的な態度を取ることを、神話的語りを通して、戒めているのです。私達に必要なのは、これに類するような倫理なのです。

「地球1個分」の思考という制約を考える上で、「エコロジカル・フットプリント」の考え方が役に立ちます。人間がどのくらい自然環境に依存しているのか、ということを、分かりやすく示す指標として、「エコロジカル・フットプリント」と呼ばれているものがあります。人間は、それぞれの地域において、生活を営み、経済活動を続けているわけなのですが、そうした活動を持続可能に支えていくのに必要な、土地、森林、水域などの面積で表現しようというのです。1人当たりの「エコロジカル・フットプリント」を見れば、環境収容力に見合ったエリア辺りの適正規模をどの程度超えた経済活動をしているのかを見ることができるのです。地球の環境収容力を全人類に公平に配分した場合、1人当たりは、約1.8 haになるということです。これが1人当たりの適正規模の環境収容能力です。これに対して、日本人、1人当たりの「エコロジカル・フットプリント」は、4.3 haになるというのです。ですから、1人当たりの適正規模の収容能力である1.8に対して、日本人の1人当たりの「エコロジカル・フットプリント」である4.3の割合を計算すると、4.3 ÷ 1.8 で、2.38… となりますので、約2.4ということになります。これは、もし全人類が日本人と同じ生活水準を維持する経済活動を行った場合、地球が2.4個必要になる、ということを意味しているのです。ちなみに、アメリカ人1人当たりの「エコロジカル・フットプリント」は、9.5 haですので、9.5 ÷ 1.8 を計算すると、約5.3となり、このことは、もし地球上の全ての人達がアメリカ人並みの生活水準を維持するような経済活動を行った場合、約5.3個の地球が必要となってしまうことを意味するのです。人類の地球の環境収容力に関する割合は、エコロジカル・フットプリントで表した場合、130%であること、すなわち、地球上で利用可能な生態学的生産力を有する土地面積を30%上回っている、ということになるというのです。世界人口の20%を占める先進国の資源消費が、世界の資源消費量全体の80%を占めているとされています。すると、先進国のエコロジカル・フットプリントが地球の環境収容力を占める割合を、1.3 × 0.8 = 1.04 という式で計算できます。この式の答え、104%は、もうすでに、先進国以外の国々が、地球環境を生態学的に取り返しのつかない方向に悪化させてしまうことなく、「成長」をしていくための余地が残っていないということを表しているのです。このことは、現在の地球上に見られる、大きな貧富の格差を前提にして、今や、地球1個という有限性の中で、有限な地球に負荷をかけ、貧困問題を生み出しつつも、先進国に住む私達は、贅沢な衣食住を享受しているのだ、ということを意味しているわけなのです。

「地球1個分」の思考という制約を、ようやく経済学も取り入れるに至り、ハーマン・デイリーのような人が、「環境経済学」という分野に「持続可能性」の原則を導入しました。ハーマン・デイリーによる「持続可能性」とは以下の3点にまとめることができます。

①「再生可能な資源」の持続可能な利用の速度は、その供給源の再生速度を超えてはならない。

②「再生不可能な資源」の持続可能な利用速度は、持続可能なペースで利用する再生可能な資源へ転換する速度を超えてはならない。

③「汚染物質」の持続可能な排出速度は、環境がそうした汚染物質を循環し、吸収し、無害化できる速度を超えてはならない。

このように、経済学が超えてはならない「自然の時間」にようやく気付き始め、自己目的と化した「成長」を「複合の詭弁」の罠を忘れて、盲目的に追いかけるだけのやり方に対して、「持続可能性」というオプションを提起するようになりました。利益志向型の経済成長の論理は、有限な資源の利用率や環境の自己浄化能力のような「復元力」に限界が存在するということを忘却した机上の空論なのです。「成長」という目的それ自身を追及する運動が、「地球１個分の思考」という、私達の生存基盤でもある、この運動そのものの成立条件を破壊しているのです。今まで「経済成長」ということで、「効率性」の価値に従ったシステム運営が「グローバル化」の名の下、極限にまで推進され、そのせいで、地球が本来具えていたはずの「復元力」が撹乱されているのです。私達は、「持続可能性」について語ることはできましょうが、今述べた理由で、「成長」と「環境」は相容れないがゆえに、それが幾ら心地良い響きを持とうが「持続可能な成長」について語ることは、何らかの自己欺瞞無しにはあり得ないのです。「ぬるま湯の蛙」は直接に自分が害悪を被らない限り「まだ大丈夫だ」の合唱を繰り返すわけで、「まだ大丈夫だ」の声に混じって聞こえてくるのが、「成長すれば解決する」という声なのです。こうして蛙自らがボイラーの火を強くし、ぬるま湯は、もはやぬるま湯とは言えぬ限界に向かってますます熱せられていくのです。「成長」ではなく、「有限性」の中での公正な再配分と、その再配分に応じてやっていけるようなライフスタイルの構築を志向すべき時なのです。

もう１度、ここで、第１章で紹介した「タイタニック号」の譬え話に戻りましょう。タイタニック現実主義者の過ちは、タイタニック号が、無際限の大海原を進んでいると思い込んでいるところにあるでしょう。むしろ船は、小さな室内プールに浮かんでいるのです。ですから、「氷山」に見えたのは、小さなプールの壁だったのです。つまり、初めから、そうした限界がある中に船が存在していたのです。しかも、本当は「タイタニック号」は、自分の船の甲板を燃料にしながら進んでいるのでした。今や船の煙突から出る煙や、スクリュー付近から漏れ出るオイルなどで、室内プールの大気や水の汚染が処理しきれないほどになっているのです。このように喩え話を書き換えてみれば、地球の「有限性」の問題に気付くことでしょうし、「地球１個分」の思考に連れ戻されるはずなのです。「成長」をひたすら追い求める態度は、「何粒目の砂」がカタストロフィをもたらすのか予想できない私達、人類の無謀な賭博と呼んでもいい愚行なのです。

十分学んでくださったはずの皆さんのために、寓話を作ってみました。「金言」は、敢えて付しませんので、皆さんが考えてください。

アイロニカルな惑星（An Ironical Planet）

その小さな星には町がたった1つ、その町にはたった1つの工場が存在していました。町の経済は、その工場が生産する物品によって成り立っています。多くの町民が、その工場で働いており、工場労働していない人達は、農業や水産業のような第１次産業に従事し細々と暮らしていました。

ある日、その工場が公害を出していることが発覚しました。町民は、公害の根本原因を見定めるまで、工場の操業を暫く停止すべきかどうかを話し合いました。

ところが、結局、「公害を解決するのには、お金がいる」それゆえ、「操業を止めるわけにはいかないのだ」という議論が優勢になりました。

こうして、公害を解決するための技術開発や公害で苦しむ人たちの病苦を緩和する薬剤の開発に要する研究費から始まって、その研究成果を実現し、実行していくための費用などを捻出するために、工場は日々生産を拡大していきました。その星の近くにある巨大星の住民に製品を輸出しお金儲けをするために、工場はオートメーション化されました。工場で働いている人達が少しずつ病弱になってきたからです。

けれども、費用が十分に捻出できた頃、公害によって町民の大半は病人同然となってしまい、田畑からはほとんど何も収穫されず、海洋生物もほぼ死滅してしまっていたのです。それは、まさに、「取り返しがつかない」ところまでいってしまっていたのでした。

工場で働く人の姿も見当たらなくなりましたが、オートメーション化されていたため、製品は生み続けられたのです。そんな機械も、やがては錆び、軋み始め、完全に動きを止めました。星は静かになりました。

「地球１個」分の思考とは、地球生態系というシステムから来る制約を理解し、それを自らの行動を規制する倫理とすることを意味するのです。地球生態系というシステムの持つ復元力に無謀な挑戦をしないためにも、この寓話をよく読んで想像力を鍛え直すところから始めなければならないでしょう。

9．責任のパラドクスと人魚姫的感受性

「Invisible Problem」という、想像力が及びにくい難問に関して、私が「人魚姫的感受性」と呼ぶ感性の必要性を説きたいと思います。この「人魚姫的感受性」とは何かを説明する前に、もう１つの難問、「責任のパラドクス」を紹介しておきたいと思います。

2006 年 8 月 25 日夜、福岡市東区の「海の中道大橋」で、家族５人を乗せた RV 車が、飲酒運転の車に激突された衝撃を受け切れず、欄干を突き破って転落するという事故が起きました。闇夜の中、母親が４回海に潜り、沈んでいく RV 車の後部座席から何とか２人の子どもを救い出しました。２人の子どもを抱きかかえながら、父親が立ち泳ぎを続け、救助を待つ間も母親は潜水を繰り返したのです。レスキュー隊が到着し、陸に上がったわが子の体はすでに冷たかったのです。そして海中から見つかったもう１人の子どもも、命を助けてあげることはできませんでした。飲酒運転が引き起こした痛ましい事故でした。

この事件の時、海中に素潜りを続けたお母さんは、意図されたかどうかは分からないのですが、一番幼い子どもから助け出しています。このあまりにも惨い事件の報道に接した際、私は、哲学者のジャック・デリダの言葉を思い出してしまいました。すなわち、私はある他者の呼びかけに応えることで、他の他者達の呼びかけに応えられなくなってしまう、といったことを意味した言葉です。ある１人の人の呼びかけに応える責任を果たそうとする時、私は他の他者達を犠牲にせずにはおれず、１人への責任を全うしようとすることで、他の人達への責任を犠牲にせずにはおられないのです。あの事件の時、３人の子どもが三つ子だったとしましょう。１人の子どもへの救済の手は、他の子どもの犠牲の上に成り立つわけなのです。これは、一個人に向けられたあまりにも残酷で孤独な選択ではないでしょうか？　この究極の選択の状況において、人は絶対的な孤独を味わうので

す。なぜならば、誰もあなたに代わって選択を代行できないからなのです。この時、あなたは、一人ひとりが皆ユニークで掛け替えの無い個人であることを知っています。デリダは、「全ての他者は全き他者である」という言葉で、一人ひとりの掛け替えのなさ、交換不可能さ、を表現しています。「掛け替えの無さ」という点では、私は、一人ひとりに応答をしなければなりません。このような状況にあって、あなたは、単に一般的な規則の適用へと逃げることはできません。一般的規則は、「苦しんでいる人を助けよ」ということは教えてくれますが、この3人の内、誰に応答するのか、までは答えてくれません。それゆえ、あなたは、絶対的に孤独な決断を迫られるのです。ここには、規則の適用ということに逃げ込むことのできない、「絶対的な責任」を負わねばならない瞬間があるのです。「絶対的な責任」を負う瞬間、あなたは、道徳的、倫理的規則にも法律にも前例にも頼ることができないという絶対的孤独の中で選択しなければならないのです。こうした状況では、まさに倫理でさえをも犠牲にしなければならなくなります。1人に応答したために、2人を助けられなかったのですからね。

けれども、ここで真剣に考えねばならないことは、ある苦しんでいる人の訴えに耳を傾け、その人の訴えに応答しようとする時、私は、その人以外で苦しんでいる多くの人達の訴えを犠牲にしなければならないのだ、ということなのです。多くの他の他者達の犠牲の下、私は1人の他者の訴えに応答し、手を差し伸べ得るのだ、ということなのです。デリダが責任のパラドックスと名付ける状況がここにあるのです。つまり、1人の他者に応答し責任を果たすことを決定することは、他の多くの他者達への倫理を犠牲にしなければならないのだ、ということなのです。かと言って、もしあなたが、誰にも応答しないとしたら、これは、完全に「倫理」を放棄することになるでしょう。訴える表情を前に、あなたは、完全なる倫理の放棄はできなくなるはずです。

苦しむ人達の表情の訴えかけを前に、あなたは「責任のパラドックス」を担うことができるでしょうか？　なぜ、「この人達」を助けるのであって、「あの人達」ではないのか、という問いに対して、私は、「この人達」の訴える表情を最初に見てしまったからだ、と答えるほかないでしょう。だとしたら、やはり、Invisible Problem という問題は大きなものがあります。貧困問題の場合、貧しさに苦しんでいる場所が、いわゆる「南」の国々なので、「北」の先進国で生活している人達の目には、切実な問題として映りにくい、という意味でInvisible Problem（見えにくい問題）なのです。「北」の先進国に住んでいる以上、私は、飢餓に苦しむ人達の表情を見ることがないからなのです。

この「責任のパラドクス」には「なぜ、この人に応答するのであって、あの人ではないのか」という偶然性にまつわる問題が存在しています。感受性の豊かなパスカルは、偶然性の問題に深い驚きを感じました。彼は『パンセ』の中で「私が、あそこでなくてここにいることに、恐れと驚きを感じる。あそこでなくてここ、あの時ではなくて、この時に、なぜいなくてはならないのか、という理由は全くないから」という言葉を書き記しています。「なぜ、ここであって、そこではないのか」ということには理由は無いのです。「責任のパラドクス」においても、このパスカル的な問題に突き当たるのです。あなたが、例えば、飢餓に苦しんでいる人のために、エチオピアに行くことを決めるとしましょう。つまり、「なぜエチオピアであって、スーダンではないのか？」あるいは、「なぜ飢餓問題であって、他の社会問題ではないのか？」といった問題なのです。「責任のパラドクス」は、千手観音ならぬ、この身1つしかない、人間ならば誰でもが担わなければならないパラドクスなのです。恐らく、「たまたま最初に、私はエチオピアで飢餓に苦しむ子どもの目を見てしまったから」ということしか言えないでしょう。「たまたま」という言い方は、まさに「偶然性」を表現しているのです。それでもコミットしないことは、「倫理」そのものに反することになってしまうのです。この「責任のパラドクス」に気付けば、「助けに行ってあげている」などといった自己満足は消え失せてしまうことでしょう。「私はこの問題のために、ここにいるが、別の問題ゆえに、そこにいるあなたとの人間的な制約ゆえの連帯を信じよう」としか言えないことでしょう。「責任のパラドクス」ゆえに、人は「協力」をし合うことが重要となってくるのです。

ディズニーが映画化してしまった作品の中には、原作が持っていたエッセンスを骨抜きにして「人畜無害」なハッピーエンドを謳歌するだけの作品があります。そんな作品の1つが『リトル・マーメイド』です。アンデルセンの原作『人魚姫』では、王子様は、人魚のお姫様以外の女性と結婚して幸福になるのですが、人魚のお姫様は、皆さんご存知のように、泡になって消えてしまうのです。魔女との契約によって、王子との結婚が叶わない場合は、王子の命を奪えば、元の人魚に戻れたのにもかかわらず、人魚のお姫様は泡になることを選ぶのでした。この物語を読んでもらった子どもは、幼いながらに、ある人が幸福になっても、その陰では、人知れない深い悲しみの物語があるかもしれないことに思いを馳せることでしょう。このような『人魚姫』に培われた感受性を「『人魚姫』的感受性」とでも呼んでおくとしましょう。『リトル・マーメイド』では、こうした感受性を培うことはできませんね。人魚姫は幸せになり、魚やザリガニの類が歌って踊ってお祝いをして終わりです。ディズニー版は、何でも、「人畜無害」の幸福が最後を飾って、それで全てよしということになってしまうのです。この感性って、何かデジャヴを感じませんか？

今の私達は、「自分の幸福こそ１番」と考えて、自分の幸福が確保されさえすれば、その「幸福」に安住してしまい、それ以上、想像力を張り巡らせて考えることをしなくなってしまいます。どうです？　ディズニー映画的ハッピーエンディングではありませんか！けれども、どうでしょう？「幸福」に安住してしまって、そこで思考停止をしてしまわないで、少し「人魚姫的感受性」を働かせて、こんなことを考えてみましょう。それは、私達が一定の生活水準を維持していることが、地球上の他のところで生きている人達の生きる権利を奪ってしまっているかもしれない、ということです。何気なく、しかも当たり前であるかのように、自分がそうした現行の生活水準を享受しているということが、他者の苦痛を招いているのかもしれません。つまり、自分が今、享受している生活水準を維持していることが、他の人達の犠牲の上に成り立っているかもしれない、ということです。だとしたら、やはり苦しんでいる人達の声とは無縁では無いはずです。やはり苦しみの声に応答しなければならなくなるのではないでしょうか？

自分達の幸福こそ１番という感性が、これほどまでに強烈に主張されている時代はありません。例えば、あの悪名高い「モンスターペアレント」現象もそうでしょう。「モンスターペアレント」とは、まさに自分達家族が幸せなら何でもありとでも言わんばかりに「無理難題を教育現場に当然の権利のごとく平気で持ち込む親達」のことを言います。2006 年から 2007 年にかけて報告された事例の中で特に呆れてしまう事例に触れておきます。

①　朝学校に遅刻したのは「先生が起こしてくれないからだ！」とか「学校は義務教育だから、給食費は払わなくていい！」とか「授業参観に会社を休ん

できたから、その分の日当を払え！」などと学校にクレームする保護者がいる。

② 自分の子供が注意されたことに逆上して職員室に乗り込み、延々とクレームをつける（早朝であろうが深夜であろうが教職員の自宅に電話をかけ、何時間もクレームをつける。

③ 子供がプリントを親に渡さなかったことを、教師の指導のせいにする 。

④「自分の子どもを手厚く指導するために専用の教員をつけろ」とか「我が子を学校代表にして地域行事に参加させろ」などと要求する 。

⑤ 授業参観で授業中にもかかわらず他人の子どもにクレームをつけ、親同士で喧嘩する。

⑥ 運動会の組み体操をめぐり「なぜうちの子がピラミッドの上でないのか」と抗議する。

⑦ 離婚係争中の配偶者が子どもと一緒に下校したことに腹を立て、学校の責任を追及。

⑧ 子どもが自宅のストーブでケガをしたにもかかわらず、学校でストーブの使い方を教えなかったからという理由で、その責任は学校にある、とクレームした親。Etc.

このように、我が家が幸せなら、給食費を未支払いだろうが、何だろうが、一向にお構い無しというわけなのです。こうした「自分だけの幸せ」にしか目がいかない人は、ディズニー映画的な幸福観を極限にまで押し進めてきたかのような感がありますね。

ここで、皆さんに質問をしたいと思います。私達が一定の生活水準を享受することが、地球上の他のところで生きている人達の権利を奪っている、という実例を思いつく人はいますか？　例えば、2007年の夏は、日本各地で最高気温を塗り替えてしまうほど、猛暑日が続きました。9月も終わろうというのに、まだ真夏のような暑さが続いています。こうした暑さが続いても、私達、先進諸国に住んでいる人間にとっては、さほど苦痛とはなりません。なぜならば、エアコンがあるからです。寝苦しい熱帯夜も、昼夜エアコンをかけっ放しで過ごした方には、何ともなかったことでしょう。けれども、こうした生活水準を維持していくことによって、皆さんもご存知のように、膨大な二酸化炭素が放出されることになるのです。そして、こうしたことが原因で、温暖化が促進され、陸の氷が融けたり、海が膨張したりすることによって、海面が上昇しつつあるのです。それによって、例えば、ツバルやキリバスの人達は、国を追われ、移住をしなければならなくなっています。

「人魚姫的な感受性」が無ければ、ディズニー映画的な幸福感の殻を突き破って、地球の他の場所で権利を奪われている人達に、思いを馳せるということはないでしょう。けれども、国際協力へ目を向けるためには、「人魚姫的感受性」がどうしても必要なのです。こうした感受性があって初めて、「私に今できることは何？」と皆さんは自問を開始することでしょう。これが環境問題に関する国際協力への第1歩なのです。

日常生活の中で、責任のパラドクスに悩むことすらないような、先進国の私達が、環境問題に思いを馳せるとしたら、「人魚姫的感受性」が不可欠なのです。私が皆さんに紹介する話を介して、想像力を鍛えなおしてみていただきたいのです。これを通して、皆さんの中に潜在する「人魚姫的感受性」が強く揺り動かされるかもしれません。もちろん、これによって、責任のパラドックスが解消されるわけではありません。このパラドックスは、倫理的であろうとする人ならば、誰でも経験しなければならない、そんなパラドックスなのです。それでも、それほど、悲観することはありません。なぜならば、人は倫理的であろうとして、このパラドックスゆえに無力さに打ち拉がれる時、かえって、多くの人達との「連帯」の有難さに感じ入る機会を持つのですから。

10. 資源としての自然—水について—

「資源」とされてしまっている自然を考えてみることにしましょう。私達は、自然を「資源」として扱うことに何の抵抗も感じずにやってきたわけですが、ただ単に資源が足りなくなりますよ、というお話ではなく、今、何と、基本的な生命維持システムの崩壊が起きつつあるのです。それは例えば、気候変動、水資源の涸渇、大気の構成要素の異変、海洋循環系の異常、土壌の生産性の低下、廃棄物処理の限界、森林の消滅、漁場の崩壊や作物の受粉作用の阻害などの生態系の崩壊などで、こうしたものは人為的な原因があるのですが、放置しておけば、やがて人類の絶滅にも繋がりかねないような問題なのです。「経済の時間」が暴走を始めてしまい、今や、「自然の時間」を追い越し、単に「資源が不足している」という問題どころか、私達の生存のための生物学的な基盤が脅かされるようになってしまったのです。そこで、しばらく、自然を単なる「資源」として考えてみることにしましょう。その過程で、そうした物の見方を超えて、いかに「生存基盤」が危ういのか、ということが見えてくることでしょう。

1854年、フランスの経済学者、ジャン・バプティスト・セイは、資本主義と自然の関係を分かり易くこのように述べました。「水という資源は無尽蔵である」自然の豊かさを喩えるのに、「水」が引き合いに出されていますが、どうもこのセイの喩えは疑わしいのです。実際に、2002年のヨハネスブルグ・サミットで、水不足が、やがて深刻な事態となり、社会的、経済的、政治的、そして恐らくは軍事的な緊張の原因となり兼ねない問題であることが、確認されたのです。そして21世紀は「水戦争」の世紀と特徴付けられるようになってしまいました。石油という資源の枯渇が叫ばれていますが、石油のような資源は代替エネルギーを考えることが可能です。けれども、「水」は、まさに私達の生活基盤の根幹にあり、代替物を探すという逃げ道はないのです。1日当りの分量を考えてみますと、人間は1人当たり4ℓの水を摂取していますが、人間1人の1日分の食糧を生産するのに、その500倍に当たる2,000ℓの水が使われているのです。こうして考えると、「水不足」は、当然、食糧危機にも繋がる問題である、ということが理解できるでしょう。

「ライヴァル（rival）」という言葉は皆さんも良く使うことと思います。この言葉は語源的には、「Rivalis リヴァリス」というラテン語に由来するのですが、このラテン語の意味は「同じ川の反対側に住む人」という意味なのです。地球には大河川や湖が存在し、その周囲に世界人口の40%が集中しているのです。日本ではあまり実感できませんが、どの河川も湖も複数の国にまたがっているのです。21世紀は、本当に、「水戦争の世紀」となり、「Rivalis リヴァリス」という語源にあるような意味で、人々が、「ライヴァル」として争う時代になるのでしょうか？

そこで私達は、「水」を巡る問題を考えていくことにしましょう。レスター・ブラウンさんに倣って、地球の縮尺モデルを考えてみましょう。分かりやすい大きさで考えてみるために、直径が1.5 mであるとしましょう。皆さんの身長が

1.6 m 位だとして、両手をいっぱいに広げてみれば、大体、1.5 m より長い距離になりますので、実感していただけると思います。愛しい地球を抱き締められるような、それでいて、地球の偉大さにも敬意を持てる、そんな大きさに設定しておきましょう。

皆さんは、ギリシア神話のアトラスを知っていると思います。アトラスは、巨人族に属し、ギリシアの主神ゼウス様に刃向かったがゆえに、後に罰せられて、天空をその両肩に担って、永劫に支えていなければならないのです。皆さん自身を、天空を両肩に担うアトラスに擬えて考えてみましょう。今回のモデルは、ちょうどこの皆さんの両肩に支えられるような、そんな大きさになりますね。地球の運命に責任の無い、第三者的立場の人間はいないのだ、ということを教えてくれるようなモデルにしたのです。皆さん一人ひとりがアトラスになったわけですから、地球の運命が、果たして支え切れるようなものなのかどうかを調べていくことにしましょう。ギリシア神話のアトラスさんは、天空の重みを支える苦痛に耐えられなくなって、ペルセウス（その姿を見れば、あまりの恐ろしさに血が凍り、石になってしまうという魔女メドゥーサの首を切り落とし、アンドロメダ姫を襲う海獣を石に変えてしまい、彼女を救出した英雄）にメドゥーサの首を見せて欲しいと頼んで石にしてもらったのです。石にされたアトラスの姿が、北アフリカにあるアトラス山脈、というわけなのです。ちなみに、実際の地球の直径は 1 万 2,000 km ですので、実際の直径の 800 万分の 1 になるわけなのです。この小型地球モデルによって考えてみましょう。

「地球は青かった」というガガーリンの言葉通り、地球の総面積の 4 分の 3 は海です。哲学の祖と呼ばれている古代ギリシアの哲学者、タレスは、「水」こそ、万物の元である、と考えました。「大地は水の上に横たわる」という彼の言葉が残されています。実際に、地球はそのほとんどが海に覆われた惑星ですし、ありとあらゆる生命は海に起源を持ち、水によって、生命を維持しているのですから、タレスが水こそ根源だ、と考えたとしても不思議ではありません。宇宙から見て地球が青いのも、海と大地を覆う森林のお陰なのです。森林が酸素を放出してくれるがゆえに、地上の生物種の大部分は生存し得るわけなのです。その森林も水無しにはありえませんので、生命の源である「水」という資源について考えることにしましょう。

そこで、例えば、海水の量は、このモデルを使って考えると、何リットルになるか、想像できますか？　答えは2ℓなのです。2ℓといったら、ペットボトルの大型容器に入るだけの量ですね。このモデルの地球上には、2ℓの海水があるのです。当然ながら、人間は、海水は飲めませんね。淡水に頼るしかないわけです。それでは、私達の飲料水の量はどの位になるのでしょうか？　そこで、今度は淡水の量を考えてみましょう。この小型モデルの地球の淡水は、何と、60 mℓにしかなりません。ヤクルト1杯より少ない位ですね。

ところで淡水というのは、地球上でどこにありますか？　考えてみてください。そうです、先ず川が挙げられますね。それから湖や沼や湿地。また、重要なのが地下水です。水蒸気という形で大気にも含まれていますね。後は、雨が降りますね。ところで、毎年、40兆m^3の雨が地上に降り注ぐわけなのですが、その60％は、9か国に集中している勘定になるのです。ちなみに、9か国とは、ブラジル、カナダ、中国、コロンビア、アメリカ合衆国、インド、インドネシア、コンゴ民主共和国、ロシアです。

他にはどうでしょうか？　ヒマラヤ山脈のドクリアニ・バマク氷河、ガンゴトリ氷河、ペルーのアンデス山脈にあるケルッカヤ氷河（Quelccaya)、あるいはロシアのコーカサス山脈、アメリカのロッキー山脈、モンタナ州のグレイシャー国立公園、ヨーロッパのアルプス山脈のような高山に存在する山岳氷河や氷冠がありますし、北極海氷も皆さんが直ぐに思い浮かべるのではないでしょうか？　陸地に降り積もった雪が万年雪として残り、それが年々蓄積し、長い年月をかけて広範囲に渡って氷の固まりとなっている場所を「氷床」といいます。正確には、陸地を覆う氷河の内、5万km^2以上の規模のものを「氷床」、それ未満のものを「氷帽」と呼んで区別しています。グリーンランド氷床（規模的には2番目に大きい）やパタゴニア南部氷床（3番目)、それから最大規模のものが、オーストラリアの2倍に匹敵する南極大陸の氷床です。

また南極大陸には、南極大陸を覆う氷が海にまで張り出している、「棚氷」と呼ばれている巨大な氷が8か所も存在しています。ロンネ棚氷（Ronne ice shelf）やロス棚氷（Ross ice shelf)、そして南極半島にあるラルセンB棚氷（Larsen B ice shelf）などが挙げられます。氷河から流れ落ちたり、崩落したり、あるいは棚氷から切り離される「カービング（Calving）＝氷山分離」などによって、海に浮かんでいる氷塊が「氷山」ですね。2000年に、ロス棚氷から、1万1,000 km^{3}という巨大な氷山が分離した、というニュースがありました。またロシアのシベリア一帯が代表的なのですが、「永久凍土（permafrost）」として存在している氷もありますね。マンモスが「永久凍土」に閉ざされて、生きていたころを思わせるような姿で発掘された、などといったニュースを皆さんも聞いたことがあるのではないでしょうか？

地球上に存在する水の97.47％が海水ですので、2.53％程度が淡水なのですね。そして海水、淡水を含めた地球上の全水量が約13億8,600万 km^{3}ですので、その内の2.53％、おおよそ、3,500万 km^{3}の水が淡水として存在していることになるのです。淡水の量は、このように少ないというだけではありません。実は、地球上の淡水の70％近くは、驚くことに氷として存在しているのです。つまり、2.53％の内、1.76％までは氷河等の氷で、量としたら約2,400万 km^{3}です。そしてさらに2.53％の淡水中、0.76％までを地下水が占めており、量としたら、約1,100万 km^{3}に相当します。そして残りの約0.01％足らずが、河川や湖沼として存在する淡水で、量で言ったら、13万5,000 km^{3}にしかなりません。地球上の全水量の2.53％程度が淡水で、このほとんどが氷なのでしたね。すると、このモデルの地球において、飲料水に使える、凍っていない、利用可能な淡水は、何と、小さじ１杯分より少ない量にしかならないのです。あの一番小さな計量スプーンですね。0.07 mℓ程度になってしまうのです。どうです？　驚きではありませんか？　これに淡水量中約30％を占める地下水の内、何とか利用可能な地下水、1,050万 km^{3}を加えても、そんなに大した量にはならないし、地下水を枯渇させないように使わねばならないのです。魚は鰓があるから別としても、地上の全ての生命を支えている淡水資源がこんなにわずかしかないのです。このわずかさを想像していただけたでしょうか？　この僅かな量の水を皆で分かち合わねばならないのですね。しかも人口は、後で詳しく推移を見ますが、増加の一途を辿っているのが現状なのです。人口が増加すれば、１人当たりの利用可能な水量の分け前は当然、減少していくのです。

それでは、人間が持続可能的に使用可能な水の総量は、どう計算したらいいでしょうか？　それが人間の使える水の物理的な上限となるはずです。ドネラ・メドウズ等が著した『成長の限界　人類の選択』からデータを拾ってみましょう。

彼女達が言うように、世界中の河川の年間流量の合計に全ての地下帯水層への再補給量を加えた総量が、物理的な上限としたらどうでしょう。年間の流量ですから、毎年、その分は大丈夫というふうに考えましょう。この総量を計算すると、年間4万7,000 km^3 になるのです。これは、北米にある五大湖を4ヶ月ごとに満水にできる量に相当します。人間の取水量は、年間4,430 km^3 ですので、全総量の10分の1位になります。これを聞くと皆さんは、まだ十分に利用できるじゃないか、と考えるかもしれません。しかし、年間2万9,000 km^3 は、そのまま海に流出してしまうのです。水上交通手段としても河川の流れは重要ですので、全てを取水するということはないということはお分かりでしょう。人間はダムを使って水を堰き止めていますので、ダムによって年間約3,500 km^3 貯水していることになるのです。それでも、例えば、北米大陸やユーラシアの極北地方に流れる川は、年間1,800 km^3 の流量があるにもかかわらず、人がほとんど住んでいないため、利用されていないに等しいのです。こうした川やアマゾン川の一部のように人間が簡単にアクセスできない密林地帯を流れる川の流量を加えると、人間がアクセスできない水量は年間2,100 km^3 の流量で、これが未使用のまま流出しているのです。その他、植物などが吸収し保水するとか蒸発してしまうだけの量を引くと、資源として使える水は、1万1,000 km^3 となります。これにダムで貯水している3,500 km^3 を足し、さらに人間がアクセスできない水2,100 km^3 を引いた量である、1万2,400 km^3 が、人間が使える再生可能な水量の上限なのです。

人間が取水した水、4,430 km^3 の内、蒸発してしまったり、穀物などや製品に取り込まれてしまったりすることによって、川や地下水に戻らない水が2,290 km^3 になります。さらに取水するわけではないけれども、例えば、汚染を希釈したり、除去したりするのに使われるなどして汚染した水が、4,490 km^3 となり、これらを合計すれば、6,780 km^3 となり、持続可能に使用できる上限の1万2,400 km^3 の半分以上にもなっているのです。

これが2050年になって、人口が予想通り90億に達すると、水の摂取量は、年間1万200 km^3 にも及びます。持続可能な使用量の82%にもなるわけで、この計算は、1人当たりの水使用量が現在と変わらないとすれば、という条件の下の計算ですので、1人当たりの水の需要が高まれば、大変なことになるかもしれません。20世紀には、1人当たりの水の取水量は人口増加の2倍のペースで増えたと言われているのです。2100年には総人口が100億に達するという予測がありますので、21世紀後半から22世紀にかけて、持続可能な使用量を超えてしまって、世界的な水飢饉が襲うかもしれません。皆さんは、2050年には、70前後のお婆さんになっているわけで、ひょっとしたら、子どもや孫の未来に対して、強い不安を抱きながら老後を迎えることになるかもしれません。その時に、青木先生の言っていたことは、間違っていた、と言って皆さんが笑っていられるような未来を迎えられることを祈りますが、行動を開始しましょうね。それから、今、行った持続可能な水使用量の計算は、あくまで地球規模のものです。地域的に見た場合、水飢饉に陥りやすい、大変もろい地域が存在しているのです。

海に流出してしまう淡水がある、という話をしましたが、結局、淡水は、降雨によるしか再生できません。水循環の図式は、皆さんが小学校や中学校の理科の教科書を通してご存知の通りなのです。雨水は流出水となって、再び海へ帰っていき、そこで蒸発した水が再び雨となって地上を潤すという、そうした水循環の図式です。地球上の水量の0.02%にも満たない（約38万km^3）の水が循環しているのです。先ほど、持続可能に使用できる水の量を計算しましたが、理想は、やはり、循環し得る水の量を使い、後は地球に返してあげる、ということでしょう。水循環の「自然の時間」を「経済の時間」が邪魔立てしなければいいのです。日本は降水量という点では、比較的豊かです。6月には梅雨に入りますし、夏は台風のシーズン、秋雨前線のもたらす秋の長雨、それから、冬の積雪量まで含めると、何だか水は無際限に沢山あるのだ、と考えてしまい、水資源の問題が、地球上の人達を苦境に陥れると言っても、実感がわかないかもしれませんね。こうした恵まれた自然環境のせいか、「湯水のように使う」などといった比喩があるくらいで、「水」が無限にあるかのような錯覚を持ってしまっているようですね。確かに、水資源に関しては、日本は恵まれている方ですが、気候変動によって、例えば、梅雨が7月、8月にずれ込み、長期化するが九州地方に長く留まる、といった予想を聞くと、それもどうなるのかは分かりません。

また、日本で問題なことは、「仮想水」という考え方を導入した場合、仮想水の摂取量が多いということなのです。仮想水とは何かを説明しておきましょう。日本の食糧自給率が低く、40%未満であることは、皆さんも聞いたことがあるのではないでしょうか？　そこで、日本が海外から輸入している食糧を、もし日本で作ったとしたら、どの位の水が必要になるのだろうか、という問いが可能です。このような想定の下、算出される水のことを「仮想水」と呼んでいます。東大生産技術研究所の沖大幹教授による試算がありますので、参考にしましょう。例えば、食パン１斤に必要な水は500 ～ 600 ℓ、ステーキ200 gでは約4,000 ℓ、これは2ℓのペットボトルで約2,000 本に相当する量なのです。このように「仮想水」を計算していきますと、日本国内で年間に使用する水の量は約890 億 t と言われていますが、これに対して、仮想水量は約640 億 t にもなるのです。これは国内の農業用水として取水されている年間量約560 億 t を上回る数値なのです。このような考え方を導入しますと、日本が、膨大な量の水を輸入しているのに等しい、ということをお分かりいただけると思います。つまり、世界の水危機は、日本においては食糧危機に直結する可能性があるのです。そんなわけで、決して、「自分達の所では水は十分足りているわい」とうそぶいているわけにはいかないのです。

今、地球上、至るところで、都市化が進み、それに伴い、道路網が張り巡らされ、流通の動脈である道路は舗装されています。舗装された地面が大地を覆えば、本来は、地下に染み込んで行き、地下水として貯水されるべき水が、直ちに海に戻ってしまうのです。また、山々の木々や森林は乱伐され、せっかくの雨水を保水する効果が無くなり、やはり森林によって保水されるべき水がそのまま海に戻ってしまうのです。加えて、温暖化による氷の融解が起きています。それゆえ、毎年１兆8,000 億 m^3 の淡水が失われ、それに伴って海面は、毎年５mm ずつ上昇している、と言われているのです。

私達は、世界中の河川の年間流量の合計に全ての地下帯水層への再補給量を加えた総量が、物理的な水量の上限になるだろうと考えました。けれども、水源となる湖が涸れたり、大型河川が断流したり、地下水が涸渇を始めたりしたとしたら、どうでしょうか？　年間４万7,000 km^3 が物理的な上限でした。けれども、この上限が減少しつつあるのです。水源としての氷の融解、水源としての湖の枯渇、地下水の過剰揚水、河川の断水が起きているのです。原因としては、灌漑規模の拡大や乱開発による水源消滅、あるいは温暖化による気候システムの変化に伴う水源の異変などが挙げられます。

そこで初めに、水源である湖の涸渇という現象を追っていくとしましょう。実は、淡水が減少してきているということは、目に見える形で現れるようになりました。地上で、かつては水があったはずの場所から、水が無くなっているのです。これを、科学者は「Hot stain ホット・ステイン」と呼んでいます。“Stain”とは、「しみ」とか「汚れ」といった意味ですので、瀕死の地球に、先に死斑が現れてしまっているようで不気味ですね。例えば、今、水量の減少が著しいのが、アラル海です。死に行く水源の中では、最大規模の大きさのものです。かつては、世界第4番目の規模の湖（琵琶湖の100倍）であったにもかかわらず、無計画な過剰取水が原因で、今では、湖自体が東西に分断され、かつての80%の水量を失うに至ったのです。旧ソ連政府は、1960年に、「アラル海プロジェクト」を、「自然大改造計画」の一環として開始しました。不毛な砂漠を農地に変えるという広大な計画でした。このプロジェクトに従って、アラル海の水は、綿花栽培用の灌漑用水として無理な計画の下、利用されていき、水量は急激したのです。こうした過剰取水が原因で、水がほとんど干上がった湖底では、水の蒸発に伴って、地底の塩分が浮いて出てくるようになってしまいました。衛星写真で確認すると、何か白いものがかつては湖底だったところにはっきりと浮き出ているのが確認できるのです。アラル海は、死海のように塩分濃度の濃い、淡水としては利用できない湖に様変わりしてしまいました。かつての湖底だった場所に、使われなくなった漁船が放置されたままになっております。こうして、アラル海はまさに水源としては臨終を迎えてしまったのです。ウズベキスタンの詩人、ムカマッド・サリクは、「あなたの涙では、アラル海を溢れさすことはできない」と、臨終を迎えてしまったアラル海に対して、追悼の詩を書き残しているのです。アラル海の悲劇は、無計画な水使用が、私達を破滅的な未来へ導くかもしれない、という警告を与えてくれています。かつては、農地の拡大を促進する手法としてもてはやされた灌漑農法が、今では世界各地で、土地の砂漠化を引き起こしたり、水源や地下帯水層の枯渇をもたらしたりしているのです。降水量の豊かな日本にいると気付きませんが、不気味な兆候は世界規模で起きていることを忘れないでください。

湖は、「閉鎖性水域」で、水が大量に入れ替わることで浄化されるということがありません。それでも湖にも独特の浄化作用が存在しています。湖の水の表層部は、空気と接触し酸素も豊富なのですが、太陽熱のせいで温められていますので、下層部の冷たく重い水とは混じることはないのです。ですから、表層部の水が酸素を含んでいても、それが湖底にまで行き渡ることはないのです。けれども、冬を迎え、気温が下がると、表層部の水も冷やされて、酸素を含んだ表層の水が、この時期に初めて、湖底に循環し、湖底の水にも酸素を供給するという仕組みになっているのです。この冬場だけに見られる循環のシステムが、温暖化の影響でストップしてしまいました。例えば、日本の琵琶湖付近では、1990年代から、年間の平均気温が以前に比べて1℃上昇している、と言われています。この1℃の上昇のせいで、周囲の山々もかつてのように雪を湛えなくなり、雪解けの冷たい水も流れ込まないし、冬も十分寒く無くなってしまい、表層部の水温が循環を生じさせるほど十分に冷えないゆえ、湖底は、無酸素のままになってしまい、湖の生態系に異変を起こしているのです。下層部が無酸素の死の湖になれば、生物の死骸が蓄積して淀み始めます。その上、琵琶湖のように、家庭などからの排水によって富栄養化が進むとアオコなどの大量繁殖が引き起こされて、湖の表層部の酸素が消費され、生物の大量死が起きてしまうのです。

次に、温暖化に伴う氷の融解という現象を追うことにしましょう。氷河という形で水源を持つ大型河川があるゆえ、氷の消失を調べてみることは、地球の将来像を描く上で欠かせないのです。

地球の淡水の7割以上が氷として存在しているというお話をしましたが、その最大規模の南極の棚氷が融けているのです。科学者の予想では、気温が10℃にならないと氷の崩壊は無いだろうから、南極の氷は半永久的に残るだろう、というものでした。けれども、先ず、1986年に、ラルセン棚氷の1万1,000 km^{2}にわたる、何と、秋田県の面積に匹敵する氷が決壊し、1995年にラルセンA棚氷が崩壊し、消滅するという大事件が起きました。この時の崩壊で、神奈川県よりも大きな、2,800 km^{2}にも及ぶ氷山が流れ出したと言われています。私が、環境問題に関する一連の講義を開始したころに起きた、ラルセン棚氷のAセクションの氷の崩壊は、本当に一大ショックを与える出来事でした。それが例外的な出来事であることを祈っていたわけなのですが、それが、その後、1998年に、何とラルセンB棚氷にも無数の亀裂が生じ始めているとの報告が入ったのです。海水の温度が、地球温暖化の影響で高まってきているということが原因ではないか、と言われています。海水も着実に温められてきているということを窺い知ることのできる恐ろしい出来事だったのですね。極点から温暖化が進むので、北極と南極は「炭鉱のカナリヤ」のように考えられていたのです。ですからこれはまさに、今後、極点を遠く離れて住んでいる私達が、やがて直面しなければならない、恐ろしい出来事の予兆として捉えられていたのです。さらに、その震撼すべきニュースから5年も経たない内に、このラルセンB棚氷は、2002年、たった1ヶ月の間に、完全に崩壊し、氷山や氷のかけらが浮かぶだけの無残な姿になってしまいました。アメリカのロードアイランド州の大きさに匹敵する3,250 km^2 のラルセンB棚氷が実に短期間に消滅した事件は、南極研究者のみならず、環境問題に関心のある世界中の人々に衝撃を与えました。しかも棚氷の消失とともに、ヘクトリア氷河のように、氷河の流出量も増加しているというおまけつきでした。1万年以上も存在してきたとされている棚氷が短期間で消えて、氷河の流れが加速していることから、南極大陸の氷床が実際には、ずっと脆弱なのかもしれないという懸念が広がりました。棚氷は、南極氷床のつっかい棒の役割を果たしている、という理論が提唱され、棚氷の減少とともに、氷河の加速が進んでいる場所が他にも見つかっているのです。ラルセンの棚氷の崩壊は徐々に南下しており、このままでは、近い将来Bセクションの残り40%とCセクションと呼ばれている箇所にも達し、ラルセン棚氷は消滅するかもしれません。

南極大陸を覆う氷床も2007年までの3年間に、年間1,500億tも融解し始めているのです。これは陸氷ですので、当然、海面上昇に影響を与えるのです。NASAは、双子の人工衛星、グレース（双子なので「トムとジェリー」というあだ名がある）によって、地球上のわずかな重力の差を利用し、南極大陸の氷の全量変化の記録を開始しました。その結果、1993年から2003年の間に、最大で2兆tの氷が消失した可能性があるとしたのです。これは、南極全体の1／10,000の氷で、この分量が融けて海面は1 cm上昇したとされています。アムンゼン海に流れ込むパインアイランド氷河は年間69 km^3 の氷が流出しているとのことです。2007年のNASAの報告によれば、沿岸部だけではなく、内陸部の氷床でも融雪している場所が確認されているのです。その雪解けの規模が、何と日本の面積よりも大きいというのです。

さらに、西南極の棚氷の一部が、岩礁部分に接地しており、内陸部からの氷の流れを食い止めているというのです。氷床が極点付近で降る雪で巨大化し、氷も粘性を持つので、中心部から海域部に向かってゆっくりと流れていくのです。これが、棚氷が座礁している岩盤がまさにつっかい棒になって、流出を防いでいるようになっているというのです。ところが、温暖化のため、熱膨張で海面の水位が上がると、岩礁部分に接地した棚氷が浮いて離れてしまい、そのせいで、氷の流れを食い止める「つっかい棒」効果が失われてしまうというのです。こうなると、内陸部からの氷が急速に海中に流れ込むようになり、そのままいけば、西南極氷床が崩壊する可能性があるというのです。大陸の氷床の崩壊ですので、海面は5～6m上昇するというのです。南極も磐石ではなさそうですね。

南極だけではありません。IPCCの報告書によれば、北極の平均気温は、過去100年間で世界平均の気温上昇率のほとんど2倍の速さで上昇している、というのです。北極の氷も1958年から1976年までの調査では、氷の厚さは平均で3mあったとされています。けれども、1993年から1997年までに行われた調査結果では、40％も減少し、1.7mの厚さになってしまいました。この時、潜水艦を使った調査が行われ、氷の厚さが40年前の60％しかないということが確認されたのです。北極の氷は、海氷ですので、皆さんは、海氷が融けても海面の上昇はないから問題は無いかもしれない、と思うかもしれません。その通りですが、北極圏には陸氷だって存在しているのです。また、海水は太陽からの熱をほとんど吸収しますが、氷は、皆さんも想像がつくように、「鏡」のようですので、それを反射してしまうのです。難しい言葉で言うと、「アルベドAlbedo」が氷の方が高いのです。「アルベドAlbedo」とは、「太陽放射反射率」と訳され、「入射光エネルギー」に対する「反射光エネルギー」の比のことなのです。「元にする量」分の「比べる量」という比の出し方は小学校の時に習っている基本中の基本の算術です。「入射光エネルギー」を分母に取ればいいわけですから、全て反射されてしまえば、数値は「1」になるわけです。ですから、入射光を「全て反射」する場合を「1」とし、「全て吸収」する場合を「0」として、「反射率」を表現するのです。「氷のアルベド」は「0.85」で、これは「全て反射」の「1」に近い数値となります。つまり、氷は、太陽放射のエネルギーをほとんど全て反射してくれているのです。これに対し、「海のアルベド」は「0.07」となり、これは「全て吸収」の「0」に限り無く近い数値となります。つまり、「海」は、太陽放射のエネルギーをほとんど全て吸収してしまうのです。したがって、氷が融けて海面積が大きくなれば、海面が広がりますので、海が暖まり、海が暖まれば氷が融ける、という「正のフィードバック・ループ（Positive Feedback loop）」が形成され、予想が不可能な変化が続いているのです。北極の海氷は、このように、あたかも巨大な「鏡」のごとき存在で、太陽から来る入射光を反射し、温暖化を緩和してくれていた大いなる自然の恵みだったのです。科学者は、崩壊に向かう「正のフィードバック・ループ」に引き金が入ってしまったかもしれぬことを懸念しています。宇宙航空研究開発機構のホームページに、北極海氷の写真が掲載されていましたが、2006 年には、縦 500 km 横 200 km にも及ぶ「ポリニア」と呼ばれる巨大な穴が空いているのが確認できます。北極の海は着実に広がって、太陽エネルギーを吸収しているのです。海というものは、温まりにくいわけですが、それが一旦温まると冷めにくいのです。北極周辺の地域では、この 50 年間に 3 ～ 4℃も冬の気温が上がっているという、深刻な気候変動を物語る報告も出されているのです。

南極についで規模の大きい、グリーンランド氷床も、氷を失いつつあります。2002 年の調査で、グリーンランド氷床が、本来あるべき量と比べて 100 万 km^2 も縮小したことが分かりました。その 2 年後、2004 年には、グリーンランドの氷河が、従来考えられていたペースの 10 倍の速さで融けていることが分かったのです。2007 年の NASA の報告によりますと、2005 年 1 月から 2006 年 1 月までの 1 年の間に、日本の面積の 1.6 倍にも及ぶ、60 万 km^2 の氷が、北極海やグリーンランドから消失してしまったというのです。あの双子衛星グレースの計測では、2002 年から 2006 年に渡って、年平均で 162 km^3 もの氷が消えたというのです。グリーンランドで不思議な現象が起きています。それは「氷河地震（Glacier quake）」と呼ばれている地震です。マグニチュード 5 にも及ぶ地震ですので、地震国日本に住む私達には、それがどのくらいの地震なのか大体想像がつきますね。これは、氷床の上にできた、氷河湖、と呼ばれる湖の水が、竪穴のような氷のトンネル、「ムーラン（Moulin）」に吸い込まれるように消えていくのですが、氷床と氷床が乗っかっている地面との間にムーランから吸い込まれた水が溜まり、そのせいで、水の薄幕ができてしまい、その水の薄幕の上を氷床が地滑りすることで起きる地震なのです。この同じ地滑り現象が、氷河の海への流出を加速化させているのです。有名なヤコブスハン・イズブラエ氷河は、2000 年より前までのペースの 2 倍の速さで氷河が流れ始めているとのことです。皆さんも巨大なムーランから、まるで滝のごとく水が地下に消えていく様を写真などで見てください。何か異常な事態が起きそうだという感じがすることでしょう。実際に、グリーンランドの氷は、海の上を漂う海氷とは違い、陸氷ですので、融けた時は、当然、海面上昇に影響を与えることになります。グリーンランドの氷床が全部融けてしまったとしたら、海面上昇は７mに達すると言われています。

パタゴニアの氷河（Glacier）のほとんどにその氷を供給している、CAMPO DE HIELO DEL SUR（パタゴニア南部氷床）は氷含有量で南極大陸、グリーンランド氷床に次いで世界第３位の大氷原です。特に、「パタゴニア南部氷床」から流れ出た氷河群で、アンデス山脈の南端に位置する、京都府と同じ大きさ（4,459 km^2）のLos Glaciares National Park（ロス・グラシアレス国立公園）は世界遺産にも指定されています。その中で特に、グレイ氷河（Gray Glacier）やペリト・モレノ氷河（Perito Moreno Glacier）は、その雄大さと美しさゆえに観光スポットになっています。巨大氷河の前に立つ人間がちっぽけな蟻のようにしか見えません。けれども、パタゴニア南部氷床の氷が、2000年からこの７年間、東京ドーム３万4,000個分に相当する42 km^3の氷河が毎年崩壊してしまっているのです。

アメリカのモンタナ州グレイシャー国立公園では、1910年には推定150の氷河がありましたが、現在では30足らずに減少し、しかも、その大半は面積が３分の２ほどになってしまいました。モンタナ州のグレイシャー国立公園の氷河も、後数十年で消滅すると言われているのです。アラスカのコロンビア氷河は、2005年までの過去20年間で12 km も後退してしまいました。

アフリカ、タンザニアの、あの雪を湛えた威容で有名なキリマンジャロでは、氷の量が1989年以降33%以上も減少してしまい、2020年までに完全に消滅してしまうかもしれない、と懸念されています。ケニア山でも氷河の消失が著しく、これを水源とする河川は、もはや乾期には断流するようになり、紛争の火種になっているのです。

2009年には、ヒマラヤ山脈の山頂付近で蝿が見られるようになってきた、というニュースが目に飛び込んできて仰天しましたが、ヒマラヤ山脈の気温上昇は著しく、その証拠にヒマラヤの氷河は、地上のどこよりも速い速度で後退しているのです。ガンジス川へ７割方の水を供給している最大のガンゴトリ氷河などは

1年に23 mというペースで後退しており、早ければ数10年ほどで消失すると言われています。この水系を4億以上の人達が命綱にして生活しているのです。また2020年から2030年位に、ヒマラヤ山脈の氷河が融解し、大洪水が起きるかもしれない、などといった警告もあるくらいなのです。その訳を説明しましょう。

ヒマラヤ山脈の17％が氷河で覆われていて、そこには雪や氷の形で1万2,000 km^3 の水が貯水されていると言われています。それが今や温暖化の影響で氷河が融けて、窪みができ、その窪みに融け出た水が溜まって「氷河湖」と呼ばれる湖ができているのです。湖の方が太陽からの熱射を吸収しますので、ますます湖は広がっていくのです。これが広がっていくと、もともと周囲に堤防があるような湖ではありませんので、自然に決壊し、それが「氷河湖決壊洪水（Glacial Lake Outburst Flood)」と呼ばれている大洪水を起こすのだ、というのです。ヒマラヤではこうした「氷河湖」の数が、今や5,000近く存在しているというのです。それゆえ、南アジアは今後、「氷河湖決壊洪水」による被害が増えていくだろうことが予想されているのです。そして氷が無くなってしまった後は、確かに洪水は起きなくなりますが、アジアの7つの大型河川、インダス川、ガンジス川、ブラマプトラ川、サルウィン川、メコン川、長江、黄河が水涸れを起こすようになり、深刻な水不足が待ち受けていることになるのです。こうして考えてみると、確かに山岳部の氷河は、自然の貯水池になっているのです。それは、乾燥した時期であっても河川に水を送ってくれる自然の賜物なのです。2020年頃から、という予想なのですが、2002年、UNEP（国際環境計画）は、ヒマラヤ山脈に点在するようになった氷河湖のうち少なくとも44か所が、気候変動の影響を受けて決壊する恐れがあるという警告を出しました。ネパールの20の氷河湖およびブータンの24の氷河湖が、5年から10年の間に決壊する恐れがあるというのです。危機感を感じた現地の人達は、石を積み上げて堤防を築いているのです。現場からの報告ですので、真実味がありますが、この警告の通りですと、予想よりも決壊の時期が早まりそうです。

ヨーロッパに目を転じると、アルプス山脈や、フランス、スペインにまたがるピレネー山脈の主な氷河は、今後数十年で消滅するかもしれません。氷河の面積がかつての40％にまで縮小してしまいました。特にヨーロッパを襲った2003年夏の記録的な猛暑の際には、スイスの氷河の中には150 mも後退したものがあるというのです。

熱帯地方で最大規模の氷河はアンデス山脈北部にあります。ペルーに広がるケルッカヤ氷河の西側に位置するコリ・カリス氷河の後退は、1998年から2000年にかけて年間平均155 mにも達したとされています。ペルーの水源である熱帯氷河の22%が消滅してしまいました。ボリビアのラパス近くにあるチャカルタヤ氷河は、1998年までに、1940年代の体積の7%にまでになってしまいました。この氷河は、今後10年のうちに完全に姿を消し、高山地帯に住む150万人の人々から、大切な水や電力源を奪ってしまう可能性があるのです。まさに、地球規模で、70%以上もあるとされている氷の淡水資源に異変が起きているのです。

ヒマラヤに隣接している青海チベット高原の氷河は、黄河と長江の源流をなす重要な氷河なのですが、ここも毎年7%ずつ氷を失っているというのです。温暖化が進めば2060年までに3分の2の氷河が消えてしまうことになるという予測がありますが、もしそうなれば、中国に深刻な経済的ダメージをもたらすこと必至です。

地球規模で考えてみますと、人類は、地下帯水層に存在する地下水を多く利用しているのです。地球上にある肥沃な穀物地帯には、必ず、それを支える地下帯水層が存在していると言ってもよいのです。地球表面の河川や湖沼や湿地などに貯えられている全貯留水量の約100倍にも上る水が地下水として眠っているのです。

地下水は、帯水層によって水を保っているわけなのですが、帯水層（「地下水層」と呼ぶこともある）を2つに大別できます。1つは、水が補給される地下水層、もう1つが、水が補給されない「化石帯水層」と呼ばれている地下水層です。地上から再び水が補給されるタイプであるのならば、補給量を上回らないように使用していけば、持続可能に利用できるのです。水が補給されない「化石帯水層」は、枯渇したら、もう使い物にはなりません。アメリカの「オガララ帯水層」や「ハイプレーンズ帯水層」のように大規模な地下帯水層が、「化石帯水層」なのです。サウジアラビアや中国華北の地下水も、「化石帯水層」から揚水していますので、涸れ果てたらもう二度と使うことができなくなります。にもかかわらず、例えば、「オガララ帯水層」の水は、過剰揚水のせいで、年間12 km^3 の水量を失っているのです。その速度は、1秒間に25 mプール1杯分の水を失う勘定であるとのことです。アメリカの農家は、点滴灌漑農法を利用するなどして、涸渇しつつある水源を守ろうとしています。地下水は、目に触れませんので、井戸が涸れたり、水が出なくなったりするまで、地下水位の低下が分からないという難点があるのです。

現在、電動式動力ポンプの導入、そしてさらに、石油採掘技術の応用によって、かなり深い場所（1,000 mの地下にまで達している）の「化石帯水層」が掘り当てられ、地下水の過剰揚水が地球上至る所で見られるようになりました。そのため、中国、アメリカ、インドのような三大穀物生産国において、地下水の水位が下がり続けているのです。インドでは、穀倉地帯のパンジャブ州を始めとして、至る所の地下水位が減少し、グジャラード州北部の地下水位は毎年 6 m という驚異的な速さで枯渇に向かっているのです。インドは、多額な補助金が受けられるゆえに、電動式ポンプの井戸掘りがさかんで、全国で 2,100 万本という数の井戸が地下水を吸い上げているのです。タミール・ナドゥ農業大学パラニサミ教授によれば、地下水の過剰揚水で、小規模農家が所有する井戸の 95%が干上がってしまい、小規模農家は、まさに雨水頼みとなってしまっている、というのです。

サウジアラビアは、皆さんもご存知のように砂漠地帯にある王国です。この国は石油の産出国ですので、巨額のオイル・マネーの内、＄100 億使用して、「脱塩淡水化装置」つまり、海水の淡水化装置を設置し、水を確保しています。恐らく、皆さんの中には、「水戦争」の世紀と呼ばれるほど、水資源が危機的ならば、「海水」を真水に変える技術を使えばいいじゃないの、と思った人がいるかもしれません。実際に、サウジアラビア、クウェート、バーレーンにおいて、「脱塩淡水化」技術が活用されており、「海水」から「塩分」を取り除いて「真水」を得ています。これらの国の名前を聞いて直ぐに想像できることは、「お金」がある国であるということです。それから、砂漠地帯で、他に水を得る方法が、輸送以外は無い、ということです。「脱塩淡水化」の技術には、先ず法外なお金がかかるのです。それゆえ、石油成金のこれらの国でなければ、導入は先ずあり得ないのです。また、塩水を真水にするのに、必要な電力がまた馬鹿にはならないのです。水を熱して、蒸気を発生させ、蒸留して「真水」にする、いわゆる「蒸留」というやり方でも、ポンプによって塩水に圧力をかけて「半透膜」を通過させることによって塩分を取り除く「逆浸透」と呼ばれるやり方でも、いずれの場合も、結局は、電力（砂漠の石油産出国ですから石油火力発電ですが、先を見越して自然エネルギーの導入に向かっています）に頼らねばならないのです。

さらに、サウジアラビアは、＄400億使用して、砂漠の下に存在する「ディシ帯水層」へ掘削し揚水を開始しました。砂漠を緑化する計画の下、牧畜を奨励したのです。しかし、牧草のアルファルファは水を大量に必要とする植物だったのです。こうして、過剰揚水の結果、ディシ帯水層（推定500 km^3 の地下水）の60％の水が失われたとされています。同じ帯水層の水を頼りにしている隣国ヨルダンはサウジアラビアを非難しました。地下帯水層の涸渇は、戦火を呼び得るのです。

水という弱点を抱えている、高地の国、メキシコは、乾燥した北部地域を抱えていますが、深い所の帯水層目掛けてボーリングが進み、地下水揚水のためにだけ、電力の６％が使用されているのです。

中国では、例えば、中国華北の穀倉地帯の地下水源が毎年1.5 mずつ低下している、と言われています。首都北京では、その地下水源が過去40年で37 mも低下してしまいました。急激な経済発展のせいで、穀倉地帯を潤す農業用水としてだけではなく、主に、工場用水や生活用水に利用することになる都市用水に、地下水が転用され大量に使われるようになってしまったからなのです。

現在、私達の使用している淡水の70％が農業用水に、約22％が工業用水に、そして８％が生活用水に、利用されているのです。今や、水利用が、地球規模で、「食」を支える農業への利用から、工業への利用へと移っているのです。その顕著な例が、お隣の中国です。近代化が急ピッチで進んでいる中国では、今まで何百万という農家が利用していた河川の水を北京などの大都市に分水し始めたのです。

1972年４月23日に、歴史上初めて、黄河の水が海へと注がないという事件が起きました。河川の断流です。黄河の水は、毛沢東の時代から、灌漑用水として運河が作られるなど最大限に利用されてきましたが、無理な開発が祟って、とうとう本流の黄河が悲鳴を上げ始めたのです。この時の断流期間は15日でしたが、それが何と1997年には、226日を記録したのです。「瀕死の黄河」というニュースが世界を驚愕させました。600を超える中国の都市の内、400近くの都市が深刻な水不足に直面しているのです。中国政府の試算によりますと、2005年には、年間1人当たり225 m^3 の水が使われていましたが、2010年には、265 m^3 に年間水使用量が増加するだろうというのです。大都市に水を送ることを優先し、万が一、中国の穀倉地帯の水源が涸れてしまった場合、世界的な食糧危機が起きるだろうという警告が出されているのです。中国政府は、2002年に、第十次5ヵ年計画の一環として、もう1つの大型河川、揚子江から全長1,300 kmの大運河を築くことで分水する計画を発表しました。「南水北調」と呼ばれる壮大な計画で、字のごとく、南部、揚子江の水を、大運河で導き、黄河の地下を潜らせて、北部の北京、上海などの都市部で使えるように調整するという計画です。黄河だけではなく、コロラド川、ガンジス川、インダス川、リオグランデ川などの大河でも1年に何日か断流が起きるようになってしまいました。

けれども、人々を最も驚かせた出来事が、2005年の8月から10月にかけて起きた、アマゾン大渇水という異変です。豊かな水量を誇るアマゾン川上流域で雨が降らなくなり、そのせいで、川幅10 kmもあるはずのアマゾン川が渇水してしまったのです。川底が剥き出しになるような場所まであり、大量の魚が浮かび、ハゲタカの類が群がる有様でした。水位が下がって大量の魚の命を支えるのに十分な酸素が供給されなかったために、多くの水生生物が命を失ったのです。アマゾンに生息している、あの河イルカも無残に屍を晒すことになってしまいました。干上がった川底には船が置き去りにされ、草が生え始める始末でした。住民は、河川という水上交通手段を失い、81の村への食糧供給が途絶えてしまったのです。孤立した地域の住民は、干上がった川底に穴を掘って井戸を作ることで、水だけは確保しました。軍のヘリコプターが出動し、救援物資を運搬したのです。以前は、密林そのものによる蒸散作用や大西洋からの湿った空気がアンデス山脈にぶつかってできる雲のお陰で、大量の雨に恵まれ、アマゾン川に豊かな水を供給していたのです。ブラジルは滝が多いわけで、あの有名な世界遺産のイグアスの滝もそうですけれども、水が豊かなわけなのです。けれども、温暖化による影響とされる、大西洋の海水温の異常な上昇によって、大西洋上で上昇流が発生し、その場で雨雲が形成され、雨を降らせるようになってしまったのです。そして、何と、水分を失った乾燥した空気が、アンデス山脈の方向へ移動し、アマゾンへの水循環が止まってしまったのです。日本の誇る、スーパー・コンピュータ、「地球シミュレータ」の予測によれば、今後、アマゾン一帯に流れ込む乾燥した空気の影響で、アマゾンは水を失うだけではなく、砂漠化していくのだ、というのです。雨が少なくなると、背の高い木から影響を受けて枯れ始めるのです。樹冠に十分な水が行き渡らなくなるからです。こうして森林の一部が枯れて、土壌が露出すると、そこから急速に乾燥が周囲に広がっていくのです。アマゾンの密林の異常な乱伐と焼畑も手伝って、砂漠化は急速に進行する可能性があるのです。なぜならば、水分を失った木々は、山火事の影響を受けやすくなるからです。アマゾンの熱帯雨林は、世界中の全植物が生産する酸素の約20％を放出していると言われています。地球に酸素を供給し、二酸化炭素を吸収する巨大なジャングルが砂漠化するなんて、とても信じられませんが、こんなことになれば、当然ながら、アマゾンの木々が貯えていた二酸化炭素が空気中に放出されることになりますので、温暖化はますます加速化していくことでしょう。人類が温暖化に何の対策も講じないで、化石燃料に頼った経済成長路線を変えずに、大量消費を続けていくと、22世紀には、現在の380 ppm（ちなみに、1800年、産業革命前は、280 ppm）から二酸化炭素濃度が970 ppmに上昇する（平均気温は6.4℃上昇）、というのが最悪のシナリオなのですが、日本の面積の10倍もあるアマゾン熱帯雨林の崩壊によって排出される二酸化炭素は980 ppmの濃度になるというのですから、空恐ろしいものを感じます。

二酸化炭素の話をしたついでに、湿地について触れておくことにしましょう。湿地というと、皆さんは、「ラムサール条約」を思い浮かべることと思います。1971年に、イランのラムサールにおいて締結されたので、通称「ラムサール条約」として知られている国際条約は、その正式名称の「特に水鳥の生息地として国際的に重要な湿地に関する条約」がこの条約の内容を教えてくれている通りの条約です。渡り鳥は、国境など無縁に渡りをしますので、特に繁殖地、中継地、越冬地などの水鳥の生息地として重要な湿地については、国際的に協力し保全しようというわけです。2003年の段階で、国際的に重要な湿地として登録された湿地は、1,267湿地に上り、総面積にして1億750万haになります。

けれども、湿地を保全することの意味は、これで言い尽くされたわけではありません。地球上に存在するあらゆる湿地帯には、1兆tに匹敵する炭素が「泥炭」という形で眠っているのです。湿地を保存することの意味の1つは、そんなわけで、大気中の二酸化炭素の増加を防ぐということにも繋がっているのです。

インドネシア、マレーシアあるいはアマゾンの熱帯雨林には、「泥炭」が埋まっているところがあります。何千年という長きに渡って、枯れた植物が堆積していき、腐って二酸化炭素に分解されてしまう前に埋もれることで形成される「泥炭層」と呼ばれる層を形成するのです。これは、長い年月をかけて石炭になっていく最初期の段階と考えてもらえれば、イメージできるのではないかと思います。さて、この層が水に浸かっているのならば、安定した状態にあるのです。ところが、乾燥が始まって、火が点くと性質が悪いのです。1997年から1998年にかけて、エルニーニョ現象が起きた時、インドネシア一帯は乾燥し、そのせいで森林火災が起き、この泥炭層が燃えたのです。インドネシア政府の政策によって、熱帯泥炭湿地林と呼ばれている、泥炭層を眠らせた湿地帯に生い茂る密林の一部を開拓することで、プランテーション用の農地を確保しようという構想が現実のものとなりました。けれども、この際に、用水路を造ることによって、ジャングル一帯の湿地の水を抜き、農地に適した土地を手に入れようとしたのです。こうして人工的に水抜きが行われたため、数十mもあるような泥炭の層が乾燥してしまいました。そうした状態で、森林火災が起き、泥炭層に着火し、何と20億tの炭素が大気中に放出されてしまう事態となったのです。雨が降ることで、地上が鎮火した後でさえ、泥炭層は地下で、数ヶ月の間、燻り続け、二酸化炭素の放出は止まらなかったのです。インドネシアの泥炭が貯めている二酸化炭素が全て放出されるとしたら、インドネシアは、一躍、アメリカ、中国に次ぐ第3位の二酸化炭素排出国になってしまうでしょう。泥炭が眠っているのはインドネシアだけではありません。気候変動によって、アマゾンに乾いた大気が降り注ぐことになれば、アマゾンの大地が砂漠化するだけではなく、地下に眠る泥炭層をも乾燥化させてしまうことでしょう。そんな状態で、火災に弱いアマゾンの木々が燃えて泥炭層にまで被害が及んだ際に、どれだけの二酸化炭素が放出されることになるのでしょうか？　土壌中には、250 ppm相当の二酸化炭素が眠っているとされています。これが全て大気中に放出されれば、1.5℃の平均気温上昇に貢献すると言われているのです。

ただでさえ、貴重な淡水が地球上から失われているのです。こうして、淡水が失われていくという現実がある上、これに加えて汚染の問題があります。今や、農業用水に使われようが、工業用水に使われようが、生活用水に使われようが、人間の手によって、わずかな量の淡水の汚染が進んでいるのです。地球上に生息している1万種類の淡水魚の内、20％が絶滅の危機に瀕しているわけで、その原因として人為的な理由による水質汚染や生態系の崩壊などが挙げられるのです。淡水魚の絶滅は、わずかな淡水が、水質という点において、危機に瀕していることのシグナルになっているのです。実際に、現在、水質汚染により、10億人に及ぶ人達が安全な水の不足に苦しんでおり、水系感染症のため年間200万人の子どもが死亡しているという事実は見逃せません。

また地下水の汚染も著しいのです。皆さんの身近な所に例を採ることにしましょう。車社会になったこの国では、どこに行っても必ずガソリンスタンドが存在しています。車の普及が顕著であった高度成長期の50年代辺りから急激に全国的にガソリンスタンドが広がりました。ガソリンスタンドでは、ガソリンを給油してもらうわけですが、膨大な量のガソリンが入っているタンクは地下に横たわっているわけです。これはアメリカでも問題になっているのですが、このタンクがそろそろ劣化するころで、ひびが入ってしまったり穴が開いてしまったりして中のガソリンが漏れ出し、それが地下水を汚染し始めているのです。

1995年、阪神・淡路大震災が起きました。この時、実は倒壊した多くのビルの建材などから、ダイオキシンのような発癌物質を含む有害物質が大気中にも放出されたのです。最近、何かと話題になっていますので、今や知らない人はいない、あの「アスベスト（Asbestos）」も、散乱したのです。2年間続いた片付けの期間に、大気中の「アスベスト」濃度は、通常の50倍にも上ったのでした。ダイオキシン（Dioxin）は、被災地神戸の土壌や大気に200 g以上も放出されたのでした。神戸の調査チームは、調査地点194件の内、55件で発癌物質を検知したのでした。神戸市は、有害ゴミの分類や処理法に関する何のガイダンスも示すこともなく、こうした危険物質を密封することなど一切しないで、ただただ1日に100件にも上るごみ処理契約を民間の処理業者と結んでいったのでした。その上、どこにどのような物質が運ばれていって、どのような処理が施されたのか、といった追跡調査を全くやらなかったのです。この時の調査は、土壌汚染の影響が地下水に及ぶ懸念が表明されていました。けれども、驚くことに、環境庁の水質保全局の川村和彦氏は、「かりに化学物質で汚染されていようと、神戸には地下水を飲む人はほとんどいない」などといった驚くべき回答を示したのです。

災害の後のこうした神戸の惨状は、高度成長期に、いかに日本が有害物質の規制をおろそかにしてきたのか、ということを私達に教えてくれています。今まで国民に隠されてきた杜撰な政策は、このような災害の時に、いきなり明るみに出されるのです。そしてこの災害が原因で貴重な地下水脈が汚染されてしまいました。この災害の教訓として、汚染されてしまったら、飲むことができなくなってしまう、という飲料水の掛け替えのなさということに、気付かねばなりません。近代化を経験した全ての国では、有害な廃棄物をそのまま河川に垂れ流してしまう、ということを繰り返してきました。公害に苦しむ地域住民との法的な紛争を経て、環境保護に関する法案を、まさに後知恵的に作り上げていった歴史があるのです。今、発展途上国では、歴史が繰り返されており、廃液の90％を未処理のまま河川に垂れ流しているのです。水質の低下が原因で、大腸菌は勿論のこと、絶滅しかけていたマラリア、コレラ、腸チフスなどまでもが多発するようになってしまいました。こうした細菌の類は、「水の中の殺し屋」などと呼ばれているのです。中国では、80％の国民が汚染した水を飲んでいる、と言われています。このように、地球規模で、掛け替えの無い淡水が、有害な産業廃棄物や病原体によって汚染されているのです。

2006年8月広島県呉市や江田島を襲った断水事件がありました。25日午後、広島県海田町と広島市安芸区間の送水用トンネル（約2.9 km）で、コンクリートの天井が崩落したため、呉市と江田島市への送水が停止されたのです。江田島市では、26日午前中から一部の世帯で断水が始まり、午後にはほぼ全世帯の約1万世帯で断水になりました。呉市でも午後から、約1万5,400世帯で断水となりました。呉市は31日に復旧しましたが、江田島方面ではずっと遅れて9月5日にようやく復旧したのです。この長きにわたる断水を経験した市民の声を、中国新聞から引用しておきましょう。

> 江田島市大柿町飛渡瀬のスーパー「ゆめタウン江能」では、ペットボトル入り飲料水（二リットル六本入り）が二時間足らずで八百箱売れた。
>
> 二リットル入りのお茶や水を百二十本買った同市大柿町大原の主婦塚迫シズカさん(58)は「水のありがたさを実感する。皿が汚れないよう、ラップを張って使うなどしたい」。呉市ではミネラルウォーターが完売し、入荷時間を張り紙で知らせる店もあった。

このように、この事件で多くの人達が、水の有難さを再認識したのです。この時、江田島の人達は、井戸水に頼った生活を開始しましたね。島ですので、海水の含有量などが心配なので、市が無料で水質検査を行ったことがニュースになっていました。地下水も貴重な水源なのだ、ということを私達は改めて実感したわけです。この広島の断水事件は、水の貴重さ、掛け替えのなさということをたびたび思い起こすために、決して忘れてはならない事件であったと思います。またそれと同時に、私達は、水という資源に限らず、本当は常に当事者なのである、ということを実感させてくれました。地球の運命に責任の無い、第三者的立場の人間はいないのだ、ということをもう一度確認しておきましょう。私達一人ひとりがアトラスでなければならないのです。あなたが呉市や江田島の人であるのなら幸いなるかな、です。なぜならあなたは21世紀のリーダーとなる資格を貴重な体験から得たからなのです。

弥生時代から、農耕民族の伝統を持つに至ったこの国では、水の神様であるお水神様が各地で祭られています。私が子ども時代を過ごした静岡県清水市でも、お水神様のお祭が初夏になると行われていました。水の大切さに思いを巡らす、こうした伝統は徐々に形骸化していき、今や、水は、水道の蛇口を捻れば有り余るほど出てくるような物質として、有難味も無いものであるかのような扱いを受けているのです。日本人は、平均して、1日に319ℓの水を使っており、年間、約12万ℓ使うことになります。これだけの水を使用しているにもかかわらず、水は、あたかも、失われて初めて有難さが分かる「健康」のようなものになってしまっているのです。それゆえ、呉・江田島で起きた事件は、深く記憶に留めておくことにしましょう。

さらに、多国籍大企業による水源の独占が始められるようになり、「水」は今や公共のものではなく、商品として市場に出回るようになってしまいました。「～の名水」とか「天然水」などといった商標で売られていることは皆さんもご存知の通りです。シューマッハーも述べているように、「私的な処分の対象とはなり得ないので、市場には出てこないが、一切の人間活動の不可欠な前提である財」が、水であり、空気であり、土壌であり、生きている自然界のすべての存在なのです。ところが、水が「資源」として危機的である、ということに目をつけ、その希少性がやがて価値を帯びるに至ることに目をつけた多国籍大企業が存在しているのです。

2000年3月、オランダのハーグで、第2回目の「世界水フォーラム」が開催され、この会議の席上で、水を商品として位置付けることが決定したのです。つまり、水を私物化することが可能になってしまったのです。「世界水フォーラム」は、その名称だけ見ると何か国連の公式会議のように見えるけれども、実情はそのようなものではありません。フランスの多国籍大企業ビベンディ・ユニヴァーサルやスエズ・リヨネーズは、世界の130か国の水道企業を所有するか、その株式を取得するか、しており、まさに世界の水資源を握る会社なのです。最近では、アメリカのベクテルやモンサントも世界中の水利権を掌握しようとしています。こうした水利権に関わる大企業の中には、水のペットボトルの販売を手がけているネスレやユニリーバのような多国籍大企業、それから飲料水に関連するコカコーラのような企業もあります。こうした水利権を握ることで利潤を上げている多国籍大企業のことを「Water Baron（水男爵＝水貴族）」と総称しています。「グローバル水環境パートナーシップ」という組織があります。これも見かけは、国際組織のように見えますが、「Water Baron（水男爵＝水貴族）」の利益を代弁する圧力団体なのです。最近は、こうした見せ掛けだけの偽りの名前を持つ「大企業の圧力団体」が多いので、名前を見ただけで、判断しないようにお願いします。例えば、「全米湿地連盟」という組織がありますが、この組織の名称とこの組織が採用している「沼地の上を飛ぶ鴨」の図柄を見ると、何か、湿地帯を保護する団体のように見えるのですが、やっていることは正反対なのです。石油大手やガス大手が不動産大手の企業と組んで、この組織をバックアップしており、湿地帯での採掘権や湿地帯を埋め立てショッピングモールの建設などが可能になるように、規制緩和を求める団体なのです。NGOでも偽物があるので、どこがバックアップしているのかまで見極めないといけない時代になりました。

さて、話を「世界水フォーラム」に戻しましょう。このフォーラムは、「グローバル水環境パートナーシップ」が「Water Baron」の便益を図り、世界市場で水を売り易い環境を整えるための会議だったのです。この会議で問題とされたのは、果たして「水は人間の基本的ニーズ」なのか、「基本的人権」なのか、ということなのです。これは明らかに誤った二者択一です。なぜなら、「基本的ニーズ」であるからこそ、「基本的人権」の一部と考えるべきである、という議論が本来は可能だからです。こうした議論の可能性を初めから排除してしまうように、二者択一の形で問題を提起しているのです。これは、「False Dilemma（似非ジレンマに相手を追い込む詭弁）」と呼ばれている詭弁です。本当は他にも考慮に入れるべき選択の可能性があるにもかかわらず、選択の可能性が「あれかこれか」の二者択一しかあり得ないように錯覚させる戦略なのです。この会議で「水を基本的ニーズ」と認めさせるのが、彼らの戦略だったのです。水はニーズであるのだから、我々が供給する責任がある、という方向に議論を進めたかったのです。これが認められれば、市場を介して、水を販売する権利が生じるからなのです。考えてみてください。水が人権である、という議論が主流になれば、水は公共財とされ、非営利目的で万人に平等にアクセスできることを認めねばならなくなります。すると当然ながら、水源を独占したり、水道料金を無闇に吊り上げたりすることは不可能になるのです。ところが、このフォーラムに集められた各国政府代表は、企業側の主張を受け入れてしまったのです。

北米自由貿易協定（NAFTA）や世界貿易機関（WTO）の作り出す国際貿易体制の下、水資源は、「商品」、「サービス」、「投資の対象」という位置付けを与えられることになったのです。この体制下では、「水」は「商品」とみなされているのです。

多国籍大企業と投資家は、自分達の利益拡大を目指し、一緒になって、水不足の都市部に水を売りつけるために、農耕地帯の水利権の買占めを始めています。こうした買占めに精を出す連中のことを「Water hunter ウォーターハンター」と呼んでいます。ウォーターハンター達は、砂漠地帯の地下帯水層や熱帯雨林の淡水資源に至るまで、ありとあらゆる淡水資源を採掘し、アメリカやヨーロッパの市場で売りに出しているのです。水は、今や、「Blue Gold 青き金塊」と呼ばれるようになってしまっているのです。

こうして水が民営化され「商品」とみなされると、必ずや起きるだろうパラドックスがあるのです。水が基本的ニーズであるがゆえに、需要があれば、我々が供給するのだ、という「Water Baron」の論法は、水が「余っている所」から「不足している所」へ供給する販売路を作るかのように見えますが、市場とは、実はそのようには働かないのです。実際は、「値段の安い所」から「値段の高い所」へと商品が移動するのです。そうだとしたら、水資源の限界が見え始めた時、水が私的所有物として占有されている、ということが悪魔的な意味を帯びることでしょう。つまり、多額なお金を払って水を購入できる人達とそうでない貧しい人達の差異が生まれる、言い換えれば、水を巡って「勝ち組と」「負け組」の差異が生まれる、ということを意味するからです。したがって、こうした予想できる差異化を未然に防ぐためにも、水は基本的人権として万人にアクセスできるようにするべきなのです。水は命に関わりますので、裕福層と貧困層の差異が明確になった、という観察に安住していることなどできないわけで、暴動が起きるのは必至なのです。民間企業の目的は、利潤を上げることであって、決して、社会に奉仕することなどではありませんから、採算が取れなければ、水を公平に分配しようなどとは決して思わないでしょう。このことを忘れてはいけません。

1980年代に入ると、世界銀行とIMF（国際通貨基金）は再融資と債務返済の条件として、債務危機に陥っている途上国に対して「構造調整プログラム」を押し付けてきました。このプログラムには、国内の構造改革、歳出削減、税制改革などの他に、国営産業、国内の主要資源、そして公共部門の民営化が含まれているのです。借入金の返済のために、医療関係、教育関係、福祉関係などの公共支出が大幅に削減され、民営化され得るものは、民営化されるために、外国の多国籍大企業に売却されたのです。1998年に南米のボリビアは、構造調整プログラムを受け入れ、公営水道を民間セクターに売り渡したのでした。多国籍大企業ベクテルの子会社、アグアス・デル・トゥナリは、ボリビアのコチャバンバ市の公営水道を安く手に入れただけではなく、2000年1月より、水道料金を35%も引き上げたのです。こうして、例えば、月収が$100しかない貧しい家庭の1か月の水道料が$20にまで跳ね上がったのです。これは、1か月の食費を上回る値段でした。このため、コチャバンバ市では、大規模な抗議運動が起こりました。コチャバンバ市民だけではなく、ボリビア全土からコチャバンバに集合した人々が街頭に乗り出し、抗議運動に参加したのです。ボリビアの国民が協力したも同然になったゆえに、自ずとゼネスト状態になり、道路は封鎖され、抗議運動はエスカレートしていきました。1週間続いた抗議運動の影響で、ベクテルの子会社の幹部はボリビアから追い出されましたが、死者6名、負傷者175名を出すに至ったのです。ボリビア全国に戒厳令をひいた、ボリビア大統領、ウゴ・バンセルは、ベクテルとの契約を破棄することを約束せざるを得なかったのです。こうして、水道事業は、地元の「市営上下水道サービス（SEMAPO)」の手に移りました。この市営組織は、地域住民と一体となって、コチャバンバの貧困地域に住む住民のために巨大貯水槽を設置し、民営化された際には、水が供給されなかった地域の人達にも水道サービスを開始したのでした。

さて、世界人口が63億人である2004年でも慢性的な水不足の国に住むがゆえに苦しむ人達が5億人存在していると言われています。これが2030年には、世界銀行の予測によれば、地球の人口は80億人に達すると言われています。その時、全人口の3分の2が深刻な水不足に苦しむことになる、と言われています。そして総人口が90億人に達するとされる2050年までに、70億人の人が何らかの形で水不足に直面し、40億人が慢性的に水不足を抱える国に住むことになるだろう、というのです。現時点でも、全人口の3分の1に当たる人達が、何らかの形で水の問題を抱えているのです。もう少し正確な数値を挙げると、深刻な水不足に80か国、11億人の人達が苦しんでいるのです。ボリビアのコチャバンバ市で起きたような事件は、日常的に起きるようになるのではないか、と懸念せざるを得ません。水は、明らかに、稀少資源化しつつあるわけですが、これを何と、ビジネスチャンスと考える輩が出てきているのです。そして世界の仕組みは、水による金儲けを公然と認め得るような構造に再編されているのです。それゆえ、21世紀は、ビジネスという点でも「Water war 水戦争」の世紀となるだろうというのです。「水資源」を巡って「Water war 水戦争」の前哨戦はすでに開始されているのです。NAFTA（北米自由貿易協定）のような貿易協定は、巨大化する企業の力をバックアップするような協定で、水のような天然資源の輸出をその国の政府が差し止めることを禁止していますので、目の前にある水資源をその地域の人達が使えないにもかかわらず、その水資源が自由に輸出されてしまい、高額で商品としての水を買うことのできる裕福な人達の独占物になってしまう、そんな日が来るかもしれないのです。実際に、多国籍大企業は、各国政府に縛られることなく、利潤を拡大し得る、国際的な仕組みを強化しようとしているのです。

水はまさに「命の水」として、全生物種がアクセスできなければなりません。水は「コモンズ（共有財産)」なのです。インドの科学者にして偉大な社会活動家のヴァンダナ・シヴァさんの言うように、環境保全のための規則に則って水を使う限りにおいて、水は枯渇したりはしないのです。人間という生物種に限って言っても、生命を維持するという基本的人権の一部として、水へのアクセスは一部の金持ちのために独占されてはならないのです。私的所有物として収益を上げるためのものであってはならないのです。

まさに「命の水」という感覚をシェアできる、その地域の人達の間で、「コモンズ」として水が守られる、ということが正しい姿でしょう。そういう感覚がシェアできていない外部の者に、金儲け目当てで水を独占させてはいけません。シヴァさんが挙げている例からは学ぶものがあります。2000年、コカコーラ社が、インドのケーララ州プラチマダという村落の側に一大工場を建設し、1日に122万4,000本のコカコーラの製造を許可されました。そのために、コカコーラ社は、石油採掘技術を活かして多くの井戸を掘り、電動式動力ポンプによって、地下水を汲み上げ始めたのです。コカコーラ社は、地元との契約を破って、大量の水を取水し始め、1日に150万ℓの水を汲み上げ始めたのです。この契約違反に関して、地元の説明要求に応じようとしないどころか、コカコーラ社は、この地域共同体の議長に当たる人物を買収しようとさえしたのです。コカコーラ社が無差別に井戸を掘ったせいで、飲み水や農業用水のために地元住民が使っていた、260の井戸が涸れ果ててしまいました。しかも、コカコーラ社は、産業廃棄物を工場の外にそのまま放置していたため、産廃から出る毒素が地元住民の使っている浅い井戸に浸透していき、井戸水は使用不可能になったのです。しかもコカコーラ社は自社の敷地内にあった涸れ井戸に排水を垂れ流していたのです。地元保険当局は井戸の水を飲まないよう注意を喚起する有様でした。そのせいで、何と、地元住民は暮らしていくための水を得るために、今や、何キロも歩かねばならなくなってしまったのです。水が豊富であったはずのこの地は、一私企業の進出のせいで、水不足を招くことになってしまったのです。河川や湖沼、井戸などの水を「コモンズ」として形成されている共同体の人達にとって、水は「命の水」であり、水の掛け替えの無さという感覚がシェアされているのですが、もともとその土地に根差しているわけではない、一私企業にとっては、水は「命の水」どころか単なる「資源」程度の意味しか持たないことでしょう。ケーララ州の水が涸渇したら、コカコーラ社は、拠点を他に移すだけなのでしょうが、コカコーラ社撤退の後、地元の人達にとっては、何が残るのでしょうか？　2002年、プラチマダの女性達がコカコーラ社の門前で座り込み運動を開始しました。これをヴァンダン・シヴァさんだけではなく、ジョゼ・ボヴェやモード・バーロウのような世界中の活動家が支援し、ケーララ州高裁は、コカコーラ社が公共の福祉を侵害しているという判決を下しました。この時の判決文の一部を引用しましょう。近い将来似たような事件が起きた時は、皆さんもこの判決文を思い出してください。

> 公共信託の原理が第一に依拠する原則は、大気、海、水、森林などの資源は、民衆の総体にとって極めて重要であるから、それを私的所有の対象とすることはいっさい正当化され得ないという原則である。これらの資源は自然の恵みであるから、社会的地位にかかわりなく誰でも無償で利用できるようにしなければならない。… 政府はそれが私的所有や商業目的で利用されることを許してはならない。

またこの時の出来事を基に、シヴァさんが「プラチマダ宣言」をまとめていますので、私は、この宣言の要旨をさらに5本柱に絞って皆さんに紹介しようと思います。

① 水は生命の土台、自然の恵み、大地に生きる全ての生物のもの。
② 水は私有財産ではない。あらゆる生命が持続するための共有資源。
③ 水は基本的人権。水は保全され、保護され、管理されねばならない。
④ 不足や汚染を防ぎ、次世代へ引き継ぐ義務。
⑤ 水の民主主義を実現するため、水を利用し、保護し、管理する権利は、ローカルな共同体に委ねられる。

2004年5月に、同様な水問題を多国籍大企業との間で戦っている地方住民が首都デリーに集結し、「コカコーラ、ペプシ、インドを立ち去れキャンペーン」が開始されたのです。今やインド中の大学や学校が「コーラを飲まない場所」宣言を出して戦っているのです。

私達は、これまでずっと、水が存在するのは当たり前で、しかもただ同然に手に入る水について思いを馳せるようなことすらしないで生きてきました。多少汚してしまっても、自然の復元力のお陰で大丈夫だろう、くらいにしか考えていませんでした。けれども、水が無限に利用できるということは神話に過ぎなくて、水資源にも限界があることがはっきりしてきました。しかも、私達は、水系の復元力を超えてしまうような取水や汚染を繰り返してしまっているのです。この重要なつけの支払いが、恐らく、皆さんの子どもさんあるいは、お孫さんの世代を襲うことでしょう。そうならないためにも、なるべく多くの人達を啓蒙していかねばならないのです。さらに、この枯渇しつつある水資源が、多国籍大企業によって、独占され、商品化されています。これは、人道的にも、環境保護の観点からも、倫理的に間違っている行為なのです。「利潤を追求する」ことしか頭に無い「タイタニック現実主義者達」が、水の平等なアクセスや環境問題を、責任を持って考えるはずがないのです。こうしたグローバル化の暴力に、コチャバンバの市民やプラチマダの女性達のように立ち向かうことができるでしょうか？　私達は、子孫のためにもそうしなければならないでしょう。「公共財」としての「水」を取り戻し、水の民営化に逆らうために、水の民主化を訴え、地域住民とともに、守っていかねばならないのです。「水循環」という「自然の時間」に逆らわないことで、「水」を単なる「資源」の地位から解放していかねばならないのです。

アメリカは、イラク戦争の後、イラクにて、「コモンズ」としての「水」という感覚を麻痺させてしまうような、そうした戦略を展開しました。“Sand in the Wheel”というニュースレターを出している、フランスのNGO、ATTACによれば、米軍は、イラクのウムカスル市において、先ず、住民の中からタンクを持っている者を探し出し、彼らに飲料水を無償で提供し、こうしてただで与えられた水を、水不足で苦しむ、他の住民に売るように仕向けたのでした。イスラムでは、「労働の対価以外の報酬は受けてはならない」という教えがあるため、市場主義にイスラムを取り込むのは難しいのですが、こうして、「水」でさえ「商品」にできるということを、身をもって体験させることで、イラクの人達を、少しずつ、市場に全てを任せようと唱えるアメリカ型の資本主義（新自由主義）に順応させていくのです。「水」を「商品」にしてしまった人達は富を手に入れ、そうでない人は貧しくなっていく、という、現代の資本主義の縮図がイラクでも再現されているのです。本来、「水」や「土地」、「労働力」などは、売買のために作られたわけでは決してありません。そうした物まで「商品」として見なすことができるように、イラク人達は、背に腹が変えられない状況下で、馴らされてしまうことになるのです。ATTACのニュースレターは、イラク国民が、市場経済に取り込まれていく様を、如実に描いてくれています。こうして、「自由」が、強制させられていくのですね。今まで、「自由」という言葉は、国家などの強大な権力や暴力に抵抗する際に、抵抗する基盤を提供してくれた理念でした。ところが、今や、経済的自由のみが優先し、例えば、今までは「商品」として考えられることがなかった「水」でさえも「市場」に巻き込まれて「商品」に姿を変えてしまっているわけで、同じ「自由」という名称を持ちながらも、「強制」と何ら変わらない「自由」に、抵抗しなければならない状況に、私達は置かれているのです。

最後に海について触れておくことにしましょう。先ず、海洋資源の乱獲による、漁場の崩壊が深刻な事態になってしまっていることを挙げておきましょう。例えば、カナダのニューファンドランド沖のタラ漁場が乱獲の影響で崩壊し、そのせいで、漁業関係者４万人が失業したのです。日本も海産物に依存していますので、例えば、乱獲によるミナミマグロの激減とそれに伴う漁獲量の規制は痛手であるはずです。

気候変動が起きると、「熱塩大循環」と呼ばれている海流が、停止してしまうと言われています。北大西洋の北極海に近い場所の海が凍ると、水分のみが凍るために、塩分が残り、そのため氷の周囲の塩分濃度が濃くなるのです。塩分濃度が濃くなると比重が重くなるだけではなく、氷によって冷やされていますので、冷たい水は沈むわけですから、二重に沈む要因が重なって、氷を形成した後の塩分濃度の濃い冷たい水は、海底に沈み込んでいくのです。これが動力源になって、深海に海流を起こすことになるのです。海流は、北極海で沈み込むと、グリーンランド沖から、大西洋を南極に至るまで移動し、そこからさらにインド洋や太平洋といった広範囲に渡って海流を送ることになるのです。これが「熱塩大循環」という名前で知られている、海流の大循環系なのです。ところが、温暖化で氷が融けてしまうと、塩分濃度は濃くならないし、冷やされることで重くならないゆえ、「熱塩大循環」のポンプが作動しなくなってしまうのです。この大循環があったお陰で、今までは北海に向けて、暖流が流れ込んできたわけなのです。つまり、「熱塩大循環」は、地球規模の海流の動きにも影響しているわけなのです。この北海に流れ込む暖流、メキシコ湾流のお陰で、ヨーロッパは比較的温暖な気候を享受してきたのでした。それが温暖化の影響で、グリーンランド氷床が融解し真水が流れ込むことで、この「熱塩大循環」が弱まると、イギリスやドイツなどの西欧諸国は、シベリア並みに寒冷化してしまうかもしれないというのです。気候を決定する重大なメカニズムが海洋にもあったという、地球システムの巧妙さに驚きを感じますね。それにしても、北大西洋から始まり、北太平洋にまで循環するのに、何と1,000年の時間を要するというのです。せせこましい「経済の時間」の知らぬ場所で、「自然の時間」の雄大なドラマが展開しているのです。

私は、水に関する一連の講義の導入部分で、「Rivalis リヴァリス」という語源にあるような意味で、人々が、「ライヴァル」になり得るということを話しました。例えば、トルコが、チグリス＝ユーフラテス川上流に、巨大ダム、アタチュルクダムとカラカヤダムを建設したことで、下流において、飲料水や農業用水を確保するために、チグリス＝ユーフラテス川に依存しているイラク及びシリアの政府から、激しい抗議が突きつけられました。また、ナイル川に依存しているエジプトは、ナイル上流にダムを建設しようと計画しているエチオピアとスーダンの動きに警戒感を抱いて、抗議運動が始められました。さらに、ただでさえ緊張関係が続いている、イスラエルとアラブ諸国なのですが、イスラエルがヨルダン川を独占的に支配したことで、紛争の激化を招いたのです。

2006年に、国連とストックホルム環境研究所が出したレポートによりますと、2025年には、世界人口の3分の2に当たる人達が水不足の影響を受けるに至るのだ、ということです。危機の時代は、もう直ぐそこに見えていますね。（それでは、水について学習しましたので、本日は、皆さんにヤクルトをご馳走しましょう。どうぞ、召し上がってください。小型地球の住民の淡水を飲み干してしまったのだな、などと想像しながら、21世紀末には「明日は我が身」になるかもしれませんので、水の大切さに思いを馳せることにしましょう）。

11. 耕作可能な土地

次に、耕作に使える土地の総面積を考えてみましょう。私達の小型地球モデルでは、ちょうどハンカチ1枚程度の面積に相当する土地が耕作に適した面積になります。45 cm × 45 cm です。耕作可能な土地は、実際の地球では、20億 ha です。学者によっては40億 ha と推定している人もいますが、実際に作付けがされ、利用されているのは、およそ15億 ha です。この15億 ha という数字はここ30年間ほどほとんど変わっていません。40億 ha 説を採用しなかったのは、もちろん、人間の居住地も必要になるから、ということで、農地だった土地が、道路や居住地あるいは、大型のショッピングモールなどに様変わりしています。タイでは、

1989年から1994年の間に3万4,000 haヘクタールの農地がゴルフコースにされてしまいました。皆さんもご存知のように、1986年、4月26日、チェルノブイリの原発の事故で、放射能に汚染された土地は農地として使用ができなくなりました。実は、戦争の影響もこの問題に大きな影を投じています。例えば、耕作可能とはいっても地雷原になってしまっているような土地があって、農地としては実用可能ではない土地まであるのです。また乾燥地域で耕作が可能な土地でも、砂漠化によって失われているのが現状なのです。何と、砂漠は世界陸地面積の約4分の1で約36億 haにも及び、それが年々拡大しているのです。また森林減少が原因で土壌浸食が起きている地域や、化学肥料の使いすぎで、土地が肥沃さを失ってしまった地域などもあるのです。このことが教えてくれることがあります。それは、地球上のどの地域でも実は数センチから数十センチしかない表土と呼ばれている土こそが、肥沃であり、それが文明の基盤を作ってきたのだ、ということです。

地球史という観点から見ると、森林生態系が形成されて、何億年にも渡って枯れた植物や死んだ生物が分解し堆積し、岩石が風化してできた砂や泥や粘土と混ざり合って、「土」ができていき、これが土壌を形作るのです。土に保水効果があるために、地表は乾燥を免れ、さらに、貯えられた水のお陰で、土中のミネラル分が溶け込んで植物が益々繁栄する基礎ができたのです。さらに、土には、ミミズなどの生き物はもちろんのこと、無数のバクテリア、菌類などの微生物がうごめいており、こうして土のお陰で生態系の根幹に当たる部分が地上にも誕生することになるのです。一旦、土が形成されると、土の栄養が動植物を育てる一方で、死んだ動植物が土を豊かにするという、静かなドラマが延々と展開していくのです。そして私達も土から育った生き物をいただいて生きており、そしてやがては土に帰るわけで、この静かなドラマに組み入れられているのです。土は陶器の文化を生んでもくれました。例えば、水田はあぜで周囲を囲うため、表土が流出せず、養分を含んだ土が体積していきます。備前焼に使われる土は水田の下に何百年も眠っていた土なのです。豊かな土壌に恵まれることで、私達は、農耕に依存できるようになっていくわけで、実際に食糧全体の9割以上は大地の恵みによるのです。そんなわけで、太陽系の中でも「土」は、命の溢れる地球にしか存在していません。けれども、過放牧や森林伐採、あるいは耕作地の開発などによって、土壌を保護している草木を失えば、その土地は風雨による浸食を受け易くなり、荒廃した土地に変わってしまうのです。風による浸食が進めば砂漠化が開始してしまいます。

ここで、エチオピアの例を見ておくことにしましょう。国連食糧農業機関（FAO）の調査によりますと、農耕地の52%で土壌浸食が起きてしまっている、というのです。エチオピアの国土は、かつては、25%以上は森林に覆われていました。それが、国連食料農業機関の調べによりますと、人工衛星からの写真で見ると、1981年には、3.1%に激減し、2000年の最新の衛星写真の分析では、2.5%以下にまでなってしまったのです。森林伐採の原因は農地の拡大を焼畑によって行い、さらに放牧を始めたということにあるのです。それから、都市部に集中した人口に供給するに足るだけの炭が必要となったことがあります。炊事用に使うのはもちろんのこと、アフリカとはいえ、雨季には零度近くまで気温が下がりますので、かまどを焚いて暖房とするのです。炭焼き業者は、ほとんど略奪的と言ってよいほど、後先を考えずに森林を乱伐しました。早くも1905年に、枯渇しつつある森林資源を憂え、当時の皇帝メネリクが、首都アディス・アベバでユーカリの植林を開始しました。これがエチオピアの生態系に壊滅的なダメージを与えることになりましたが、現在でも首都へ薪を提供しているのは100%ユーカリなのです。これに加えて、過放牧による被害が挙げられます。牛、山羊、羊などの家畜も人口増加とともに増加し、1950年に4,000万頭いた家畜が、1998年には、倍以上の9,600万頭にまで増えていたのです。こうなりますと、牧草地の限度を越えてしまい、家畜は、伐採した後の新芽を皆食べ尽くして再生不可能になってしまいますので、後は荒地になってしまいます。貨幣経済が入ってきた後、凶作に見舞われた際には、家畜を売ってそれをお金に換えるか、薪や炭を売ってそれをお金に換えるかいずれかしかありませんでした。森林資源はこうして枯渇の一途を辿ることになったのです。森林が伐採されれば、風雨による浸食に晒され、土壌の流出が激しくなっていくのです。エチオピアは今、４分の１の人口が海外からの援助によってかろうじて食料を得ている状態なのですが、エチオピアの飢餓は、無計画な焼畑農業で森林を失い、それによって人為的に土壌流出を招いてしまうことで、耕地を失ってしまったことにあるのです。森林を失い、燃料にする薪や炭にも事欠くようになると、人々は、道路を舗装しているアスファルトを剥ぎ、それを燃料にし始めました。森林を失い、砂漠化への第一歩が始まりつつあります。乾燥した土地で、あたかも水気を求めて群がるかのように、蝿がキャンプに集まった人々の目や唇に集るのです。スウェーデン赤十字は、エチオピアの土壌流出の凄まじさをこのような喩えを使って表現しています。1秒ごとに縦横5m四方、深さ1mの土が、雨や風によって消え去っていくことを想像できるだろうか？　エチオピアの教訓は、肥沃な表土を失えば、幾ら国土の面積が広くても、耕作可能な土地としては、何の価値も無いのに等しい、ということなのです。エチオピアの悲劇は、「経済の時間」が「自然の時間」を食い潰してしまったがゆえに、もはや戻らなくなってしまった「自然の時間」に対する、どうしようも無い喪失感の悲劇なのです。このように、過放牧、森林減少、焼畑などの農業活動、炭焼きの例に見られるような乱開発が原因で、砂漠化が進行していくのです。エチオピアの事例を検討しましたが、世界中で、1945年から1990年までの45年間に、何と中国とインドを合わせた面積にほぼ匹敵する12億haもの土地が砂漠化してしまったというのです。

レスター・ブラウンの報告によれば、中国の砂漠化は深刻で、1950年～75年には、年間平均1,560 km^2 の面積で砂漠化が進んでいたのですが、1990年代になると3,600 km^2 と、急速に拡大しているのです。2001年4月にモンゴルで発生した砂塵嵐が、中国を抜けた時の幅が1,800 kmにも及び、数百万tもの表土を奪っていったというのです。

このように、耕作可能と言っても、表土を失って痩せつつある土地などもあるのですから、今回は、耕作可能な面積として20億haという数値を採用することにしましょう。この耕作可能な土地を、「自然の時間」の中で、守っていかなければならないのです。

人類が農耕を始めたのは、1万年前のことで、小麦の栽培や、野生の山羊の家畜化などを行い、定住を始めました。農業は、古くから「自然の時間」を、身をもって知っていた産業だったはずです。古代ギリシアのヘ- シオドスは、『仕事と日』という教訓的な叙事詩を残しています。その中で、彼は、「神々が人間に季節に応じてお示しになった仕事」をすることを奨励し、一種の「農事歴」を綴っているのです。例えば、「アトラースの姫御子、プレーイアデス（昴星（すばる））の昇る頃に刈り入れ、その沈む頃に耕耘（こううん）を始めよ。この星は、40夜、40日の間姿を隠し、一年(ひととせ)の廻るがまま、やがて鎌を研ぎにかかる頃、再びその姿を現す。これぞ野の掟であり …」のような記述が続き、四季の規則的なリズムをいかに読み取り、それに合わせてどのような準備や仕事を行うべきかが説かれているのです。このように、四季のリズムに合わせて労働に励むことで、この世の不確実性から来る悲惨な出来事を、解消しようとさえしているのです。それが、近代化されることによって、「工業生産」をモデルとした農法に様変わりしてしまいました。経済効率という「経済の時間」が農業をも支配するようになり、集約化、合理化、分業、製品の画一化が、「自然の時間」を守ることで行われてきた伝統的な農法を駆逐してしまったのです。「土壌」を守る知恵の言葉を、伝統農法から学ぶべき時が来ているのです。

12. 森　　林

さて、次に森林の話をすることにしましょう。森林は木材や紙として資源を提供するという市場において評価され得る価値を生み出しているだけではありません。森林は土壌を形成し、その流出を防ぎ、酸素を提供し、保水効果があるだけではなく、木々からの蒸散作用によって雲を作り、雨をもたらします。また、多くの生物種の生息地として生物多様性を支えているのです。さらに、二酸化炭素を吸収し、固定することで気候調整という重要な役割を果たしているのです。私達の小型地球では、森林の総面積は、小学校に置いてあるような机の面積程度になります。耕作可能な面積の約２倍と考えてください。イメージしたい人のために言えば、風呂敷の大きさ、あるいはスカーフ１枚分より大き目です。75 cm × 75 cm 位の大きさです。国連食糧農業機関（FAO）の「State of the World's Forests 2003」によると、実際の地球では、世界の森林面積は約 38 億 7,000 万 ha で、陸地面積の 30%を占めているのです。熱帯林は世界の陸地面積の７%に当たる 17 億 3,000 万 ha で森林地域全体の約半数近くを占めていることになります。もちろん、森林伐採が猛烈な速度で進んでいますので、現実は、2003 年のデータとは違う様子になっていることでしょう。例えば、熱帯雨林ですが、1940 年から 80 年までの 40 年間で約半分消滅していて、81 年から 90 年までの 10 年で日本の面積の４倍、さらに 91 年から 95 年までででは日本の面積の 1.5 倍ものスピードで熱帯林が消滅していると言われているのです。ここでもやはり木々が生長し、他の生物種と生態系というハーモニーを築き上げる「自然の時間」が無視されてきたのです。

1988年12月22日、アマゾンの熱帯雨林の保護のために活動を続けていた、シコ・メンデスさんが、牧場経営者の雇った殺し屋の手にかかり、暗殺されてしまいました。彼の努力が実り、世界中がブラジル政府に圧力をかけたために、保護区ができた矢先のことでした。命の危険を感じていた彼は遺書を残していたのです。「私の夢はこの森全体が保全されることだ。なぜなら、森林はそこに住む全ての人の将来を保証することができることを、我々は知っているからである。もし天から使いが下りてきて、私の死が我々の戦いを強めるのに役立つことを私に保証するのならば、私が死ぬことにも意味があるだろう。だが経験は私にその反対のことを教えている。だから私は今こそ、生きることを欲するのだ」今でも、ブラジルの密林では、インディオの生活と森林を守るために行動している多くの環境保護活動家が暗殺をされているのです。そんな1人である、マルセオ・ソウザさんの遺書を紹介しましょう。「土地は生きていくためのもので、それで儲けるという考えはインディオにはない。白人は土地を金にしようとして、様々な争いを起こす」ソウザさんの言葉には、「経済の時間」の狂乱振りが集約されています。「経済の時間」に待ったをかけようとしている心ある人達が、今日も殺害されている、というのが現実なのです。ハンバーガー用の安い牛肉の供給源として、アマゾンの熱帯雨林も破壊され、肉牛を育てるための牧草地になっています。実際、アマゾンの破壊された熱帯雨林の70%は放牧地と家畜用穀物栽培用の耕作地となっているのです。「ファスト・フード」店から私達が得ている「効率性」や「利便性」の時間は、地球の裏側に住む人達の生活とそれを守ろうとして活動してきた人達の命を奪うことで成立しているのだ、ということを考えてみてください。

1992年のリオの地球サミットの「先住民フォーラム」に、インディオのシャバンテ族のマビオ・ジュルナさんが、演説しました。「一晩でもいいから町の電気を全部消してみろ、と提案したい。インディオは闇の中に住んでいる。ジャングルの闇がどんなものか、少しは考える足しにはなるだろう。アマゾンにダムを造って居留地を水没させて、その電気は白人が使っている。どう考えたっておかしいだろう」確かに、言われてみればおかしい話ですね。なぜなら、たとえ、話を極端に単純化してみたとしても、このように言えるからです。つまり、白人が使うことになる電気代に、アマゾンの現地人の生活を奪ったことに関するコストが全く含まれていないのは変ではないか、と。アマゾンの森林を奪われ、伝統的な生活から切り離されてしまい、どうしようも無い戸惑いをインディオ達は経験しているのです。森を失った彼等、彼女等は、どう生きていいのかという今まで考えもしなかった問いに直面し、自殺者が続出している、とのことなのです。そして自殺しないで踏み止まっている人達は、酒に溺れている、という現実があるのです。インディオの人権活動家のエンリコ・ベラスケスさんはこのように言っています。「インディオが酒に溺れるとよく非難されるけれども、もしあなたが500年後の世界に突然タイムスリップしたとしたら、その社会に適応できるだろうか？　おかしな衣装だとか装飾品だとか言われてじろじろ見詰められることに耐えられるだろうか？　むろんうまく適応できる人も中にはいるだろう。けれども、まったく適応できずに絶望の淵に立たされたら、あなたなら酒を選ぶか、それともこの世から逃げ出すか、考えるのではないだろうか？」経済の時間が暴走し、「自然の時間」と調和して生きている人達をここまで追い詰めているとしたらどうでしょうか？「グローバリゼーション」の名の下、この地球上のどんな人でも「経済の時間」の暴走とは無縁ではいられないほどになっているのだ、ということを認識しておきましょう。

1993年12月、冬の寒空の中、パンツ１枚になった男が、東京丸紅本社の前で、叫びました。「丸紅がプナンの森で伐採された木材を買わないと約束するまで、たとえ死んでもハンストをやめない」この男の名前は、ブルーノ・マンサー。マレーシア、サラワク州の熱帯雨林の乱伐を食い止めるために立ち上がったのです。マンサーは、サラワクの森に住む狩猟民族プナン族の人達と６年間暮らすのですが、そうして一緒に暮らす内に、日本企業による熱帯雨林の乱伐に苦しむプナンの人達を助けようと考えるに至ったのです。

日本は、世界の熱帯木材貿易の３割を１国で占めるほどで、まさに世界最大の熱帯木材輸入国なのです。マンサーさんが、日本で抗議運動を展開した1993年、日本は5,000万 m^3 以上の木材を輸入していたのです。ちなみに、２位の国でも、1,000 km^3 で、第２位から６位までの国々の輸入量を全て足してようやく日本に匹敵する位の量だったのです。

プナンの人達は、1987年に伐採中止を求めて、路上にバリケードを築き、手を繋ぎあって人間の鎖を作ることで、道路を封鎖し、抗議の声を上げたのです。「森の民である私達は、他の民族のように生活を変えられないのだ」と、伐採作業を止めさせ、伝統的な生活を守るために、団結したのです。そして、2度目の道路封鎖が行われた1989年に、世界自然保護基金（WWF）は、『熱帯林破壊と日本の木材貿易』と題した報告を1冊の本にまとめました。これが世界中で反響を呼び起こしました。例えば、オランダで行われた、キャンペーンでは、「日本は熱帯雨林から出て行け」というスローガンが掲げられる中、クレーン車で吊り上げられた木材を、三菱自動車に落下させて、潰すという派手なパフォーマンスが展開されました。日本企業は、木材を売りたいと考えているマレーシア側の「長年の友人」がいる限り、輸入を止めるわけにはいかない、という返答をしました。先進諸国と資本主義経済に取り込まれたがゆえに既得権益を持つに至った地元の一部エリートや地元企業との協力関係という図式がここにはあるのです。また、日本企業は、世界中からの非難の声が高まる中、植林運動を援護することを表明したのです。けれども、この植林が、現地の生態系を全く無視した「ユーカリ植林」だったのです。ユーカリは、もともと水の少ない地方に生息し、地中深くまで根を下ろし、そこから水を吸収して成長するのです。したがって、ユーカリを植えると、他の生物に行きわたるはずの水をユーカリが独占する形になってしまうだけではなく、土地の表面は乾燥していくのです。植林して成長したユーカリは自分達の下へ輸入され、そこで使われるわけですが、現地の生態系は、もはやユーカリしか育たない荒廃した土地となってしまうのです。その土地の生態系の豊かさを奪うということに関しては一切コストを支払わずに、「木材資源」としてのユーカリだけは、伐採して本国に運ぶという構図ができあがるのです。さらに、悲劇が起こりました。あのブルーノ・マンサーさんが、サラワクのジャングルで行方不明になったのです。彼に関しては、暗殺説まであって、今もって、遺体が見つかったわけでもなく、どうなってしまったのかが分からないのです。

こうして、日本は80年代に、世界各国から、熱帯雨林の乱伐を行ったことを非難されました。それ以来、日本は、木材の輸入先を、熱帯雨林以外のところにも分散させたのです。その1つがシベリア、ツンドラ地帯にある針葉樹林でした。

つまり、「熱帯雨林」ではなく、「針葉樹林」であることを強調しているわけなのですね。このロシアに広がるツンドラ地帯には、韓国の木材会社が入り、輸入先を日本に絞って伐採をしているのです。これによって何が起きているかご存知ですか？

シベリア、ツンドラ地帯の森林伐採のせいで、「永久凍土」と呼ばれていた「凍土」が融け始めています。鬱蒼と茂っていた森林が伐採されると、今まで地面には決して到達しなかった日射が、地面に到達するようになってしまうため、太陽光に晒された剥き出しの凍土が融け始めたのです。この結果、森の中に池ができるのです。池の水が太陽熱を吸収し、暖まっていき、さらに凍土の氷が融けることで、地盤が緩み、そのせいで、森林の木々が自然に倒れていくようになりました。こうした現象を「酔っ払った木（Drunken tree）」と呼びます。まるで酔っ払いか何かのように、ぐらぐらして倒れてしまうからです。木々が倒れてしまえば、ますます地表が露出し、太陽放射熱に晒されることになります。こうなると凍土が融け出し、池の面積が拡大していくことになるのです。何と、今では、こうしてできた湖の総面積は、フランスとドイツを合わせたほどの大きさになってしまいました。永久凍土はマンモスの遺骸が生きていたころを髣髴とさせるような完全な形で保存していましたね。このことはニュースになったので皆さんもご存知ですね。例えば、シベリアのチェルスキーという町は、永久凍土が融けたために、マンモスの発掘がしやすくなり、発掘ラッシュが起きているのです。なぜかといいますと、マンモスの牙は、象牙のようにワシントン条約のような国際条約やそれに基づいた法律で保護されていないゆえ、マンモスの象牙を売ることで一攫千金を当てようとする人達が押し寄せるようになったからなのです。永久凍土の融解のせいで、永久凍土がその名の通り融解せずに安定性を保つだろうという前提の上に築かれた道路や石油パイプラインが元の形を留めることができなくなり、曲がったり、沈下してしまったりしているのです。

さらに、この凍土の下には、このような生物の死骸だけではなく、生物が分解する際に出されるメタンガスも眠っていたのです。シベリアの永久凍土に下には、7,000億tと推定されている「メタンガス」が水分子に取り込まれてシャーベット状（ゲル状）になった「メタンハイドレート（Methane hydrate）」が眠っているのです。永久凍土の融解によってできた湖からは、融け始めた「メタンハイドレート」からメタンガスが放出され、ブクブクと泡が立ち始めているのです。メタンガスは、温室効果ガスの1つで、「二酸化炭素」の20倍の効果で温暖化を促進してしまうことが知られているのです。こうして、湖からわき上がるメタンガスの影響で、温暖化が促進され、そのせいでますます、「永久凍土」の融解が促進されていく、という「正のフィードバック・ループ」が形成されてしまったのです。このように、この自己強化に向かう「正のフィードバック・ループ」の引き金を引くことになった事態に、日本が関わっているのです

私達は、世界の森林の乱伐と日本との関係を学ばねばなりません。1992年のリオの「環境サミット」の際に伝説のスピーチをした、あのセヴァン・スズキの『私にできること』という冊子に紹介されている、オーストラリア、タスマニア島におけるユーカリ原生林の破壊を例に取ることにしましょう。ここの原生林は、太古から存在する原生林と原生林を中心に形成されている豊かな生態系ゆえに、世界遺産にも認定されているのです。皆さんもご存知のカモノハシ、ハリモグラ、それにタスマニア特有の有袋類である、フクロネコ、フクロキツネ、フクロモモンガ、タスマニアン・デビルなどが生息している森なのです。けれども、そんな原生林が年間、約1.5万ha（1日でサッカーグラウンド約40個分に匹敵）伐採され、不必要とされた伐採後の残材が燃されているのです。原生林ですから、1ha当たり、炭素1,200tも蓄積しているところがあるのに、伐採後の山焼きで800tもの二酸化炭素が排出されているのです。伐採された木材の9割は、木材として使われるのではなく、粉砕されてチップとして輸出されるのです。このチップは、紙の原材料として使われます。そしてこのチップの8割を輸入している国こそ、日本なのです。コピー用紙、印刷用紙、ティッシュペーパー、トイレットペーパーにタスマニアのチップは姿を変えて、私達の日常品として使われているのです。こうして私達は、知らなかったとはいえ、タスマニアのユーカリ原生林の崩壊に手を貸しているのです。私達は、消費者としても、できるだけ、古紙100%を利用しようと心掛けるようにしたいものです。それが困難なら、「FSC(Forest Stewardship Council 森林管理協議会)」認定の紙を利用すべきでしょう。こうした意志を消費に反映することで、「気がついている」という姿勢を企業に伝えていくことは必要です。

けれども、こうして「持続可能な生産」であるというFSC認定を受けた材木

の中にも、例えば、産地情報を手直しして見せ掛けだけ取り繕っている産品があるというのです。例えば、あのマレーシア、サラワクの熱帯雨林の木々は、伐採された後、マレーシアに密輸され、そこで認証を受けた上で、改めて日本へ建材や家具材として輸出されているという現状があるのです。スマトラとボルネオの熱帯雨林は、2022年までに、その98%が破壊され、それに伴って「森の人」というあだ名で知られるオランウータンも絶滅へと追い込まれていくことになるでしょう。熱帯雨林が伐採された後は、油ヤシの大規模プランテーション農園が築かれるのです。そして、皮肉なことに、日本では「地球に優しい」という謳い文句で、「ヤシ油」が重宝されているのです。これが輸出品として成功すると再び熱帯雨林は切り開かれ、ヤシ油プランテーションに姿を変えていくのです。森を失った現地人は、こうしたプランテーションに労働者として吸収され、貨幣経済に取り込まれてしまうことになるのです。原住民にとって、森林破壊の代償が、賃金労働者にされることによって、森林破壊を促進した資本主義に手を貸すことですので、まさに運命の皮肉と言わざるを得ません。私達、日本の消費者は、ヤシ油由来の製品を買わない、という風にして、意思表明をしていかねばなりません。「持続可能な生産」というラベルそのものが当てにならないかもしれないのです。リサイクル材や国産材を意識的に選んでいく時代にしていかねばなりません。

日本は、比較的森林が残っているという印象を皆さんは受けることでしょう。昭和35年（1959）、拡大造林計画という国の政策によって、山は杉一辺倒の単一林に様変わりしてしまいました。杉は生長が速いから、伐採周期を短くできるという理由からです。高度成長に伴いただただ木材が必要だったわけなのです。こうした目先の理由で、ブナやナラの森をつぶし、成長の早い杉を植林することで、木材や紙の生産に間に合わせようというのが、これまでの日本の方針だったのです。けれども、杉は、もともと、川辺に植生する木であるため、あまり深く根を張りません。その影響が最近顕著に現れています。大型台風が通過し、鉄砲水に見舞われる度に、土砂が杉の森林ごと流れ出てしまうのです。そのせいで、川の下流や湾には、山間部から流れ落ちた杉が流木となって溢れてしまうようになったのです。また、確かに、空から見ると、杉の森林が山間部を覆って青々としているように見えるのですが、一旦杉林に足を踏み入れるとそこは、下草さえ生えていない剥き出しの地肌が広がっているだけなのです。この荒廃した風景を、「緑の砂漠」と呼んでいます。外から杉林として見ると「緑」なのに、中に入ってみるとそこは荒涼たる砂漠のような場所、という意味合いで「緑の砂漠」なのです。緑の外見とは異なり、中はまさに多様性を失い、杉以外の植生しか見られない貧しい生態系になってしまっているのです。成長の速い杉が、山野を覆いつくすゆえ、日光が遮断され、下草さえもが生えない不毛な地ができてしまったのです。こうして下草さえ生えていないゆえ、鉄砲水のような現象で地肌が流され、根の浅い杉をさらって洪水を起こすということになるのです。森林に「材木」としての道具的価値しか見いだすことができず、「生態系の一部を担う保全的な機能」を見ることができなかった近視眼的な植林が、「緑の砂漠」を生み出してしまったのです。資源を得るために、生態系の多様性を犠牲にしたつけが回ってきたというわけなのです。

砂漠化という現象は、特にアフリカで顕著でした。ケニアでも森林地帯が激減し、およそ1.7%にまで落ち込んでしまっていたのです。ケニアの3分の2は乾燥地、半乾燥地、そして砂漠なのです。そこで、1977年、前の章でも紹介した、ケニアのワンガリ・マータイさんの呼びかけで、植林による環境運動「グリーン・ベルト運動」が開始されました。運動の担い手になったのは、貧困に苦しむ農村部の女性達でした。身近な所に木を植える運動に、これまで延べにして8万人もの人達が参加し、3,000万本の苗木が植えられていったのです。2004年に、この功績が称えられて、ノーベル平和賞を受賞されました。マータイさんは、外来種ではなく、主にケニアの自生種の植樹を奨励することで、生態系のベースとなる水源や肥沃な表土を保護すると同時に、地元特有の生物多様性を取り戻そうと考えているのです。マータイさんのヴィジョンが凄いのは、植樹によって、生態系の基盤の回復を図るだけではなく、農業生産性を改善し、「食の安全保障」を視野に収め、ケニアの自然に合った自生種作物の栽培を奨励し、「伝統食の原則」でやっていこう、というところまで考え抜いているところです。草の根レベルの環境保護活動を活性化するために、マータイさんは、自ら活動のモデルを示すと同時に、後続世代を視野に入れた長期的目標を地域住民に十分納得してもらえるよう、地道な啓蒙活動を展開してきたのです。最後に、あなた達のために、マータイさん自身の、心を奮い立たせてくれるような言葉を抜粋しておきましょう。

「私にとって、苗木の生産など朝飯前。四半世紀も続けてきたんですもの。できると言ったらできるんです。それがわかっているから、ひるむこともない。」「自分で自分の限界を決めてはいけない、文字どおり『空こそが限界（やろうと思えばどこまでも行ける）』という格言に従えばいいのだ、と知って励まされる女性も大勢いるはずです。」

13. 大　　気

それでは、今度は、大気の量を、縮小地球モデルで考えてみましょう。大気の量は、何と、風船１つ膨らませた程度の量になるのです。それもそのはずで、大気は、モデルの地球をリンゴの皮程度の薄さで覆っているに過ぎないからなのです。それもそのはずで、地球を取り巻く大気圏の内、動植物が生育できるのは、一番下の対流圏と呼ばれている、空気の層だけで、生物が生きていくのにちょうどいい割合で、必要な気体が混ざっているのです。私達が日常的に「空気」と呼んでいるものはこの層にしかありません。空を見上げると高い所に飛行機が飛んでいるのを見ることがありますね。あの当たりまでが対流圏です。大体、地上から約 11 km 程度のところなのです。この層より外に出てしまうと、生物は、たとえ細菌だろうと生存できないのです。

この大気も人為的な理由で汚染が進み、同じく人為的な理由で大気の組成も変わってきています。中国と同じく急激に成長しているインドの工業都市を見てみましょう。アジアで最も大気汚染が酷い都市は、上位 10 位以内が、インドと中国の都市で独占されています。１番が、ニューデリー、２番に、カルカッタとインドの工業都市がトップを占めています。大気汚染６位のカンプールは、急激な発展にともない近年、大気汚染が著しくなっているのです。カンプールの交差点で交通整理をしている警察官の話が、タイムマガジンに載っていましたが、それによりますと、交通整理の警察官は、普通のお巡りさんの給料の２倍に当たる＄1.5 の洗濯代を上乗せして貰っているとのことです。なぜなら、真っ白のはずのユニフォームが大気汚染で、灰色に変色してしまうからだ、というのです。

大気の組成の変化ということで問題にされるのは、皆さんもご存知の、二酸化炭素、メタンガス、フロンガスを代表とする「温室効果ガス」と呼ばれている大気成分です。本来は、この「温室効果ガス」があるお陰で、地球は、大体平均

14℃位の温度に保たれ環境なのです。けれども、「温室効果ガス」が、人間の経済活動のせいで、急激に増え続けているのです。地球の大気は、窒素が78%、酸素が20.9%、アルゴンが0.9%、後は微量ガスとして、様々な気体が存在しています。二酸化炭素もオゾンも微量ガスなのです。二酸化炭素は、大気の成分中、0.04%しかないのです。けれども、仮に二酸化炭素が、大気中成分の1%に達すると、地球は灼熱地獄と化すのですから、微量ガスとはいえ、さすがに温室効果ガスと言われるだけあって馬鹿にできませんね。ちなみに、金星は、二酸化炭素が占める割合が大気の98%で、地表の温度は477℃なのです。

産業革命以降、人間の経済活動が活発化していく中、大気中に「温室効果ガス」を吐き出す量があまりにも急激に大きくなっているのです。例えば、アメリカ並みの肉食を世界中に広げるかのように、マクドナルドなどのファスト・フード店が世界規模で展開していますが、そのためには肉牛を育てねばなりません。地球規模で、食生活が、「ファスト・フード化」し、肉食文化が、異常な勢いで広がっています。そのような肉食文化を支えるために、牧畜を行わねばなりませんので、広大な面積の森林伐採が行われるのです。ノーマン・マイヤーズによって「ハンバーガー・コネクション」と名付けられた、有名な相関関係です。ブラジル、アマゾンの熱帯雨林が切り開かれ、大規模な牧場に変えられています。二酸化炭素を取り入れる熱帯雨林の植物が壊滅的に減少しているだけではありません。牛などの反芻動物の出す「げっぷ」には、強力な温室効果作用を持つとされるメタンガスが含まれるわけですが、何と、メタンの年間排出量の16%は、牛の「げっぷ」から来ているというのです。

温暖化の問題は、それだけを切り離して論じるわけにはいきません。例えば、1.5度平均気温が上昇すると、水温も上昇します。そうなると、水に住む微生物や細菌が繁殖し易くなり、水質が悪化することも考えられます。また平均気温が1.5度上昇すれば、干ばつが増加し、乾燥地帯は益々雨が少なくなることが予測されているのです。それが原因で、水不足に苦しむだろう人達が１～２億人も増加するだろう、という予測があるのです。当然、水が不足すれば、食料生産にも多大な影響が出ますので、ある一線を越えた途端に、地球の生態系は、まさに「Fragile（壊れ易いもの）」とか「Vulnerability（傷つきやすさ、脆さ）」という形容が相応しい状態となり、崩壊するかもしれません。

また、平均気温の上昇は、作物の収穫量にも影響を与える要因なのです。アメリカ農務省は、フィリピンの国際稲研究所と協力し、実験したところ、小麦、米、トウモロコシなどの穀物は、生育期に、気温が1℃上昇するごとに、収穫量が10%ずつ減少する、ということが分かったのです。食糧生産は、この21世紀に、ただでさえ、水不足を迎え大変だというのに、加えて、温暖化に向かう気候変動のせいで、収穫量が激減していくことが心配されているのです。

日本の場合を取り上げてみましょう。環境省が出しているデータは、2000年以前のものは、二酸化炭素排出量とその割合を示す円グラフを見ると、「産業部門」、「運輸部門」、と並んで「民生部門」が置かれていました。そして、その民生部門の排出量が全体の3分の1を占めていたのです。これを根拠に、民間が努力して、二酸化炭素の、排出量を抑えねばならない、といったキャンペーンが展開し、「1分間シャワーの時間を短くしなさい」とか「家族皆で同じテレビを見よう」などといったことが言われました。けれども、実は「民生部門」で一括されていますが、そこには、「病院、コンビニ、オフィス、デパート」などといった家庭以外の排出量までもが、「民生」の名前の下で公表されていたのです。こうした「病院、コンビニ、オフィス、デパート」などの業務部門を分けて、データ化されるようになったのが、2000年以降なのですが、こうして新しく部門分けされ直したデータを見ますと、家庭からの排出は全体の13%、8分の1程度なのです。企業からの排出が87%と圧倒的に大きいのは、誰もが予想した通りなのです。実は、田中優さんによれば、二酸化炭素の排出に関わっている産業部門は、「石油連盟加盟各社」、「日本化学工業協会加盟各社」、「日本鉄鋼連盟加盟各社」それから、電力会社などで、約200業者がほとんどの二酸化炭素を排出しているのです。こうした業種の企業は、二酸化炭素の排出量を数値として公表することをしていません（電力会社を除いて）。恐らく、たとえ、公表して、その数値の大きさに私達が驚いたとしても、彼らにはお決まりの切り札があります。それは、「経済が成長するのは必要なことだから、経済のためなら仕方がない」という言い訳です。この言い訳を許さないで誰もが声を上げられるような市民社会を築かねばなりません。この一連の講義の最後の方で、こうした市民社会の可能性を検討していくことにしましょう。

14. 食　　糧

今度は食糧問題を考えてみましょう。1996年、ローマにて、「国連食糧農業機関（FAO：Food and Agriculture Organization）」による「世界食糧サミット」が開かれました。その席で、185か国の政府とEC（欧州共同体）は、2015年までに、世界の栄養不足人口を半減させる、という努力目標を立て、それに合意したのです。8億2,000万人近い、栄養不足人口を抱えていましたので、これを半減させようというのは、当然、歓迎すべき結論です。こうして目標に向けて各国の援助が開始されましたが、2001年の段階でも、未だ7億9,800万人の人達が飢餓に喘いでいるという状態でした。アフリカでは2億以上が、インドでも約2億の人が、慢性的な飢餓状態に陥っているのです。発展途上国では、子どもは、3人に1人という割合で、栄養不足の状態にあるのです。そしてこの年を境に、消費量が生産量を上回るという事態になってしまい、世界の穀物生産が著しい減少傾向を見せ始めたのです。FAOは、2009年には、世界の飢餓人口が、10億2,000万人になるだろうことを予測しているのです。確かに、目標とはかけ離れた現実があります。しかも、2004年に、800万tの小麦を求めて、中国が初めて、買い手市場に参入したのです。中国は、急激な工業化に伴い、農地を失い、1998年の段階では、穀物生産量はピークに達して、3億9,200万tだったのにもかかわらず、2003年には、3億2,200万tにまで落ち込んでしまったのです。ピーク時との差が、7,000万tあるわけですが、この量は、カナダの食物生産量を上回るような膨大な量なのです。この急激な下落があった翌年から、中国は、小麦などの穀物に関して、買い手市場に参入するようになったのです。中国13億人の人口を養うということが穀物などの世界市場にどのような影響を与えるのか懸念されます。

私達の地球が恵んでくれている食糧は、100億の大台に乗るとされる21世紀末に向けて急激に増加していくと予想されている世界人口を養うのに、十分足りている、と言えるのでしょうか？　これを考えるために、FAOの資料に基づいて、世界で生産可能な1日分の食料をカロリーに換算してみましょう。すると、170兆Kcalになります。これを1人当たりが1日に消費するカロリーで割ってみれば、何人養っていくことができるのかが分かります。と言っても、国ごとにカロリーの消費量が違いますので、注意しなければなりません。アメリカが何と言っても一番、高カロリー摂取国に違いない、と皆さんは思われるでしょう。その通りなのです。実際に、アメリカは、「肥満大国」と呼ばれるようになってしまいましたね。1日の摂取カロリーは、3,800 Kcalで、全員がアメリカ並みにすると44億人しか養えないのです。日本は、2,700 Kcalで、これだと63億人となり、ちょうど2000年時の人口を養うことができます。フィリピンが、2,200 Kcalですので、77億人を養える勘定になりますが、世界銀行が出した、今後の人口の推移予測によれば、2030年までに人口は80億、2050年には90億、そして2100年には100億人に達するだろう、というのです。どうでしょうか？　フィリピンの人達の食生活を見習ったとしても、22世紀の100億の人口を養うことはできませんね。

この計算を試した人なら、気になり始めることがあります。それは、人間の生物学的条件を考えた場合、一体1日の摂取カロリーをどこまで落とすことができるのか、ということです。1日に必要最低限のカロリーを問題にしてきた、世界食料調査の結果が残されていますので、先ず、この調査機関の示した定義を見てみましょう。

第一回世界食糧調査（1946年）：1日平均の栄養が2,250 Kcalに達しないものを栄養不足と定義しました。この基準ですと、当時の世界人口の約半数が該当しました。

第三回世界食糧調査（1963年）：この時の調査でも定義そのものには変更を加えず、途上国の60% の人口が，栄養不足の状態であるという調査結果でした。

第四回世界食糧調査（1977年）：72～74年のデータに加えて、定義の見直しが検討されました。その結果、基礎代謝量（起床後、空腹時、適温25℃の室内で絶対安静を保っている人の体表から発生する熱量のこと）の考え方を導入しました。この基礎代謝量の1.2 倍を必要最低カロリーと考え、これ以下を栄養不足と定義し直したのです。この新しい定義によると、4億5,500万人が栄養不足であるとされ、途上国の4分の1の人口が該当するという結果がでました。

第五回世界食糧調査（1986 年）：第四回世界食料調査の際の新しい定義に加えて、労働量が多くてカロリーの必要量の高い人には基礎代謝量× 1.4 倍という基準量を設定しました。

「基礎代謝量」という言葉が出てきましたが、これは、呼吸をする、内臓を動かす、体温を保つ、脳、筋肉、内臓などを維持するなど、様々な生命活動のため使われている、「生きていくために最低限必要な最小のエネルギー」のことをいいます。基礎代謝量だけで、１日の総消費エネルギー量のうち、60 ～ 70％を占めている、まさに生命を維持するのに必要な最低限のエネルギーなのです。基礎代謝の 40％は筋肉によって消費されます。

厳密な基礎代謝量は、起床後、リラックスした状態で、室温 25 ℃の条件下で計測することになっていますが、大体目安となる表が厚生労働省より出ていますので、今回はそれを参照することにしましょう。

この表で、皆さんに該当する箇所の基礎代謝量を 1.2 倍したものが、１日に必要最低限のカロリーということになります。皆さんの場合は、20 代女性ということですので、基礎代謝量が 1,209 Kcal ですから、この 1.2 倍は 1,450.8 となり、約 1,451 Kcal を摂取しなければならないことになります。同様に計算すれば、成人男性の場合ですと、約 1,840 Kcal は最低必要であることになりますね。現在、例えば、飢餓に見舞われているエチオピアの栄養水準がエチオピア全体で、１日

表１　年代別・性別による１日の基礎代謝量とエネルギー所要量

年令	性別	基礎代謝量（kcal／日）	エネルギー消費量（kcal／日）
20 歳代	男	1,533	2,550
	女	1,209	2,000
30 歳代	男	1,499	2,500
	女	1,188	2,000
40 歳代	男	1,447	2,400
	女	1,162	1,950
50 歳代	男	1,364	2,250
	女	1,122	1,850

（厚生労働省：日本人の栄養所要量、第四次改定より抜粋）

平均 1,720 Kcal と言われています。日本人の基礎代謝量をそのまま当て嵌めるわけにはいきませんが、それを承知の上で比較してみても、日本人成人男性の平均をかなり下回っていますね。必要最低限の生命活動ができる程度の摂取カロリーで、かろうじて生存している人達が存在している、ということなのです。

さて、日本人の成人男女の基礎代謝量× 1.2 を平均すると 1,645 Kcal になります。170 兆 Kcal をこの数値で割ると、103 億は養えることになるのです。皆さん、この数値で、献立を作ってみてください。ひょっとすると、これが未来の日本人の食生活になるかも知れません。

日本の場合、もう一つ、きちんと考えておくべき問題があります。今は確かに「飽食の時代」などと言われていますが、それゆえ、多くの日本人が見過ごしている問題があるのです。それは、食糧自給率の問題です。農林水産省のホームページによりますと、日本の食糧自給率は、40％未満で、穀物の自給率は 28％程度です。このことは、穀物の 70％以上を輸入に頼らざるを得ない状況にある、ということを意味しているのです。農業の生産基盤として、当然、農業に従事する人達の数が挙げられますが、1960 年には、1,175 万人であったのに、食糧の海外依存度が高まるとともに、2005 年には、224 万人にまで減少し、しかも高齢化してしまっているのです。この間、当然ながら、高度成長に伴い農地自体も減っているのです。もし、世界的な飢餓が襲うことで、輸入が止まってしまうという事態があった場合、日本は、混乱状態に陥ることは必至なのです。世界人口が 100 億の大台に向かって推移していく、この 21 世紀、自国の食糧自給率を高めておく政策をきちんと打ち立てて欲しいものです。

さらに考えておかねばならない問題があります。先進国の平均食糧摂取カロリーは 3,000 Kcal を越えているのですが、途上国のそれは 2,000 Kcal 程度なのです。しかも先進国では動物蛋白の 摂取量が多いということがあります。例えば、牛肉の場合、同じカロリーの蛋白を作るのに 13 倍のカロリ－の穀物が必要となりますので、牛肉生産にかかる無駄まで計算に組み込んで、先進国の摂取カロリーをオリジナルカロリーに換算すると 8,000 Kcal を越えてしまうのです。世界で生産されている大豆の 95％は家畜の飼料にされてしまっているのです。アメリカで生産されるコーンの 20％が人間用、80％は家畜用なのです。アメリカで家畜が消費する穀類を人間に使うとすると中国の人口と同じ 13 億人の人達が助けられる勘定になるというのです。面積という点で考えても無駄が多いのです。日本では、牛を1haの牧草地に1頭しか飼うことができない勘定になるそうですが、1haの水田があれば70人分の食料が産出できるのです。

全ての農地の70%が畜産用に使われており、これは地球の陸地の30%に当たるとされています。もし、地球上の全ての人が摂取カロリー25%を動物性にするのなら32億人を、15%を動物性にするのなら42億人を、0%を動物性（＝ベジタリアン）にするのなら63億人を、養うことができるという試算も存在しているのです。また、以前、肉牛を飼うために、アマゾンなどで大規模伐採が行われていることをお話ししましたね。食肉という食料摂取の方法が、いかに無駄が多いかを教えてくれると思います。

次世代のための、石油に代わる代替燃料として脚光を浴び始めた「バイオ・エタノール」ですが、このバイオ・エタノールを採るために、トウモロコシやサトウキビの栽培が過熱化し、他の農作物のための耕地を奪っています。それに伴い、トウモロコシやサトウキビの値段だけではなく、農作物の値段は全般的に高騰し、途上国において、安く手に入り難くなってしまいました。貧富の格差が拡大する中、こうなると、確実に食糧を購入できない人達が出てくることになります。2007年、ブッシュ大統領は、一般教書演説で、バイオ・エタノールを代替エネルギーにしていく方針を打ち立てました。これが異常なバイオ・エネルギーブームに火をつけることになったのです。けれども、同じ年の5月にIPCCの第3次作業部会の報告書が出されましたが、その報告書には、バイオ・エネルギーへの傾斜が、食料安全保障にもたらす悪影響が記されているのです。「エネルギー用のバイオマスの生産の農地利用が拡大するのならば、他の土地利用と競合する可能性がある」ということへの懸念が記されているのです。

それだけではありませんでした。例えば、マレーシア、サラワク州では、油ヤシのプランテーションの拡大が、熱帯雨林の減少に拍車をかけているのです。日本など先進国の輸入する食糧の生産のために、途上国では、環境に多大な負荷がかかっていることになりますし、長距離輸送のせいで、二酸化炭素が排出されているわけなのです。ですから、私達は、自分達が購入しているものが、一体、どのような環境負荷を与えているのか、という問いをきっかけにして、今まで「南」で起きているというだけで、見えてこなかったことを見えるようにしていく努力をすべきでしょう。加えて、サブプライム問題で、金融商品ビジネスから引き揚げた投機マネーが、値上がりを見越して、穀物市場に大量に流れてきて、穀物価格の高騰に拍車をかけています。これは、トウモロコシなどを主食とする途上国の、特に、貧困層にとって、大きな打撃を与えているのです。

このように、基本的な食糧の値段が高騰し始めている、という新手の問題が起きつつありますが、量の問題に関しては、1人当たりの摂取カロリーを落とせば、まだ十分に全ての人に行きわたるだけの余裕はありそうだ、といえると思います。けれども、食料生産に必要な水資源の不足や、一度、「あれも手に入れられる、これも手に入れられる」という、空虚な欲望に呪縛される贅沢に慣れた人間が果たして、カロリーを落とすことに同意できるかどうか、という深刻な問題が、ここにはあるのです。あなたは、肉食を減らしたり、あるいは菜食主義に転換したりすることができますか？　恐らく肉食でいることの言い訳をあなたは色々探してくることでしょう。「私､1人が変わっても意味が無いじゃない」とか何とか言ってね。そんなあなたは、「ナマケモノ・クラブ」が出している『ハチドリ』の話を読んでみてください。国連世界食料計画（WFP）によれば、毎日、5歳以下の子どもが1万1,000人、栄養失調が原因で死んでいるという現実があるのだ、ということを考えねばなりません。私達は、第5章において、この世のこうした不公平さはどこからくるのか、という思索を深めていくことにしましょう。

食糧の問題を考える際に、今までお話ししてきたような「量」の問題だけではなく、「質」の問題が出てきます。毎日の食卓に上る食べ物が、例えば、地球の裏側から遠距離輸送されることで二酸化炭素を撒き散らしていたり、生産や加工の過程で有毒な化学物質、残留農薬、合成添加物、抗生物質、ホルモン剤、病原菌などが混入していたり、遺伝子組換え技術のような安全性の確立していないような科学技術が適用されていたりということが、むしろ日常的になってしまっているのです。

1986年4月26日、史上最悪の原発事故がチェルノブイリで起きました。その放射能被害は甚大なものがあり、20年以上も経っているというのに、未だに甲状腺ガンや白血病の子どもが沢山出ているのです。その当時、8,000 km も離れている日本にも、風に流されて放射能がやってきました。それは雨に混ざって地上を汚染したのです。チェルノブイリに近いヨーロッパは農産物の汚染を被ったのです。日本も農産物をヨーロッパから輸入していたのですが、日本政府は、汚染食品を輸入しないようにと、一定の基準を設けたのです。その時、こうした汚染された食品が援助物資という名目で第三世界に流れたのです。この頃の日本は、アメリカによる「Japan・bashing ジャパン・バッシング（日本叩き）」があったとはいえ、依然好調で、バブル経済に突き進んでいく勢いがありました。中曽根内閣以降、「グローバリゼーション」の名の下、食糧の半分以上を輸入に頼る形が定着し、その当時も年間約1,000万tの食べ物が賞味期限切れや残飯ということで捨てられていたのです。こうして先進国では、食べ物が無駄に捨てられているというだけなく、汚染されていた物資が第三世界に回るという、そうした皮肉な構図が、まさに「グローバリゼーション」という形をとったのでした。

15. グローバリゼーションの中の「救命ボート」

さて、それでは、ここで、このように資源が極々限られてしまっているにもかかわらず、人口が確実に増え続ける時、こうした状況を乗り越えるために、どのような戦略があるのか考えてみましょう。皆さんならどのような戦略を打ち立てますか？

ちょっと恐くなるような解決策を紹介しましょう。「救命ボート・エシックス」と呼ばれている考え方です。20世紀後半に入って、資源が有限であることが自覚されるようになると、ギャレット・ハーディンというアメリカ人によって「救命ボート・エシックス」が唱えられるようになりました。それによると、富める国に住む人々は、溺れかかった人達であふれる海を漂流する、すでに定員オーバーの「救命ボート」の乗客のようなものだ、というのです。そんな救命ボートを皆さんも想像してみてください。もし、溺れかかった人を助けてボートに乗せたら、すでに重量オーバーのボートが傾き、助かるはずだった乗組員も全員が溺死してしまうのだ、というのです。だから、すでにボートに乗っている人達は、溺れている人達を、溺死するにまかせるのが一番なのだ、というのです。今日の世界は、この「救命ボート」のようなもので、富む者達は、貧しい者を餓えるにまかせておけばいい、限られた資源を分配する余裕はもはや無いのだ、というわけです。恐い理論だと思いませんか？　ハーディンは冗談を言っているわけではありません。

南アフリカでアパルトヘイトの解消に尽力したことでノーベル平和賞を受賞したツツ大司教は、現在しきりに称揚されている「グローバリゼーション」について、このように語っています。

> What is wrong with globalization is that the powerful tends to make the rules of how the game is going to be played. Their rules are friendly to the rich, and they are not friendly to the weak. グローバリゼーションの問題点は、強い者がゲームのルールを決めてしまう傾向にあるということです。そのルールは豊かな者の味方で貧しい者の味方ではありません。

ツツ大司教が語っているように、グローバリゼーションの名の下に、世界情勢を決めるルールそのものが、ほんの一握りの裕福な人達の繁栄を持続させていくだけのものになってしまっているのです。私は、世界の仕組み自体が、「救命ボート・エシックス」を実現しつつあるのだ、ということ、このことを、皆さんと一緒に調べていくことにしたいのです。皆さんは、「救命ボート・エシックス」のような、冷酷な理論に基づいて世の中が動き始めている、なんてことは、信じられないことでしょうし、信じたくもないことでしょう。

でもここで少し頭を使って考えてみてください。豊かな資源は、森林資源も含めて、南の国々に集中しているのです。にもかかわらず、なぜ、南の国々は貧しいままなのか、そして貧しいがゆえに、「救命ボート」の乗員のほとんどが、先進諸国の人達なのです。こうした事態はなぜ起こるのでしょうか？

これには後の講義でお答えしていくとして、今回はただ単に、現実を直視しましょう。この図を見てください。これは、1993年に国連開発計画が発表した有名な「シャンペン・グラス」の図です。形が「シャンペン・グラス」に似ているので、このように呼ばれています。世界人口のたった20%が世界の富の80%以上を独占している様を、視覚的に訴える、そんな図なのです。こうした裕福な人達は、北半球のいわゆる先進諸国に集中しているのです。一方では、最貧層に当たる20%の人達が世界の所得の1.4%を占めているわけなのです。もちろん、物価の問題も含めて考えねばなりませんが、一日＄1.00にも満たない生活水準で生きている人達は、圧倒的に南の諸国に存在しているのです。この最裕福層が、さ

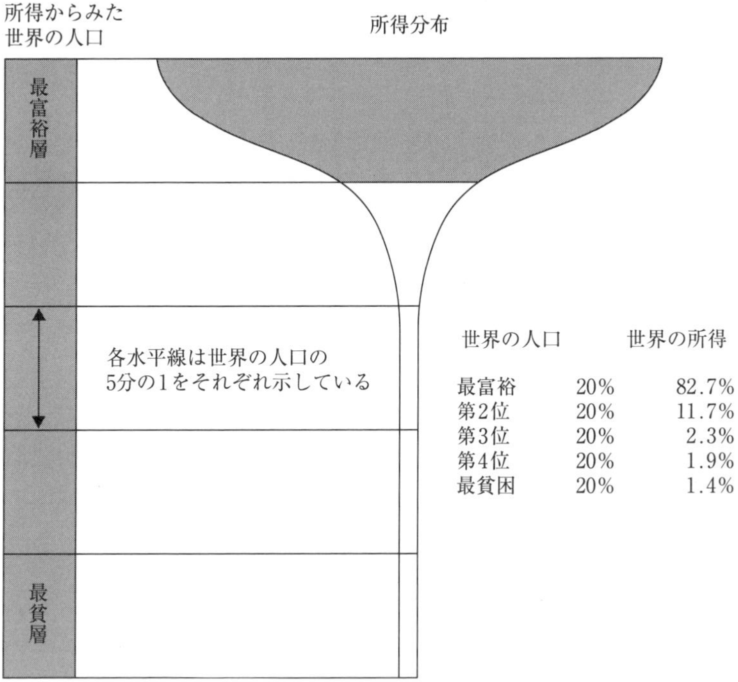

図３　世界の富者と貧者との格差の「シャンペン・グラス」型構造

らに世界の富を独占しようとしているのです。最裕福層が、世界の富を、均等に再配分しないための理屈が、「救命ボート・エシックス」である、と考えてください。あなたが、もし、「救命ボート」の乗員であるとしたら、貧困の大海原に投げ出されて溺れかけている人達が手を差し伸べて、助けを求めてきたら、「あなた達にあげるものは何もないよ。いいかい、少しでもあんた達に与えたら、ここにいる私達も餓えてしまうんだ。分かったら、大人しく手をボートから離しな！」と断固、突っ撥ねるでしょうか？　それとも他に何か解決策があるのでしょうか？　あなたが、「救命ボート・エシックス」は、何だか、人間的では無く、背筋がぞっとするくらい恐ろしい、と思われるのならば、「まだ大丈夫だ」と蛙の合唱ができる内に、他に何か解決策を考えねばなりませんよ。なぜならば、実際、私達の現実は、「救命ボート・エシックス」の論法に従って動き始めているからです。そして、このことに気付かせてくれるきっかけになった事件が、実は、あの 2001 年の 9.11 の同時多発テロだったのです。この事件とこれをきっかけに始まる一連の戦争は、アメリカを中心にした先進諸国が主導してきた、世界秩序に歪みがあるということを明らかにしました。

私達が、見てきましたように、現在のような莫大な資源消費によって成り立つ経済活動を続ける限り、地球生態系の能力をはるかに超えてしまい、現状維持すら困難な状態に陥っているのです。けれども、世界の 20%の人達のみが物質的豊かさを享受しているのだ、という現実はしっかり認識しておくべきです。「救命ボート・エシックス」などといったような考え方が出てきてしまうことの背景には、「人間中心主義」の根本問題が潜んでいます。「人間中心主義」には、現行の世界において、グローバルな経済秩序の構築に影響力のある、一部の「北」の人間という「ベネフィット」を受ける側が、「損得勘定」をし、「リスク」という、つけを「南」や「未来世代」に回しているという構図があるのです。

第3章

Sentientist approach

第2章では「人間中心主義」の抱えている諸問題を確認してきました。果たして、「人間中心主義」を乗り越えることのできるようなアプローチが可能なのでしょうか？　私達は、次に、「Sentientist approach」と呼ばれているアプローチを見ていくことにしましょう。

1．動物裁判と動物の権利

12世紀頃から、中世ヨーロッパでは、「動物裁判」として知られている動物を被告にした、私達、現代人の目には、不思議な裁判が始まっています。例えば、1545年、サン＝ジュリアンという名前の村の住民達は、ブドウ畑に侵入して大被害を与えているゾウムシを相手に訴訟を起こしています。この当時の裁判官は宗教的な権威者でもありましたから、このブドウ畑に入り込んだゾウムシと呼ばれている昆虫達を、教会の名において破門することができたのです。この場合、昆虫達のための弁護をする「後見人」が立てられ、裁判で争うのですが、面白いことにこの時の判決は昆虫側の勝訴となりました。「神によって創造された動物は人間同様に食べる権利を持っている。生きる権利があるのだ」というわけなのです。この時、「餌となる草木の生茂っているグラン＝フェスと呼ばれている場所を昆虫達に提供すること」ということを記載した契約書類を昆虫達に手渡すこと」が約束されたのでした。これが自然物と人間との間に交わされた最初の協定であるとされています。この時、本当にグラン＝フェスなる土地が餌場に相応しいかどうか、専門家に調査依頼がされたのです。

他にも同様の理由で勝訴したコガネムシが、人間に害を与えないような安全で餌の豊富な森林地帯への移住を約束されたりしているのです。当然、人間達はこの面倒臭い移住の手助けをしたわけなのです。もちろん、常に動物側が勝つとは限りません。教会に破門宣告を受けて、呪われの身となったヒルが処刑された、というような記録も残っています。この時の判決文を読んでみましょう。「聖なる神の教会の名において、私はお前達がどこへ行っても、お前達を呪うし、お前達が全ての場所から消え去るまで、お前とお前の子孫達は呪われるであろう」。ここで注目すべきは、中世社会では、動物達にも人間同様の「生きる権利」が認められる、というような判決が下された、ということなのです。動物裁判は通常は次に述べるようなステップを踏んで行れました。

① 損害を受けた住民が請願書を提出（告訴人の裁判所への請願）。

② 請願書に基づく被害の実地調査（被害の調査）。

③ 被告になった動物に後見人をつけ、弁護をさせる（被告、動物の召喚と後見人の任命、後見人による代理、そして弁護）。

④ 双方の言い分を検討した上で、判決を言い渡す。

このように中世においては不思議ではなかった「動物の権利」という考え方に立つのが、二番目のアプローチである Sentientist approach なのです。“Sentientist” という単語にある “Sentient” ということは「感覚する力がある」といった意味合いの形容詞なのです。

「Sentientist」とは、「感覚する能力があるもの」という意味です。このことから読み取ることができますように「感覚する力を持つ生き物をただ単に人間の道具か何かのように見なさないでそれなりの内在的価値を認めましょう」という考えが中心的な役割を果たしています。快や不快を感じることのできるあらゆる生き物に生存する権利を認めていく考え方がこれなのです。自分の生存に有利な環境かどうか、を「快や不快」を感じることのできる生き物は、その感覚を通して「判断」できる、と考えるのですね。「快不快」を感じることができるのならば、生存という最も基本的な点において「利害」を持つことができる、と考えるわけです。

この「Sentientist approach」を採る人々は、自然環境は人間のためだけではなく、「快や不快」を感じることのできるありとあらゆる生き物達のために為されねばならないことを説いているのです。ですから強いて「Sentientist approach」という言葉を訳すのならば、仏教で「心情ある生き物」を意味する「有情」を使って

「有情の生物中心主義のアプローチ」ということになりましょうか？　快や不快を感じる動物達に対して私達は「憐憫の情」を感じ人間的な同情を表現することが可能です。皆さんも小学校の音楽の時間に歌った「ドナドナ」の歌詞にあった、あの売られていく子牛の運命が気になって仕方がなかったのではないでしょうか？　快や不快を感じることのできる生き物が苦しみを被るのであれば、それを見過ごすことは不道徳である、と考えるわけです。

「快不快」を感じることのできる生物に関して、利害を平等に考慮しましょう、と主張すると、本能に縛られた動物と違って、人間は、「主体性」を持つ、特権的な生き物なのだ、だから、単なる本能の奴隷である動物と違って、人間だけが「自由」という価値に値するのだ、と考え、動物との平等と聞くだけで嫌悪を感じる人がいるかもしれません。

最近は、神経生理学の分野の発展が著しく、驚くべき発見がもたらされています。『ユーザーイリュージョン』という本の中で、ノーレットランダーシュは、カリフォルニア大学の神経生理学者、リベット教授の実験を紹介しています。リベットは、指を動かそうとする「意図」と、指の筋肉を動かそうとする時に生じる無意識下の運動準備電位とのタイミングを計測しました。その結果、何と驚くことに、「指を動かそう」という「意図」が、運動の始まりではなく、指を動かそうと「意図」するよりも、0.35秒早く、「運動準備電位」が生じていたのです。言い換えれば、指を動かそうと「意図」する以前に、無意識下の脳で、指を動かす準備が始められているのです。リベットの実験は、その後、多くの科学者に追試験されて、確証されるに至っています。リベットの実験から、ノーレットランダーシュは、人間は、自分が始めに「指を動かそう」と「意識」したと「錯覚」しているのだ、と結論付けました。自分が意図することが、そもそもの始まりだ、というのは、実は錯覚なのだ、ということ、無意識が、先に始めてしまっていることを、あたかも、自分が、初めから意図したことであるかのように、人間は行動するのだ、ということなのです。人間の意識は、運動の起源ではない、ということなのです。自分が何かを意図するから、行動が引き起こされるのだ、ということは、何と錯覚だったのです。意識は現場に遅れて到着した「目撃者」だったのです。その「現場」で起きた事件の当事者ではなかったのです。けれども、その「目撃者」は、自分を初めから現場にいた「当事者」のように錯覚してしまっている、おめでたい目撃者なのです。

これは、驚くべき発見です。人間は、自分だけが、他の動物と違って、主体的に意図し、行動するからこそ、特権的主体である、と考えてきたわけです。リベットの実験が示すことは、「意図」という、人間の特権を現していた概念が、イリュージョン（錯覚）であった、ということなのです。こうなると、人間が、動物に対して、特権的である、とされてきた、「人間的特徴」の一角が崩れた、ということになります。「主体性」は、単なる錯覚だった、というわけです。だとしたら、「痛みを感じるかどうか」という次元で、思索を進める Sentientist approach は、それほど、奇妙である、というわけではありません。

2．動物の解放

この Sentientist approach の考え方を主張する代表者はオーストラリアの哲学者ピーター・シンガー（Peter Singer）でしょう。私のアメリカ留学時代は、シンガーの影響を受けた「動物の解放」運動に勢いがあって、動物実験の廃止を訴えるディスカッションに参加したり、菜食主義者になったりとかなりの影響を受けました。彼は、動物に与えられている「不当な苦痛」をいかにしたら廃絶できるのかという問題に向き合いました。

シンガーは「Particularism（特殊主義）」の廃絶を唱えています。特殊主義とは何でしょうか？　大ざっぱな言い方をすれば、特殊主義者とは「平等の原則を破る人達のこと」です。例えば、次のようです。

① 人種主義者は特殊主義者です。自分達の利益と他の民族の利益が衝突する時、人種主義者は、自分達の民族の利益に、より重要性を与えることによって、平等の原則を破るからです。

② 性差別主義者も自分と同じ性別の利益に、より重要性を与えることによって、平等の原則を破るゆえ、特殊主義者なのです。

③ 人間中心主義者（この場合は、“speciesism（種差別）” と呼んでもいい）は、「人間」という種に属する自分自身を他の種より重視することによって、平等の原則を破るゆえ、特殊主義者なのです。

さて、シンガーは、特に他の生物を差別する「人間中心主義」という特殊主義を批判するのですが、ここで彼の言う、「平等」とは何でしょうか？　それは一言で言えば、「喜びと苦しみを感じることのできるすべての存在が権利の主体である」といった形の平等なのです。彼の考え方は、ジェレミー・ベンサム（Jeremy Bentham）の考え方を受け継いでいるのです。ベンサムはこう書いています。

> 肌が黒いからといって、一人の人間を暴君のきまぐれのままに苦しませていいものではない。足の数とか毛の生え具合とか、尾のあるなしとかも同じことで、それを理由にして、感覚能力を持つ存在者をそんな目にあわせてはならないと気づく日がやってくるかもしれない。では越えられない一線とはどこに引かれるのだろうか。理性能力か、それとも話す能力だろうか。だが、成長した馬や犬は、生後一週間や一か月の赤ん坊とは比較にならないほど理性があり、意思の疎通ができる。問題は理性があるとか、話すことができるとかいうことではなく、苦痛を感じることができるかどうかなのである。

確かに理性という基準を、平等を言うための基準として絶対視すると、ベンサムが挙げているような赤ん坊は、理性という基準を満たさないために、平等なコミュニティーから仲間はずれになってしまいます。シンガーは、ベンサム同様に苦痛を感じることができるかどうか、ということを基準として考えるのです。喜びを感じることのできるものは、「自己実現する権利」があるし、そして苦しみを感じることのできるものは、その苦痛が不当なものであれば、「不当な苦痛を免れる権利」を持つとシンガーは主張します。つまり、「快と苦」を感じ得る存在であるということは、何らかの利害を持ち得る存在である、ということの証なのです。私達は、そうした存在の利害を平等に配慮すべきであるという意味で、道徳的でなければならないのです。

> 教養のない農民が訴訟でたまたま、例えば、アイザック・ニュートンと対立することになったとしても、両者は同じ法律上の保障を受けるだろう。それと同様に、人間が動物より頭がいい、という理由によって、人間のみを特別待遇することはできない。

人間は、「喜びと苦しみを感じることのできる存在」のほんの一員に過ぎないからです。シンガーの言いたいことをもっと直接的に感じ取るためには、シンガーの次の言葉を参照してみるといいでしょう。

> たとえば、認識能力のない子どもや、障害のある大人を痛みや苦しみや死をもたらす方法で処遇するのが、道徳的に悪であるのならば、相手がたとえ動物である場合でも、やはり悪である。

人間という種にとって、道徳的に悪いことを、人間以外の種に及ぼすことは、やはり道徳的に問題である、というわけです。人間以外の種でも苦痛を感じているのならば、その苦痛を配慮しないとしたら、やはり道徳的に間違っているということになるでしょう。つまり、シンガーの立場は、動物も快や苦しみを感じるという点で、何らかの利害を持っているのであるから、種の垣根を越えて、平等な配慮を受ける資格がある、というのです。シンガーは、こうした理由から、動物の「権利」を擁護するのです。

さてここで、歴史的に見て、偉大な思想家達は、動物についてどのように考えてきたのかを簡単に振り返っておくことにしましょう。アリストテレス（Aristotle）は、人間が動物であることは否定していません。事実、彼による人間の定義は、「理性的動物」というものでした。けれども彼は、植物は動物のために、動物は人間のために、存在しているのだ、という独特の目的論を展開し、人間が動物や植物を道具にすることを正当化する根拠を与えることになったのです。彼によれば、思考能力、すなわち、理性の劣っている奴隷は、動物同様、財産にして構わなかったのです。こうした考え方は、トマス・アキナス（Thomas Aquinas）のような、キリスト教哲学者にも影響を与え、神が設定した目的に従って、人間は動植物を道具のように利用して構わないという見解が支配的になったのでした。このアキナスの見解は、旧約聖書の箱舟で生き延びたノアとその子ども達を、神が祝福して、「全ての地に動くもの、全ての海の魚とともにお前達に与えよう。生きて動いているものは皆、お前達の食糧にしてよい」という件にも一致するため、キリスト教の総本山であるローマ・カソリックの伝統的な考え方として、主流になっていきます。もちろん、中世ヨーロッパには、ローマ・カソリックのオーソドックスな見解があらゆる場所に浸透していたわけではありませんので、先に紹介した「動物裁判」に見られるような記録も存在しているのです。

ルネサンス期には、レオナルド・ダ・ビンチ（Leonard de Vinci）のような人が、動物の苦しむ姿を観察し、嘲笑する友人達を尻目に、ベジタリアンになりました。

1518年に、イギリスのトマス・モア（Thomas More）は、『ユートピア』の中で、「ユートピア人は、仲間の生き物たちを屠殺することは、人間がもちうるもっと繊細な感覚である同情心を徐々にすり減らすと感じている」と書いています。同じイギリスでも、17世紀に入ると、フランシス・ベーコンが、「自然を支配するためには、それを拷問にかけ、尋問し、解剖し、その秘密を暴き出さねばならない」という、実に挑戦的な言葉を残しています。

ベーコンと並んで近代合理主義の祖であり、現代哲学の父と呼ばれているデカルト（Rene Descartes）は、「われ思うゆえにわれあり」で有名なフランスの哲学者です。彼は、「われ思うゆえにわれあり」という言葉からも窺い知ることができるように「自我」こそ人間に特有なものであり、そうしたものが物質から生じてきたとは考えられないとしました。科学者であるだけではなく、キリスト教徒でもあった彼にとって、「自我」こそ「魂」であって、「魂」こそ物理的な肉体が生滅しても後に残るものと考えたのでした。人間のみが「魂」を持つのだ、と彼は考えました。それでは動物はどうなのでしょうか？ 動物は魂を持っていないと考えたデカルトは、「動物は無感覚で非理性的な機械」に過ぎないと考え、「時計のように動くだけで、痛みを感じることはない」と述べました。動物は、時計のような「機械」に喩えられて考えられていたのです。そんなわけで、動物が苦しそうに泣き声を上げるとしても、そのことは動物が苦痛を感じていることを意味しない、ただ機械的な反応を示しているだけである、と考えたのです。デカルトは、「精神」と「物質」の二元論を唱え、動物は、「物質」の方に属しているものと考えられたのでした。このデカルトの思想は、当時のヨーロッパに、「生体解剖」という生きた動物を使って実験する傾向を広めてしまったのです。科学者達は、「動物は機械のようなものだ」というデカルトの教義によって、麻酔処理されずにメスを当てられて苦しんでいる動物を見ても、良心の呵責を感じなくて済む口実を手に入れたのです。

こうして「動物」がいったん単なる機械のような「物」に貶められてしまうのならば、ペットや家畜のような場合についてのみ、「これはXさんの所有物であり、財産であるから、傷つけてはいけない」といった擁護法しか、可能性として残されなくなってしまいます。確かに、こうした論法も現在でも有効には違いありません。

「物」か「人格」か、といった、大変、お粗末な２部法しか持ち合わせていない人間にとって、「動物」は、デカルト以来、「物」に分類されて処理されてきたのです。既存の言語を受け入れることから出発せざるを得ない人間にとって、このお粗末な二部法的な概念構成は、今後も常に躓きの石になることでしょう。だからこそ、私達は、この２部法を超えるきっかけを与えてくれるような感受性を記した言葉には耳を傾ける必要があるのです。

こうして動物を機械であると考えるデカルト主義的な機械論の伝統は、無数の生体解剖実験への道を開いてしまったのです。こうした傾向を皮肉ってヴォルテール（Voltaire）は、このように述べています。

> その忠実さと友愛において人間をしのぐ、この犬を押さえこみ、釘でテーブルに打ちつけ、生きたまま解剖し、腸間膜静脈を見物人に見せている野蛮人どもがいる。この犬の中には、あなたと同じ感情の器官がみんなそろっているんだが。機械論者達よ、答えて欲しい。自然は、この動物の中に何も感じないという目的で、あらゆる感覚器官を備えさせたとでもいうのだろうか？

さらに、ヴォルテールは、このようにも言っています。

> 動物達がただの機械であろうはずのないことは、私にはほとんど立証済みのように思われる。以下が私の証明である。神は動物にわれわれとまったく同じ感覚器官をつくった。したがって、もし動物が少しも感覚を持たないとするのなら、神は役に立たないものをつくったということになる。さて、あなたがたの証言によると、神は何一つ無駄にはつくらない、とある。したがって、感覚がまったくないというのであるのなら、これほど多くの感覚器官をつくらなかったわけである。したがって、動物はまったくの機械では、けっしてないのである。

こうした啓蒙活動のお陰か、動物も苦しむのであり、何らかの配慮に値するのではないのか、という考え方が大変ゆっくりではあるけれども、浸透していきました。

ドーバー海峡を挟んでお隣のイギリスでは、トマス・モアの伝統が生き続け、デカルトより少し後に登場したロック（John Locke）は、「自分より劣っている生き物を虐待したり殺したりすることによって、人間の心に悪い影響を与える」

と考えていました。動物のため、というよりも、人間の品性のために、つまり人道主義的な理由で動物愛を唱えたわけです。ロックの伝統は現代でも生きていて、人間の品性を維持するために、動物の保護を行うという、人道主義的な運動を引き起こしました。つまり、人間の中に芽生えた残忍さの感情を嘆く、というそうした人道的な考え方が、この当時の支配的な感情になっていったのです。

このロックの伝統と、「動物の権利」そのものを求めるベンサムの伝統の２つが現代に続いているのです。けれどもベンサムの伝統は、決して主流になることはありませんでした。

けれども、チャールズ・ダーウィン（Charles Darwin）による、1859年の『種の起源』そして1871年の『人間の起源』における進化論の思想の影響で、「人間と動物の違いは、それほど大きくかけ離れたものではないのではないのか」という疑いの声が、キリスト教的伝統に対して向けられるようになったということは、まさに思想史上の大事件でした。ダーウィンは、彼の日記にこのように記しています。

> 人間は傲慢なので、自らを神の特別な被造物であると考えている。しかし、自らを動物から作られたと考えるのがより慎ましい態度であり、また私はそれが正しいと信じている。

ダーウィンは、医学部に在学していた時、犬を使った実験を拒否したため、学部から追い出されたという経歴の持ち主なのです。彼には『人間の堕落』という著書があり、その本の中で、犬を使った実験を行った教師について、このように述べています。「この人の心臓が石でできているのでないのなら、彼は自分が死を迎える最後の時間に、深い良心の呵責に苛まれるにちがいない」と。

権利論のベンサムそして人道主義のロックの伝統があるイギリスでは、1822年に「マーチン法」という名前で知られている「動物愛護法」が生まれました。1842年に、動物愛護協会が発足し、それがヴィクトリア女王によって「王立動物愛護協会」に発展していきます。そして1876年、イギリス、ヴィクトリア女王の時代、「動物虐待防止法」が成立しました。動物虐待行為全般を禁止するという法律です。動物実験に関しても、実験者に対してライセンスを発行し、実験内容を内務省に報告する義務が設けられました。実験に際しても、麻酔を使うことが規定され、違反者は最高6か月の懲役刑が科せられたのです。

お隣のフランスでは、生理学者のクロード・ベルナールが、『実験医学序説』を著し、「実験医学」を体系化しました。彼は実験室に閉じこもり、生体実験を繰り返しました。臓器を切除された犬達が瀕死の泣き声を上げげる、暗く湿った地下室にこもる夫を尻目に、ベルナール夫人と娘は、苦しみ叫ぶ動物の手当てを続けたのですが、居たたまれず、動物保護協会に夫を告訴してもらおうと試みさえしたのです。ベルナールの伝記によると、妻は夫の仕事を理解しなかっただけではなく、結婚して17年後に離婚した上、国葬にされた夫の葬儀にも立ち会わなかった、などという風に書かれています。けれども、ベルナールの妻と娘は2人ともども彼の死後、直ぐに「動物実験反対協会」を創設しているところから見ると、どうも、「動物実験」への嫌悪感が大きかったように思われるのです。2人が創設に尽力した「動物実験反対協会」には、文豪ヴィクトル・ユゴーが、初代会長に就任したのです。「動物実験は1つの犯罪である」というのが、ユゴーの言葉として残っています。

1959年、イギリスにおいて、今振り返ると画期的な原則が考案されます。動物学者のウィリアム・ラッセル（W.Russell）が、生物学者のレックス・バーチ（R.Burch）との共著で『人道的動物実験手法の原則』を発表したのです。この著書の中で、「3つのR」として知られるようになる有名な3つの原則、すなわち、「Replacement（置き換え）」、「Reduction（削減）」、「Refinement（改良）」によって、動物実験における無意味な苦痛を減らすことができることを訴えたのです。「Replacement（置き換え）」は、意識のある生き物を使うのではなく、意識のない代理物が利用可能であるのならば、それを使うということです。「Reduction（削減）」は、実験動物の数を少なくする、ということです。「Refinement（改良）」は、動物実験の際に、苦痛の軽減や排除を目指そうということです。現代でも、この路線が引き継がれており、なるべく「Replacement（置き換え）」を目指し、無意味な実験を減らすことで、「Reduction（削減）」を達成し、やむを得ない実験の場合は、可能な限りの「Refinement（改良）」によって、苦痛を排除しようという方向で、動物の「福祉（Welfare）」を極力配慮するのです。

1986年に、イギリスは、このヴィクトリア時代からの伝統をさらに推し進め、

「動物実験規制法」を制定します。実験によって動物が被る苦痛は、実験によって得られる成果を考慮した場合、妥当であるかどうか、という点まで審査されるという画期的な法案で、全ての実験施設には獣医が置かれ、違反者は、２年以上の懲役と上限無しの罰金刑に科せられるという、かなり厳しいものです。

西欧以外の伝統では、例えば、マハトマ・ガンジー（Mahatma Gandhi）は、「私は、精神的な進歩はある段階で、われわれの肉体的要求を満足させるために仲間の生き物を殺すことをやめることを要求すると思う」と書いています。特に動物実験に関しては、ガンジーは、強く反対を唱えており、「自分達の生きる代償に他の有情の生き物達を苦しめるくらいなら、我々は自分の生命を断念すべきです」（『健康論』）とまで言っているのです。

ここで、まとめてみることにしましょう。「動物」に関しては、３つの態度が可能です。これを分かりやすく示してみることにしましょう。

眼の前で、１人は鬱憤晴らしのために、もう１人は娯楽のために、犬を虐待している男達がいる、としましょう。それを、一郎、次郎、三郎の３人が見て、「何て悪いことをする奴らだ」ということで、見解が一致し、犬を虐待から助けてやりました。犬を解放してあげた後、一郎、次郎、三郎はそれぞれこんなことを言いました。

一郎：あの犬が、大家さんの飼い犬のジャックだってことに直ぐに気付いたよ。人の財産を傷つけるなんて、とんでもない連中だな、あいつらは！

次郎：一郎君、いいかい、犬が大家さんの財産だって話は置いておいてもだよ。あの行為自体が残酷だと思わないか？　残酷なことをする野郎の「人間性」を俺は疑うね。ああいう腐った「人間性」が、他の人にも伝染するかもしれないぜ。それに動物への残酷さが平気になれば、人にだって危害を及ぼすことになるんだ。俺は、人間の尊厳という、崇高な観点から、あいつらの行為を注意したんだ。

三郎：あの行為自体の残酷さというのは、次郎の言う通りだろうな。でも、「人間性」への言及以前に、犬が可哀想だとは思わなかったのかい。僕はね、人間の尊厳ということよりも、こう言ってよければ、犬自体の福祉から、犬は残酷な行為を受けるということがあってはならない、と思うんだ。

二郎君の考えは、ロックの伝統に、三郎君の考えは、ベンサムの考えに、そして一郎君の考え方は、自由主義の根本原理である、「他者危害原則」を唱えた、ジョン・スチュワート・ミルの考えに、それぞれ基づいています。ここではまだ説明が済んでいない、ミルの「他者危害原則」について説明しておきましょう。

#他者危害原則（Harm to Others Principle）あるいは（Harm Principle）：他人に危害を加えない限り、人は自由であり公的機関によって規制を受けるべきではない。

この原則は詳しく述べると、①成人であり判断力を備えた者が、②自分が正当に所有しているものやことに関して、③他人に危害を加えない限りにおいて、④それがたとえ当人にとって不利益になるような場合でも、⑤自己決定する権利を持つ。

②にあるように、「自分が正当に所有しているものやことに関して」自己決定できるわけですが、他人が正当に所有しているものやことに関して、自己決定した場合は、「他者に危害を加える」ということになってしまうのです。④は、「愚行権」として知られている権利で、「他人に危害を加えない限り」自分が所有しているものやことに関して、どんなに馬鹿馬鹿しい行いだとしても、やって構わない、ということです。ですから、一郎君の考えに立てば、ジャックは大家さんの犬だから、大家さんはジャックを正当に所有しているわけで、所有者として、ジャックにどんなに馬鹿馬鹿しい行為でも行って構わないことになります。例えば、犬のジャックを不潔で日の当たらない場所で短い鎖に繋いでおくことも、ジャックの正当な所有者である大家さんだったらOKということになってしまうでしょう。所有者だったら、人に迷惑をかけない限り、その所有物に対して何をしてもいい、ということになってしまう、という欠点を持っているのです。

私達の社会は、今まで、主に、ロックやミルの伝統に基づいて動物愛護を語ってきました。ベンサムの伝統が活かされるようになるのは、20世紀に入ってからのことでした。1953年にフローランス・バーガーによる『国際動物宣言』が発表されました。1972年には、ジョルジュ・ヒューズによって、国際連合のユネスコに『動物の権利に関する世界宣言』が提出され、これが1974年の国際会議で採択されたのです。これは、ベンサムの伝統の流れを汲むわけなのですが、今や、動物の福祉や権利を語るためのバイブル的存在になっています。

哲学が直面する概念的貧困が、もっとも顕著な形で現れる瞬間は、哲学が動物について考察せねばならない時でしょう。マリー・ミッジリーは、『パーソンとノンパーソン』という小論の中で、「まず必要なことは、疑いもなく、カントの考察の出発点となった、『パーソン（人格)』と『物』のあいだの単一で単純な、黒か白かのアンチテーゼから脱け出すことである」とはっきりと記しています。「物」は人間の道具になり得るゆえ、「道具的価値」を付与されて、人間が設定した目的に対する手段として扱われるわけです。カントが、「人格」を「目的として扱い、手段としてのみ扱ってはならない」と述べる時、「人格」と「物」のコントラストは明瞭になります。「物」はそれ自身としての目的を持っていないけれども、人間は自ら目的を設定し得るし、その目的実現を妨げないよう、それ自身として尊重されねばならない、という点で明らかに「物」とは違っているのです。それゆえ、カントは、私達には単なる「物」として扱われない権利があるのだ、というお決まりの言説の根拠を提供していることになります。これを根拠に、単なる「物」として扱われている奴隷を解放しよう、という機運が芽生え、人類史は確かに明るい方向へ向かいました。けれども、カント的な２項対立の一体どこに動物の場が用意されているのでしょうか？　「人格」か「物」かどちらか、といったお粗末な２部法しか持ち合わせていない人間は、本質論的に「人格」を定義しようして、生物学的な人間よりも「人格」の意味を狭く規定し続けてきました。逆に、そのせいで、「人格」の定義を巡って排除が続いたのです。

1890年、アメリカ、ヴァージニア州では、「パーソン（人格）という言葉が男性のみを指すのかどうか」が議論されています。こうした問題は20世紀に入ってからも議論されて続けてきたのでした。1931年、マサチューセッツの最高裁は、女性が「投票する資格を持つパーソン」であることをようやく認めましたが、女性が陪審員になる適格性を拒否してこのように言っています。「男性に限ると明言されていないからといって、女性を含むと判断することはできない」と。人間の歴史には様々な戦争や諍いのエピソードでいっぱいですが、そうした争いの中には、「人格」の定義を巡るものが多く含まれているのです。「物」の場合は、人間に役立つかどうかという視座から、道具的価値のみが見いだされることになります。けれども、動物の場合は、「人格」を認めるかどうか、といった議論に跳躍しなくとも、人間にとって道具的価値を持つかどうか、ということに関係無しに、快を求め、苦を避けるという、動物自身の福祉において、道徳的によい扱いを受けるべき資格があると考えられるのです。道具的価値をいったん離れると、私達は動物に「内在的価値」を見いだす機会も増えていくことでしょう。

ジェームズ・ラッチェルスの伝える話は興味深いものがあります。それはアカゲザルを使った動物実験の話です。アカゲザルが二つの部屋に入れられ、一方の部屋にレバーが設置されているのです。その部屋に入れられた猿は、レバーを引くと餌が出てくるのですが、そのレバーは、隣の部屋に入れられた猿に電気ショックを与えるレバーでもあるのです。レバーを設置された部屋に入れられた猿は、例外無く、隣室の猿が苦しむ姿を見聞きすると、レバーを引くことを止め、絶食をすることを選んだというのです。レバーを引けば、空腹が満たされるのにもかかわらず、そのような自分に利益をもたらす行為を抑制させる原因は何なのでしょうか？　私達、人間の感情移入をも誘うような、一種の感情移入を引き合いに出さねば、この猿の行為を説明することはできないのではないでしょうか？アカゲザルは、道徳性にも直結するような感情移入を仲間の猿に向けているのです。私達は、「物」か「人格」か、というお粗末な2部法の陰で見えなくされてきたものを直視することを学ばねばならないでしょう。さらには、「動物」という概念そのものが、「人間」という種の「イドラ」に閉じ込められた、実に貧困な概念なのだ、ということを先ず自覚すべきなのです。概念の鍛え直しのために、とりあえず、「権利」や「福祉」という手持ちの概念を使いましょう、ということだけなのです。

3．動物実験

「動物の権利」を確立しようとする動きは、こうして、ようやく50年代から徐々に活発化していき、70年代、80年代には、一大潮流を成すに至るのです。私達は、こうした動きを振り返ってみることにしましょう。

そのために「動物」に対して、どのような態度を取ることが可能か、という話をさらに進めていくことにしましょう。たとえ、人道主義的な理由からだとしても、例えば、1980年代は、全世界で、年間に5億近い動物が、実験動物として殺されている、という事実を知れば、皆さんだって、人間のためとはいえ、少し多すぎるのではないのか、と感じるかもしれません。アメリカでの2億を筆頭にして、日本は第2位なのだそうです。動物愛護精神と言えば、イギリスが引き合いにだされますが、そのイギリスでも、毎日平均150件の動物実験が行われ、年間では5万件の動物実験が行われているのだ、ということです。アメリカでは、年間にしてイギリスの4,000倍以上も動物実験が行われているとのことになります。

私達は、人命を左右するような決定的な場面で、動物実験が行れていると考えがちです。例えば、HIVなどの病気に対する新薬が開発された時、生体に及ぼす影響はどうか、などの知識を得るために、動物実験はやむをえないなどと考えます。けれども実際は、商業目的のための実験が多いのです。例えば、化粧品が皮膚に異常をおこさないかどうか、あるいは、シャンプーが目に入っても安全かどうか、食品添加物は安全かどうか、などを調べるために使われているのです。このように、殺虫剤、漂白剤、洗剤、日焼け止めクリーム、化粧品、着色料、睡眠薬などのテスト用の動物として、動物が使われているのです。

あるいは、皆さんは、科学の進歩のために動物が犠牲になるのはやむを得ないと考えているかもしれませんが、心理学、生理学、薬学、医学などの実験動物として、あまり意味の無い実験のために多くの動物が死んでいるのです。日本には残念なことに、大学や研究施設において実施されている実験が、無意味かつ残酷なものでないか、ということを審査する制度が存在していません。それゆえ、例えば、子豚が暴れない程度の麻酔を施し、仰向けに台座に固定し、腹部に石を打ちつけて、どの位の速度で打ちつければ、腹部に損傷が生じるのかを調べるという、およそ無意味な実験が実施されているのです。この実験の結果報告は、ただ単に、速度が速ければ損傷も大きいという極々当たり前なことなのですが、こんなことのために、何で実験までする必要があるのでしょうか？　医学の進歩のため、などという口実がおよそ通用しないような、このような無意味な実験が単なる業績稼ぎのために繰り返されているのです。

また、特に、およそ生活必需品とは、考えられないような、贅沢や見栄のための商品の開発のために、多くの動物が犠牲になっている、としたらどうでしょうか？　薬品を試す最終段階には、In Vivo Testsと呼ばれる、生体実験があります。そして、標準的な食品検査の一環として、「半数致死量検査（LD50 “Lethal Dose, 50%”）」があります。これは実験動物の50%が死ぬ服用量を見つけるテストで、膨大な量の濃度の濃い薬物を動物に投与していくわけです。大抵の場合、約20

匹の実験動物が、14日以内に半数死ぬように、投与されるのです。実際に、その量の多さと濃度が原因で死に至るのです。生き残っても、健康を害して死んでいくことになるのです。アメリカだけでも毎年約500万頭の動物が使われているのです。1980年代に、LD50に対する反対運動が展開された結果、1986年に、アメリカでは、FDA（米国食品医薬品局）が、LD50を必要としないという決定を企業に明らかにするよう通告することを、関係省庁に義務付けたのでした。日本でも内外の圧力を受けて、厚生省が1989年に、毒性試験のガイドラインを変更し、犬や猿の使用が外されるようになりました。

アメリカでは、60ドル以下の皮製品には、内容表示のラベルが義務付けられていません。ところが1998年に、ある人道主義団体が、中国で毎年200万匹以上の犬が毛皮を剥がれて殺されており、手袋の毛や財布、靴底などに使われる皮が、こうして殺害された犬のものであることをつきとめたのです。狭い檻に入れられた犬は首を吊られて殺されたり、叩き殺されたりしている、というのです。この事実が、メディアによって報道されて、大手メーカーのバーリントン・コート工業に対する抗議やボイコット運動が起こりました。1枚のコートを作るために、ウサギなら100羽（「生類憐れみの法」が出された江戸時代、ウサギを「鶏」だと強弁して食べたところから、「羽」という数え方が広まったそうです！）、犬なら10から25頭、猫なら20頭、狸なら12から15頭、キツネなら12から18頭、リスなら100頭が殺される、という風に言われています。『101匹わんちゃん』のクルエラ・デ・ビル（Cruella De Vil）は、そんなわけで、あのダルメシアン達から、10枚のコートを作り出すことができるというわけですね。見栄えだけを求めているのなら、「Fake Fur（偽の毛皮）」で十分ではありませんか。

また皆さんが使っている化粧品の多くは、動物の犠牲の下に製造されたものなのです。化粧品の最終テストには、「The Draize Test」という、実験の考案者のドレイズという人の名前をとったテストがあります。1944年以降、ずっと採用されてきたこのテストは、薬物によって引き起こされる目の炎症をテストするために、ウサギを頭が動かないように固定して、その片方の目に化粧品に使われる化学物質を落とす、というものです。もう片方の目は、対照実験用に化学物質を落とさずにおくわけです。これを数日繰り返して、ウサギの目が化学物質にどのように影響されるのかを調べることによって、間接的に人体への影響を知ろうというのがこの実験の目的なのです。ウサギの目は、24時間後、48時間後、72時間後、96時間後、そして７日後の５回に渡って検査されるのです。ウサギは、目がただれたり、つぶれたりしますし、あまりにの苦しみのあまり、固定器具から逃げようとして暴れて、首や背骨を折ってしまう個体もあるということです。ウサギは、うるさく鳴かないし、涙が出にくい目の構造を持っているので、目に落とした薬品が、涙で流し落とされることなくいつまでも残るから、実験にもってこいなのだそうです。アメリカだけでも毎年何千羽というウサギが犠牲になっているのです。

冷静に記述しましたが、最初にアメリカでこのドレイズ・テストについて知った時は、吐き気がもようして仕方がありませんでした。しばらくは化粧品を沢山使っている、漫画のクルエラ・デ・ヴィルみたいなケバい女性を見るだけで、嫌悪感を覚えてしまって困りました。作家の梶井基次郎が、彼の短編小説で「桜の木の下には死体が埋まっている」というようなことを書いていましたが、化粧という表面的な美しさに「死」の臭いを感じてしまって仕方がなかったのです。他にも君達の口紅の安全性を試すために、信じられないかもしれませんが、例えば、ねずみが口紅を食べさせられているのです。それは、皆さんの使っている口紅が、落ちて口に入っているから、その安全性を調べるために、そのような実験が行われているのです。そして、今日も、多くの動物達が、毛を除去するためという理由で強力な粘着性のテープを貼られているのです。脱毛して、皮膚を剥き出しにするために、粘着テープを貼って、すばやく引き剥がすという操作を繰り返すのです。この方法が手っ取り早いし安くできるからですね。こうして露出した皮膚に、刺激性の薬物を塗布し、その皮膚に対する安全性を試すのです。「皮膚刺激性テスト」と呼ばれているテストです。イギリスで行われた調査では、毎週100近い化粧品の新製品が市場に現れ、化粧品に関連した研究だけで、年間100万頭に及ぶ動物が死んでいると見積もられているのです。アメリカではずっと多い数の動物が、実験動物として死んでいるのです。これは日本でも同じなのです。君達の化粧品は、多くの動物の犠牲の下に成り立っているのだ、ということを忘れないでください。

消費者センターによれば、商品の苦情で一番多いものは、化粧品関連のことだというのです。化粧品使用によって、かぶれ、しみ、湿疹などが生じたという苦情が多いわけなのです。人の皮膚を洗浄したり、綺麗にしたりする、という触れ込みの化粧品が、なぜこうも安全ではないのでしょうか？　1977年、資生堂やポーラなどの大手化粧品メーカー6社を相手取って、17名の女性が裁判を起こしました。理由は、これらの会社の化粧品を使った結果、彼女達の顔面が真っ黒に変色してしまったからなのです。現在、「顔面黒皮症」として知られる、化粧品に含まれるある化学物質が原因で引き起こされる炎症です。この事件は、通称「顔面黒皮症事件」という名前で知られている事件です。この当時は、化粧品に成分表示する義務はありませんでした。裁判を起こした女性達の弁護士は、成分表示がされていないゆえ、化粧品成分と被害との因果関係を立証することに大変な苦労をしました。化粧品会社に成分を問い合わせると、企業機密を盾に決して公表しようとしないのでした。それゆえ、弁護側は、大阪大学の全面的な協力を得て、被害者が使っていた化粧品を一つひとつパッチテストしていく、という大変地道な検査を開始したのです。こうした苦労も実って、ようやく共通の原因物質を突き止めたのです。ところが、この期に及んで、なお、化粧品メーカーは、その物質を自社の製品に使用していない、と裁判で白をきったのです。もともと成分が表示されていないので、証拠は無いと、開き直ったのでした。ところが、世論の後押しや不買運動に、抗しきれなくなった、大手化粧品メーカーは、1981年になって、自社の化粧品使用と顔面黒皮症との因果関係を認め、和解に応じたのでした。原告の17名の女性は、和解金として、一括5,000万円が支払われたのです。こうして、成分表示を義務付ける規制が誕生したのです。消費者は、こうした成分表示のような情報公開があって初めて、自己責任が持てるわけなのです。この裁判は、思わぬ副産物をもたらしたのです。それは、「動物実験」を正当化する風潮なのです。この「顔面黒皮症」裁判をきっかけに、国は、医薬外部品の安全基準を設けました。ところが、その時にできた「薬事法」で、湿疹やアレルギーを起こす恐れのある1,000種類の成分が指定され、それらに限って表示義務がある、ということになってしまったのです。そうした「指定成分」は、表示義務に基づいて、表示されているのですが、問題は、「指定成分」以外の成分に関しては、何も義務付けがされていませんので、それが何であろうと、一切表示する必要が無かったのです。それが、2000年、規制緩和の一環として、従来の化粧品品質基準と原料基準が廃止され、新たな基準が設定されたのです。これにより全ての使用成分の表示が義務付けられるようになりました。以前は、認可した国の責任が問われたのでしたが、今度は、表示があるにもかかわらず、悪い成分を見抜けなかった消費者の責任だ、ということにされてしまうのです。企業の方は、といえば、いくら消費者の責任にできるとはいえ、訴訟を起こされて、企業イメージを台無しにするくらいなら、「動物実験」を続ける方を、当然選ぶことでしょう。日本のこうした動きは、世界の動きを見れば、明らかに逆行していることが分ります。このことから分かることは、成分表示がされているような、「化学物質」は、危険性と隣り合わせなのだ、ということなのです。つまり、成分表示されていることは、「成分表示しておいたから、後は消費者の皆さんが自己責任で使いなさい」という逃げ道なのですからね。表示されているような化学物質は、動物実験によって試された可能性もあるわけです。

Muriel Dowding ミュリエル・ダウディングさんは、こうした残酷な動物実験に抗議し、1959年に「Beauty without Cruelty（残酷さ無しの美しさ）」という運動を起こしました（彼女は、ヒュー・ダウディングと結婚しましたが、彼は、有名なイギリスの軍人で、レーダー防衛網を最初に構想し、実際にレーダー網をイギリス本土に張ることを実現させました。戦闘機軍団司令官として、「スピットファイア」の開発に貢献したことでも知られています。ヒューは大変な精神主義者で、菜食主義者を実践する愛鳥家だったそうで、動物愛護の精神では夫婦で一致していたわけです）。

ミュリエル・ダウディングさんの抗議運動だけではありません。例えば、1980年5月、この前の年に、「ドレイズ・テストを廃止する連合」を組織したヘンリー・スピーラさんという高校教師の呼びかけに答えて、バニーガールのコスチュームに身を固めた300人の人々が、アメリカ最大の化粧品会社レブロン社のニューヨーク事務所を囲みデモ行進をしました。この運動は、全米規模で急速に広がり、レブロン社の広報担当の副社長は解雇され、レブロン社は、ロックフェラー大学に資金を提供し、ドレイズ・テストの代わりになる方法の研究を開始したのです。こうした抗議運動の高まりの中、1989年に、業績2番手のエイボン社は、「今後化粧品の開発に動物実験を一切やめる」ことを発表しました。エステー・ロウダー社も後に続きました。エステー・ロウダー社は、「動物実験の完全撤廃」を謳い、大学などの研究機関にも実験の依頼をしないことを、明確に打ち出しています。

スピーラさんは、ニューヨークに「アニマル・ライツ・インターナショナル」を創設し、亡くなるまで指導的立場にありました。彼の起こした運動は、全世界に波及していきました。そのお陰で、化粧品会社も考え方を改めてきており、「動物実験をしない」ことを謳っている化粧品会社も増えてきているのです。日本でも、ごくわずかですが、「動物実験をしない」ことを謳っている企業が存在しています。例えば、「太陽油脂」という会社が出しているシャンプーには、はっきりと「Not tested on animals」と表示されています。私達は、こうした意識改革をやり遂げた企業の製品を意識的に購入すべきでしょう。

動物保護団体のARC（Animal Rights Center）のホームページなどで、「動物実験をしていない化粧品会社」を確認することができます。ヨーロッパでは、2000年、6月より、化粧品の開発に関する動物実験を禁止しました。けれども、この禁止令も簡単に覆される可能性があるのです。「動物実験に基づいて開発された化粧品などのEUでの取引禁止」は、もともと1998年1月1日から施行される予定だったのです。ところが、1997年初め、2年間延期されることに決まりました。それは、EUにおける、そのような取引の禁止が、「自由貿易に反する」という理由で、批判されたからです。動物実験をしている化粧品がEUで取引禁止になると、動物実験を行っているメーカーはEU市場で製品を流通させることができなくなってしまうので、WTOの自由貿易規定に違反する、という批判の声が上がったのです。WTOのルールには、「同種の製品に関して製造方法が異なるからといって待遇を変えてはならない」というものがあります。このWTOのルールは、動物実験に関して言えば、化粧品という同じ種類の製品であるのなら、その製造の過程で「動物実験」をしているかしていないか、という製造方法の違いで、でき上がった製品を差別してはいけない、というのです。こうした批判を率先して行った国の1つが日本なのです。日本では、動物実験に反対する消費者の数がまだ少ないので、日本の大手化粧品メーカーは、動物実験を行って、新製品開発したい、と考えているのです。そんな矢先に、EUでの「動物実験に基づいて開発された化粧品などのEUでの取引禁止」は、脅威であるだけではなく、EUで利潤を上げる妨げでもあったのです。こういった大手化粧品会社の思惑によって、せっかくの 画期的な法案は先送りされてしまったのです。

人間のために死んでいるのだから仕方が無いと言う前に、本当にこれだけの数の犠牲が必要なのか、代替になる方法があるのかないのか、ということが重要です。日本で化粧品原料として認められた化学物質だけでも5,000種類にも及びます。これ以上、開拓する必要がどこにあるのか、説明責任を果たしてもらいたいくらいです。ですから、本当にこれだけの数の動物の犠牲が必要なのか、代替になる方法があるのかないのか、ということこそ、問うべき問題なのです。例えば、肉食を肯定する時、私達は、「動物が苦しむということは定かではない」という理由で、「だから、動物を屠殺することは良心の咎めも感じない」と結論します。けれども、同じ理由で「動物実験」を肯定しようとする時、「人間と神経系が似ていないと効果がはっきりしない」などと付け足すのです。ここで良く考えて欲しいことは、「人間と神経系が似ている」のであるのならば、やはり「痛み」という感覚を動物は、人間同様に持つのではないのか、ということなのです。

私達は「他人が苦痛を感じると信じる根拠」と同じ基準を使って、苦痛を感じているかどうかを判断するのではないでしょうか？　例えば、明らかに苦痛を感じるだろう状況で、苦しみの表情を浮かべたり、叫んだり、逃げようとしたり、といった行動を示せば、そのような行動を示す者は「苦痛を感じている」と判断します。人間も動物も、苦痛を感じる状況に置かれると、その状況から必死で逃れようとしますし、痛みの原因を排除しようと戦うでしょう。これを「Fight-flight反応」と呼びます。犬や猿などの他の哺乳類や鳥類は、人間と似たような反応を示すので、「苦痛を感じているのだ」と私達は判断を下します。つまり、私達、人間が苦痛を感じるような状況のもとに動物が置かれた時、その動物が人間と同じような行動を示せば、似たような神経系を持つその動物も、痛みを感じているのだ、と私達は考えるのです。心理学者のウォルドリッジは、痛覚中枢と思われる箇所に電気ショックを与えられた猿が、抜け落ちるほど激しく歯をかみ締めるのを見て、偶然そのような身体症状を呈しているのではなく、本当に痛みを感じていることを確信したといいます。

動物が痛みを感じるのか、という問題を考える際に、私が個人的に思い浮かべてしまう、一場面があります。それは、小学校低学年のころ、飼っていた柴犬のジョンのことです。彼は、私と遊んでいる時に、家から道路に飛び出してしまい、たまたま通りかかった車に轢かれてしまったのです。車は急ブレーキをかけて止まったけれども、彼の鼻にタイヤが当たりました。鼻先から血を流し、数分後に死んでしまったのですが、それまで私はずっと彼を抱いていました。訴えるような眼差しや辛そうな泣き声がずっと耳に残っています。弟と２人で「死んじゃいやだ」とずっと叫び続けていたのに、キャンキャンといった鋭い泣き声が、クーンクーンという泣き声に変わり、目が潤んだような感じになっていき、そのままぐったりしてしまいました。父親の「死んでしまったな」という声がしましたが、未だ体温が温かいので信じられませんでした。ジョンの苦しみに対して何もできなかったことが子どもの心にはあまりにも辛く、それに加えて「死ぬ」ということの恐怖がずっとついてまわりました。これほどまでに感情移入できる動物が、「痛み」を感じていないなどとは、とても思えないのです。

解剖学的にも、痛覚受容器を備えている生物は、痛覚受容器に刺激を受けると、その情報が、脊髄から中枢へ至り、苦痛として自覚されるのです。それゆえ、単なる反射運動をするだけの生物と違って、痛覚受容器を備えているのであれば、苦痛を覚えると考えるのは自然でしょう。他にも、例えば、実験動物として使われるネズミは、「飢えか電気ショックか」という選択肢を与えられると、内臓に潰瘍ができます。それを観察した科学者は、「人間とネズミが似たような神経系を持っている」という理由から、「人間もネズミ同様にストレスによって潰瘍になるだろう」と結論付けるわけです。人間とネズミの類似を確信していなければ、こんな実験結果は恐らく誰も信じないでしょう。人間とネズミが類似している神経回路を持っているからこそ、実験動物としてネズミが選ばれているわけです。この観点は重要です。そもそも動物実験が成立するのだ、と私達が信じている理由は、動物と人間の連続性にあるわけです。苦痛を感じるような状況に置かれれば、動物の神経系は生理学的に私達の神経系と同じ反応を示すのです。例えば、血圧が上昇し、瞳孔が拡張し、発汗があり、心拍数が上昇する、痛みを緩和しようと麻薬類似物質が分泌される、などといった反応が現れるわけです。動物も同じような、感覚器、細胞組織などの構造を持ち、同じような循環系、消化系、神経系を備えているという確信がなければ、動物で実験して安全ならば、人間でも安全といった推論が成立しないでしょう。シンガーが言っているように、動物を使った実験が、「人間の役に立つことを正当化するには、両者の類似性を強調しなければならない」わけです。人間はやはり進化の産物なのであって、苦痛や恐怖や性的興奮を伝えるのに私達が示している基本的な行動は、何も人間という種に特有なものではないわけです。共通の祖先から、地球という共通の環境で生きぬくために、動物の神経系は、人間の神経系と同様に進化してきたのです。進化の系統樹の中に置いて考えれば、神経系の主要な特徴ができあがった後で、人間は他の動物と分かれていくわけなので、神経系の特徴は他の動物とはあまり変わらないのです。言葉によって伝える能力を備えていようがいまいが、苦痛を感じる能力は明らかに、言語能力よりも先にできあがっているわけです。そのことは、言葉を使えない幼児が、例えば、転んで足を擦りむいた時に示す、泣いたり叫んだりする行動を見て、幼児が痛みを感じていると私達が確信することからも分かるでしょう。言葉を覚えていない幼児が泣き叫ぶ時、私達はそれを、不快感の表明として受け取るのです。むしろ言語を持っている人間の方が、言語を持つがゆえに嘘をつくことができるわけです。動物の方が、言語を持たないだけ、表に現れる行動は正直なものなのでしょう。もしそうであるのならば、人間は不可欠な必要を満たすため以外に、動物に不必要な苦痛を与えるべきではないでしょう。

けれども、問題はこうした類比による推論を、進化の梯子を遡ってどこまで広げていくことができるのか、ということです。例えば、昆虫は苦痛を感じるのでしょうか？　あるいは、アメーバ、大腸菌はどうでしょうか？　現在の私達の知識では、「昆虫に苦痛を感じる能力があるのか」を解明することさえできないでいるのです。ただ、私達、人間同様に、中枢神経系という「中央集権的な神経系」を持っている生き物は、私達が類推可能な形で痛みを感じている、と考えられています。最近は、「脳内麻薬」という名称で、一般にも知られるようになった、「オピオイドペプチド」の研究が進み、生体が苦痛を感じると、痛覚を抑えてくれるような化学物質が分泌される、ということが分かってきました。このことは、逆に、「オピオイドペプチド」を分泌する生物であるのなら、痛覚を通して痛みを感じていると考えていい、という推論を可能にしてくれます。この物質の分泌は、両生類や魚類にも確認されているのです。こうして「痛み」という概念に新たな科学的認識が加わることによって、「オピオイドペプチド」を分泌する生物への態度が変わっていくことが期待できるのです。このように、私達の手持ちの概念が、概念化を被る生き物に対する関係の仕方を決定してしまうために生じる出遭いそこないがあるのならば、私達は、あまりにもお粗末過ぎる手持ちの概念そのものを鍛え直さないわけにはいかないのです。

数十年前までは、生物を「動物」か「植物」かの、いずれかに、分ける「2世界説」に従って考えられてきました。それゆえ、例えば、宮沢賢治は『ビヂテリアン大祭』の中で、「一体どこまでが動物で、どこからが植物なのか、アミーバーは動物だから可哀想で、バクテリアは植物だから大丈夫というのであるか」と疑問の声を上げています。確かに、私達の持っている概念はあまりにも貧弱です。「人間」、「動物」、「植物」そして「物」という大きな区分けで、日常的にものを考えていることは否定できません。聖書の天地創造説が生きていたころは、「人間」は、「神」の似姿として、「神」とのアナロジーで考えられており、「人間中心主義」は正当である、と考えられていました。そして「神」が、信仰の対象として威力が無くなってしまった後、「人間」は、自分自身を、「進化の梯子」の頂点に位置付けることで、「理性的動物」という名を与え、己の虚栄を満足させ、「人間中心主義」を裏付けようとしてきました。「進化の頂点」である、特別な「人間」と、その他の「動物」という、あまりにも貧弱で大雑把な括り方をしてきたわけです。けれども、進化の頂点である、という見方でさえも怪しくなってきているのですから、単純に「動物」と一括りにしてしまう、ものの見方も改善していくべきでしょう。「動物」は、「人間」と違うから、「物」に類するものとして扱う、などという粗雑な見方をそろそろ止めてしまうべきではないでしょうか？　私達は、手持ちの貧弱な語彙や概念を鍛え直し、ありとあらゆるものと正しく出会うことができるようにならねばなりません。

結局、他の生き物が苦痛を感じているかどうか、を考える時、私達は、1）苦痛を感じるだろう状況に置かれた際のその生き物の行動を観察する、2）その生き物の神経系が人間のものと似ている、といった手掛かりを採用して思考します。この路線で考えていくと、苦痛を感じるだろうと予期できる状況に置かれた場合、例えば、魚はどういう行動を採るのか、というふうに観察できるわけです。魚の場合、私達、人間同様の「中央集権型の神経系」を備えています。そして例えば、網で掬われて、地面に放置されるなどのような、苦痛を感じるだろうと予期できる状況に置かれた場合、魚は私達の聴覚神経は捉えることのできない音を発する、ということが最近では解明されてきています。このような形で、私達は、ある生き物が苦痛を感じているかどうか、ということを考えるわけです。

2000年に入って、「国際疼痛学会」は、「動物実験をやるのなら、先ず、研究者自身が、その実験が自分にとって耐えられるような痛みを与えるかどうかを、自分自身を使って身をもって確認すべきである」という厳しいガイドラインを作成しました。

「喜びと苦しみを感じることのできる存在」は皆平等に扱われるべきである、とシンガーは主張しているのです。けれども動物と人間の利益を計算できる能力がなければ、人間も動物も平等に取り扱うことができないはずです。そして人間のみが、そうした利益を計算し得るのではないのでしょうか？　ですからやはり、私達はどこかで人間中心主義を保持してしまっているのではないのでしょうか？

それに、例えば、山奥に飛行機が墜落し、あなたの他にあなたの愛犬12匹と一人の見知らぬ子どもが生き残ったと仮定して下さい。飢えに苦しんだあなたは、やはり子どもを助け、犬を殺して食べることを考えるのではないでしょうか？　その時、あなたは「この子どもは、これから来る未来の諸々の喜び期待できる能力を備えているし、多くの人々に喜びを与える可能性も持っているゆえ、助けてやりたい。それに反して、犬は、その場限りの苦しみを苦しむだけだから、どちらかというとやはり犬の方を犠牲にすべきだ」と計算するのではないでしょうか？　「喜びと苦しみの割合」を考え、計算する、人間特有の能力にやはり重点が置かれてしまうのではないのでしょうか？　「喜びと苦しみを感じることのできる存在」は皆平等という思想はこのような難点を抱えているのです。

さて、思考実験として「カルネアデスの板（Plank of Carneades）」のゲームをしてみましょう。「カルネアデスの板」は、古代ギリシアの哲学者、カルネアデス（Carneades）が出したとされる問題だ、という言い伝えがあります。カルネアデスさんは、大変勤勉で、議論好きな人で、日々、議論に熱中するあまり、髪も爪も伸び放題伸びていた、というエピソードが残されています。恐らく、議論の際に、口角泡を飛ばすだけではなく、ふけも飛ばしていたのでしょうね。この「カルネアデスの板」は、松本清張の小説のタイトル『カルネアデスの舟板』にも使われましたし、『金田一少年の事件簿』（悲恋湖殺人事件）にも使われましたので、目にしたことのある方もいるのではないでしょうか？　今回は、『金田一少年の事件簿』から引用してみましょう。紀元前２世紀のギリシアで、船が難破し、乗組員は全員海に投げ出された。ある男が命からがら、一片の板切れにつかまったが、そこへもう一人、同じ板に掴まろうとする者が現れた。しかし、二人も掴まれば「板が沈んでしまう」と考えたその男は、後から来た者を突き飛ばして、溺れさせてしまった。男は助かり、このことで裁判にかけられたが、罪には問われなかった。こんなお話です。これは、日本の法律でいえば刑法37条の「緊急避難」に該当します。このような緊急事態の場合は罪には問われないのです。

さて、今回は、この「カルネアデスの板」の話を変形し応用しましょう。船が難破した後、あなたは、「板切れ」ではなく、「筏」に乗っており、食料もあるのですが、日々食料は減り続けています。そしてその「筏」には、次に挙げるようなメンバーが一緒に乗っているのです。①提案者、②あなた、③囚人、④あなたの彼氏を奪ったことのある、美人だが、陰険な女、⑤外国人（あなたの知らない言葉を話す）、⑥３歳の子ども、⑦老婆（80歳）、⑧豚、⑨チンパンジー、⑩あなたの愛犬、⑪レッサー・パンダ（「風太」と呼ばれている）⑫意識を持つようになったロボット、です。最初に挙げた、この「提案者」なる人物が、ある日、あなたに向かって、「生き残るために、食糧の残量に合わせて、一人ひとり筏を諦めてもらうことにしよう。誰が最後まで残るべきか、優先順位をつけておこう」、と小声で囁きました。さて、あなたは、この提案者の提案が頭を離れなくなってしまい、筏に乗っているメンバーを眺めながら、「こいつが最初だな」などとついつい考えてしまうようになりました。さあ、あなたが「優先順位」をつけるとしたら、そのリストはどうなりますか？　そして、その理由は何ですか？　あなたが普段は心に秘めている潜在的な価値観を知るためには、うってつけの思考実験です。さあ、やってみてください。

ここで注意していただきたいことは、「殺してはならない理由」は、「苦痛を与えてはならない」という理由以外にもいろいろな理由が考えられ得る、ということです。例えば、「殺してはならない理由」として、「潜在力の実現可能性」ということが挙げられます。それゆえ、人間と犬とどちらを選ぶ、というような限界状況を設定して、Sentientist approach に反論しようとするのは、この２つのレベルの問題を混同させることになるのです。限界状況を設定して、人間か動物かどちらを選ぶ、といった問題にすり替えてはいけません。限界状況にたまたま置かれてしまうような場合、私達は「仕方が無い」と呟きながらも、「苦痛を与えてはならない」という理由以外にもいろいろな理由を考慮しながら、子どもを助けるということをすることでしょう。こうした限界状況を設定して反論することよりも、必要以上の苦痛が存在している、ということに問題があるわけです。どうしても人間が計算することになるのだ、ということが真実ならば、唯一言語を持つ動物として、「動物の苦痛」を代弁して、訴えるということも人間しかできない選択でしょう。2001年7月、「動物の代弁者」となることを謳って、名古屋において世界で初めての「動物サミット」が開催されました。この時、多くの、動物愛護や動物の権利あるいは動物実験廃止などを訴える団体が集い、地球に生きる生物達の代弁者として討論会を行ったのでした。これは画期的な出来事で、人間が後見することでSentientistに言葉が与えられたのです。

4．「人権」概念を応用する―「不当な苦痛」からの解放―

「Sentientist approach」について語る際に、私達の発展させてきた語彙の中で語らざるを得ないという制約があります。それゆえ、「権利」とか「福祉」とかいった言い方で、あるいは、「功利主義」の語りを借りてきて、動物の命や生活形態そのものの重要性を語ろうとしてしまう、ということ自体に、難点が潜んでいるかもしれないという可能性には、常に開かれているべきでしょう。そもそも、法的には「人格」か「物」かといったお粗末な2部法しか持ち合わせがないわけですし、「動物」といった、大変大雑把な概念をもって考えざるを得ない、という私達人間という種が負っている「制約」に気付くべきでしょう。それでも、深く知ろうとする姿勢は崩すべきではありません。どうしてでしょうか？　人間は、自分の「気付き」の範囲でなら全力を尽くすことができます。ただ、悲しいことは、この「気付き」の範囲が、お粗末なほど、狭いのです。この「気付き」の範囲が狭いにもかかわらず、その狭さの中から「役に立つ」ものを選び出してしまうので、始末におえないのです。そうした近視眼的な「役に立つ」ということに縛られてしまっている「目先の欲望」こそが、「環境破壊」に繋がってしまうのだ、ということは、何度強調しても、したりないほどなのです。「目先の欲望」ゆえに、森林を乱伐し、海洋を汚染し、地球の気候調整機能が働かなくなってしまうかもしれぬところにまで来てしまっていることを常に思い返すべきでしょう。それゆえ、「生物」について深く理解しようとする、という姿勢は維持すべきなのです。皆さんは驚くかもしれませんが、私達は、この地球上に一体どれ位の生物種が生存しているのか、といった「いろは」に当たる知識ですら不確かなのですから、「気付き」を広げ深めるべきなのです。

私達の「語彙」の中で思考せざるを得ないという制約がある中、動物に対する態度を考える際に、いわゆる「権利論者」と「福祉論者」の対立が言われることがあります。「福祉論者」は、動物が苦痛を免れ快適さを経験し、幸せに見えれば、動物たちへの義務が果たされており、こうした義務が保持されているのならば、人間の目的のために動物の利用も構わないとしている、といって非難されることがあります。他方、「権利論者」は、「動物に対するどのような痛みをも与えるべきではない」と主張し、例えば、「ライオンに、シマウマを食べないように説得する」ことの可能性を真剣に考える人達まで出てきているという理由で嘲笑されることがあります。私は、こうした対立を通して、動物たちに対する態度を、より洗練させていくための「語彙」が鍛えられていくことを期待しているのです。それを通して、私達と動物たちとの関係が変わっていくことが期待されるからです。

人間の知の根本は、レヴィ＝ストロースが言っているような「bricoleur ブリコルール（器用人）」としての「bricolage ブリコラージュ（器用仕事）」にあるのでしょう。彼の言う「bricolage ブリコラージュ（器用仕事）」とは何かといいますと、「くろうととは違って、ありあわせの道具を用いて自分の手でものを作る人」のことで、雑多とはいえ、限られた材料から思考を始め、表現を工夫する人なのです。「bricolage ブリコラージュ（器用仕事）」の根幹にある動詞の「bricoler」には、「犬が迷う」とか、「馬が障害物を避けて直線からそれる」などのように、「非本来的な偶発運動」を表わした動詞なのです。人間は無から創造していくことはできませんので、私達は常に、たまたま手元にあるありあわせの材料から出発しなければならない、といった恐らく意識すらしていないような偶発性と向き合うということを創造に課せられた制約として引き受けなければならないのです。だとしたら、私達は「手元」に持ち合わせている概念を最善の結果がでるような方向を目指して利用していくことから始めないわけにはいかないでしょう。それでは早速始めましょう。

最近のマーク・ジョンソンの研究によって、道徳的な思考が比喩的な理解に基づいているということが分かってきています。けれども、ジョンソンの主張は全ての道徳概念が比喩的であるということではありません。概念の比喩的な拡張を語るためには、比喩的ではない、核となる経験がなければならないのです。その経験は、レイコフが言うように、well - being（安寧、幸福）の経験なのです。ここで言う「well - being」とは、「良くあること」、「良く生きていること」なのです。「well - being」の - ing には、「現在分詞」の意味が残っていますので、「ずっとそうあり続ける」という動的な意味合いがあります。ですから、「well - being」は、「ずっと良い状態であり続けること」なのです。「well - being」の日本語訳の「安寧」は、「安らかなこと、変わりないこと」という意味合いを持っていますが、「変わりない」という意味の中に「ずっとそうあり続ける」という意味合いが含まれています。私達は、「お変わりなく」という挨拶をしますが、この言葉はまさに相手の「well - being」を願っている言葉なのです。

さて「お変わりなく」と相手に挨拶する時に、私達は具体的には何を願っているのでしょうか？　例えば、健康です。なぜなら健康でいる方が、病気でいるよりもいいからです。相手にとって良いことを願うわけですが、私達が持っている「良い」ということの感覚は、他にも、レイコフに言わせれば、他の条件が同じであるのならば、「金持ちである方が貧しいよりよい。強い方が弱いよりいい。自由であるほうが自由を奪われているよりもいい。愛されているほうが愛されていないよりもいい。幸せであるほうが悲しいよりもいい。清潔であるほうが汚いよりいい。」などと私達は考えるのです。私達は、経験的に「安寧」というものを今述べた「良いもの」を通して理解しています。これらは、「良く生き続ける」ために必要なものですので、「安寧」が問題になっている以上、私達は、過剰を望んだりはしません。例えば、「大金持ち」である必要はないわけです。「良い状態」であればいいわけで、贅沢な状態は必要ないわけです。それから私達が、「経験から何かを得る」と言う時、その経験から得ているものは、「自分の人生に役立ち得るもの」なのですから、やはり何らかの安寧なのです。さらにもう一つ言えることは、「安寧」こそ「人生の質」を保証してくれる基盤なのだ、ということです。実際に、「良い状態」でなければ、何かやろうという気にもなりませんからね。「安寧」の反対は、「危害」です。危害は、健康、富、幸福、自由、安全、などといった安寧を損なうものなのです。

私達は、安寧というものを富のメタファーで考えます。安寧を「富」に喩えることによって表現する、というわけです。例えば、健康であることは「財産」だ、と比喩的に考えることを私達はしているわけですよね。安寧が増せばそれは「利益」と捉えることが可能ですし、安寧が減れば、それは「損失」として捉えられるのです。それゆえ、安寧というものを「コスト」という概念を通して、比喩的に理解しているのです。

皆さんは、「正義の女神」の図を見たことがありますか？　正義の女神は、先ず、誰をも公平に扱うように、目隠ししているのです。相手が王様だろうが乞食だろうが正義の女神は、そうした外見には惑わされません。そのために目隠ししているのです。それから、正義の女神は、天秤を持っています。この天秤こそ、正義を象徴しているのです。利益と損失を計算しバランスを保とうとすること、それが正義の女神が持つ天秤の教えてくれる「公正さのイメージ」なのです。損失を図る受け皿と利益を図る受け皿のバランスがとれれば、正義が為されていると考えるわけですね。

正義は、このように天秤で計り得るものである、と考え、損失と利益のバランスを計算するわけですので、「モラル会計」と比喩的に呼ぶことが可能です。「モラル会計」というメタファーの根底には、「バランス図式」と呼ばれているこの「天秤のイメージ」があります。利益と損失の間のバランスがとれているかどうかということですね。利益と損失の間のバランスを計算するわけですから、これは一種の「会計学」です。私達は、安寧を富に喩えることによって、道徳的考え方を、一種の「会計学」に喩えて考えるのです。「会計」ですので、「利益」と「損失」を考えて、帳簿がつけられるわけです。

さて「安寧は富である」というメタファーに従って、私達が自分の富に対して権利を主張できるように、私達は、自分の安寧についても権利を主張できる、と考えています。自分の安寧に対する権利とは、具体的に言えば、生命に対する権利、自由に対する権利、幸福追求の権利ということになります。

権利が所有物に対する権利である、と捉えられる時、お金に対する権利というものを考えることができます。自分に与えられたお金を自分で持つことができるという権利ですね。それが権利だと考えるのならば、義務とは何でしょうか？
義務とは、比喩的な債務ということになります。すなわち、誰かに負っているもの、つまり、支払うべきもの、ということになります。

権利と義務は裏表の関係にあります。誰かが権利を持っている時、誰かが必ず義務を負うのです。教育を受ける権利に対して教育を提供する義務、話す権利に対して、その権利を妨害しない義務、きれいな空気を吸う権利に対して、きれいな空気を保証する義務のように、です。こうして、権利を持てば持つほど、義務も増えていくことになるのです。けれども現実は、たくさんの権利を持っている人が必ずしも多く義務を負っているわけではありません。多くの場合、国家が権利を可能にする義務を果たしているからです。権利は、共同体があなたに託す信用状みたいなものです。権利という信用状を与えられて行動する時、それは「良いもの」を与えられたわけですから、「モラル会計」によれば債務が生じます。その債務の名前が義務なのです。こうして権利はモラルの信用状であるとすれば、義務はモラルの債務状なのです。こういった形で、権利と義務はバランスしなければなりません。

さて、レイコフとジョンソンの知見を借りて、「モラル会計」に基づいて、「権利」をイメージしてみました。今度は、「人権」という概念を考えてみましょう。ある人が、権利を「人権」という名においてあえて主張する時とは、どのような時なのか、ということを考えてみてください。安寧にくわえられた何らかの危害のせいで、正義の天秤のバランスが崩れて、不利益を被っている時ですよね。正義の天秤のバランスをとるためには、損失と利益を誰もが不満を抱かないように、客観的に上手にバランスをとっていかなければなりませんので、至難の業です。天秤のバランスをとる仕事は、まさに、神様にこそ相応しいような難しい仕事なのです。けれども、この天秤が傾いていることは、被害当事者には良く分かるわけです。実際に、被害当事者は、不利益を被り、不当さを感じて、サファーリングしているわけですから。何らかの「危害」によって、被害当事者の安寧が妨げられ、天秤のバランスが傾いてしまったのです。その時こそ、被害当事者は、声を上げ、不当さを訴えるわけですね、もちろん「人権」の名において。人権の主張に意味があるのは、人権の名において訴えることによって、こうして不当にも傾いてしまった天秤の傾きを修正する義務を負わねばならない人が何らかの形で存在しているからです。ですから、人権の定義も、被害当事者の観点から考えられねばならず、人権の受益者主体的な定義になります。

人権の定義：「X が権利を持つ」とは、「X の安寧の一側面に、危害が加えられたということが、他の人を義務の下に置いておくための十分の理由であり得る」ということである。

さて、ここで考察すべき点は、「変わりのない状態」である「安寧」の大切さを感じるのは、むしろ何らかの「危害」のせいで「変わりのない状態」が乱された時なのです。例えば、「健康な人」は病気をするまでなかなか「健康」の有難さが分かりません。したがって、この場合、「過剰」を要求してバランスが崩れるということよりも、「欠損」が生じてバランスが崩れるというところに力点があるということなのです。「欠損」が生じてバランスを失い、そこに「不当な苦痛」の根拠がある場合、私達は、「他の人を義務の下に置いておくための十分な理由」がある、と考えることができます。問題は、これが果たして「不当な苦痛」かどうか、ということを、特権を持つとされている人間でさえ見抜けない場合があるということなのです。どういうことでしょうか？

遥洋子さんは、上野千鶴子の、そしてフェミニズムの功績を評価して、「フェミニズムは言葉を誕生させた」と述べています。実は、この「言葉を誕生させること」すなわち、「今まで言葉にならなかった事象を語るための言葉を発明し、沈黙を強いられていた人々に言葉を与えること」は、重要な事件なのです。しかも「聞き届けられ得るような言葉」にすることは、本当に重要なことなのです。それは、権力の描く歴史物語の主流を外され、歴史の暗渠に追いやられてしまった人々に声を与えるという課題を引き受けることなのです。自分がサファーリングしている時に、それがただ単に、「自分は不運なだけなのだ」と考えていた人が、自分の境遇を語るための言葉を得ることによって「今までは不運なのだと考えてすませていたことが、本当は不平等なのではないのか」と考えられるようになることは重要なことです。「不運である」と考えてすませていたことが「社会的な不平等」であったことを気付かせてくれるようなそんな言葉にあなたは出会ったことになるからです。

このように、「不当な苦痛」を名付ける言葉が誕生し、それが「不正義」の次元の問題なのだ、と名指された時、「不正義」を正すという形で、「他の人を義務の下に置いておくための十分な理由」が生じることになるのです。当事者である

「被害者」が、訴えの声を上げることすらできなかった、という事実がある場合でも、そこに「苦痛」の叫びがある限り、第三者が、「不当な苦痛」を名付ける言葉を携えて、他の人間達に「義務」を示すということがあるのです。人間の場合でさえ、こうですから、「動物達」の場合でも、誰か第三者が「不当な苦痛」を名付ける言葉を見つけ、それによって、「不正義」を正すという形で、「他の人を義務の下に置いておくための十分な理由」を突きつけることだってあり得るのではないでしょうか？　私達が見てきましたように、実際に動物達は苦しむのですし、その苦しみを表明さえするのですからね。それゆえ、私達は、「人権」のこうした側面に擬えることで、何らかの形で「動物」の権利を訴えることが可能なのです。これは、もちろん、「動物達」に「人間の権利」を与えるということを意味しないのです。

シンガーが書いているように、動物も「不当な苦痛を免れる権利」を持つというわけですので、苦痛が不当であるかどうかを判断することが必要になってきます。さて、苦痛を感じている者は、自分が苦痛を招いている場合を除けば、不正義によって苦しんでいるのか、不運によって苦しんでいるのかいずれかです。自分が苦痛を招いている場合は、無知でそうしているのか、分かっていてそうしているのか、病理的な理由があるのか、ということが問題になりますが、自分が苦痛を招いている場合はここでは置いておきましょう。話を不運の場合と不正義の場合に絞ります。

不運の場合は、「偶然の結果」あるいは「必然の結果」として苦痛に見舞われるという場合です。例えば、道を歩いていたら、たまたまその時に地震が起きて、地割れに飲まれてしまった、というような場合です。そうした場合は、事後的な対応しか可能ではありません。もっとも偶然を防ぐために知識を増やそうということもできますが、確実な予測は難しいでしょう。ですからどうしても事後的な対応しかできない場合がでてきます。この場合は、せいぜい自分の運命を呪うことくらいしかできないのです。こういう場合、私達は「仕方が無い」と呟くわけです。たまたまそのようになってしまったということには、オプションの有無を考えることすらできないのです。

純粋に「偶然の為せる業」に関しては、私達は、もちろん、助けられる場合は極力助けようとするでしょうが、起きてしまったことに対しては「不運」を嘆くしかないわけで、「仕方が無い」と呟くわけです。それでは、次に挙げる『Star Trek: Voyager』で紹介されていた寓話の場合はどうでしょうか？

Scorpion（蠍）

川岸に１匹の蠍がいました。そこへ、狐が通りかかりました。狐は、泳いで川を渡ろうとしました。蠍は、そんな狐を見て声をかけました。「狐君、実は、向こう岸に渡りたいのだけれども、僕は泳ぐことができなくてね。君はどうも向こう岸にこれから泳いで渡ろうとしているようだけど、よかったら、背中に乗せて渡ってくれるかい。」それを聞いて、狐が答えました。「だめだよ、君は、蠍だ。蠍は毒針で、動物を刺すじゃないか。悪いけど、君を背中に乗せるなんて危ないまねはできないね。」それを聞いて蠍が抗議しました。「でも、そうは言うけれど、今回は、僕も君の背中に乗っているんだよ。君を刺したら、泳げない僕は、川に投げ出されて死んでしまうことになるじゃないか。そんなことはしないよ。」蠍が、あまりにもしつこく頼むものだから、狐も、自分の身に危険がないだろうと考えて承知しました。用心深い狐は、先に川に飛び込んで、蠍に、背中に飛び乗るように言いました。こうして狐は、背中に蠍を乗せて泳ぎ始めました。川の中ほどまで行くと、何と、あろうことか、蠍が狐の背中を刺したのです。毒が回り始めて、朦朧としてきた意識の中で、狐は蠍に言いました。「どうして僕を刺したんだい、こんなことしたら、君だって川で溺れて死んでしまうじゃないか。」遠のく意識の向こう側から、蠍が叫ぶ声が聞こえました。「仕方が無かったんだ、これが僕の本能なんだから！」

この話が教えてくれることは、私たちが「仕方が無い」と思う時とは、身に降りかかる「不幸」が「必然的」な何かによってもたらされた場合だ、ということです。この蠍のように、自分の「本能」という「必然の力」に従わざるを得なかったわけで、その場合も、やはり「仕方が無かった」ということになるのです。例えば、子どもが、成長痛で苦しむ場合を考えることができます。こうした場合、子どもの苦痛を緩和しつつ、「大きくなるのだから、仕方が無い」と呟くことになるでしょう。人間に生まれた以上、仕方が無いことだ、と思うわけなのです。

あるいは、先ほど、地震の例によって、お分かりいただけたように、たまたまそこに居合わせてしまったというような偶然の為せる業の時、「仕方が無い」と私達は呟くのです。いずれの場合も、自分のコントロールの及ばぬ何かに巻き込まれてしまう、というイメージがありますが、そうした場合にのみ、私達は「仕方が無い」と言うのです。ですから、例えば、ライオンがシマウマを襲って食べるわけですが、これはライオンの「本能」のなせる業ですので「仕方が無い」わけですし、襲われたシマウマも、たまたま、その個体がライオンの目に留まってしまったということで、「仕方が無い」わけなので、シマウマは「不当な苦痛」を負っているとは言えないのです。けれども、「不正義」の場合は、「仕方が無い」ということは決してありません。原因が「人為的なもの」ですので、「人為的なもの」を除いたり、改善したりさえすれば、必ずや「変革の余地」があるわけなのです。

ただ、ここで一言述べておきたいことは、日本人が持つとされる、あの「所業無常」という感覚です。この感覚には、時の流れそのものが不可避だからという理由で、その中で起きている出来事も起きるに任せ、過ぎ去るに任せるべきである、と諦観してしまう思考法が見て取れるのです。この「諸行無常観」に身を任せ、「このようなご時勢に生まれてしまったのだから仕方が無い」と呟くだけで、何にでも目を瞑ってしまい、時の流れが解決するまで耐え忍ぶということになってしまうのです。けれども、この「諸行無常」の感覚の中で、不正義による不幸も不運による不幸も何もかもが一緒くたにされて心理的・観念的諦念によって解消されていくだけということには問題があります。むしろ、このような諦念によって、個人的な意識がどう変性するかなどということより、しっかりと現実に向き合って、「不幸」の原因が、「偶然」や「必然性」であるがゆえに、本当に「仕方が無い」のかどうかを見極める必要があるのです。それでなければ、世に「不当な苦痛」をもたらすがゆえに変えられるべき現実も変えられないのです。

「不幸」が不正義によってもたらされる場合は、人為的なことが原因ですので、それを改善できるかどうか、という議論が可能です。不正義による場合は、「仕方が無い」ということはないゆえ、まさに「不当に苦しむ」わけです。ですから、動物が、不正義によって不当に苦しんでいるのならば、不正義であるとされる制度を改善する方向で運動ができます。ミュリエル・ダウディングさんが、必要以上に残酷な動物実験に抗議し、「Beauty without Cruelty（残酷さなにの美しさ）」という運動団体を創立したように、です。人為的なものが原因である時は、本当に他にオプションがなく、これしかないのかどうか、を問うことが重要です。そして、「不当な苦しみ」を避けることのできる、別のオプションがあれば、そちらを選べばいいわけです。例えば、麝香(じゃこう)しか香水がないのかどうか、麝香以外のオプションがあれば、ジャコウジカを殺さずにすむわけです。たとえ、麝香しか香水がないとしても、ジャコウジカを殺さずに手に入れる方法はあるのかないのか、考えてみる、そういうオプションもあるわけです。冬の寒さをしのぐのに、ミンクの毛皮しかオプションがないのかどうか。胃腸薬としてどうしても熊の肝臓しかないのかどうか。他のオプションがあるのなら、やはり不当な苦しみを動物に与えていることになるでしょう。

化粧品の場合だって、実験をしなければ安全性が分からないものを使う、ということの他に、実験をしなくとも安全であることが分かっているものを使う、というオプションがあるはずです。実際に、もうすでに、化粧品の原材料と認められている化学物質が、5,000 種類もあると言われています。にもかかわらず、なぜ、新製品を開発しなければならないのでしょうか？　また、企業機密などと言っていないで、動物実験によるデータを公開し、同じような実験が重複されないよう注意を促すことだってできるはずです。つまり、企業や研究機関の間で、データを共有し、これ以上の無益な殺生を繰り返さないようにできるはずなのです。また、動物実験の費用、つまり、実験のための設備の維持費、人件費、動物の飼育にかかる費用、一つひとつの実験にかかる費用（中には億単位になる実験もある）など、全て商品の価格に組み込まれるわけですから、消費者も負担しているのだ、と言えるのです。ですから、たとえ、あなたが完全に「Sentientist」の立場でないとしても、消費者の立場から、企業に圧力をかけ、こうした無意味な実験の中止を訴えることができるわけです。特に化粧品業界は、「美」を追求するという企業イメージの上になり立っています。ですから、私達は、この企業イメージを逆手にとって、「美」の追求が、おびただしい数の動物の死骸の累積の上に築かれていることを、私達は知っている、ということを企業に教えてやればいいのです。そして実際に、そのような企業の製品は使わないようにする、さらには、訳の分からない「化学物質」に関しては、どしどし電話で問い合わせて、「安全性」について尋ねる、その際、「動物実験」という言葉が先方から少しでも漏れたら、今後は買わない旨をはっきり告げる、これだけのことを実行していくだけで、「不当な苦しみ」を無くすことに貢献できるだけではなく、怪しげな「化学物質」を環境に放出しないことにも貢献できるのです。

以前お話ししましたように、「動物実験」に対する対策としていつも強調されることは、「3つのR」ということです。すなわち、動物の使用を減じる(Reduction)、待遇などを改善する（Refinement)、そして、動物を使わない代替法に置き換える（Replacement)、ということなのです。当然、「不当な苦しみ」を与えない、ということで、「不正義」を排除するとしたら、方向性は、一番最後の「R」、つまり、「動物を使わない代替法で置き換える」に進んでいくべきなのです。

5．「化粧品」にまつわる“Configuration”の変換
―「意味論」における革命―

言葉というものは、ある価値観を表現してしまうような時に、「概念」や「命題」のセットを形成していることがあります。「何かの部分や要素がある形状に配置されてある仕方（= the way the parts or elements of something are arranged and fit together)」を、英語で“configuration”と言います。例えば、「星座」は「幾つかの星が集まって」“configuration”をなしています。「概念」や「命題」のセットもちょうど、星座のように“configuration”をなしていると見ることができます。アドルノというドイツの哲学者が、「概念」や「命題」のセットを「星座」に喩えて“configuration”と呼んでいました。「概念」や「命題」のセットと言うだけでは、分かりにくいので、例を挙げて説明しましょう。例えば、「チクロ」という人工甘味料が出回った高度成長期のころ、「チクロ」は「砂糖の代用」という形で出回りました。それは、「砂糖」が持っている他の概念、例えば「太る」や「虫歯」といった概念や「砂糖の保存方法を誤ると蟻がたかる」、「肥満は心臓病になる率を高める」などといった命題、との繋がりを断ち切るものとして歓迎されたのです。すなわち「チクロ」=「ダイエット」=「太らない」=「虫歯にならない」=「甘い」=「砂糖より安価である」=「いいもの」といった具合に、「概念」や「命題」の“configuration”を形成したのです。こうした連想的に繋がる「概念」間の意味論的な繋がりの中に価値観が織り込まれていくのですね。このような連想的に繋がる「概念」間の意味論的な繋がりのことを“configuration”と呼ぶわけで、「善悪」や「良し悪し」のような価値観を含む「意味論」を形成しています。「砂糖」と同様、「甘い」にもかかわらず、「チクロ」を摂取するのであるのならば、

「甘み」という魅力を諦めずに「ダイエット」効果を狙えるというわけで、「チクロ」の登場は歓迎されたのです。このようにして「チクロ」は「善」を連想させるものであったわけなのです。ところが、その後の研究で「チクロ」は発癌物質だ、ということが分かってきますと、今まで「チクロ」が持っていた連想の糸は断ち切られてしまいます。今までの概念の連想的繋がりとは 180 度違って、「チクロ」=「発癌物質」=「癌」=「死」=「悪いもの」などといった一連の関係の中で、概念の意味論的な繋がりの組み換えが起きたのです。従来の“configuration”を掻き乱してしまうような、発見があり、それが言語化されることで「チクロ」を巡るコミュニケーションそのものが変遷してしまうのです。価値観を巡る意味論とは、まさにこのようなものなのです。私達は、こうした概念間、命題間の繋がり、一言で言えば「意味論」に対して、敏感でなければなりません。

逆に言えば、意味論的な変化がある時、人は、言葉を通してのものの見方が変わると言えるのです。今まで「チクロ」に肯定的であった人達は、意味論的変化の後では、「チクロ」に対して警戒心を抱くようになります。私は、そんなわけで、皆さんが使用している「化粧品」について、意味論的変化をもたらそうと考えているのです。概念的繋がりで言えばこうです。「化粧品」=「動物実験」=「犠牲」=「大量の生命の喪失」=「悪」など、といった連想的繋がりですね。いったんこうした連想が可能になると、「化粧品」=「装飾」=「必要不可欠ではない」などといった連想も浮き彫りになってきて、こうなると「動物の犠牲」を正当化し得なくなってくることでしょう。「チクロ」は「発癌物質」であったという発見があったように、今まで、明るみに出されていなかった「動物実験」の実態に関する発見があり、それが言語化されコミュニケーションの基本語彙として広がっていくことから、意味論の変革が始まっていったのです。これによって、大して生活必需品でもないようなもののために、動物が犠牲になっている、ということに思いを巡らせるようになるのではないでしょうか？　恐らく、今までは、あなた達の心の中では、「化粧品」=「美の保証」=「異性の目を惹く」=「善」などといったような意味論が存在していたのではないでしょうか？　私の講義を聴いて、今まで皆さんが抱いていた意味論と対立するような別の意味論があるのだ、ということを知った後では、皆さんは心穏やかではいられないはずです。「チクロ」の例でお分かりいただけたと思うのですが、その時代を画するような主流となる「意味論」があるわけで、欧米では、今まさに、「化粧品」に関する「意味論」の転換が起きているのです。皆さんは、皆さんの心の中にある現行の「意味論」を保持しつつも、「化粧品」=「動物実験」という、この最初の連鎖を断ち切る方法を聴いたわけなのです。これは、実に簡単なことでした。つまり、「動物実験の上に開発された製品を使わない」、という選択をするだけでよいわけなのですからね。

このように、Sentientist approach は、考え方の変革を迫るだけではなく、まさに暮らし方の変革をも迫ることになるのです。実際に暮らし方を変えてみることによって、人間の生き方を考え抜いた男がいます。ヘンリー・デイヴィッド・ソロー（Henry David Thoreau）は、1845年、アメリカのウォールデン・ポンドと呼ばれている池のほとりに面した森林に小屋を建て、2年2ヵ月の間その小屋に住みそこでの生活を記録し続けました。その記録に現われる自然描写、あるいは動植物の生態の描写ゆえに、そして何よりも自然との交流の結果芽生えた彼の豊かな精神的な境地ゆえに、彼の『ウォールデン：森の生活（Walden, or Life in the Wood)』という本は、今日も環境保護思想に霊感を与え続けているのです。

> 私は釣った魚を糸に通し、もうすっかり暗くなっていったので、釣り竿を地面に引きずりながら森の中を通り抜け、わが家に向かったところ、一匹のウッドチャックがこっそり通り道を横切っていくのが目にとまった。すると私は野蛮な歓びの奇妙な戦慄をおぼえ、そいつを捕まえて生のままむさぼり食いたいという強い衝動に駆られた。別に空腹だったわけではなく、彼に代表される野性的なものに飢えていたのである。私は... 飢え死にしかかった猟犬のように、なにか獣の肉にありつけぬものかと、森のなかをさまよったことがあった。... この上なく野性的な光景も、私には言いようもなく親しみ深いものになっていたのだ。... たいていの人と同じように、自分の内部により高い、いわゆる精神的な生活への本能と、原始的で下等で野蛮な生活への本能をあわせもっているが、私はそのどちらにも敬意を抱いている。

今引用した個所の最後の部分、「たいていの人と同じように、自分の内部により高い、いわゆる精神的な生活への本能と、原始的で下等で野蛮な生活への本能をあわせもっているが、私はそのどちらにも敬意を抱いている」という個所を読むと、「原始的で下等」とされている生き物への連続性をソローは、強く感じ、精神的な生活の高みへ至る道も、そうした連続性なしには有り得ないのだ、と考えていたことが、よく分かります。

ソローは、別の個所では、インドの立法者に敬意を表していますが、その理由は、インドの立法者達は、自分の中の動物性にも適当な居場所を与えることに成功しているからですし、また、インドの立法者達は「飲食、同棲、糞尿の排泄の仕方に至るまで、卑俗なものを高めながら教えており、こうしたものをつまらないなどと言って、偽善的に避けて通ったりはしていない」からなのです。このように、人間に本来備わっている機能であるのならば、それがどんなに動物的なものであろうと、取るに足らないものなどは１つとして存在しないのだ、とソローは言うのです。オリジナル漫画版の『風の谷のナウシカ』で「狂暴でなくて、穏やかで賢い人間なぞ、人間とは言えない」という台詞を書いた宮崎駿の認識とソローの、「精神的な生活への本能と、原始的で下等で野蛮な生活への本能をあわせもっているが、私はそのどちらにも敬意を抱いている」という認識には、共通点が感じられますね。

ソローは、「そもそも動物愛護協会員を含むあらゆる人間の中で、猟師こそ狩られる動物の最良の友であろう」と述べています。なぜでしょうか？　もう少しだけソローを引用してみましょう。これから引用する個所は、人間が、少年時代に狩猟を経験することによって何を学ぶのかを簡潔に述べた個所です。

> 心ある人間は、自分とおなじ生存権をもって生きている動物たちを気まぐれに殺すようなまねはしなくなるだろう。ウサギだって追いつめられれば、人間の子供そっくりの泣き声をあげる。世の母親たちに警告しておこう。私の同情はふつうの博愛主義者のように、人間だけに向けられているわけではないのだ。このようにして、しばしば少年は、森ともっとも根源的な自己とにはじめて出会うのである。最初は猟師や釣り師として森へ行くが、もし彼がその内部によりよき人生の種子を宿しているのならば、やがて、たとえば詩人とか博物学者としての自己本来の目的を発見し、猟銃や釣竿を捨てるに至るだろう。

逆説的ですが、狩猟を通して、少年は、最終的には、動物にまで拡張された博愛精神に目覚め、猟銃や釣竿を捨てるに至る、とソローは言っているのです。最後の文章で、ソローは、「森ともっとも根源的な自己とにはじめて出会う」とはっきりと述べていますが、ここでソローの言っている「森」ということを「生態系」と置き換えても、差し支えないでしょう。食べなければ生きていけない、という人間の業を分かった上で、狩猟をするのならば、「森」すなわち「生態系」への愛に目覚めるのだ、とソローは言っているのです。別の箇所では、このように言っています。

> 人間はたいていの場合、他の動物を食べることによって生きることができ、また、現にそうやって生きている。しかし、これがみじめな生き方であることは、ウサギを罠にかけたり、子ヒツジを屠殺したりする者が、だれでも思い知ることだろう。人類は進化するにつれ、動物の肉を食べるのをやめる運命にあると、私は信じて疑わない。

このように「食べる」という、この生活の必然性を通して、狩猟をする人間は、逆に生態系への愛に目覚め、「人類は進化するにつれ、動物の肉を食べるのをやめる運命にある」のではないか、といった風に生態系への態度を変えていく、というのです。

6．菜食主義を選択すべきか？

Sentientist approach を徹底して考えていくと「菜食主義」を採用するかどうかという問題に突き当たるのです。この問題を考える時に、私はいつも、マイケル・ムーアの『ロジャー＆ミー』の中に出てくる一場面を思い出します。3大自動車会社と称される大企業のGMの発祥の地、フリントから、GMが撤退してしまい、生計を立てる手段を奪われた労働者階級の人達が、過疎化し、荒れ果てたフリントの町でどのように暮らしているのか、をムーアのカメラは追っていきます。その中に、ウサギの毛皮を売って生計を立てている女性が登場しますが、彼女は、ムーアと談笑しつつも、つい先ほどまで腕に抱いていたウサギをあっさりと撲殺してしまうのです。足を縄で括られて木に吊るされたウサギは、毛皮を剥がされていきます。この場面が、私が体験した一場面と重なるのです。私がアメリカ留学中に、マレーシア軍の兵士100名ほどが留学していました。彼らの数人に数学の家庭教師をしてあげた関係で、ある日、そのお礼にと食卓に招かれたことがあります。食卓にいろいろ料理が並びましたが、「メインディッシュ」がまだだ、ということでした。そろそろいい頃かもしれないから、青木も一緒に来い、と言うので、彼らの後に従って、外に出ると、何と、目と鼻の先にある大学のキャンパスに向かって歩いていきます。一面芝生のキャンパスに、木々が並んでいるのですが、木の根方に籠があり、それを目指して歩いているようなのです。何と、籠の中には、リスがいたのです。「簡単な罠を仕掛けた」と説明をしながら、ムーアの映画に出てきた、あの場面と同じことが目の前で展開しました。そのリスの肉で作った料理が「メイン」だったのです。私は、気分が悪いということを理由に辞退しましたが、「食べる」ということは、まさにこういうことなのだ、ということを学びました。そしてその日から、私は、菜食主義を選択する、ことにしたのです。

もし、私達の食習慣が、自然とみなし得るのであるならば、それは確かに「仕方がない」ということになるでしょう。人間は、生物学的に、こうした食生活をせざるを得ない動物なのだから、「肉食」であることは変えにくい事実、ということになるでしょう。自然のいわゆる「食物連鎖」の必然性を人間も逃れることができない、としたら、肉食が必然なのだ、だから、動物の殺害も仕方が無いということになるでしょう。もし、これがそうであるのならば、私達は、食卓に上るために、屠殺された動物達は、確かに「不幸」だけれども、私達は「不正義」をしていることにならない、と言えるでしょう。

けれども、人間の場合は、もともとは雑食動物だったわけです。それは私達の歯が、肉食動物のようにはなっていない、ということから分かる通りです。実際、確かに犬歯は残っていますが、ナイフやフォークなどといった道具を使わなければ、肉を切り分けることすらできないのですから。そんなわけで、私達の食生活は「食物連鎖」のような自然の中に取り込まれていると言うよりも、むしろ文化慣習と関係があるのだ、と言えるでしょう。

私達は、子どものころ、知らない間に肉食文化を受け入れてしまいます。そしてそれは物心がつく前に、すでに私達の食習慣となってしまい、あたかも自然であるかのようになってしまうのです。映画『ロード・オブ・ザ・リング』で、悪に寝返った魔法使いサルマンが、人間の種族を絶滅させるために創り出した、凶悪かつ屈強な種族、ウルク＝ハイに向かって「人間の肉の味を覚えよ」と叫ぶ場面がありましたが、私達も、幼いころに、肉の味を覚えて、それが習慣化していっただけのことなのです。そして、それ以降、このことが問題になったり、疑問視されたりするということはなくなるのです。聖徳太子の時代の仏教伝来以来、仏教思想の影響が浸透していくにつれて、例えば、675年に天武天皇が「肉食禁止令」を出すなどして、肉食は先ず、貴族の食卓から消え、徐々に庶民の食卓からも消えていったのです。江戸時代には、魚を除いて、肉食の習慣はなかったこと、そして、魚が食卓に上るのは、裕福な階級のみだったのです。こうした事実を習ったとしても、特に、現代の食習慣が反省されるということはなかったのではないでしょうか。むしろ、明治期に、肉食文化は、まさに「文明開化」のシンボルとして浸透し、そのせいで、「肉食文化」は、ステイタス・シンボルとなってしまいました。戦後は、アメリカの対日経済戦略に則った「米ばかり食べると体格が悪くなる」という宣伝に乗せられて、西欧型の食生活が支配的になったのです。この流れを意識的にビジネスチャンスにしようとしたのが、日本マクドナルドの創業者、藤田田でした。「マクドナルドのハンバーガーとポテトを1,000年食べ続ければ、日本人も背が伸び、色も白くなり、髪もブロンドになる」などとの述べているのです。アメリカ型のファスト・フードの導入によって、食の分野は工業化され、それに伴って、食品添加物という名の化学物質漬けの汚染食品が当然のように食卓を支配するようになりました。こうして日本の菜食を中心とした食文化は衰えていってしまいました。

宮沢賢治の作品の中に『ビヂテリアン大祭』という題名の面白い童話があります。ニュウファウンドランド島で開催されたベジタリアンのお祭りに、日本を代表して参加した主人公が、そこで見聞したことを記録していく、というのがこの物語なのです。それによれば、ベジタリアンには、同情派と予防派が存在しているのだ、ということです。「同情派」は、あらゆる動物は皆生命を惜しむ、ということが普遍ならば、そうした動物の生命を奪うのは可哀想ではないのか、という考え方で、「予防派」は、動物性の食べ物を食すことで起きると考えられる病気を、動物を食べないということで、予め予防しようという考え方なのです。そうした病気として高血圧や脳溢血、通風、などを挙げることができましょう。現代の人々を説得的に「予防派」に導きいれたいのなら、恐らく、これらに加えて「狂牛病」や汚染肉から来るO-157などの食中毒を挙げることができるでしょう。

また、1983年に、アメリカ食品医薬品局（FDA）は、「米国産の食用肉は、推定で500～600種類もの有害化学物質で汚染されている」と報告しました。その4年後の、1987年に、アメリカ防疫センターの研究は、「大量の抗生物質が原因で、治療困難な腸の病気が、人間に発生しているということを示す証拠がつきとめられた」と発表したのです。食用動物の食べる飼料の中に様々な抗生物質や食品添加物、あるいは高濃度の農薬などが混入しているからなのです。

さすがに、まだこの時代は、「動物の権利」という観点から、ベジタリアンになる人、あるいは、環境破壊や食糧危機問題を視野に収めてベジタリアンになる人達は描かれていません。けれども、宮沢賢治は、「牛一頭養うには８エーカーの牧草地が要るけれども、そこに小麦を作った方が効率的である」といった議論を展開しています。この議論は傾聴に値するものがあります。これに関しては、後ほど、もっと詳しく論じてみましょう。

毎年、何十億という単位で家畜が屠殺されています。菜食主義を１人の人間が選択するとしたら、その選択によって、その人が肉を消費してきた量にもよるけれども、大体、毎年40～95頭の家畜を救うことになるのだ、という試算があるくらい、需要も多いわけです。マクドナルドのハンバーガーを作るために、毎年、30万頭以上の牛が屠殺されているのです。アメリカ合衆国では、食肉産業は、ビジネスとしては、自動車産業の次に大きな製造加工産業で、年間生産額は、約500億ドルにも達するのです。屠殺場は、都心から離れた場所に立地され、多くは訪問が一切禁じられていて、施設の中では何が起きているのか分からないようにされているのです。

消費者の目が動物の苦しみに向わないようにするために、食肉業者は、広告に力を入れており、微笑んでいる牛や、踊る豚、などのアニメ化されたイメージが流通しているのです。畜産業が、菜食主義を攻撃する、というパターンは、古くからあるようです。その証拠に、宮沢賢治の『ビヂテリアン大祭』には、ベジタリアン祭りの間、ベジタリアンに反対するパンフレットがばら撒かれるのですが、それに対して、「どうせ、畜産組合の宣伝書だ」という台詞が書かれているのです。こうしたコマーシャル戦術は、行き着くところまで来てしまったという感じがします。例えば、マクドナルドのハンバーガー・チェーンでは、例のピエロのロナルド・マクドナルドが、子ども向けのコマーシャルの中で「ハンバーガーは、小さなハンバーガー畑でとれるんだよ」などと宣伝しています。アメリカの大手、オスカー・メイヤー社は、ソーセージのコマーシャルの中で、子ども達に「ぼくらはオスカー・メイヤーのウィンナー・ソーセージならいいのになあ。ぼくらはほんとうにソーセージになりたいんだ」などと戯けた宣伝文句を歌わせているのです。あたかも、子どもが本当のことを知って、良心の呵責に苛まれたら、自社の製品を食べてくれなくなるのを危ぶんでいるかのようですね。

私は、皆さんに、食肉産業が、自分達のビジネスのために、ここまでやっているんだ、という事実を認識して欲しいと思います。こうしたビジネスにとって、菜食主義の普及は、まさに脅威なのです。食肉産業は、1976年、ロビー活動を猛烈に展開し、「食肉の消費を減らす」ように勧告した、政府の広報マクガバン・レポートの食肉に関する箇所を「飽和脂肪酸の摂取を減らすために鶏肉や魚肉を選びなさい」という表現に変えさせることに成功したのです。コレステロールが、万病の元である、ということが、常識に成りつつあった時、この考え方に反駁するために、全米科学アカデミーの学者に資金援助をした食肉産業の裏での活動のせいで、全米科学アカデミーは、1980年、コレステロールのみが悪玉であるわけではない、と文言を柔らかめにしたレポートを提出したのです。

また、例えば、著名なフランシス・ムア・ラッペの『小さな惑星の緑の食卓』のような、菜食主義の理念を良しとした本が出版されると、食肉業界の御用学者達が、こぞって反論を加える、というふうになっていて、菜食主義の思想は、世に出るとたちどころに潰されてしまうことになるのです。こうした食肉業界の猛烈なイデオロギー活動によって、私達の社会の中で、肉食の習慣は、まさに「習慣」の名前の通り、決して省みられることなく、食生活の伝統を築きつつ、えんえんと続いてきています。

それでは、「菜食主義」を選択する理由というものがあるのならば、その理由を考えてみましょう。最初の議論は、「動物に不当な苦しみ」を与えることになるから、食肉は「不正義」をもたらすという理由で、肉食の禁止を説く議論です。

①　「不当な苦しみ」を与えることは、道徳的に間違っている。

②　食肉は、動物に「不当な苦しみ」を与えている。

---

③　したがって、食肉は、道徳的に間違っている。

食肉が「不当な苦しみ」を与える、ということの理由は、私達、人間の食生活が、単なる習慣であって、習性ではないから、つまり、変えることができるからです。変えることができる、というオプションが存在する限り、動物の苦しみは「不当」である、というわけです。

この議論は、「動物に不当な苦しみ」を与えている、というところに、食肉文化の「不正義」を見ているわけです。ジョージ・バーナード・ショーは、自伝の中で「動物の焼けた死体を食べることは、無意識の習慣的なものから意識的なものとなった瞬間に不可能になる」と書いていますが、食肉という慣習に隠されている残虐性に関しては、皆誰もがなるべく忘却したい、と思っている話題には違いないのです。もし「動物に不当な苦しみ」を与えているのならば、例えば、「動物が痛みを感じることなく死ぬことができるように工夫しなさい」という代案を提起することによって、「不正義」を取り除くことができるだろう、と反論することが可能です。つまり、「人道的な屠殺」というもう１つ別のオプションを採ることによって、動物の苦しみを軽減する、ということです。この反論が正しいとすると、「菜食主義」は、「動物に不当な苦しみ」を与えているという事実から導き出される唯一の結論ではなく、１つのオプションということになってしまいます。

それゆえ、議論の方向は、どれが最善のオプションなのかを考える、ということになるでしょう。今、挙がっている２つのオプションを列挙しておきましょう。

①　人道的な屠殺の可能性を探ること

②　菜食主義を選択すること

「人道的な屠殺」と言うけれど、それは、動物の死ぬ瞬間だけを配慮しなさい、ということにはならない、という反論を先ず挙げておきましょう。動物が苦しまないようにする、ということには、十分な食糧や水、そして十分に活動できるスペースの確保が必要だ、ということです。そしてさらには、屠殺されるために、動物達が集められる屠殺場において、動物達の恐怖を和らげるという最も難しい課題をクリアしなければならないでしょう。近代化された工場畜産業の現場を描写する本がいろいろ出ていますが、どれを読んでも、目を背けたくなるような事実が記載されており、吐き気を覚えることなく、一文を読み終えることができないくらいなのです。何がグロテスクなのかと言いますと、「効率」の名の下、動物を、まさに「物」として扱っているということに尽きます。工場畜産は、効率良く高価格の肉を生産する工場なのです。動物は、コントロールしやすい「物」に可能な限り変換され、何か「冷たい、計算された」、理性の暗黒面のような、そんな残酷さが感じられるのです。工場畜産における動物の悲惨さを訴えたジム・メイソンとピーター・シンガーの『アニマル・ファクトリー』の中に、経営者向けの指南書からの引用があります。「豚が動物であることは忘れて、工場の機械のように扱いなさい。つまり、機械にも定期的に油をさすように、豚もスケジュール通りに処理しなさい」と。理性の暗黒面と形容した理由をお分かりいただけたことと思います。あまり残虐さがないだろうと思われる、鶏卵のための養鶏工場の場合でさえ、例えば、卵を産まないので役に立たない雄のひよこが、生きたまま袋に入れられ窒息死させられた後、廃棄処分される、という記述を読んだり、自分の身体より少し大きいくらいの檻に入れられた雌鳥が、ストレスから仲間を嘴で突付くことのないように、嘴を一部切断されてしまう、といった件を読んだりするだけで、何か大変なことが行れているに違いないと思ってしまうでしょう。このように、「感覚する力のある有情の生き物」に「道具的価値」のみを見いだし、役に立たねば「ゴミ」として処分するということに、何か抵抗感を覚えませんか？

動物が被るそうした苦痛の数々を除去していくとなると、経済的効率性という名の下に正当化されている「非人道的な」システムそのものを改廃していかねばなりません。

こうした強制収容所のような缶詰状態の家畜は、排泄物に汚れた環境やストレスから病気にも罹りやすいわけで、そのせいで、蔓延する恐れのある細菌類を抑えるために抗生物質漬けになっているのです。そうした、抗生物質を最終的に食するのは私達、人間なのです。しかも、工場畜産場は、薬剤耐性を備えたスーパー細菌の温床ともなっているのです。

このように「人道的な屠殺」という言い方で表現すると、何か簡単なことにように思えてしまうかもしれませんが、それを実現するとなると、クリアすべきハードルは、数が多いだけではなく、非常に高いと言えます。

ここで、「菜食主義」というオプションの方がいい、というために持ち出されるであろう、議論を考えてみることにしましょう。その代表格が、「先進諸国の肉の消費は、飢餓の原因となっている」という事実に基づく議論でしょう。それから、この議論と関連しているもう１つの議論が、「畜産のための土地利用が環境破壊にも繋がっている」という議論です。それでは、これらの議論が「菜食主義」のオプションを支えるのに、十分強い議論かどうかを検討してみることにしましょう。

これらの議論を理解するために、先ず、幾つかの事実を知ることから始めましょう。1つ目は、動物性食品の生産は、無駄が多く、非効率的である、という事実です。これは、先ほど紹介した『ビヂテリアン大祭』の中で宮沢賢治が展開していた議論でもあります。例えば、エネルギーや水の要求量を、比べてみると、同じ量の植物性食品を生産する場合に比べると、10倍から1,000倍も大きくなるのです。そんなわけで、水の浪費の80%は畜産がもたらしたものである、と言われています。ついでにお話ししますと、森林破壊の70%が畜産を原因としているのです。さらに、動物の体重から取れる肉の歩留まり量は、42%であると言われています。家畜保護協議会の事務局長を努めるジョン・マクファーレンは、「不注意な取り扱いや残忍な行為によって、毎年失われる肉の量は、100万人のアメリカ人が年間に食べる量に匹敵する」と述べています。こうして非常に無駄が多い肉食文化を止めて、先進国に住む全ての市民が、皆菜食主義を選択したとしたら、全ての飢え苦しんでいる人達に1人当たり4tの食用穀物を提供できる、という試算があるくらいなのです。

食肉文化と環境問題との関連は、80年代にようやく注目されるようになりました。ノーマン・マイヤーズ博士は、有名な論文“Hamburger Connection”で、アメリカを中心とする先進諸国のハンバーガーの消費と熱帯雨林の関係に初めて注意を向けたのです。それによりますと、ハンバーガー用の安い牛肉の供給源として、中南米の熱帯雨林の半分ほどが、すでに破壊され、肉牛を育てるための牧草地になっているというのです。以来、「ハンバーガー・コネクション」という言葉は、環境問題を語る上で重要な用語となったのです。ある環境団体の試算ではマクドナルドのハンバーガーを1個食べると約9m^2（ほぼ6畳1間）の熱帯雨林を滅ぼすことになるというのです。これが、もしビッグマックなら熱帯雨林を6畳2間分消費することになるのだ、というのです。これが、肉食文化と環境問題の繋がりを教えてくれた、最初の論文となり、ノーマン・マイヤーズ博士の名前は、一躍、有名になりました。

さらに、1974年にレスター・ブラウンが試算した結果によれば、アメリカ人が年間の肉の消費を10％減らすだけで、少なくとも1,200万tの穀物を人間の食料として確保できるというのです。この1,200万tという量は6,000万人分の食料に相当し、インドとバングラディシュの飢餓を解消するのに十分な量なのだというのです。なぜこのようなことになるのかと言いますと、人間が食べる1ポンド（＝453.6 g）の動物性蛋白質を生産するために、21ポンド（＝9525.6 g）の植物性蛋白質を仔牛に与える必要があるからです。『小さな惑星の緑の食卓』という本の著者、フランシス・ムア・ラッペ（Frances Moore Lappe）は、そんなわけで、畜産のことを「逆向きの蛋白質工場」と皮肉っています。つまり、ラッペが言いたいことは、「肉食」が蛋白源を得るためには、いかに無駄が多い方法なのか、ということなのです。アメリカの大豆生産量の95％は家畜の餌になってしまっているのが現状だからです。1 kgの動物性タンパク質を生産するのに、飼料として、与えられることになる植物性タンパク質は、牛の場合は11 kg、豚の場合は7 kg、鶏ならば3 kg必要である、と言われています。1980年代には、発展途上国では、穀物の12％が飼料に回されているだけなのですが、先進国では、穀物の60％が飼料に回っており、その飼料は、14億人の食糧をまかなうに足りるだけの量であると言われています。現在、飢餓で苦しむ人達の人口が5億人に達しています。2,700万tの食糧を供給することによって、そうした人達を助けることができるというのです。世界の穀物生産量は、年間にして17億tで、その半分近い8億tが家畜の飼料に回っているのです。だとしたら、家畜用穀物の3％が使用できれば、5億の人達に行きわたることになるのです。さらに、1950年の段階で、アメリカ人は、身体が利用できる限界に近い大量の肉を食べていると言われています。それでも、1970年には、50年代の倍近い肉の消費が当たり前になってしまいました。もしアメリカ人が肉の消費量を50年代並みに抑えたとしたら、何と、アメリカ人1人につき、餓えに晒された2人の人間の命を救うのに十分な穀物を得ることができるというのです。

　さらに、水使用量という観点から見ても、牛肉1 kgを生産するのに、1万5,000 ℓの水を使うことになるのです。同じ1 kgの生産であるのなら、ジャガイモなら500 ℓ、小麦なら900 ℓ、トウモロコシなら、1,100 ℓ、大豆、1,650 ℓ、水を使うことが予想される米でさえ、1,900 ℓなのです。ちなみに、鶏肉の場合は1 kgにつき3,500 ℓですので、肉食が、いかに効率が悪いか、ということが分かると思います。

そこで、これらのことから、完全な菜食主義を採用しないまでも、肉の消費量を減らす、という方向性が望ましい、ということが言えるのではないでしょうか？飽食に慣れきった先進国の人間達は、「肉食」という習慣を真剣に見直す時がきているのではないでしょうか？　食生活のあり方を変えていくという方向で、環境問題に向き合う、ということが可能なのです。

菜食主義を選択するための四つの理由をまとめておきましょう。

① 同情派の理由；生産効率を追及する、近代畜産工場における、動物虐待から動物を守る。さらに一歩進んで、「動物の権利」を保障する。

② 予防派の理由；健康を維持する。例えば、動物性食品を避けることで、心臓病や癌などの予防をする。O－157や狂牛病の蔓延する中、個人的なリスクを避ける。

③ 食糧危機対策；世界飢餓が進行しているにもかかわらず穀物の多くが家畜の餌になっている、という現実に向き合い、解決策として「菜食主義」を選択する。

④ 環境保全；家畜の飼料としての穀物生産用の耕地面積が多くとられるようになり森林伐採が進んでいるだけでなく、放牧のもたらす環境破壊は甚大なものがある、という現実に向き合い、解決策として「菜食主義」を選択する。

最後に、もう1つ、「予防派」の理由の1つとして、「遺伝子組み換え作物」の問題を考えておきましょう。家畜の飼料として、「遺伝子組み換え作物」が重要な位置を占めている、ということだけでなく、食の安全という観点からも、「遺伝子組み換え作物」について、考えておく必要があるでしょう。

イギリスのローウェット研究所、プシュタイ博士の実験報告によりますと、遺伝子組み換えジャガイモを与えたラットで内臓の発達障害、免疫力の低下が見られたということです。また、ロシアのイリーナ・エルマコヴァ博士によりますと、遺伝子組み換え大豆の粉を妊娠中の雌のラットに与えたところ、虚弱なラットが生まれ、死亡率55.6%に達した（対照群の死亡率は高くても9%）ということなのです。

イギリスのアポン・タイン大学において、人工肛門を使用している被験者に遺伝子組み換え大豆を用いた大豆食品を与え、排泄物を調査したところ、腸内細菌に「組み換え遺伝子」が移行するという現象が観察されたのです。それによって、殺虫性成分を作り出すバクテリアが腸内に発生したのです。これは、「遺伝子組み換え作物」を食べることで、腸内のバクテリアが、人為的に変化したことを意味するわけで、組み換え遺伝子の移行現象によって、生態系に影響が出るかもしれないのです。人為的なことが原因で、しかも、予想外の結果として、新しい生物が誕生してしまったのです。これは、危険性が未知数である、という点で、「フランケンシュタイン」を作り出す行為に匹敵するのではないでしょうか？

人体に対する影響も、無視できないものがあります。フィリピン、ミンダナオ島において、遺伝仕組み替え技術で巨額の富を築いている、悪名高いモンサント社の殺虫トウモロコシを栽培している農場近くに住む農民に、発熱、呼吸疾患、皮膚障害が多発しています。こうした農民から、39人を無作為に選び、検査した結果、免疫システムに異常が見られ、原因物質として、殺虫性トウモロコシに使用されているウィルス・プロモーターが検出されたのです。

環境NGOのグリーンピースが出した「モンサント社の７つの大罪」というレポートに、モンサント社の遺伝子組み換えトウモロコシ「MON863」に関するラットの飼育実験報告書をモンサント社が公表を渋ってきたのですが、2005年６月、ドイツの裁判所に提出された、という件があります。なぜ、モンサント社は、実験結果を隠そうとしてきたのか、と言いますと、「MON863」を与えられたラットの肝臓と腎臓に「毒性兆候」が出ていたからだということが分かったのです。モンサント社は、遺伝子組み換えトウモロコシの安全性を疑われるような都合の悪い実験データを隠そうとしていたのでした。

以上、述べてきたようなことから、遺伝子組み換え作物を食べ続けると、どのような事態が予測され得るのか、ということを結論できます。①人間という種も含めて、免疫力の低下、自然治癒力の低下が見られる、②子孫にも影響する可能性がある、③組み換え遺伝子の移行現象によって、生態系に影響を与えてしまう、といったことが可能性として考えられるのです。それゆえ、「遺伝子組み換え作物」は決して安全であるとは言えないのです。

私達が見てきましたように、「同情派の理由」だけでは、「人道的屠殺」というオプションが可能でした。けれども、この「人道的屠殺」は、現在実行されている方法を考えると、恐るべきパラドクスに陥っているということが分ってきます。

そのことを皆さんに説明してみましょう。「人道的屠殺のパラドクス」と呼べるような事態があるのです。

動物に同情はするが、かと言って、肉食を完全に諦めることができない、という人は、オプションとして「人道的屠殺」の方を、選択することでしょう。意識がしっかりしている内に喉を掻き切るなどのような、従来の方法の残酷さを改善し、なるべく無痛のまま、動物達が死を迎えられるように、ということを願うでしょう。従来の方法は、麻酔を使うということでしたが、後から後から大量に牛が作業場に雪崩れ込んでくるため、適切な箇所に麻酔を施すことができず、まさに意識があるまま解体されてしまうのです。瞬間に殺すことができないまま、食肉解体処理を受けてしまう、という想像を絶する残酷さを避けたい、と思うのは、正常な人間なら当然のことでしょう。なるべく無痛の死を、と願う、こうした人達の要請に応えて、「家畜銃」と呼ばれる、動物を気絶させる方法が、採用されるようになりました。これは、牛などの食用動物の額に、瞬時に釘を通して、気絶させる装置なのです。完全に殺してしまわないで、気絶させる理由は、動物の血を抜く作業を生きている間に行わねばならないからなのです。血が固まって身体に残ると肉の味が落ちてしまうので、血を抜かねばならない、ということは、食肉文化に見られる共通の認識なのです。気絶をさせて血を抜く作業に入るというわけなのです。さて、この「家畜銃」と呼ばれる装置の導入によって、以前に比べれば、「気絶をさせること」が巧くなされるようになりました。

けれども、ここで、思わぬ事態が起きてしまいました。それは、狂牛病の発生です。この「家畜銃」は、脳に釘を瞬間的に通す装置なので、それによって、何と、脳の組織の一部が血流に混入してしまうのです。畜産業を守るために、狂牛病の対応に関しては、他の先進諸国と足並みの揃わないアメリカでさえも、脳や脊椎の組織の危険度が高い、ということは認めているのです。イギリスは1996年に学術雑誌『ランセット』に報告書を掲載しましたが、それによりますと、「プリオン蛋白質は、解体のために気絶させられた動物の体内で発見されるものと思われる」ということなのです。皆さんもご存知のように、この1996年という年は、イギリス政府が、変種のクロイツフェルト・ヤコブ病の感染患者が10人の症例を確認し、その原因が「狂牛病（BSE）」に感染した牛を食べたからだ、と発表した年なのです。狂牛病は、人にも感染することを、イギリスは逸早く認めたわけですが、それは、実際に死者が出た後のことだったのです。イギリスでは、1994年に16歳のヴィッキー・リマーが発病し、その数か月後に、18歳のスティーヴ・チャーチルが発病したのです。2人とも、新種のクロイツフェルト・ヤコブ病と診断されました。スティーヴは、幻覚を見始めたことで、異変に気付いた、ということです。テレビ番組の中の炎や海が、現実と混同され、彼は自分に火がついているように感じたり、海の水に飲まれ、溺れそうになったりしたのです。幻覚は酷くなり、何かに怯えて過ごすようになったのでした。そして1995年の5月にスティーヴは息を引き取ったのです。犠牲者はさらに増え続けました。イギリスの犠牲者の最年長者は、39歳、5人は20代で、3人がティーンエイジャーだったのです。ティーンエイジャーが続けざまに発病し、死亡したこと、しかも共通の汚染牛肉が指摘できない上、地理的にも、患者がイギリス全土に点在していることは、イギリス中を震撼させました。犠牲者が点在している理由を、もっと多大な犠牲が出る前触れと受け止めたからです。そんなわけで、むしろイギリス保健省の報告は遅すぎたくらいだったのです。この時に報告された「潜伏期間」は、感染した動物の平均寿命に比例する、というものでした。数年の寿命しかもたないネズミは、2～3か月で発症、猫の平均寿命は15年なので、潜伏期間が2～3年、人間の場合は、70歳と平均寿命が長いので、20～30年の潜伏期間が見込まれています。この潜伏期間の予測は、実はリーズ大学の臨床微生物者のレイシーによって唱えられており、彼は、潜伏期間を考えれば、人間の最初の発症例が出るのは1994年頃になるだろう、と予測していたのです。そして、事件は、何と彼の予言を裏付けるかのように起きてしまったのでした。前触れは、90年代に入ってから立て続けに起きた80件余りの飼い猫の死でした。どの猫も脳がスポンジ状になっており、「狂牛病」の症状を示していたのです。ペットフードに汚染した牛肉が使ってあったことが原因だろうとされています。続いて、動物園の猿や駝鳥なども、何らかの形で、汚染された牛を食べており、前日まで元気だった動物が翌日に急に倒れてしまう、というニュースが相次いだのです。種の壁を越えて他の動物にも感染していった、という事実は、イギリス中をパニックに陥れました。2人のティーンエイジャーの発病は、人間は例外かもしれない、という楽観的な考えを持ちたいと人々が願っていた矢先の事件だったのです。こうして先ず、人間より寿命の短い、動物達の死が、震撼すべき出来事の前兆となったのです。潜伏期間の予想が正しければ、発症した、あのティーンエイジャー達は、人生の最初期の時点で、感染したことになります。可能性としては、ゼラチンということになるのかもしれません。ゼラチンは牛の骨（頭、ひづめともども）を茹でて作るわけで、マシュマロやゼリーの主原料なのです。詳しくは分っていませんが、乳離れした子どもが、ゼリーを主原料にした離乳食を食べたことが原因なのかもしれません。

日本でも2001年に国内において、狂牛病に罹った牛が発見され、一大パニックを引き起こしましたね。アメリカは狂牛病の発生がないことを主張し続けてきましたが、実は、アメリカでも、1985年に、ウィスコンシンで、大量のミンクが、ミンク版の「狂牛病」を患い、衰弱して倒れ、死んでいたのです。アメリカでは、「ダウナー（Downer）」と呼ばれる、原因不明のまま倒れてしまう牛が毎年数万頭に及んでいたのです。突然倒れるので「ダウナー」と呼ばれるのです。イギリスの「狂牛」のような特徴を示すことなくただ倒れるので、「狂牛」扱いされていません。しかも倒れた牛は、飼料用に、処理されてしまうのです。そして何と、倒れた牛でも、食肉処理場まで生き長らえたのならば、そこで食用に加工されてしまうのです。あのウィスコンシンのミンク達は、「ダウナー」から作られた飼料を食べていたことが分ったのでした。1997年にアメリカは、「肉骨粉」の使用を禁止しました。けれども、血液やゼラチンなどを餌に加工することは禁止されずに、そのままになっています。今後、これがどのような結果をもたらすのか、まだ分りません。それでも、2003年に、アメリカでもとうとう、狂牛病の発生が確認され、米国産輸入牛肉ストップの騒ぎとなりましたね。

皆さんは、火に通せば、原因となる「ばい菌」が死ぬのでは、と考えていらっしゃるかもしれませんが、「狂牛病」の原因とされる「異常プリオン」は、強い酸でも、高圧蒸気消毒でも、焼却処理でさえも、生き延びてしまうのです。1980年、カリフォルニア大学サンフランシスコ校のデイヴィット・ボルトンとスタン・プルシナーの研究チームは、ウィルスよりももっと小さい蛋白質のみからできている病原体を発見しました。それが、「異常プリオン」だったのです。DNA、RNA無しに加速度的に増殖するのです。1,000℃というまさに溶鉱炉のレベルの高熱で数時間焼却しなければ死滅しない、と言われている始末に終えない「病原体」なのです。正体が「蛋白質」なので、動物の免疫系が全く反応しない、致死率100%の実にやっかいな病気なのです。もともと草食動物の牛に共食いをさせた時に「狂牛病」が出てくるようになりました。実は、人間にもこの病気を患う人が随分昔から存在していました。つまり、人が人を食べる場合、「cannibalism（カニバリズム＝人肉食）」ですね。人間の「狂牛病」は、食人の風習のある部族の間で見られたのです。「クールー」という病名で知られています。これに罹ると、「狂牛病」のように大脳ではなく、小脳をやられるので、意識が鮮明なまま、悲惨な死を迎えるというのです。素人でも推測してしまうことは、「狂牛病」もそうですが、何らかの「共食い」が行われるところ、「異常プリオン」有り、という感じですね。それゆえ、「肉骨粉」の禁止は当然ではないでしょうか？

さて、脱線が長くなりましたが、「人道的な屠殺」の手段として、「家畜銃」による、牛の大脳の破損は、危険極まりない行為なのだ、ということなのです。肉食を続けたいけれども、動物も人道的に扱うべきだ、と考えている、あなたは、別の「人道的屠殺手段」を考えてもらうしか道は無さそうですね。

菜食主義を採用する「予防派の理由」は、「安全な食べ物を手に入れる」ということにありました。最後に、この「安全な食べ物を手に入れる」という問題を考えておきましょう。1983年、日本は「日本の市場を開放するために、食品添加物の使用認可品目を増やすべきだ」とアメリカから圧力をかけられ、多くの消費者団体が非認可請願の署名を集めて抗議したにもかかわらず、当時の厚生省は、「いずれの品目も健康を損なう恐れはない」として、「食の安全」よりも経済を優先させてしまいました。その時以来、保存料、酸化防止剤、人工甘味料、発色剤、乳化剤、合成着色料、膨張財、安定剤などのありとあらゆる種類の食品添加物が入ってくるようになったのです。厚生労働省の統計によれば、2000年の死因の第1位は、悪性新生物によるものが圧倒的で、零歳児においては、先天性奇形ということでした。悪性新生物は、80年までは、第2位でしたが、85年からずっと第1位を占めるようになりました。これだけでは、まだ結論をつけられませんが、1983年の食品添加物の規制緩和は、疑わしい要因として位置付けることができるかもしれません。少なくとも、私達は、「食の安全」よりも「経済」が優先されるような時代に生きていることを自覚しなければならないでしょう。

7．動物と人間の差異 ―なぜ、動植物がこんなにも滅びるのか―

人間は動物と違って「言葉」を持っているということが、何か特権的に語られることがあります。そこで、「人間の言葉」が、動物たちのコミュニケーションとどう違っているのか、をお話ししましょう。

動物のコミュニケーションが論じられる際に、蜂の「八の字ダンス」が、例として、よく引き合いに出されます。蜂は、ダンスの角度によって、太陽と餌場の角度を表すことによって、餌場までの方向を表現し、同時に、ダンス中に胴体を震わせながら描く８の字を描く、その周期によって、餌場までの距離を表現すると言われています。あるいは、サバンナモンキーには、ヒョウ、ニシキヘビ、猛禽類の３つに対応する警戒の叫び声があり、その叫び声に応じて逃げ隠れの仕方を選ぶのだ、と言われています。例えば、ニシキヘビを表現した叫びが聞こえたら、ニシキヘビは木から木へ飛び移ることができませんので、蛇のいない木に移動します。あるいは、ヒョウの場合は、木登りができても体重の重いヒョウが追って来ることができない、細い枝先を伝って逃げるわけです。けれども、鷲が来たことを示す叫びが響きわたると、木の上にいたらかえって危ないので、木から下りて、藪の中に身を潜めるのです。こうしたものをコミュニケーションと呼ぶことにしたとして、それでもこれが人間の場合と決定的に違う、と言い得る点を考察してみましょう。

動物の本能は、自分の置かれた環境に適応できるように、前以ってプログラムされています。自分の命を脅かすような、外敵や空腹などの危機に対処できるようになっているのです。動物の置かれている環境への適応ということを簡単に口にしましたが、それがどのようなことなのか、考えてみましょう。それは私達が考えているような「環境」とは全然違うのです。

生物学者ヤーコプ・フォン・ユクスキュルの『生物から見た世界』という本に記されている、有名なダニの場合を考えてみましょう。ダニは、成虫になると高い木の梢を目指して登っていきます。そして、擬人的に記述すると、そこで、木の下を哺乳類が通りかかるのを待つわけです。哺乳類が通ると、ダニはひたすら落下し、哺乳類の皮膚の上に着地します。そこで、毛の生えていないところを探し、皮膚に食い込むのです。血を吸って膨らむと、そのまま地面に落ち、産卵し、死んでいくのです。ダニのライフは実にシンプルなのです。今、分かりやすいように、ダニがやっていることを人の行動であるかのように、擬人的に記述しました。けれども、実際は、ダニは、哺乳類の出す酪酸の刺激にのみ反応するのです。ですから、ダニの世界には、生物学的に重要なものは「酪酸」のみなのです。例えば、あなたが、ケーキに目が無くて、母親がケーキを冷蔵庫に保存していることを知っていて、ケーキが欲しくてたまらなくなって、冷蔵庫を開けたとしましょう。その時、あなたの世界は、「ケーキ」にしか目がいかないはずです。リンゴがあろうと、プリンがあろうと、羊羹があろうと、そうしたものは眼中になく、ただただお目当ての「ケーキ」にしか目がいかないことでしょう。冷蔵庫世界には、プリンやリンゴ、羊羹などが広がっているにもかかわらず、あなたは「ケーキ」以外は眼中に無く、「ケーキ」にしか反応しないわけで、あなたの世界は「ケーキ」のみに限定された、かなり貧しい世界になってしまっています。ダニの環境世界もそうです。「酪酸」の刺激にしか反応しないので「酪酸」しか存在しないような世界なのです。つまり、周囲に花々が咲き乱れ、芳しい香りを放っていて、鳥が歌っていて、日差しが暖かくて、子ども達がはしゃいでいる声が聞こえてくる、などといった環境世界は、ダニにとってはどうでもいいわけなのです。ダニが刺激として受け取る「酪酸」をのみ選び出すわけですので、「酪酸」があるか無いか、といった非常に貧しい世界があるわけですね。ここで、その生物が反応を示す固有の刺激からなる環境を「環世界」と呼びましょう。ダニにとって生物学的に重要な記号は「酪酸」だけなのです。ダニの「環世界」は、「酪酸」という知覚記号のみが重要になるのです。実際に、木の梢の先端に辿り着いたダニは、もし哺乳類が通りかからずに、反応すべき「酪酸」が知覚記号として与えられなければ、何も食べずにずっと梢の先端に居続けるわけで、ある博物館には、18年間も何も食べずに留まり続けていたダニの生きた標本が存在していたというのです。「酪酸」が無い限り、ダニは何の行動も起こさないわけで、ある意味、ダニの時間は止まるわけですね。

今お話ししたダニの例でお分かりのように、ダニの本能には、何を知覚記号として、広い環境世界から選び取り、固有の「環世界」とするのかがプログラムされているわけです。そして「酪酸」という知覚記号が現れた時、それが刺激となってどういう行動を起こすのか、という「行動様式」も、「本能」にプログラムされているのです。ダニは「酪酸」の知覚記号があるところにただただ落下し続ければいいのです。行動の仕方、この場合は「落下するという行動」が決まっているのです。運悪く、「酪酸」の知覚記号が出ている動物の皮膚に落下しそこねてしまった場合は、ダニは、再び、木の梢の先端を目指して、ひたすら登っていくのです。そうです、「酪酸」に辿り着くまでは、こうしたことの繰り返しなのです。非常にシンプルなライフスタイルですよね。

人間は、いわば「本能の崩れた動物」ですので、外界の変化に自分では適応できずにいます。人間は「本能が崩れた動物」ということは、フロイトが言おうとしていることなのですが、日本では、精神分析家の岸田秀さんによって、かなり知られる学説になりました。「本能が崩れた動物」とはどういうことを言うのでしょうか？　本能は生体の必然性が衝動という形で現れた時に、どのような行動をとるべきか、一律の行動様式を教えてくれるプログラムだと言っていいでしょう。人間の場合は、「衝動」はあっても、本能が行動様式を示してくれないのです。例えば、春先になると動物は性衝動を持ち、それがそのまま生殖という行動に繋がっていきます。けれども、人間の場合は、春先という一定の時期でなくとも、「性衝動」があり、しかも「性衝動」はあっても、それをどういう行動に繋げていっていいのか、つまり、どういう「行動様式」を取るべきか、が分からないのです。例を出してみましょう。人間の場合は、確かに「性衝動」を覚えるわけですが、その衝動が、生殖という「行動様式」に直結しないのです。人によっては、相手の女を決まったやり方で痛めつけないと「性衝動」が満足できないわけですし、「マザコン」になってしまい、お母さんに恋心を募らせてしまう人もいますし、何と「火をつけない」と「性衝動」が満足できない人までいます。いわゆる「性倒錯」に分類される多種多様な「行動様式」が出現してしまうのが人間です。けれども、岸田秀さんが言っているように、マザコンのコアラや、笹を鞭のように扱うSM趣味のパンダというのは存在しないわけなのです。つまり、人間の場合のみ、「性衝動」が本能によって「行動様式」に一様に導かれないのです。それゆえ多種多様な「行動様式」が出現してしまうのです。

食べるという単純な行動でも同じことが言えます。笹の嫌いなパンダはいませんし、ユーカリが嫌いなコアラだっていないわけです。「本能」によって何を食べるのかが決まっているわけです。けれども、人間の場合は、臭くて鼻が曲がるような、ドリアンや納豆まで食べてしまうわけです。「豚」は「不浄」である、としている文化もありますし、「豚」は、足先や耳に至るまで、「健康食」であるような文化だってあるわけで、同じ「食べ物」に対しても扱いが全く違います。そもそも、「食べ物」に意味を与える、という、食べるという行為には、あまり関係の無いようなことまでしてしまっているのが人間なのです。摂食障害などといった症例まで出てきてしまいます。「過食症」を患ったシマウマなどといったものは存在しません。しかも、食べるという行動をダイエットと称して、我慢する、ということまでできるわけです。さらに人間は、「衝動」を「行動」に直結させないで、我慢できる、ということ、これは確かに、他の動物には見られない「行動様式」です。ひょっとしたら今、あなたは授業中だからということで尿意を我慢しているかもしれませんが、動物だったら我慢なぞしないで、「衝動」があったら、ただただ垂れ流すだけなのです。人為が介入すれば、ネズミを追わない肥満した猫とか、カレーしか食べない犬などの例に見られるように、犬や猫も「本能行動」がおかしくなってしまいますが、そうでない限り、動物達は「本能」によって「衝動」を一定の「行動様式」に結びつけていくことができます。人間の場合は、「衝動」はあるのに、それをどういう行動に結びつけたらいいのか、ということを「本能」が教えてくれないがゆえ、「本能の崩れた動物」というわけなのです。

ここで、「信号」と「象徴」を区別しておかなければなりません。「信号」は、ある生物を取り巻く環境世界に今現にあるものを一義的に指し示します。これからお話ししますように、この「一義的に」という形容詞が重要なのです。先ほどのあのダニの「酪酸」という知覚記号はまさに「信号」として働いているのです。蜂の「八の字ダンス」も「信号」です。「信号」は、表現の選択ができません。ダニの同じ反応を得るために、「酪酸」を他のもので代理させることはできませんし、蜂も「八の字ダンス」に代わって、何か他のダンスを使って同じことを表現することができません。ですから、「信号」は、1つの決まった表現が1つのものを一義的に示すのです。その「一義性」を保証しているものが「本能」なのですね。こうして「信号に対応する意味が1つに決まっている」という特徴を持つゆえに、ほろほろ鳥などの求愛のダンスは、皆同じ形式で行れるわけなのです。例えば、ほろほろ鳥が「俺は独創的なダンスを採用して雌を誘惑するぜ」などと考えたとたん、かえって「信号」としての意味を失って、雌の注意すら引かなくなってしまうのです。

「信号」の世界は、一度「信号」が送られ、受信者に届いたら、決して誤解はあり得ないし、受信者に届かないという可能性、つまり、「誤配」の可能性はあり得ない世界なのです。なぜならば、「誤解」や「誤配」があった時は、その生物は死んでいるからです。本能の送る「信号」による動物のコミュニケーションは、誤配や誤解が決してあってはならない世界なのです。「信号」の特徴を一言で言えば、「信号」は、それが表す意味が固定されている、ということなのです。それゆえ、「信号」と「意味」の関係は、「1対1に対応している」と言えるのです。先ほどお話ししたように、サバンナモンキーは、「蛇が来た」を意味する「キャッキャッ」と、「豹が来た」を意味する「キャッキャッ」と、「鷲が来た」を意味する「キャッキャッ」を使い分けています。「蛇が来たキャッキャッ」が響き渡った時、蛇は木に登れますが、木から木へと飛び移ることができませんので、猿達は、蛇のいない木へ移動するのです。「豹が来たキャッキャッ」が響き渡ったら、木登りができるけれども、体重の重い豹から逃れるために、細い枝を求めて猿達は移動を開始するのです。「鷲が来たキャッキャッ」が聞こえてきたら、猿達は、一斉に木から下りて、藪に隠れるのです。空からの攻撃から身を防ぐためですね。それぞれの「キャッキャッ」に関して、誤解の余地なく、1つの「意味」が対応するのが「信号」なのです。「信号」とそれに対応する意味は必然的に結びついており、誤解の余地はありません。つまり、「信号」は「意味」を伝えるのです。それゆえ、動物は確実に誤解の余地無く、「意味」を伝達する、という意味合いで、コミュニケーションをしているのです。

けれども「象徴」の場合は「信号」とは違います。「象徴」とは、まさに人間の「言語」なのですが、時計のことを言いたい時に、例えば、「時を刻む機械」とか「時間を教えてくれる道具」とか「チクタクチクタク」とか「クロック」などと表現を選択しようと思えばできるわけです。つまり、「表象」の場合は、「表現の選択」が可能になる、ということがポイントです。さらに、「象徴」の場合は、現実にないもの、例えば、過去の出来事や未来のこと、あるいは、想像力の賜物であるフィクションなどを指し示すことができるのです。例えば、「昨日、鷲を見た」とか、「蛇が冬眠から覚めて出てくるだろうね」とか、「蛇が鷲だとしたら」などというようなことは、サバンナモンキーには表現できないのです。サバンナモンキーは、自分を取り巻く「環世界」に今ここで起きていることしか表現できません。つまりサバンナモンキーは「信号」を発することはできても「象徴」を使うことはできないのです。また「信号」は「スフィンクス」とか「ドラエモン」などが表現しているフィクションの世界には、全く無縁なのです。「象徴」のみが、心の中で想像したイメージを対象に持つことができるのです。ですから、象徴を操る人間のみが内語が可能なのです。内語は人間的現象であると言えるでしょう。サバンナモンキーが心の内で「（鷲が来たぞ、を意味する）キャッキャッ」と内語することに意味がありません。あるいは、蜂が心の中で「８の字ダンス」をイメージすることにも意味が無いのです。なぜならば、信号は送信しない、という意味の無い場合があり得ないからです。

それから、「象徴」の場合は、使われる「記号」とそれが表す「意味」の間には、何の一義的な繋がりも見いだせないのです。このことを「言語」の「恣意性」と呼びます。言語学者のフェルディナン・ド・ソシュールは、言語を「シニフィアン（意味するもの）」と「シニフィエ（意味されるもの）」の二項によって捉えました。「リンゴ」と発音する、その音声が「シニフィアン」、つまり、音としての言葉ですね。その音としての言葉が表す意味、例えば、「リンゴ」と聞いて思い浮かべる「イメージ的成分」が「シニフィエ」なのです。この「リンゴ」イメージが、「リンゴ」という音や文字に対応する根拠は必然的ではありません。「シニフィアン」と「シニフィエ」の間には、必然的な結びつきがないということ、これを「言語の恣意性」と呼ぶのです。もっと突き詰めて言えば、例えば、「時計」と呼ばなければならない必然的根拠は無いわけで、「トガンダ」とか何とか呼んでも問題はなかったはずなのです。「ト」「ケ」「イ」という音の繋がりとその指示対象や意味の間には何の必然的繋がりも見いだせません。まさに「恣意的」なのです。どうでもいいのだけどたまたまそうなってしまっているだけなのですね。どうでもいいと言うのなら、じゃあなぜ「トケイ」という音以外の音の組み合わせで自由に呼べないのかと言いますと、そうである必然的な理由がないのと同様に、変えなければならない必然的な理由もないからなのです。

さらに、「象徴」である「言葉」は、他の言葉との関連性において文脈を作った上で、意味を成り立たせているのです。例えば、あなたが「ターキッシュ・ディライト」という言葉を知らないとしましょう。けれども、文脈からそれが大体何であるのかを読み取ることができるのです。例えば、「エドマンドは、ターキッシュ・ディライトが欲しくてたまりませんでした。だから白い魔女が、魔法でターキッシュ・ディライトを出した時は、もう涎が自然と出てきてしまったのです。魔女に従えば、甘いターキッシュ・ディライトをいつでももらえることでしょう。」などといった文章を読めば、文脈から「ターキッシュ・ディライト」が大体何であるのかが理解できるわけなのです。けれども「信号」はそうはいきません。あなたが、ある日、突然、外見だけ、ほろほろ鳥にされてしまったと考えてください。あなたは、鏡に映った自分に驚くわけです。どうやら、他のほろほろ鳥達は、あなたに敵意を持っていません。雄達は一生懸命、お尻を向けて、羽を立ててダンスを繰り返しています。けれども、あなたにはそれが何を意味しているのかが全く理解できません。つまり、「信号」が「信号」としての意味を持たないわけなのです。恐らく、外見だけほろほろ鳥のあなたは、他の雌達がどういう行動を採るのかを観察し、文脈を補ってやって初めて、ダンスの意味は理解していくことでしょうが、他の雌のように、雄の見せるダンスによって、発情し、即座に反応できないでいることでしょう。人間の場合は、本能が沈黙しているがゆえに、言語で補って「妄想」し、発情するというわけなのです。

私達、人間の言語こそ、「象徴」ですので、言語について、簡単な考察をしておきましょう。そもそも、その言葉というものも、私が発明したものでもなければ、私の中に自然発生的に芽生えてきたものでもありません。言語は、私達の存在以前にすでに存在してしまっているという意味で、それはまさに、ラカンが言うように「他者の言語」なのです。ラカンは、ボルグの「生理的早産説」に基づいて、人間の場合は、生まれて、神経系が未熟であるため自分自身の身体を統一的に把握できない、としています。ボルグの説は、出生の時期尚早性を説く理論で、人間の胎児のみが、成熟しないまま、つまり、まだ、未完の胎児のまま生れ落ちてしまう、というのです。大脳が異様に発達した人間の胎児は、未熟な胎児のまま生まれなければ、産道を通過できない、というのが「生理的早産説」の根拠なのです。こうなると「生理的早産」という戦略を取らないと出産が不可能になってしまうのです。未熟な胎児のまま生まれ落ちることを「ネオテニー（幼形成熟）」と呼びます。大抵の生物の場合は、生まれてしばらくすれば、立ち上がって行動できるような身体の統一感覚があるゆえ、バランスを崩すことなく、歩き始めます。しかも、本能行動によって、巧まずとも、環境世界と折り合っていくことができます。ところが、人間の乳幼児は、時期尚早に生まれざるを得ないがゆえに、こうした身体の統一感覚を欠くため、外部環境への適応も不完全なまま、かなり長い間、母親の庇護の下、過ごさねばなりません。人間は、本能という導きが無いゆえに、母親が口にしている言語を取り込まねば生きていくことすらできなくなるのです。

言葉は、むしろ勉強しなければ、使いこなすことのできない、やっかいな代物なのですが、受容しなければ死が待っているのです。言葉は自分が主体的に使っているようでいながらも、本当は何か言葉によって使われている感じが絶えず付きまとうわけですが、その理由は、言語が「外」から与えられたからなのです。言葉は自己流には使えないわけで、「言葉は正しく使わなければならない」という言い方が、このことを如実に表現していますよね。にもかかわらず、心は、まさに言葉でできている、と言っていいわけなのです。考えるということは「言葉」無しにはありえないのですからね。皆さん、一つ座禅を組んで、心の中の言葉を追い出してみようとしてみてください。「追い出そう」というあなたのコントロールがあるにもかかわらず、言葉の活動、すなわち、言活動が勝手に心の中で起きてしまうことに気付くでしょう。コントロールしているつもりで、コントロールできていないのが、この「言葉」の不思議さです。マーク・トウェインは彼の晩年に『人間とは何か』という、哲学的な対話編を著していますが、その中でこのように述べています。「心って奴はな、人間からは独立しているんだよ。心を支配するなんて、そんなことできるはずがない。心って奴は、自分の好き勝手で自由に動くものなんだな。君たちの意向などお構いなしに、なにを考えつくかわからんし、また君たちの考えなどお構いなしに考えつづけることもする。…。完全に人間から独立している」と。彼は続けて、言葉遊びや流行歌の類が、何とか止めたいと思っても、気が狂うのではないかと思われるほど、昼も夜も憑き物みたいに心の中で繰り返され、ほとほと困り果てた経験を綴っているのです。トウェインが綴ったような、心が勝手に内語を展開してしまうような体験を考えても、やはり心の中にある無意識の内語を考えざるを得ません。さらに、「言葉」無しには考えられないというだけではなく、「他者の言語」によってしか、考えることができないということが重大なわけなのです。ということは、「心」は、すでに「他者の言語」に侵食されてしまっている、ということなのです。しかも、厄介なことは、その「他者の言語」を、外部から、与えられ、学習してしまったがゆえに、今度は、「言語」を持ったがゆえに、可能になる「意味」というものに苦しまねばならないことになるのです。「私は誰？」「何のために生きているのだろう？」「そもそも『生きる』って何？」などといった意味に苦しまねばならないのです。

そしてそんな言葉を覚えてしまったがゆえに、「私は何？」という問題を与えられた、というのに、その当の言葉を使って、「私は何？」の答えが見いだせないのだ、というのが、人間の受難で、そこに実は、いろいろな心の病気の起源があるのだ、と精神分析学では、考えているのです。私は何者なのか、証を立てることのできないという受難、言葉を得るのと引き換えに、人間に与えられた受難なのです。ですから、「言葉」を全くの「他者」と考えることができます。「言葉」は自分の存在の証にならず、言葉は、そうした意味で常に「他者の言語」なのです。人間は「言葉」によって語る存在であるがゆえに、自分の存在を証できない、という癒されがたい欠如を抱えることになってしまいました。人間は、「他者の言語」の中で、自らを語り尽くす言葉を決して自分のものとすることはないのです。欲望とは「欠如」の別名です。「欲望」が向けられるのは、私達が欠けていると感じる何かなのですが、だとすれば、「私は何であるのか？」という存在への問いこそ、欲望が向けられるわけなのです。言語によって「問い」が可能になり、その「問い」に悩むようになるというのに、その言語の中では、その「問い」の答えは、永久に見いだし得ないのです。

言葉を話すようになった瞬間から、「人間」という言葉を手に入れ、人間は自分が「人間」であることを自覚します。言葉のお陰で、人間は自分自身の「外側の視座」を得るのです。言語と私達の関係ということから考えてみると、言語の習得によって、私達自身を「外側から見る」かのような、そんな視座が用意されるのです。言語の習得は、自分自身を「人間」として見る、ということで、自分自身を「人間」として見るための「外側の視座」を手に入れることでもあるのだ、ということは重要です。自分が「人間」の集合に属することは、第三者的な「外側の視座」が無ければ可能ではありません。「『私』は『人間』の集合に属するのだ」ということを言いえる第三者の視座ですね。この第三者の視座とは、「自分がどのように見られているのか」ということを意識させる視座なのです。言語のお陰で「私は人間である」という第三者の視座を手に入れたのに、そのせいで、今度は「本当に私は人間なのだろうか？」という不安に揺るがされることになってしまうのです。つまり、人間は「人間」という言葉を持つことで、自らを「人間」であると宣言すると同時に自らを欲望し始めないわけにはいかなくなってしまうのです。言語は、「自分自身」の自己解釈の道具として、「他者から自分がどのように見られているのか」という視座を可能にしてしまうのです。言語を持つに至ったがゆえに、私達は、「私が何者なのか」という問いが可能になり、そのせいで、自分が何者なのかを気にするようになるだけではなく、他者に対しても証を立てねば生きられない、異様な生き物と化したのです。こうして、自分がどういう「人間」として生きているのかということを絶えず言語の次元で真理として打ち立てながら生きねばならなくなってしまったがゆえに、「黙っているけれどもただただ生きている」というあり方に留まることができなくなってしまいました。「私はこういう者です」とあなたが語っている通りに生きねば、それは「真理」ではないわけで、そうした「真理」を気にせずにはいられないような生き方を、あなた自身が絶えず強迫神経症的に気にせずにはいられない、という意味で、強いられることになるわけです。人間は「野の百合」のようには生きられなくなってしまったのです。「否、私は野の百合のように生きている」と、あなたがたとえ主張するとしても、あなたがそのように主張したとたんに、あなたは、言語が可能にしてくれる、「外側の視座」から考えてしまっていることになるのですから、そうしてしまっている以上、「野の百合」とは、全く似ていないことになってしまうのです。アウグスティヌスは、彼の『独語録』の中で「何人も自分が生きていることを知らないでいることはできない」と述べています。だとしたら、「野の百合」とは決定的に違うのです。実話に基づいているとされる小説やドラマなどで、不治の病ゆえに余命幾ばくも無いことを告げられた主人公が、「自分に残された時間を使って、生きた証を残したい」と語る場面がありますね。ただ端的に生きるのではなく、生きている「証」や「意味」を求め、それもただそうするのではなく、「他者」から認めてもらえるように「残したい」と願うのです。生きているということは、本当は自明なはずなのに、それでも生の根拠を問い、証を立てずにはいられない、という人間特有の神経症的な言動が確かにあるわけなのです。「生きていることは自明です」と言葉にしたとたんに、「外側の視座」に放り出されてしまい、その「外側の視座」から、自己言及的に「真理」かどうかを言わねばならなくなってしまうのです。同様に、人間は、自分の欲望についても、「外側の視座」から見ることしかできず、「これが、本当に自分がしたいことなのかどうか」について、確信が持てないまま残されるのです。アルネ＝ネスは、人間が自然から疎外されている感覚を持つ、と述べていますが、このことは、まさに、言語によって「外側の視座」を参照点にして生きざるを得ないということに起因しているのです。人間は、他の動植物と異なり、生態系に「環世界」を持つ生き物ではなく、常に「外側の視座」から、自分が「人間である」証を立てつつ生きなければならない、外れた生き物なのです。ダニエル・デネットは、「言語が加わった心は、言語のない心とは大きく異なるため、そのどちらをも心と呼ぶことは間違いだろう」とまで言っていますが、まさにその通りでしょう。

言語によるコミュニケーションの場合、一応、「シニフィアン」だけは宛先に届くわけなのです。つまり、今、あなたは、私の口から発せられる「音声的成分」である「シニフィアン」を聞いているわけです。けれども、肝心な「意味（イメージ的成分)」は伝達されないかもしれないのです。言い換えれば、私の口から発せられた言葉は、まさに「音」としてあなたに届くのだけれども、「意味」として、どのように受け取られているのかは私には分からないのです。けれども、「音」のやり取りの中で、本当に、意味が伝わっているのかどうかは分からないまま、何か、コミュニケーションが成立しているかのように感じてしまうのです。「シニフィアン」は、動物のコミュニケーションにおける「信号」のように、一義的に意味を伝達することができないのです。

人間のシニフィアンとシニフィエには、動物の「信号」に見られるような、1対1の対応は見られません。だからこそ、人間のコミュニケーションにおいては、「意味」は伝わっていない可能性があるのです。人間の場合、正確な意味情報の伝達は保証できない、という意味合いにおいて、コミュニケーションは厳密には不可能な出来事なのです。「信号」のような記号システムを全ての人間が共有しているのならば、人間同士の間でもコミュニケーションは厳密な意味で成立し得るのです。けれども、人間は「信号」ではなく、「シニフィアン」で語るゆえ、人間のコミュニケーションにおいては、肝心な「意味」は伝達されなかったり、思いもよらぬ方向に誤解されたり、あるいはとんでもない混乱を招いたりするわけなのです。例えば、田舎から大阪に出てきた人が、満員電車を下車する際に、やくざ風の男の足を踏んでしまい、「おんどりゃー‼」と凄まれ、度肝を抜かれてしまうのですが、このやくざ風の男の言った言葉を「踊れや！」と勘違いして、その場で自分の田舎で習い覚えていた踊りを披露したのだそうです。そのやくざ風の男は、この突然のわけの分からぬ振舞いに呆れたのでしょうか、その場から居なくなってしまいます。まあ、田舎から来た男は、こうして助かるのですが、その人にとって、この事件以来、「おんどりゃー」というシニフィアンには、「踊る」というシニフィエが結びつくわけですよね。やくざ風の男が、その場から、うまい具合に立ち去ってくれたので、何か、表向きにはコミュニケーションが成立してしまっているだけではなく、田舎から来た男にとっては、自分の誤解を正される機会が失われたことになるのです。

このように考えると、動物はコミュニケーションをしているのか、という問いに対して、動物こそ、確実に情報（意味）を伝達するという意味でコミュニケーションをしていると答えることができるのです。人間は「シニフィアン」のやり取りをしているので、コミュニケーションが成立しているかのような概観を呈していますが、「意味情報」のやり取りという点では、極めてあやふやで、怪しいのです。それゆえ、人間の場合は、一体、何をもって「コミュニケーションが成立したのか」ということを、まさに、そのコミュニケーションの現場では言えないのです。時々、事後的にどうだったのか、ということが分かる程度で、コミュニケーションの現場では、「意味情報」が伝わったかどうかという保証が与えられないのです。

「人間」が他の動物と比べて何か変だな、という観察は、例えば、漫画の世界でも問題化され、分かりやすい形で描かれています。ここでは、岩明均の『寄生獣』の中に出てくる台詞を読んでみましょう。「ハエは、教わりもしないのに飛び方を知っている。クモは教わりもしないのに巣のはり方を知っている。なぜだ？　私が思うに、ハエもクモもただ『命令』に従っているだけなのだ。地上の生物はすべて何かしらの『命令』を受けているのだと思う。人間には『命令』はきていないのか？」確かに、他の動物達は、本能の中にプログラムされた、いわば『命令』を備えて生きています。人間には、このような『命令』が存在していないがゆえに、私達は、結局、本当のところ、生を授かったにもかかわらず、何をしていいのか、あるいは何をしたらいいのか、何をすべきなのか、全く分からないでいるのです。

人間の場合も、確かに本能的な欲動（生体の必然性から来る衝動）は存在しています。けれども、その欲動の発現の仕方が、他の動物達に見られるように、定まっているわけではありません。動物の場合、欲動があっても、本能のプログラムが、その欲動を、一律に一定の行動様式に導いてくれるのです。けれども、人間の場合は、欲動の発現はあっても、それを一律に導いてくれる本能が壊れてしまっているのです。それゆえ、まさに何をしたらいいのか分からない、という不安定さに慄くことになるのです。残念ながらサルトルは、「無意識」という概念を認めていませんでしたが、にもかかわらず、このような「自由」は、サルトルの言い方で現すのが相応しいと、私は思います。すなわち、「私達は自由であるように呪われている」のです。後に、フロイトの功績の後を継いで、フロイト派を名乗った、フランスの精神分析家のジャック・ラカンは、人間的な生を「波のまにまに漂うもの」と言い方で表現しており、さらに続けて、このように述べています。

> 生は河を流れ下って行きます。時に岸に触れてあちこちでやすらいながら。しかし何ひとつ理解することなどなしに。何が起こっているかを理解している人間など誰もいないということが精神分析の基本原則なのです。人間の条件に有機的統一性があるという考え方を、私は常に途方も無い嘘だと感じてきました。

欲動の発現はあっても、それを一律に一定の行動様式へ導いてくれる本能が壊れてしまっているがゆえに、「環世界」を形成できない人間は、まさに、ラカンが言うように、有機的統一を欠いた生き物なのです。恐らく、「母胎」の中が人間にとっての唯一の「環世界」だったことでしょう。そこは、情報伝達が過不足無く行われるという意味で、「環世界」だったはずです。人間と異なり、本能行動をする動物は、「信号」が埋められている「環世界」を持っているのです。

唯一、「母胎」の内にあった時は、臍の緒を通して、必要なものが随時供給されていました。「母胎」は、人間の「環世界」であったわけなのです。けれども、この「母胎」という楽園を、未熟なままで放逐された人間は、自分を衝き動かす「欲動」を言語による「訴え」に変えねば死んでしまうのです。こうして沈黙する「本能」の代用として、「言語」という異質な存在に頼らねば、生きていけない惨めな生物に成り下がったのです。生体的な必然性を本能が埋めてくれないがゆえに、言語に基づく「幻想」を代用にして穴埋めしようとする時、結局、最初に空いてしまった「心の穴」は、異物である「言語」によっては埋まらず、「穴」が空いたままであるがゆえに「欲望」し続けざるを得ないという人間特有の現象に苦しむことになってしまったのです。

こうして、「母胎」という「環世界」を追放された人間は、「言語」を獲得しなければ生きられなくなってしまい、言語ゆえに「欲望」が多様化しました。人間の欲望は、まさに、言葉の作用によって生み出されるのです。にもかかわらず、欲動に衝き動かされるけれども、それをどうしていいのか分からない人間にとって、「言葉」は、欲望の多様化をもたらしはするけれども、欲動をどのように必然的に解消し得るかは教えてくれないのです。つまり、欲望は、言語表現によって、多様化したのですが、結局、何をやっても満たされないままに留め置かれてしまうのです。そんな宿命を抱えた人間にとって、「お金」がいかに便利な道具だったのか、ということを、後の章で考察することにしましょう。「どうしていいか分からない」人間は、欲望だけが多様化し、そのせいで、環境劣化などの他の生物を巻き込んでしまうような、甚大な負の影響を与えているのです。『風の谷のナウシカ』にある「狂暴でなくて、穏やかで賢い人間なぞ、人間とは言えない」という言葉の通り、「環世界」を持たない人間は、自然の中に「パズル」の１片として収まることのできない動物なのです。したがって、こうして「環世界」を失った人間であるからこそ、「倫理」という外付けの基準によって、「象徴」で武装した「人間的環境（＝文化）」を秩序付ける必要があるのではないでしょうか？

「環境倫理」は、失われた「環世界」から、あまりにも遠くまで離れて行ってしまった人間に対して、自然の一部であるとはどういうことなのか、という反省を迫ることによって、自然界からの極端な浮遊をしないように命じる必要があるのです。たとえ、本能が壊れたがゆえに、一律の行動様式に導びかれないということが事実であるとしても、お腹が空いたり、咽喉が渇いたり、酸欠になったり、気候が極度に寒くなったり暑くなったりした際に私達が示す生物的な衝動は断固と存在しているわけですので、こうした生物学的な基盤が存在している以上、自然の一部であるということを抜きにしたら己の存在はまさに無に帰してしまうわけなのですから。

8．レッドリスト、レッドデータ・ブック

「未だ大丈夫だ、もうちょっといいだろう」と合唱を繰り返す内に、悲劇は、人間界の周辺ではすでに起きており、聴く耳さえ持てば、世界各地からいろいろな生物の悲鳴が聞こえてきているはずなのです。今や、人為的原因で、6度目の大量絶滅が起きようとしているのです。「国連環境計画（UNEP）」は、絶滅種の数が、自然状態で想定される数値の100倍に達していることを報告し、自然界に対する人為的な影響が見過ごせないものとなっていることを警告しています。私達、人間は、自分達の生物学的基盤を忘れ、「動物や植物のことはどうでもいい」と考えて、「ぬるま湯の蛙」で居続けようとするのでしょうか？　私達、人間は、なるほど、「環世界」は失いましたが、生命維持のための生存基盤は、動物や植物のものとそれほど違っていないのです。人間以外の生物の場合、長い年月をかけて、生物固有の「環世界」が、生態系の中で、「ニッチ（生態的地位）」を持つに至りました。「ニッチ」とは、「ある生物種が生態系の中で担う役割とそのために必要な空間」を指します。「環世界」を持たないくせに、否、持たないがゆえに、人間は、途轍もなく広い「ニッチ」を、それを知ってか知らずか、独占し、人間の邪魔にならないような「ニッチ」に他の生物を追い遣っているのです。

20世紀末から21世紀現在に至るまでの間、頻繁に耳にするようになった言葉として「レッドリスト（Red list）」とか「レッドデータ・ブック（Red data book）＝危機的な状況にある生きものに関するデータ本」などといった言葉があります。「レッドリスト（Red list）」は、「国際自然保護連合（IUCN）」によるもので、外来種の侵入や気候変動などの環境劣化に伴う、生息地の急変によって「絶滅危惧種」とされるに至った生物種をリストアップしたものが「レッドリスト」です。1991年より、日本でも環境省が、生物種の生息条件や生息環境の変化などのデータを調べ「レッドデータ・ブック」として「絶滅危惧種」をリストアップしています。もし今世紀中に平均気温が3℃度上昇するならば、100万種にも

及ぶ生物種の大量絶滅があり得るとされているのです。今のままですと、2050年に3℃の壁が破られるという予測がありますので、21世紀は、まさに大量絶滅の時代になるのかもしれません。IPCCが2007年に出した「第4次報告書」では、2.6～3.6℃という気温上昇許容限界を打ち出しています。以前は、2℃という許容限度だったのに、産業界に譲歩したのでしょうか、今回は3.6℃という風に上方修正しています。この修正が意味することは、1万種の生物種の犠牲は止むを得ないということになります。今まで生物種の大量絶滅は、地球の歴史上何度かありました。けれども、今回の進行中の大量絶滅は人為的原因によるものなのです。

生物種が数万年、数百万年もかけて進化し適応してきた「環世界」の一環として気候帯も含まれるわけです。ところが、温暖化の進行に伴う極方向への気候帯の移動という環境の激変が今、引き起こされているのです。46億年の地球史の中には、確かに「急変」が幾度となく存在しています。それでも、今までのものは、数万年、数百万年という単位の変化で、生物は何百世代、何千世代もかけて適応していくことが可能だったのです。現在の人為起源の温暖化が恐ろしいのは、それが数十年単位で起きている「激変」だからなのです。生物は、今や、温暖化による等温線の移動速度に追いつけない状態に追い遣られているのです。ここで、比較のために、最終の氷期から現代の間氷期までの時期を考えてみます。例えば、移動速度が動物より遅いと考えられる、植物種は、この時期の100年間に200kmを最大として生息域を移動しています。つまり、単純計算して10年間で20kmの移動ということになります。今、仮に、10年に0.4℃の割合で平均気温が上がるとしたら、極方向への等温線の移動は、10年で100～120kmにもなってしまいます。これでは、植物はもちろんのこと、ほとんどの生物種は、この移動速度では、取り残され絶滅の危機に晒されることになってしまいます。10年で0.4℃ということは、100年で4℃ですので、21世紀末までに平均気温が4℃上昇すると、大規模絶滅が起きるということになるのです。

EUは、平均気温の上昇を2℃以下に抑えることを提案していますが、この提案が通ると10年間につき0.2℃弱の割合で平均気温上昇に向かうことになります。これでさえ、生物は、自分に適した生息域の移動に追いつくのがやっととなると言われているのです。

あなたもインターネットを使って、「レッドリスト」や「レッドデータ」を検索してみてください。人間の繁栄のつけによって、もっと有体に言えば、意味の無い貯蓄への欲望や多くの時間潰しの欲望によって、どれほど、大量の生物が死にいくのかが分かることでしょう。リストは、「未だデータ不足で分からないもの」を除くと次のように分類されています。

1．絶滅（EX=Extinct）：すでに絶滅したと考えられる種

2．野生絶滅（EW= Extinct Wild）：飼育・栽培下などでのみ生存している種

3．絶滅危惧Ｉ類（CR + EN）：絶滅の危機に瀕している種

① 絶滅危惧 IA 類（CR= Critically Endangered）：ごく近い将来における野生での絶滅の危険性が極めて高い

② 絶滅危惧 IB 類（EN= Endangered）：IA 類ほどではないが近い将来野生での絶滅の危険性が高い

4．絶滅危惧Ⅱ類（VU= Vulnerable）：絶滅の危険が増大しており、近い将来「絶滅危惧Ｉ類」のランクに移行が確実な種。

5．準絶滅危惧（NT= Near Threatened）：存続基盤が脆弱となっている種

私達は、これまで、自分達の生物的な生存基盤がかなり危機的になっていることを確認してきました。私達は、私達自身を「準絶滅危惧」のカテゴリーに書き込まねばならない日を待つのでしょうか？　あなたの子どもの世代は、「最後の人類」として、もはや誰も読むことの無い歴史に最後のページを書き足すのでしょうか？　「気候変動」の問題の深刻さを考えると、人間が「絶滅」するということが現実味を増してきます。

動物は、欲動があっても本能が行動にまで導いてくれます。環境世界のどの刺激に対応すべきかまでが決められており、環境世界の中から有意味な刺激がすでに決められているのです。こうした動物特有の環境世界を「環世界」と呼びました。それゆえ、「環世界」の変動は致命的なのです。「環世界」の変動に対して、動植物は、①「環世界」を求めて移動する、②滅びる、③進化を遂げる、のいずれかの選択しかあり得ないのです。

ところが人間は、動物のように「環世界」にぴったり納まって住むことができません。そうした点において、動物のような脆さはありませんが、にもかかわらず、水、大気、食糧といった生命維持の基盤が脅かされれば、人間も絶滅の道を

辿ることになるのです。そして今や、そうした基盤が危機に瀕している状態なのです。今、騒がれている人為的な原因による「気候変動（Climate Change）」こそ、人類の存続を脅かすことになりかねない、一大異変なのです。この「気候変動」による環境変化が急激であるがため、多くの動植物が「環世界」を破壊されてしまい、絶滅に向かっているのです。

9．自然の中における人間の「役割」

今まで、Sentientist approach を「快や不快を感じることのできるあらゆる生き物に生存する権利を認めていく」運動として考えてきました。「苦痛を感じる能力のあるものの平等」という考え方を検討してきたわけです。この考え方によって、私達は「内在的価値」が「人間」だけのものではない、ということを学んだわけなのです。けれども、例えば、裏の竹林は、「竹」が苦痛を感じないという理由で、燃やしてしまっていい、ということになると、この考え方の限界を感じざるを得ません。

Sentientist approach のような考え方の他にも、全ての生き物が生物学的進化の過程にある、という「大きな物語」の中で捉えてみるのなら、人間が他の生き物に対して何ら特権があるわけではないのだ、ということが言えるでしょう。むしろ生存のための生物学的な条件は、多くの生物と重なるところが多いのです。そうであるのならば、他の生き物が多様に進化していく可能性を奪うべきではない、と議論していくことも可能なのです。「動物裁判」の際は神の下における平等が動物達の権利を言い出す切り札でしたが、ここでは「神」を持ち出さぬ代わりに「進化する機会の均等」が生き物の権利として保障されるべきであることが謳われるのです。このような見方を導入すれば、「竹」も、進化史の中で、それ自身の独特な可能性があるだろうから、それを配慮しなければならない、という考え方が出てきます。

こうした観点から、個々の生き物と言うよりも、その生き物の遺伝子の伝達を妨げないために、少なくとも「種」を守らねばならない、といった考え方が出てきます。個々の生物のレベルではなく「生物種」のレベルで、進化史の中で「生き物は生存する権利」を保障されるべきではないのか、というのです。

また、人間が生命進化過程の一部である、という反省が、太古の時代に生きた祖先とのつながりを今も持っている、ということに至れば、人間以外の他の生物との一体感あるいは連続性への感受性を育ててくれるかもしれません。19世紀、ドイツの形態学者、エルンスト・ヘッケルは、ダーウィンの進化論を真摯に受け止めました。彼は、受精卵が分化していって最終的に成体に成長していく「個体発生」のプロセスは、進化の系統樹において単純な生物から複雑な生物へ向かっていく「系統発生」のプロセスを、短期間の内に、急速に反復しているとする「生物発生の原則」を提唱しました。実際に、人間は受胎の瞬間から、単細胞の形態から、より複雑な形態といった具合に、生命進化の過程を、辿っていくかのように成長していくのです。発生過程に進化の証拠が見られるということで、引き合いに出される「個体発生は系統発生を繰り返す」という言葉で表される、ヘッケルの「反復説」ですね。こうした感受性は、他の生命への尊敬の念を養ってくれるという意味で、私たちのアイデンティティについて、違った見方を提供してくれるでしょう。私たちは、社会的な関係から自分のアイデンティティを築き上げ、しかもアイデンティティを固定させてしまうことに慣らされてしまっているわけですが、アイデンティティに関する別の見方を採ることが可能なのです。

人間を意味する「person」はラテン語の「persona」に由来していますが、ペルソナには「仮面」という意味があります。社会的関係から自己のアイデンティティを築くということは、社会的な役割の仮面を被ることなのではないでしょうか？　私は、この社会で「先生」という役割を果たしている時は、「先生」の仮面を被っている、また子どもに対する時は「父親」としての仮面を被っている、というふうに考えることができますし、そうすることを期待されているわけです。「仮面を被っている」ということの意味は、それがもともとの人間の本性ではなく「仮面」として後から与えられたものなのだ、ということでしょう。ですから、「仮面」としてのアイデンティティは、決して固定したものではないわけです。このことをもっと深く考えてみることにしましょう。そのためにもってこいの話があります。

1971年、フィリップ・ジンバルドー教授（Philip Zimbardo）は、彼の助手達と一緒に、スタンフォード大学の心理学科の地下室に、模擬刑務所を創設し、正常で普通の生活を送っている人達を集めてきて、コインの裏表で、囚人役の学生と看守役を決めました。当初は２週間実験を続けるつもりでした。ところが、わずか６日目の終わりに模擬刑務所を閉じてしまわねばならなくなったのです。どうしてでしょうか？　ジンバルドー教授自身の言葉を引用してみましょう。

> わずか６日目にして、われわれは模擬刑務所を閉ざしてしまう必要性に迫られた。なぜならば、われわれの目にしたものは恐るべきものだったからである。どこまでが本当の彼らで、どこからが彼らの役割なのか、もはやわれわれにも、また本人達にもさだかではなかった。彼らは、「囚人」あるいは「看守」になりきってしまい、もはや役割演技と自己との区別が明確にはできなくなってしまっていたのだ。自己アイデンティティは脅威にさらされ、人間性のもっとも醜く卑しい病理的な側面があらわになった。看守役の被験者達が、囚人役の被験者達をまるで浅ましい動物であるかのように取り扱い、残忍さを楽しむのをこの目で見、また囚人役の被験者達が、逃亡して自分だけが生き延びようとしたり、看守に対して憎悪を募らせることしか考えることのできない人間になってしまったりするような非人間的なロボットになるのをこの目で見たからである。

この有名な実験を題材にして映画が作られました。2001年製作のドイツ映画で、邦題は『エス』というタイトルでした。映画版の方は、幾分脚色がありますが、あまりにも忌まわしい結果ゆえに、スタンフォード大学で行れた実験が中止されたということは事実です。いずれにせよ、普通にどこにでもいそうな人達で、しかも悪い人には見えないような、ましてや異常者では無いような人達が、与えられた「役割」次第で人間性の最も醜い部分を剥き出しにしてくるわけです。初めの内は、「これは半分お遊びだ」くらいの気持ちが働いて、「看守役」にも「囚人役」にも和気藹々とした雰囲気すら感じられるほどでしたが、その内、与えられた「役割」に真面目になろうとする者達が出てきます。この映画の中で象徴的な場面は、「看守役」の男達が、家庭の話をし、子どもの写真を見せ合うシーンです。家庭では、良き「父親」という役割を持っているということを窺わせてくれるシーンなのですが、この会話に参加しない者が２人おり、その２人が、先ず本当に「看守役」に成り切ってしまうのですね。家族を顧みる余裕があれば、「看守」はただの与えられた「仮面」なのだ、と思うことができたはずです。けれども「看守役」に徹するあまり、そうした余裕を失ってしまうわけです。そして「看守役」

は、「囚人を管理し、従わせよう」という役割に徹するあまり、「管理し従わせること」そのものが一種の暴力である、ということに鈍感になっていきます。また、「囚人役」は、「管理されること」に対して、反抗的な態度を募らせていくわけで、そのことがまた暴力である、ということに鈍感になるのですね。またこの映画では、実験を観察している学者も、その「学者」という役割に徹するあまりに、暴力の兆しが見受けられた段階で、実験を止める決断ができなくなってしまうのです。「こんなことを観察できる機会は滅多にないから続行しよう」というわけで、「学者」という役割を離れることができなくなってしまうのです。ジンバルドー教授自身彼のホームページ「Stanford Prison Experiment」に、彼自身が、実験中に、自分が「刑務所の所長」になったような気分がしてきて、自分はただの「心理学者」なのだ、ということ自分自身に言い聞かせなければならなかった、と告白しています。映画版でも実際に行われた実験でもそうですが、与えられた「役割」を忠実にこなしていく内に、どちらも、与えられた役割の外に出て思考することがだんだん難しくなっていくのです。「看守」は徹底して「看守」に、「囚人」は徹底して「囚人」になっていき、まさにジンバルドー教授の言うように「役割演技と自己との区別がつかなくなってしまう」のです。人間は、ただただ与えられた役割に忠実である、というだけで、信じられないような行動に出ることがあるのですね。だから、よく世間を騒がすニュースに、教師の暴力行為がありますが、同僚や校長のコメントがついていて、「教師としては、熱心な先生だった」というのがありますね。むしろ、「教師」という役割にあまりにも熱心なのが恐いわけですよ。そんな先生に限って、「先生」の職に熱心なあまり、例えば自分の家庭を顧みない人なのです。学校では「先生」、家では「パパ」、妻に対しては「夫」といったような多面性を放棄してしまっているわけです。自分の「役割」を１つに固定してしまわない、柔軟さが必要だ、ということが教訓ですね。「仮面」に過ぎないわけですからね。

与えられた役割によって、人間はこうまで変わってしまうのですね。あの「カレー毒殺事件」の林真須美も、「保険の勧誘者」という役割に徹したあまり、「夫」までもが商売の手段になってしまい、顧客に毒を盛るという異常な手段を思いつくようになったのかもしれません。「保険の勧誘者」としてあまりにも優秀であったことが、異常な行為に繋がっていったのではないでしょうか？　自分の被る「仮面」次第で人はどうにでも変わる、ということがポイントです。

そうだとしたら、小さい時から、自然と親しませて、自然の一部であるのだ、ということを実感させることによって、自然を身近なものに感じることのできるようなアイデンティティを築くということが可能であるはずですし、こうした可能性こそ、環境問題への対処が急務である現在、まさに求められているのではないでしょうか？　そんなわけで、私は皆さんをこうして教育し、啓蒙しているわけです。

ここでもう1つ、「仮面」にまつわる面白い話をしましょう。安部司さんという方は、「食品添加物」の開発者にして、トップセールスマンだった人です。彼が著した『食品の裏側』という本の中で、興味深いエピソードを語っています。ある日、「牛の骨から削り取った肉とも言えないような部分を大量に残しているのだが、それを何とかしてほしい」という依頼をメーカーから受けた安部さんは、お得意の「食品添加物」を加えて加工することを考えます。ミンチにもならない骨とも肉とも言えない部分は、そのままだと、ただどろどろしていて水っぽく、味も素っ気も無く、そのままですと食べられる代物ではありませんでした。阿部さんは、これに廃鶏（卵を産まなくなった鶏）のミンチと「人造肉」とも呼ばれている「組織状大豆たんぱく」を加え増量をした上で、「ビーフエキス」「化学調味料」「ラード」「加工でんぷん」「粘着剤」「乳化剤」「保存料」「PH 調整剤」そして「酸化防止剤」などの「食品添加物」を加えてミートボールの本体を作ったのです。これに、「着色料」で色をつけ「酸味料」で酸味を出し、「増粘多糖類」でとろみをつけたケチャップもどきと、「氷酢酸」を薄め、「カラメル」で黒くしてから、「化学調味料」を加えた偽のソースを絡めて、「ミートボール」として売り出したのだそうです。原価がせいぜい20円程度のものを1パック100円で売り出したところ、これがヒット商品になりました。阿部さんはこうしたヒット商品を開発し得意の絶頂だったのです。ところが、ある日、彼の長女の3回目の誕生日のディナーに、何とこのミートボールが食卓に上がっていたのを見て、彼はパニックになりました。皿を両手で覆い子ども達が食べられないようにしたのです。「このミートボール安いし娘が好きだからよく買うのよ。これを出すと子どもたち、取り合いになるのよ」と言う妻の台詞に彼はこの時、我に返ったのです。「とにかくこれは食べちゃダメ、食べたらいかん！」。どろどろのくず肉に添加物を大量に使って作った代物であることを知っている彼は大慌てでした。そしてこの瞬間、自分は「生産者」であるだけではなく、「消費者」でもあることに気付いたのだというのです。「添加物開発の神様」扱いされ、得意の絶頂にあった安部さんは、まさに「生産者」の仮面に支配されてしまっていたのです。けれども、自分の子ども達が自分の手によって「食の安全」を脅かされていることを知った日から、彼は「消費者」そして何よりも子ども達の「父親」の仮面を被って考えるようになりました。そして、何と、あっさりと会社を辞めて、1人の「市民」として当然のことをしようと活動を開始したのです。阿部さんのショックがどれほどのものだったのかを物語っています。阿部さんが、彼の本の中で、食品添加物を大量に使っている業者は、どこでも例外無く、自分達の作った生産物を自分達自身は絶対食べないと言っている、といった話を紹介しています。彼は、この業界のトップを行く人物でしたが、そうした身分に安住することを捨て、何と、1人の「父親」そして「市民」という「仮面」をつけて考えるようになることで、この業界の一種の「内部告発」を開始したのです。同じ「仮面」を被り続けるような人には、「内部告発」は不可能です。ここでも、教訓は、1つの仮面に拘った思考法をしてはならない、ということなのです。

そんなわけで、環境の世紀となった21世紀は、人間社会の維持のための「仮面」だけではなく、あたかも自然の中に場があるかのように考えて、その中での「役割」を志向すべきではないのでしょうか？　もちろん、それは、全ての人達がアメリカ人並みの生活水準を享受し、そのために5と1/3個の地球を要求するような生き方ではなく、1個の地球という制限の中で可能な「役割」を考えるということなのです。社会の中の「役割」に由来する「仮面」は、ほとんどが、やはり「経済の時間」に支配され勝ちになります。それゆえ、そうした「経済の時間」の支配下にはない、別の「仮面」を考えてみよう、と提案しているのです。それでは最後に、そのヒントとして、アメリカ先住民のラコタ族の指導者、スタンディング・ベアの言葉に耳を傾けましょう。

> 地を這い、空を飛び、水のなかを泳ぐすべての生きものと人間が分かちがたく兄弟姉妹のような関係で結ばれていることが、真実であり、変わることのない現実である世界に、かつて人々は暮らしていた。...。かつてのラコタの人々は賢明であった。人

> 間のこころが自然から離れてしまうと、たいへんつらい思いをしなければならず、生命に対する敬意を失えばすぐに人間に対する敬意も失われてしまうことを、よく知っていた。それだからこそ、当時の子どもたちは自然に親しく触れ、穏やかに育てられたのであった。

このスタンディング・ベアの言葉は、本当に傾聴に値します。なぜならば、ラコタ族の人達の伝統が示しているように、自然の中で自己を捉え、自然との一体感を自己のアイデンティティの中核に据える生き方も可能だからなのです。

今までは社会を外側から記述するために使われていた用語が、日常生活にも入り込み、自分達を自覚的に定義する用語になっていくことを、社会学者のアンソニー・ギデンズは、「再帰性」と呼びました。「再帰性」とは「自分自身の言動をメタレベル（一段上のレベル）から意識的に対象化し、評価すること」を言います。例えば、近代以前は、「結婚はお家存続のため」という誰もが当たり前にしていた目的があったわけで、それは、誰にとってもあまりにも自明で、改めて目的なのだと思う必要さえありませんでした。この当時の人達は、ただただ社会の伝統に従っているだけで、婚姻の仕組みがこの社会ではこうなっているから、その通りの結婚をする、という具合に、自動的にことが進み、そのことを、とりわけ、意識をしたり、選択したりする必要がなかったのです。けれども、現代は、「結婚はお家存続のため」というかつては自明だった目的が失われてしまい、「家族とは何か」とか「結婚とは何か」とか「恋愛とは何か」といったような問題が、個人の選択の問題になってしまったのです。つまり、自分達を自覚的に定義するための用語として、「家族」とか「結婚」とか「恋愛」などといった用語が意識的に使われ始めたのです。こうした事態を「再帰性」と呼び、「再帰性」こそ、現代の特徴なのだとギデンズは言います。

だとしたら、私達は、まさに「再帰的」に「自然の中の役割」を選び、自分のライフスタイルに取り入れる必要があります。人間は今まで、自分達が創り上げた社会の中で自分の役割を見いだし、個人としての自分のアイデンティティを築き上げてきました。そんなわけで、「社会の中の役割」を自覚する教育はさかんに行れてきました。皆さんも「大きくなったら何になる」と言われて育ってきたわけです。けれども、今や「社会の中の役割」ではなく、「自然の中の役割」を考えて生きていかねばならないのではないのでしょうか？　このことをもっと徹底して考え抜くために、次の Ecocentric approach にお話を移すことにしましょう。

第4章

生態系中心主義的アプローチ (Ecocentric approach)

以前、「Juggernaut theory of human nature」と呼ばれている、人間性に関する理論を紹介しました。それは、「人間は、その遺伝子によって、利己的に振舞うようにプログラムされており、個人は自分を先ず、第一に考え、次に家族、恋人、友人、を身近なものと考え、さらに、知り合い、そして同族、最後に、普段は全く無関心でいられるように、自分からずっと距離を置いた、離れたところに、その他大勢の場所がある」という理論です。自分のためなら、他は犠牲にしてもいい、といった「利己心」という「ジャガナート」が人間の本性なのだ、という理論でした。さらに、私はハイデガーの思想を皆さんに紹介しました。それによれば、私達が日々出会う事物は、「道具」として、あるいは「有用なもの」として、存在しているのだ、というのです。そのような「人間にとって有用なもの」という存在の仕方を「Zuhandenes（手元にあるもの）」といいました。「道具」の根本的な特徴は、「それが何かのために使用される」ということなのです。人間は、「利己心」を中心とした同心円の一番外側に「Zuhandenes（手元にあるもの）」という「人間的な環境世界」を持っています。そして、「自然」も「Zuhandenes（手元にあるもの）」の持つ「道具的価値」を持つ限りにおいて、評価されるのでした。こうして、「自然」に「道具的価値」を見いだし、「道具」として、所有する、という「所有者」の立場で、「自然」を捉える道が開かれるのです。これが「人間中心主義」の考え方の根本に存在している「自然の所有者」としての「人間」という考え方なのです。

1．シロアリの寓話とその教訓

「人間中心主義」の考え方を覆すきっかけを皆さんにお与えすることにしましょう。そのために、私が「シロアリの寓話」と名付けた「思考実験」を行ってみましょう。家を食べて崩壊させてしまうという理由で、シロアリという生き物は、人間から大変嫌われています。そのシロアリを使って、思考実験してみたいと思います。そのためには、シロアリのある生態を知っておいてもらいたいのです。シロアリは、木を食べるのですが、木のセルロースと呼ばれる成分を、自分では、消化できません。実は、シロアリは、体内に、セルロースを分解する「原生生物」が生息しており、その「原生生物」との共生関係のお陰で、セルロースを消化して生きているのです。ある科学者が、シロアリの体内に生息しているその「原生生物」を駆除してしまったところ、そのせいでセルロースを処理できなくなってしまったシロアリ自体も生存できなくなってしまった、というのです。私は、この大変興味深い話に基づいて、「思考実験」を編み出しました。それは以下のようなお話なのです。

　ある日、あなたが目覚めると、あなたに御馴染みだった、あの人間の身体が、何と、カフカの小説『変身』のように、「シロアリ」になってしまっていたのです。あなたのお母さんもお父さんも、恋人も、友人も、否、世界中の人間が、「シロアリ」に変身しており、しかも、それが当たり前のように生きているのでした。そんなシロアリの中に、強迫神経症的な潔癖症で「排他主義的な」シロアリがおり、何と彼が「大日本シロアリ帝国」の総理大臣になってしまいました。彼の名前はコアリズミ氏。こうしてコアリズミ首相は、「自分達以外の生命を全て敵」と考え、断固決断の構造改革を訴えて、他の生命体に「排他的な攻撃」を仕掛けました。それは、朝晩の手洗いの習慣を法律にすることから始まりました。「汚いばい菌が手に付いているのは不潔だ」として、コアリズミ総理は、国民に徹底した「手洗い」の習慣を義務付け、「むかつく」、「きもい」といった一単語で感情を表現する分かりやすいキャンペーンを展開したのでした。そのせいで、国中のシロアリたちが、潔癖症になり、「むかつく」などと言いながら、両親や恋人、友達と手を繋いだ後でさえ、手を洗うほどになってしまったのです。そしてある日、コアリズミ総理は、自分達の体内にも、忌むべき敵が存在していることを知るに至ったのでした。総理は、自分自身の体内に不潔極まりない「原生生物」が存在している、と考えるだけで、気分がむかつき、激しい嘔吐感に襲われるのでした。「幾ら人生いろいろ、と言っても、こんな嘔吐感を貴様らのせいで感じる何て耐えられない」そこで、総理は、体内の「原生生物」をも死滅させようと考えるようになりました。コアリズミ総理の徹底した「潔癖症」と他の生物に対する徹底した「排他主義」は、科学者達に命じて「原生生物」用の、一種の「虫下し」を発明させたのです。総理自らが陣頭に立って、国中を行脚する「虫下し」キャンペーンが、大々的に展開し、その「虫下し」を飲んだシロアリは、「原生生物」の徹底駆除に成功したのです。ところが、国中のシロアリは、そのせいで、木のセルロースが消化できなくなり、何と、絶滅の危機に瀕したのです。「大日本シロアリ帝国」はこうして滅亡の危機を迎えることになりました。

そこで、問題です。「自己」とは何でしょうか？　シロアリの場合、共生関係にある、「原生生物」が死滅することは、自分自身の死を意味していました。それでは、このようなあまりにも強い共生関係にある、その「原生生物」は、まさに「自己」の一部と言えるのではないでしょうか？　もし、「原生生物」はただ単に「有用なもの」であって、「道具的」に存在しているだけだよ、と言うのならば、そのような「道具」は「所有物」と見なされてしまいます。そして、「所有物」は、その性質上、廃棄処分可能なものなのです。けれども、シロアリの場合、体内の「原生生物」を「所有物」に擬えて考え、「原生生物」を、「所有物」として、「自由な廃棄処分」の対象にしてしまったとたん、自分自身が死んでしまうのでした。したがって、言えることは、シロアリの場合、体内の「原生生物」を、「廃棄処分可能な所有物」に擬えて考えることはできない、ということなのです。問題は、「所有」の関係では捉えられないような「共生の関係」が存在する、ということなのです。まあ、シロアリの場合は、そうかもしれないね、とあなたは言うかもしれません。けれども、人間とミトコンドリアのケースはどうでしょうか？　あるいは、人間が地球上の木々を皆伐採してしまう、というのはどうでしょう？　あるいは、農作物の受粉を請け負っている蜜蜂が地上から姿を消すとしたらどうでしょうか？　いずれの場合も、失ったとたん、己の生存基盤そのものを切り崩してしまうような密接な関係にある、という意味で、シロアリのケースに似てはいませんか？　「環境」を意味する「Environment」の「Environ」は、「～の周囲に」という意味を持っています。それゆえ、この言葉から、人間とその周囲のその他諸々のものという感じを抱いてしまいますが、「シロアリ」の寓話は、人間と環境との不可分性を、特に生物的な基盤を担う「肉体」と環境との不可分性を再考する材料を提供するために作ったのです。この寓話を通して、人間が自然に根差した存在であることが疑いの余地無く示されると考えたのです。

もし「シロアリの寓話」の真意を理解できるのであるのならば、インドで起きた「木々を抱きしめよう運動」にも賛同できるのではないでしょうか？　1970年代、インド、ニューデリーの中央政府が、ヒマラヤの森林伐採を許可した際に、草の根レベルで環境保護活動などを展開しているヴァンダナ・シヴァを中心として、森林一帯の地域の女性達が、「木々を抱きしめよう運動」を展開しました。何百という女性達が自分の身体を木に縛り、「木は自分達の一部だから、木を切るというのなら、それは私達を切ることだ」と主張し、森を讃える歌を歌い続けたのです。伐採業者達は、怒りも憎悪も示さず、ただただ森とともに生き続けようとして森に留まろうとしている女性達の決意に驚き退散し、森は守られたのでした。「共生」の深い意味を知り、それを代弁できるのは、私達以外にはいないのです。

スピルバーグ監督が、SF作家、H.Gウェルズの原作『宇宙戦争』をかなり忠実に映画化しました。ただただ逃げ惑うばかりだった、あのトム＝クルーズ扮する父親が最後には何か解決をもたらすことを期待して観ていた皆さんは、あの映画のオチに、驚愕させられたのではないでしょうか？　そう、人間は地球上の微生物と共生できる関係にあったけれども、侵略して来た宇宙人はそうではなかったゆえに滅ばざるを得なかったということでしたね。確かに、私達の身体には、60億にも及ぶ生物が何らかの形で住み着いており、人体自身が小宇宙を成しているのです。宇宙から飛来した侵略者達は、地球に降り立った以上、こうした小宇宙を引き受けざるを得なかったのでしょう。宇宙人は、地球の環境を自分達の済みやすい環境に仕立て上げようと、どす黒い血の色をした不気味な植物風の生き物で地表を覆っていくのですが、こうした企てに地球生態系そのものが屈しなかったのです。この映画は、私達が普段は関心をさえ払わないような、こうした意外な共生関係に注意を向けたという点で、興味深いものがありました。特に、宇宙人という設定をすることで見事に顕在化した、こうした共生関係の中には、私達の生存の基盤が密に結びついているような共生関係があるわけなのです。このような共生関係の中で捉えられる自己というものを考えてみることができるのではないでしょうか？「道具的価値」に照らしてみるならば、価値を有するとは到底思えないような、そんな微生物と共生関係にあったお陰で、宇宙からの侵略に耐えることができるというオチは、「道具的価値観」に閉ざされた私達の想像力に翼を与えてくれます。ウェルズの示している想像力は、少なくとも、人間の意識が「人間にとって役に立つかどうか」といった「道具的価値観」によって意味付与してまとめ上げている氷山の一角のような狭い世界に安住してしまわないように警告を発しているのです。

これに関連して強調しておきたいことは以下のことです。「自己」とは、人間の自意識のことで、それこそが全ての評価の源泉なのだ、とうそぶいても無駄だということです。なぜなら、シロアリの喩えの教訓に見られるように、その「評価の源泉」たる「意識」のみを重視して守ったところで、「自己」は解体してしまうからです。ここに、価値観のコペルニクス的な転換がかかっているのです。ここには、「ジャガナート理論」に陥り勝ちな人間の意識が、どんなに頑張っても否定し得ない生態学的な現実の呼び起こしが賭けられているのです。ここに至って初めて、例えば、環境汚染の基準を考え直すといったような、せいぜい人間の健康を配慮する程度で生態系への理解へは決して行き着かない、小手先の処置とは違った、「環境問題」の捉え方が可能になってくるのです。

「Ecocentric approach」に基づくのならば、人間も「生態系」の一部をなすわけですので、そうした一部分として人間が行うどのような行為でも、「生態系」に影響を与えないわけにはいかないのです。決して「生態系」の上に立って支配する立場ではありません。けれども、人間の「意味の体系」は、道具的価値観に基づくがゆえに、残念ながら、「生態系」の上に立って支配する立場を幻想させてしまうのです。このように、問題提起した上で、「環境問題」を考えるための、第3番目のアプローチを検討してみることにしましょう。

2．生態系中心主義（Ecocentric approach）へ

「Ecocentric approach」と呼ばれている、このアプローチは「環境、生態」を意味する接頭語の「eco-」から分かるように、「生態系中心主義」的アプローチと翻訳できます。「eco －」を「環境」と訳す人もいますが、「環境」は「～を取り

巻くもの」という意味です。当然、「〜」の箇所には、「人間」が入ることになりますので、「環境」という言葉自体が「人間中心主義」の考え方に染まった言葉と解釈し得るわけなのです。ですから、「人間中心主義」の考え方と区別する意味で、ここでは「環境」という言葉は使わずに「生態系」という言葉の方を使うことにします。『沈黙の春』の中で、レイチェル・カーソンが強調しているように、命あるものは皆、「時をかけて、環境に適合し、そこに生命と環境の均衡ができた」のです。多種多様な命の相互連関によって生態系のバランスが生まれ、共生が可能となるのに必要であった、この遠大でポリフォニック（polyphonic ＝対位法的な、多声的な）であるがゆえに、不可逆な「自然の時間」こそ、欠くことのできない要素なのです。このポリフォニックかつ不可逆な生態系そのものに「内在的価値」を見いだすことができるわけなのです。

この「生態系中心主義」的アプローチは実は今では子どもでも知っているのではないかと思います。家の息子が大ファンの『ガンダム』のシリーズの中に、「Gガンダム」というのがあります。この講義に必要な個所だけ端折ってお話を紹介します。時は未来社会。闘争本能を捨て去ることのできない人類が、戦争を起こして覇権争いをする代わりに、各国がその叡智を込めて作り上げたガンダムというロボット型の機体に乗り込むことでファイトをし、そのファイトの優勝者を送り出した国が覇権を得るという取り決めをしたのです。その取り決めに従って、何年かに１回「ガンダム・ファイト」なるイベントを開催するのです。主人公のドモン・カッシュは、日本代表で、自分の武芸の師匠にあたる東方不敗先生がホンコン代表なので、戦わなければならないことになるのですが、この師匠である東方先生、地球の自然再生のために作られたデビル・ガンダムなる巨大なガンダムを使って、自然を破壊した張本人である人類を抹殺しようと企むのです。「私が本当に地球を愛し、自然を愛していることが分からないのか、この馬鹿弟子が！」と東方先生はドモンに怒りをぶつけますが、それに対して、「人間も自然の一部だということを師匠は忘れている」とドモンは応答するのです。この言葉に師匠の方がたじたじになってしまい、弟子が自分を越えたと感じたその時に、東方先生は、戦いにも敗れる、といった感じでお話が進むのです。「人間も自然の一部なのだ」――まさにこの言葉ですね。「自然を所有しようとする人間」に対して「自然の一部である人間」が考えられるのです。このように、今では、「人間も自然の一部」という認識は、子どものアニメや漫画に至るまで、かなり普及しているわけですね。

確かに、子どもの漫画でも、「人間は自然の一部」ということが言われる時代になりました。けれども、人間が自然の一部であるとはどういう感覚なのか、ということは、恐らく私達は実感的には分からないのではないでしょうか？　それゆえ、「シロアリの寓話」を考案したわけなのです。これに加えて、自然と渾然一体となって生きている人達の感覚を実感していただくとしましょう。作家のクリスチャン・ペトリ（Kristian Petri）は、マレーシア、サラワク州、ボルネオ島の熱帯雨林に住むペナン族の人達が、ジャングルの至る所に名前をつけ、いかに自分達民族の歴史や思い出すべき内面世界の記録を反映させているのかを教えてくれています。

> 川の曲がり角は、特別の人やずっと前にあった出来事の名前を持っている。木々、河川、石や岩、すなわち、ジャングル全体が壮大な文化の風景なのである。それは秘儀を受けたもの以外には見えない。ジャングルはペナンの人達の歴史であり、出来事と社会的な関係を語る、生きた記録なのである。だから、人はジャングルを旅する時、風景を蘇らせ、その名前を呼ぶことで、歴史を呼び覚ますのだ。ジャングルは全ての人々の記憶であり、記憶の方法である。これこそは、熱帯雨林の樹木の伐採によって引き起こされるもっとも大きな悲劇なのだ。なぎ倒されるのは、ペナンの人々の食べ物と燃料を得る術だけではなく、書き記されていない全ての歴史なのだ。なぜなら、歴史は木々、石や岩、河川、滝、によって構成されているからだ。

ペナン人はジャングルそのものを自分達の歴史の書物のようにしながら、ジャングルの一部を失うことは、自分達の民族の記憶の喪失をもたらすかのように、ジャングルと一体になって生きているのです。森の全てが、ペナン民族を作ってきたとも言い得るような一体感を体現して生きているのです。デヴィッド・スズキは『きみは地球だ』という本の中で、カナダ先住民族のハイダ族の言葉を紹介しています。「森の木がすべてきられても、わたしたちハイダは生きているかもしれない。でも、そのときはもう、わたしたちはほかのだれとでも同じ、ただの人間になってしまうだろう」森の木々が「人間」を形作る大事な要素となっている、そうした生き方を、私達は先住民の人達から学ぶことができるのです。私達も、固有名詞を河川や山、歴史的な岩や洞窟に与えていますが、そうしたところに、自然と一体となって生きていた時代の片鱗が窺えるのです。

さて、人間中心主義の考え方に立てば、「道具的価値」の観点から「自然」を捉え、「全てを所有し尽くそうとする万物の主人としての人間」以外の側面を私達人間は備えているわけなのです。例えば、自然との交流はそうした人間の別の側面に気付かせてくれるはずです。このように考えていきますと、①「人間もその一部である自然」と②「人間の所有物に成り下がった自然」というような二つの観点を採ることができるのだ、ということが分かってきます。人間中心主義は「人間の所有物に成り下がった自然」という観点を採っているからこそ、自然は単に「資源」を提供するものとして、経済に従属する「経済のサブシステム」になってしまったのです。これに反して、生態系中心主義は「人間もその一部である自然」という観点を重視するのです。

人間中心主義の立場から見れば、自然は単なる可能的な「所有物」であり、経済的資源として、経済的にどれだけ効果的、そして効率的に利用され得るか、という観点から捉えられる「道具」としての価値しか備えていませんでした。自然は所有すれば「道具的価値」がある、と考えられていたのです。

アルド・レオポルド（Aldo Leopold）は、彼の *Sand Country Almanac*（『砂の国の暦』邦題『野性の歌が聞こえる』講談社）の中で「土地倫理（Land ethics）」という考え方を提起しています。レオポルドは今までの「人間中心主義的」的な自然観の根底にある「自然は人間のための所有物である」という考え方に対して「自然は所有物ではない」ことを明確に表明しています。レオポルドの本は3部構成になっていますが、有名な「ランド・エシックス Land ethics（土地倫理）」の章は、第3部にあります。この章の冒頭を読んでみましょう。オデュッセウスは、「トロイ戦争」の英雄ですね。レオポルドは、オデュッセウスが、トロイ戦争参戦中に不埒な行いがあったという理由から、彼の女奴隷12人を縛り首に処すというエピソードでこの章を書き出しています。現代人の目からは、あまりにも過酷と取れる、この処置に誰も異議を唱えなかったのは、女奴隷達がオデュッセウスの所有物だったからで、私的所有物は自由に処分できたからです。レオポルドの意図は、人類が奴隷制を過去の制度として克服し、奴隷が所有物という身分から解放されたように、生態系を解放しようというものなのです。人間は、生態系という「共生」のシステムを形作っているこの自然界の一部を切り取って「私的所有物」にしてしまっているのです。レオポルドは「自然」を、その「所有物」という身分から解放しようとしているのです。自然が生態系というシステムを形成しているのであるならば、たとえその一部でも自由に処理することはできないだろうということを結論付けるために、オデュッセウスのエピソードを紹介しているのです。確かに、自然の一部の変形や破壊が全体に及ぼす影響があるというだけではなく、前にお話ししたように、その影響力の全体への波及が全く予期できない形で起こるから、生態系を所有物のように考えて、何でも自由にできる、ということでは困るわけですね。

現代社会は、自然に介入し、自然を人工物に改変することが、私的所有の基盤となるというロックの提起したアイディアを参照することで、私的財産権を擁護してきました。人間中心主義の立場の根底には「私的所有」という考え方があるのです。この考え方の提唱者はイギリスの哲学者、ジョン・ロック（John Locke）でしょう。ジョン・ロックは『市民政府論』において「人は誰でも自分自身の一身については所有権を持っている」と述べ、この自分のものである身体の労働を付加した自然物は全て彼の所有物となるのだ、としています。私のものであるこの身体を使って働きかけた自然は皆自分の所有物になる、という考え方です。人間が先ず、第1に自分の物であると主張できる「自分の身体」に基づいて労働を加えたものこそが、「私的財産」になるのだ、という考え方なのです。こうしてロックの考え方に基づいて「私的所有権」という考えが生まれました。私的所有権こそが私有財産を正当化する根拠なのです。こうして私有財産が正当化されて初めて、資本主義は確立するのです。この「私的所有権」には、所有物とされるものを、どのように使用し処分するかを排他的に決定できる、ということがあるのです。

こうした考えの下、「道具的価値観」という「視野狭窄」に見舞われた人類によって、河川は堰き止められ、水力発電所や灌漑用水、工業用水・都市用水を供給する手段にされてしまいました。工業化、農地開発・都市開発、鉱物の採掘などのために、あらゆる地域で森林が失われ、干潟や湿地帯が埋め立てられ、広大な面積の生息地が消失し、生態系を形成してきた生物多様性が不可逆的なダメージを受けてしまいました。けれども、「土地倫理」の観点からは、土地は、人類によって人為的に囲い込まれ私有物とされてしまう、ずっと以前から、生態系というシステムを形作る個々の生物種との相互作用を通して、人知の及ばぬような機能を果たしてきたのです。森林は地球の気候を調節し、ミミズは土壌を肥沃にし、その土地の植生を守ってきました。けれども、オオカミやヤマネコは家畜を襲う「害獣」というカテゴリーに入れられてしまい、その土地固有の植生は、たとえそれがかつて「七草粥」に使用されてきたようなものであっても、近代農業化の進展していく中、「雑草」というカテゴリーに入れられてしまうようになりました。近代化は、確かに、自然に対するカテゴリーの貧困化をもたらし、私達、人類の「視野狭窄」は一層促進させられてしまいました。人は自分が置かれた状況において、最適化を目指そうとするがゆえ、ロックの考え方は、歓迎されたのです。ところが、最適化を図ろうとする私達自身が「視野狭窄」に陥っており、自分の置かれた状況が何なのかが分かっていなかったのです。しかも、こうした「視野狭窄」に加え、自然という「コモンズ」は有限であることを無視した、個々人の最適化戦略がグローバルに広がろうとしている今、人類は自ら破滅を招来するに至ったのです。レオポルドは、「自然」を「奴隷」に喩えることで、「視野狭窄」に陥っている私達に対して、斬新な視座を提供したのです。私達は、「所有物」の比喩からはみ出してしまうものを、レオポルドから謙虚に学ぶべきなのです。

「土地倫理」のキーワードは生態系の「相互連結」「相互依存」なのです。自然物は皆「相互連結」「相互依存」という形で共生のネットワークを形作るわけで、そうした意味合いにおいて不可分な関係にあるのです。レオポルドは「相互依存の形にあって不可分であるものを全体として生き物である」と考えています。地球をあたかも生き物であるかのように捉えることが可能であると考えているのです。

こうした考え方が、後に、ラヴロック（James Lovelock）によって、「ガイア仮説」として提示されるようになるわけです。ガイアは多種多様な生命体で構成される地球規模の生態系なのです。ラヴロックは「ガイア」は、ホメオスタシスを保っていることを指摘しました。それは生命体が環境の温度を最適に調整しようとすることから、気温や大気の状況を一定に保つ働きを示している、というのです。生物と地球生態系という環境と太陽の相互作用の結果、地球表面の気温や大気の組成、酸性度とアルカリ度などを調整し、地球があたかも生理的なシステムを備えているように働くのです。ガイアが己の環境を調整するのに、意識は必要ではなく、むしろ、種々様々な生命体が成長の過程において、エネルギーを探し求め、老廃物や不要な熱を排出し、それによって周囲の生命体に圧力をかけるという反復性の活動が集積されて、全体として生理機能を備えているかのような秩序を形成していくのです。「ガイア（Gaia)」(ギリシア神話の大地の神の名）すなわち、「地球」は、システムとして見れば、１つの生き物だ、というのがこの仮説の中核にある考え方なのです。地上の有機的な部分と無機的な部分が、ダイナミックに変化しつつも、そこに均衡があるかのように働く、１つのシステムを形成しているのです。「ガイア（Gaia)」と名付けられた地球生態系は、謂わば、地球の新陳代謝を果たすかのように、進化してきたのだ、というのです。このように共生のネットワークとして捉えられた自然は、人間によって利用し尽くされる「所有物」としての自然ではありません。人間はもはや征服者として自然を思いのままに所有できるわけではないのです。なぜならば、共生のネットワークの中では、人間もその中の一部なのであり、人間に特別な位置が与えられているわけではないのですから。人間も、根本的には生物であるがゆえに、環境との間でエネルギーと物質を交換するという過程から自由ではありません。動植物を食べ、自分の細胞を入れ替えていく、という過程は、意識の与り知らぬところで展開していく営みでなのです。人間の生命体の再生プロセスは、確かに無意識の内にではありますが、自然界のプロセスに完全に依存しているのです。こうした生命維持の過程を送るがゆえに、私達も生命のネットワークの一員だということは否定できません。地球生態系は、ラヴロックが「生きている惑星」と呼ぶように、地球の化学物質を調整し、気候を安定化するという、道具的価値観からだけで簡単に処理することを許さない営みがあるということに目を向けなくてはならないのです。有難いことに、私達はたまたまこの営みの恩恵を被るように進化してきたのです。「生きている惑星」と呼ばれ得るような掛け替えの無さに「内在的価値」を見いだすことができるかできないか、ということが、人類にとって重大な分岐点になるだろうと思われるのです。

それに加えて、生態系のネットワークには、「道具的価値観」によって「視野狭窄」に陥っている私達にはいかんともしがたい、人知を超えた微妙なバランスが存在しているということがあるのです。私達は、こうした無知には謙虚であるべきなのです。自然という共生のネットワークの中に置かれている人間の位置をわきまえることによって、人間の自由に制限を課すことができるでしょう。レオポルドの用法では、「土地」ということは「生態系」ということを意味しており、「生命共同体」などとも呼ばれています。土地倫理の考え方では、生命共同体の全体性、安定性を保つ行為は妥当だが、そうでない場合は間違っている、とされるのです。レオポルドによれば、「倫理」とは「行為の自由に対して自らに課される制限の総体」のことなのです。このような自己制限は、「人間は自然という名の、相互に依存している生命共同体の一部なのだ」という反省によって芽生えるのだ、とレオポルドは考えているのです。それは言い換えれば、自分の所属している「生命共同体」へ尊敬の念を持つことに他ならないのです。こうして「生命共同体」の構成員は皆生態学的に平等である、とされるのです。レオポルドは、*Sand Country Almanac*（『砂の国の暦』、邦題『野性の歌が聞こえる』講談社）の序文で、第三部の「自然保護を考える」の箇所で展開されている「土地倫理」の章で述べたアイディアを分ってくれる人は、第一部と第二部でスケッチした、彼の「自然とともに生きる生き方」に共感を抱いてくれる人だけだろう、というようなことを述べていますが、まさに自然に対する尊敬の念や愛情が要請されているわけなのです。

こうして、レオポルドに倣って、自然事物の「内在的価値（それそのもののよさ）」を熟考すると、「それそのもの」という言葉が暗示するような「個体」も確かに入ってくるのですが、何よりも、結局は、「生態系」という繋がりをも含む広大なものに行き着きます。しかも、この「生態系」という繋がりは、時に、人間の知恵の精髄である科学でさえ、かろうじて後知恵的に跡づけることができるような、そうした人間的な意味の世界が常に後手に回ってしまうような領域でもあるのです。こうした「意味の世界」の余白に当たる領域がある以上は、人間中心主義的なアプローチだけでは、やはり不安なわけなのです。この余白の領域を忘れたとたんに、人間は傲慢になり、単なる「道具的価値」観によってしか自然を眺めることができなくなってしまうのです。自然は、マーギュリスが述べているように、人類に向かって「君たちに会う前は、君たちなしでやっていた。これから先は君たちなしでやっていく」（p. 198）と声を合わせて歌っているのです。

「道具的価値」観の根底にある「所有」という考え方の欠点は、自然を、所有できる対象とみなし、部分に切り取ってしまい、そうした部分をそれ自身で閉ざされたものとして、自由に処分可能なものと考えてしまうところにあるのです。この考え方に基づく自然観は、自然を機械に喩えるわけなのです。ここに決定的なディスアナロジーがあります。つまり、機械は壊れた時、代わりの部品を交換して修理できるけれども、自然はそうではないのだ、ということです。機械としての自然は、数量的な観点から分析されるようになります。しかしこの時、自然の質的な側面が見落とされてしまうことになるのです。量的なものは、測ることができますが、質は測れません。測ることのできるものは、交換できますので、経済の対象になります。質は測れないゆえ、交換できません。

けれども生態系をなす生物間相互の関係の形作るバランスが「Vulnerability（脆さ）」を持つことが分かっている現在、所有論の背景にあるような機械論的な自然観は、維持できません。生態系の部分を除いて別のものと入れ替え可能かという問いに関して、入れ替えは不可能だ、という答えが今では常識的です。なぜならば、生態系の一部分としての１つの生命が他のいろいろな部分とバランスを保ち、現在持つことになったような機能を発揮するようになるまで、それ自身固有の歴史があったからなのです。生命が環境に適応していくのに、数週間、数か月、あるいは、数年などのように、短いタイムスパンではなく、何千年、何万年という本当に気の遠くなるような長い時間をかけて、生命と環境のバランスができたのです。しかも、それぞれの生命のそうした個々の歴史が、互いに入り組んだ共変関係を形作っているのです。ですから、一朝一夕に共変関係の歴史を取り戻すことはできません。ここに、「自然の時間」の不可逆性があるのです。それぞれの部分が、それぞれの歴史を経て、お互いに影響を与えながら自然にバランスを保つようになった状態を生態系の「極相」と呼びます。一度、「極相」に達すれば、多様な生物相互のダイナミックなやりとりの中にバランスを呈するようになるのです。このバランスが、大変脆いわけです。熱帯雨林やサンゴ礁は、500年以上もかけて、「極相」に達するのです。「極相」を人為的に再現することはできません。そんなわけで、所有するという理由によって、一部でも切り取ってしまったら、取り返しがつかないことになるだけではなく、一度失ったら、取り戻すこともできないのですね。これを自然の「Vulnerability（脆さ）」と呼んだのです。

ロックが『市民政府論』において展開している議論には、見落とされがちな続きの部分があります。例えば、ある人が労働によって自然に手を加え、食べ物を収穫した際に、その食べ物が腐ってしまうほど多くあるのならば、その人は、自然から多くを奪い過ぎている、としている点です。つまり、労働を加えさえすれば、際限無く何でも自然から搾取していいわけではなく、「必要」という制限を考えていたのです。現代は、ロックが「必要」という制限を加えていることを忘れ、「フロンティア倫理」に基づいて、際限無く多くの自然物を収奪し続けてきました。

所有物はそれがどのようなものであれ、元は、自然物に手を加えて、自然資源から、獲得した所有物です。自然資源は、資源として生産活動の条件になっているものの、元々誰の私有物でもなかったわけです。こうした自然資源を素に生産された物であるのなら、廃棄する際にも、やはり「自然に返す」ような配慮が必要になるのではないでしょうか？　逆に言えば、「廃棄物」が自然に帰るような消費活動が可能であるような生活様式を目指すことが必要になってきている、ということなのです。自然のサイクルは、その複雑な生態系の中で自らを絶えず回復しているわけですが、この自然の持つ自らを浄化し回復する力を無視し、単なる所有物であると考えるところに環境問題という悲劇的事態の根元があります。自然は、資源として有限でありながら、人間を含むあらゆる生物の進化への平等性の舞台として未来に開けているわけです。それゆえ、自己復元力を持つ生態系のバランスに逆らうような生活様式は、直ぐに自然の自己復元力の限界に突き当たるでしょう。人間が自然を従来通り所有者の態度で管理していく、というような「人間中心主義的アプローチ」は、持続可能な生活様式を決してもたらすことはないでしょう。所有者としての態度ではなく、自然に従うという形の自己拘束が現在求められているのです。この生態系の一部として、私たちの生は、意志や意図といった意識の作用とは無関係にお互いに繋がっており、好もうが好むまいが、共に生きる共生の場に巻き込まれてしまっているのです。にもかかわらず、ノーマン・マイヤーズの『沈みゆく箱舟』によれば、例えば、経済開発の名の下に行われる森林伐採のせいで、熱帯雨林では少なくとも１日に１種類の割合で生物が消えつつあるとのことです。生物種が１種無くなるとそれと共生関係にあるシステム全体が影響されるわけです。経済のサブシステムになってしまった自然を解放し、逆に経済を自然のサブシステムに変えていくことが必要なのです。

「私は私の身体を持っている」ということから、「私の労働の成果は私のものである」を導き出す論法をロックは使いました。人間と自然との関係は、自然には属さない「魂」と「所有物」の関係になっています。自然が所有されるものという観点から捉えられた時、「社会」が誕生しました。私的所有権を保証してくれる国家が必要となったからです。いったん、社会が誕生すると、人間は「社会」の中の「役割」を通して、自分のアイデンティティを築きました。けれども、人間も自然の一部という認識は、「自然の中における人間の役割」という問題を突きつけました。「社会の中の役割」ではなく「自然の中の役割」ということですね。人間中心主義の見方では、自然は征服され「所有」される対象でしたが、Ecocentric approach においては、人間は自然という生命共同体の一員である、という認識に始まり、その共同体から課せられる制約を己の倫理として捉え直すことを要求されるのです。「自然の中における人間の役割」を自覚せよ、というところから出発するのですね。自分もその中で生かしてもらっている「生命共同体」にもっと愛情と尊敬をもって接し、自分の置かれている場をわきまえることを己の倫理とすることが要求されているのです。自然の中における「人間の場」をわきまえること、Ecocentric approach は、「社会の中」でしかアイデンティティを築いてこなかった人間に「自然の中における役割」を考えるように迫るのです。こうした人間の置かれている「場（ポジション）」の変換が迫られているのです。このアプローチでは、レオポルドが書いているように「生命共同体のバランスの保全に役立つ行為であれば、正しい行為であるし、そうでなければ間違っている」という具合に、人間の自由に制約を与えているのです。

3．ディープエコロジー（Deep Ecology）

Ecocentric approach から環境問題を考える人達は、人間中心主義の立場から環境問題を考える人達と自分達を区別するために、自分達の環境運動を、「ディープエコロジー（Deep Ecology）」と呼び、人間中心主義の立場から環境問題を展開している人達の運動を「シャローエコロジー（Shallow Ecology）」と呼んで区別することがあります。「Deep ディープ」とは「深い」ということで、「産業活動を法的に制限したり、汚染を防止する装置を開発したり、といったように、目に見える問題のレベル（「浅い（Shallow）」レベル）で、対症療法的に対応するのではなく、環境問題のもっと根源的な要因を探り当てようとする姿勢を表現しているのです。つまり、私達の考え方、生活様式の変換を迫るのです。ディープエコロジーの支持者達は、シャローエコロジーの取り組みだけでは不十分である、と考えているのです。Ecocentric approach の代名詞ともなっているこの Deep Ecology という言い方は、1970 年代はじめに、ノルウェーの哲学者、アルネ・ネス（Arne Naess）によって造語されました。ディープエコロジーの体系は、喩えるのならば、木の「太い幹」に喩えられます。ディープエコロジーの思想の歴史的起源を問うのならば、様々な宗教的、哲学的、文学的、思想的伝統などが挙げられるだろうけれども、ネスに言わせれば、そのような思想的源泉が何であろうとも、「太い幹」の部分で一致が見られれば、「ディープエコロジー」運動を、誰とでも一緒にやっていけるのだ、というのです。それでは、「太い幹」に喩えられる「プラットフォーム原則」と呼ばれている原則を紹介しましょう。「プラットフォーム原則」を知れば、ディープエコロジスト達が、シャローエコロジスト達の何が不十分と考えているのかを窺い知ることができることでしょう。

「プラットフォーム原則」

① 内在的価値の原則：すべての生命は固有の本質的価値が存在する。

② 共生のネットワークの原則：生命の多様性、共生、そしてそれゆえの複雑性が大自然の生命を支えている。

③ ニーズの原則：人間は不可欠の必要を満たす時以外は、この生命の多様性を損なう権利を持たない。

④ 疎外幻想：人間は地球から疎外されているという幻想を抱いている（なぜ人間は自然破壊に走ってしまうのか、を説明してくれる考え方）。

⑤ 外的変革の要請：外に向け、現行社会の基本構造とそれをつくりあげている政策を変革しなければならない。

⑥ 内的変革の要請：内に向け、量的に計り得るような、物質的な蓄積のごとき「生活水準」ではなく、生の質の高さに関する自己実現を求めていかねばならない。

⑦ コミュニケーションの要請：人間が自然の中に占める位置を正しく理解し、以上、挙げた諸原則に基づく新しい考え方を普及していくこと。

（ローセンバーグによる書き換え版を、さらに青木が書き換えたもの、原則の名前も青木が命名）

「プラットフォーム原則」で一致が見られさえすれば、どんな宗教の人とも、どんな思想の持ち主とも、一緒に共同して、ディープエコロジー運動を展開していくことができる、というのですね。どのような宗教的背景、思想的背景があろうが、簡単に言えば、それがどのように正当化されようが、どのような思想的理由から支持されようが、「プラットフォーム原則」に賛同してくれている皆さんとは、一緒に行動しますよ、というわけです。ある人は、仏教の「輪廻の思想」に基づいて、「内在的価値の原則」を支持するかもしれませんし、またある人は、「全ての生物は神から平等に創られた」という思想に基づいて、原則１を支持するかもしれません。支持する理由は違っていても、「内在的価値の原則」を支持していることには変わりないのです。根っこが違っても「太い幹」のところで一致している、ということが大切なのです。「シロアリ」の思考実験を通過した私達にとって、「共生のネットワークの原則」は、私達の生物的生存の基盤に密接に関わっている原則である、ということを想像しやすくなっているのではないでしょうか？　この「共生のネットワーク」の一結節点として、類稀なる位置が与えられてある、というだけで、「内在的価値」が出てくるのです。それゆえ、「絶滅」によって、この「共生のネットワーク」の一結節点を消し去ることは、倫理的に許し難い行為ということになるでしょう。「ニーズの原則」は、人間に不可欠な必要がある場合に限り、この「共生のネットワーク」の一結節点から、「命」をいただくことを許容しますが、一結節点をなす「生物種」を丸ごと滅ぼしてしまうことは認めていないのです。人間特有のこの「疎外幻想」の根本は、以前、お話ししましたように、人間は、「環世界」から追放された、いわば、迷子と成り果てた生き物なのです。本能の導きを失った人間は、古来、「道」の比喩に頼りながら、「人の道」を外れないように「正道」を求めざるを得なかったのでしょう。私達、人類の悲喜劇は、「母胎」という名の「環世界」から、未熟な胎児のまま放逐されるかのごとく誕生するがゆえ、「言語」に頼らざるを得ないというところにあるのです。それゆえ、私達は、一方では、自然に単なる「道具的価値」しか付与し得ないような価値体系を築き、自然から疎外されるのです。しかし他方では、同じその言語によって、自然の「内在的価値」を回復し、「共生のネットワーク」を意味の領域で再認し得るのです。「コミュニケーションの要請」は、まさに、こうして「内在的価値」を見いだされ、再認された「共生のネットワーク」の中で、許され得る人間的自由の意味を伝道する責任を負うことから来る原則なのです。人間は、「行過ぎ」の罪を犯し、自然のバランスから大きく外れないようにするためにも、今後も、「道」の比喩に頼りながら、「非道」を避け「正道」を追求すべきでしょう。環境倫理の意義は、まさにこの点にあるのです。もっと具体的に言えば、専門家が解明した生態系の仕組みを分かりやすく解説しつつ、人間の歩むべき「正道」を提案する、ということなのです。

さて「生命共同体」の構成員は皆生態学的に平等である、とされているのですから、「権利」という考え方を拡張して「生命共同体」の構成員にも当てはまるようにしよう、という動きが出てきました。果たして「岩や川や森林」などが権利を持つ、と語ることが可能なのでしょうか？　今度は皆さんと一緒にその辺りを少し考えてみたいと思います。

4．自然の権利という語り方

1972年に *Southern California Law Review* という学術雑誌の中に、クリストファー・ストーン（Christopher D. Stone）の手による「樹木は法的な当事者適格を持つべきか：自然物の法的権利の創造に向けて（“Should trees have standing? : Toward legal rights for natural objects”）」という画期的論文が発表されました。何が画期的なのかは順に説明していくことにして、先ずこの論文が執筆された動機からお話ししていきましょう。1970年、皆さんもご存じのウォルト・ディズニー社は、アメリカ合衆国森林局の許可を得てネヴァダ山脈にある未開の峡谷ミネラル・キングのスキーリゾート地としての開発を計画し始めたのです。これに対して世界で最も力のある環境保護団体である「シエラクラブ（Sierra Club）」が反対の声を上げたのです。理由は、開発はミネラル・キングの生態系のバランスと美観を崩してしまう、ということでした。けれども、1970年9月17日、カリフォルニア州高等裁判所は、問題の開発計画によってシエラクラブが直接に利益の侵害を被るわけではないゆえ、シエラクラブは開発反対を訴え得る「法的な当事者適格」を持たないのだ、という判決を下したのです。かくて、シエラクラブの告訴は却下されてしまいました。「法律は各人の利益を保護するために存在している」ゆえ、直接的に利益の侵害を被らないシエラクラブの告訴は却下されてしまったのです。「当事者適格」を持つ条件の１つである「侵害される利益がなければ、訴訟を起こすことができない」という法制度にシエラクラブは引っかかってしまったわけです。この訴訟が今度は連邦最高裁で審理されることになり、控訴されることになったことを聞いたストーン教授は、自然に属するとされているものに法律的権利を与えるために、先に名前を挙げた論文を書いたのです。連邦最高裁への上告は、僅差で棄却されてしまいましたが、この事件担当のダグラス判事が判決文の中でストーン教授の書いた論文を引用し、これが報道機関を通じて、全米に伝わったのです。こうして「ミネラル・キングという峡谷が利益の侵害を受けたのだ」、という言い方が可能であるような方向を模索した実に画期的な論文が日の目を見るに至ったのです。「ストーン教授は、名前がストーンであるだけに、ストーン（石ころ）の権利のために戦っている」、などといった冗談が囁かれたくらいに、話題を呼んだのです。これが、いわゆる「自然の権利」訴訟の幕開けなのです。それではストーンの論考を追っていきましょう。

先ず、今お話しした「ミネラル・キング」のような問題が起きた場合、現行の法システムの難点を考えてみることにしましょう。

① 現行の法システムでは、ともかく人間である誰かの利害を直接侵害しない限り、裁判は成立しない。例えば、ある会社が、工場廃液によって川を汚染し、下流住民の１人が不利益を被ったからという理由で訴訟を起こしたとしよう。調停の際、原告と被告二者間の利害のバランスが量られることになるだろう。例えば、原告は、自分の生活が不便になったからといって、個人的な不平を述べているに過ぎないが、被告は公共的利益に多大な貢献している会社である、云々、のようにバランスを考えていくことになるだろうけれども、このバランス計算の中に、原告と被告の利害は出てくるだろうが、「川」そのものがどうであるのか、ということは決して問題にされることはない。

② たとえ、原告が勝訴したとしても、被告側は、裁判所が課したいくらかのお金を賠償金として原告側に支払うだけで、川の汚染を防ぐために、工場を閉鎖しよう、とか、工場の機械を、公害がでないように技術革新された機械に全面的に取り替えてしまおう、ということには決してならない。あるいは、今まで川に与えた損害を賠償するに十分な賠償金を請求されるということも

決してない。そんなことをするくらいなら、原告側に損害賠償した方が、安くつくからである。

現行の法システムが、今列挙したような難点を持っているために、自然物の保護が十分になされていないわけです。それでは、ストーンはどうしたらいいと提案しているのでしょうか？

先ず、Xが「法律上の権利を所持している」ためには、以下の3つの条件が必要であると言って、法的な当事者として扱われるための適格性の条件としてストーンは3つの条件を挙げています。

① Xは自分のために訴訟を起こすことができる。

② 訴訟の際は、裁判所は、Xの被った損害を考慮に入れることができなければならない。

③ 損害補償が行われる場合、それは直接Xの利益にならねばならない。

ストーンは上記の3条件を樹木などの自然物が満たし得ることを証明していくのです。ストーンの思想の基本的路線は、人間だけが法的人格を備えているのだ、と考えずに、自然の事物が代理人を介して訴訟を取り運ぶことができるのだ、とする点です。ストーンは、既成の法律概念となっている「後見人制度」を利用するという戦略を採ったのです。子どもなどの法的無資格者の利益は、法的には後見人によって代理が可能なのです。また、このストーンの戦術は、「Sentientist approach」の章で、紹介した「動物裁判」の際に、採用された戦術なのです。このすでに認められている原理を拡張していくことができるのなら、森林や土地などの自然物にも「法的な当事者適格」を与えられる、とストーンは論じているのです。自然の後見人が自然に代わって、損害を集計していくことによって、罰金を査定し、損害保障として損なわれてしまった自然の回復を図り、「自然物には明確な要求があり、それを否定すれば、悪い結果が出るだろう」ことを代弁するわけです。こうして現行の法律制度でも許容されている「後見人」の制度を利用することによって、言葉を持つ唯一の動物として、言葉を持たない自然物を代弁することのできる人間が「生態系を形作る自然物の共同体」を代表して弁護することが可能となるのです。このように「後見人」という考えを導入することによって、自然物にも「法的な当事者適格」を与えることが可能なのだ、とストーンは結論するのです。こうしてシエラクラブはミネラル・キング峡谷の後見人として立ち上がるのですが、裁判には敗訴してしまいます。けれども、長期間にわたる訴訟費用が高額になりウォルト・ディズニー社にやる気を失わせてしまったのです。こうして、結果としてミネラル・キングの方は救われたのです。そして1987年にアメリカ議会はミネラル・キング峡谷をセコイア国立公園の一部とすることで問題に終止符を打ったのです。

日本でも、1995年に、奄美大島のゴルフ場建設反対訴訟の時に、アマミノクロウサギなどの動物を原告に、日本最初の「自然の権利」訴訟が起きました。これを皮切りに日本でも、「自然の権利」訴訟が至る所で起きています。

私達は3つのアプローチを学んだ今、環境保護思想内に起きた分裂を理解することができます。「Conservation コンサベーション（資源保全）」という考え方と「Preservation プリザベーション（自然保護）」という考え方の対立です。

19世紀末に、乱開発による環境破壊という深刻な事態が明らかになってきた際に、支配的な考え方は、「Conservation コンサベーション（資源保全）」という考え方でしたし、現在もこの考え方は主流の考え方でしょう。それがどのような考え方かといいますと、熱帯雨林などの森林や土壌、河川、海洋などの野放図な破壊的利用を抑制しなさい、という禁止の命令なのです。その当時は、目先の利益を考え、破壊的な行為を繰り返す企業に対する抑制ということを動機として、この考え方が叫ばれるようになったのです。事情は現在も変わっていませんが、確かに抑制は必要ですけれども、抑制としての効果だけでは、それ以上でもそれ以下でもない、ということで、「自然資源の賢明な利用を義務とせよ」、ということが叫ばれるようになりました。これは、今風に言えば「持続可能な開発」ということです。「最大多数の最大幸福」のために、長期的な繁栄を考えてこう、ということです。これは、明らかに、「人間中心主義的」ですね。なぜならば、自然の利用者を人間のみに限って考えているからです。「繁栄」とは何か、ということを議論し始めると、この考え方はその脆さを露呈します。恐らく「長期的な繁栄」ということで、私達が想像していることは、20世紀の半ば過ぎに、経済的な繁栄がもたらした、いわゆる「先進国」の標準的な生活様式か、それより少しばかり抑制された生活様式のことなのではないでしょうか？　「Conservation コンサベーション（資源保全）」というスローガンは、そんなわけで、まさに、先進諸国から発せられたスローガンなのです。さらに、自然が保全される理由が、人間の繁栄のために利用されることなのですから、当然のように、自然は最大限に利用されるようになるでしょう。「先進国並の水準」が考えられているのならば、なおさらのことです。そうなりますと、例えば、全ての河川には、ダムが築かれ、灌漑や水力発電のために利用されるようになるといったことが起きるでしょうし、このスローガンには、そうしたことが起きることを禁止する力はありません。今日は、このスローガンに「人類の存続を考えた」という留保が言い逃れのように付け加わっているだけです。

これに対して、「Preservation プリザベーション（自然保護）」とは、原生自然そのものに内的価値を見いだし、それをそのものとして保護していこう、という運動です。この思想の原点には、ソローやエマソンがいますが、原生自然の保護のために国立公園構想を提唱したジョン・ミューアや、ミューアの下に集まった人たちが結成したシエラ・クラブがこの流れに属します。シエラ・クラブは、今では、世界最大級の自然保護団体になっています。さて「Conservation コンサベーション（資源保全）」が、経済的な用語で語られるのに対して、「Preservation プリザベーション（自然保護）」は、美学的、宗教的な用語が頻繁に使われて、自然が語られるのです。例えば、ミューアは、自然を「大聖堂」や「神殿」に喩えるメタファーを多く使っています。このままでは、ミューアの思想は、「自然は神だ」と考える、アニミズム（あらゆる存在に霊魂の存在を認める考え方）的なただの新興宗教になってしまいます。ミューアの考え方をただの宗教の一派にしてしまわないためにも、彼の使っているメタファーの意味を考えてみましょう。「大聖堂」も「神殿」もどちらも、ともに、「芸術性」があり、「神聖」なものです。そこで、これらのメタファーに見られる、「芸術性」や「神性」が何を意味しているのか、考えてみましょう。大切なことは、芸術的なものや神聖なものとは、「掛け替えのない、唯一無二のもの」ということを表現しており、まさに金銭的な価値では測り得ない何かを表現している、ということに気づくことなのです。美学的価値を持つということを認めることは、自然物に、内在的な価値を認める考え方に繋がっていきます。ここには、道具的な価値、つまり経済的な価値とは違う、他のものとは交換しがたい、そのものとしての価値への気付きが表現されているのです。美術品は、経済的な交換の対象ではなく、経済的な価値をどうしてもつけたい時は、オークションに頼るわけです。そんなわけで、美学的価値を認めることは、内在的価値を認めるための一歩となるわけです。自然を芸術作品に喩える時、どこに類似点があるのかと言えば、今挙げた、「掛け替えのない、唯一無二のもの」ということですが、自然が「掛け替えのない、唯一無二のもの」であるということは、どういうことでしょうか？　映画『もののけ姫』でシシ神様の森が二度と同じようには戻ってこなかったように、自然は、いかに自己復元力があるとは言え、一度失われれば、決して元通りにはならないのだということが言えましょう。こうした意味合いにおいて、自然は、「掛け替えのない唯一無二なもの」なのです。熱帯雨林やサンゴ礁は、500年以上も経て、極相に達すると、多様な生物相互のダイナミックなやりとりの中にバランスを呈するようになっていきます。これは、変動しつつも安定を目指すという生態系の均衡状態です。けれどもこの均衡状態は、外部から人為的な力が加わると、その脆さを露呈してしまうのです。まさに、英語のVulnerabilityという言葉を使って表現するのが相応しいような、そんな脆さを持っています。この自然のVulnerabilityは、一度損なわれると、その復元力をもってしても同じようには修復できないのです。私達は、「固有名詞」で呼びかけるものの持つ「掛け替えのなさ」に対する感受性を養わねばならないでしょう。

5．生態系中心主義を保持する

さて、生態系中心主義に問題があるとしたら、それは一体何でしょうか？　そこで、エコセントリックな考え方、すなわち、生態系中心的な考え方を、それを批判する立場から、眺めてみましょう。

生態系中心主義によると、生態系への貢献度によって、良いか悪いかが決まるということを私達は見てきました。生態系全体の「完全性、安定性」に気を配り、それを保全していく形で行動をすることを、私達は求められるわけです。

これに対して、アメリカの哲学者のレーガン（Regan）は、「希少な植物を全滅させるか、数の多い人間を１人殺すか、という選択を迫られた時、生態系中心主義の考え方に従えば、もしその植物が生態系に貢献しているのであれば、その人間を殺して植物を救ったとしてもおそらく間違いを犯したことにはならない、といえることになる」と言って、生態系中心主義を批判しました。レーガンは、

「他の生物を救うために、人間の殺害を許容するような極端な生態系中心主義を「エコ（環境）ファシズム」の名で一括し、批判したのです。

自然保護のためには、時には人間の殺害も仕方がないとする思想の持ち主として、批判の矢面に立たされた人物は、キャリコット（Callicott）です。けれども、考えていただきたいことは、生態系中心主義を唱える人達は、「生態系を保全せよ」とは言っていますが、「生態系の保全のためには殺人をしてもよい」とは言っていないのです。生態系中心主義だからといって、エコファシズムには必ずしも繋がらないということを注意してください。

人間の場合は、他の動物の場合と違って、本能で全てが決定されているわけではありません。ですから、文化ごとに特色のあるいろいろな社会の仕組を築き上げているわけです。そうした社会の仕組の中で、生態系の保全と相容れない仕組を変えていくことができるはずです。先ほどの例に戻りましょう。ある種の植物が絶滅しそうな時、私達は、何もその植物を守るために、人間を殺害せねばならない、と極論する必要はないのです。私達の考えるべきことは、その植物を絶滅に追いやるような現行の社会制度を変革していかなければならない、ということであるべきです。ある問題を起こしている人がいる時、その問題の大本である人間を根絶すれば済む、などと単純に考えないで、その人の考え方を変えるように説得する方法を採るべきでしょう。それと同様です。現行の文化・社会制度の内、何が問題なのかを考えていかなくてはなりません。

「人間を生態系の一部と見なし、生態系のバランスを担っている生物という意味では、他の生物と平等である」というエコ・セントリシズムの考え方は、「生態系が破壊されれば、人間も被害を受ける」ということを意味するわけで、このように解釈するのならば、人間中心主義の立場に立つ人達からも、特に反対はされないでしょう。そして重要なことですので強調しますが、「微温湯の中の蛙」である「私達」が、行動を起こすための原則を採るとしたら、やはり、「生態系中心主義」という制約によって、経済にも「地球１個分」の思考を迫るような、「成長路線」を捨てて調和型に向かう「人間圏」のあり方を考えるしかないでしょう。

確かにこうした考え方に立てば、例えば、「ペンギンが大切か、人間が大切か」などといった、単純化された二者択一の形で問題が示されることはなくなるでしょう。元来、二者択一の問題ではないものを、あたかも二者択一の問題のように見せかけるのは、「False Dilemma 似非ジレンマに相手を追い込む詭弁」なのです。例えば、「結婚するか人間をやめるか、さあどっちを選ぶ」などといった言い方が、この詭弁の典型なのです。結婚をしなくとも、人間として十分にやっていける他の選択肢が沢山あるのを無視して、あたかも二者択一のように言うわけですね。まさに詭弁です。全くの誤魔化し以外の何物でもありません。長崎県、諫早湾の干潟の干拓工事に、環境破壊が起きるから、といって反対する人達に向かって、ある政治家が「お前達は、ムツゴロウ（有明海と言えば、ムツゴロウですよね）が大事なのか、それとも人間が大事なのか」と言い放ちました。これは詭弁です。問題はこういった二者択一の問題ではないのです。ムツゴロウが住めなくなるということは、諫早湾の干潟の生態系が崩れてしまうということで、そうした生態系を頼りに生きている漁師や農民にも必ずや被害が及ぶということなのです。二者択一の問題ではありません。人間もムツゴロウもその一部である生態系が危険に晒されているのですから。干潟には、生き物が豊富に住んでいます。そうした浅瀬はプランクトンの宝庫ですから、多くの海生生物の餌場にもなっているのです。干潟は、水質浄化の役割も果たしているアサリなどの生物もいますし、チドリやカモの餌場にもなっています。干潟付近の浅瀬を産卵の場にしており、干潟付近に生息する魚は数多くいます。人間にとっては住みにくい気候を緩和してくれる働きもあります。「ムツゴロウか人間か」と迫られた時、「そうした単純化された二者択一の問題にすりかえないでください。生態系全体を視野に入れて、さらに私達に続く世代まで全て視野に入れて大きく考えてごらんなさい」と言えるような、そんな思考法が、皆さんに求められているのですよ。

現行の社会制度の内、環境問題を悪化させてしまうような考え方を変えるように説得していくことが必要である、という結論が出たわけですが、では、現行の社会制度の内、環境問題を悪化させてしまうような考え方とは何なのでしょうか？　その辺を考えていくことにしましょう。そうした上で、最終章において、生態系中心主義を保持しつつ、人間のライフスタイルの質をも守る方法を考えましょう。

第5章

大量生産・大量消費・大量廃棄
―成長神話の弊害と成長神話からの覚醒―

1．技術革新によって突き進む資本主義

アメリカの人気番組の１つにTwilight Zoneがあります。これは日本では『ミステリー・ゾーン』というタイトルで紹介されたテレビ・シリーズで、ホスト役が視聴者を世にも不思議な物語の世界へ誘うという設定になっています。このシリーズに、“The Brain Center at Whipple's”という題名のエピソードがありました。このエピソードの主人公はフィップル氏という名前の資本家です。彼は、株主総会用の映画を作製し、それを父親の代から仕えてきた工場長に見せるのです。その映画の内容は、工場の徹底した機械化による合理化を告げるものでした。生産システムを機械化し、機械に管理させることによって、労働者を排除してしまうのです。フィップル氏の父親が起こしたこの会社なのですが、父親の代から仕える工場長は、父親は情に厚く労働者を大切にした、ということを話して聞かせます。けれども、「君は過去に執着して、未来を見ていない」とフィップル氏は、逆に工場長を諭そうとするのです。フィップル氏は、工場長の警告には、耳を貸そうともしない上、「古きを捨て、新しきを招く」という言葉通りに、労働者は、工場長以外は皆解雇してしまいます。愛想を尽かした工場長もフィップル氏を見捨てて辞職してしまいます。機械を管理していた技術主任も、誰も食事をしない社員食堂や大型駐車場、そして何よりも人の働いていないこの工場に非人間的な不気味さを感じ取り辞職してしまいます。１人残されたフィップル氏が機械の管理から全てを行うことになるのです。話し相手も誰もいないこの工場で社長１人がただ独り言をこぼしながら残されるわけです。このお話の落ちは、合理化を徹底した挙句の果てに、社長のフィップル氏自身が、株主の満場一致で、もっと効率的な管理職ロボットに置き換えられてしまう、というものでした。人間こそが

非効率性の原因として排除されてしまうのですね。このエピソードにおいて、戯画化されているのは、テイラーリズムという名前で知られている、機械の導入による生産過程の徹底した合理化なのです。このエピソードでは、「進歩」、「発展」という言葉が頻繁に使われています。なぜ資本家は、このフィップル氏のように、「進歩」、「発展」を望み、そのために「技術革新」をしたがるのでしょうか？　こうした「技術革新」は何をもたらすのでしょうか？　また、なぜこうした「技術革新」に躍起になるのでしょうか？

1801年、ホイットニーは、当時の大統領、ジェファーソン大統領に会い、大統領の前で、彼が考案した新方式の銃の製造法を試したのでした。その方法を見学した大統領以下アメリカ政府のメンバーは感嘆の声をあげました。彼は、用意してきた100挺の銃を大統領の眼の前でばらばらに分解し、そこから適当に部品を集めて、組み立て直したのでした。すると再び100挺の銃が組み上げられたのです。この当時、これは驚嘆に値することだったのです。

先ず、銃のような武器は、職人達が製造するのが当たり前で、職人達は、良い銃の作り方を跡取りの徒弟以外には全く秘密にしていました。しかも手作り品としての銃は、どれも一つひとつ違ったものに仕上がり、生産量にも限度があったのです。イギリスには優秀な鉄砲職人がいましたが、当時後進国であったアメリカには銃職人はほとんどいませんでした。ホイットニーのような発明家に銃の製造が委託された理由もこんなところにあるのでしょう。けれども結果としては、アメリカの後進性が幸いして技術革新がもたらされたのです。ホイットニーの発明は現在では「規格大量生産方式」と呼ばれている技術革新と結びついているのです。

さてホイットニーの「鉄砲」の例で考えてみましょう。ホイットニーの「規格大量生産」という技術革新によって、アメリカでは、鉄砲の大量生産が可能になりました。けれども、アメリカ以外の他の国々は、未だ従来通り職人さんが時間をかけて鉄砲を１丁ずつ作っているとしましょう。「鉄砲」に関して言えば、アメリカは他の国より１歩先に進んだと言えるでしょう。つまり「鉄砲先進国」になったということですね。なぜなら他の国々は、まだ「鉄砲」を大量生産する技術を持っていないからです。この「未だ」という副詞が大切です。「技術を持っている国」と「まだ持っていない国」という風に分けて考えれば、アメリカは、まさに「鉄砲」に関して、文字通り、「1歩先に進んでいる」という意味の「先進国」になったのです。「進んでいる」「後れている」という言葉使いに注意してください。つまり、アメリカは「鉄砲」に関しては、他の国が未だ到達していない「可能な未来」を先取りしてしまったことになります。「お前ら後れているなぁ」という感覚ですね。「後れている人達」から見て、1歩先んじた未来に立つことで、「可能的な未来の価値体系」を先取りしてしまっているのです。

このように、技術革新をすることによって、他の国が未だ到達していない未来を先取りしてしまい、「可能な未来の価値体系」と「現在の価値体系」の間の「落差」を利用して金儲けをするシステムが「産業資本」のメカニズムなのです。哲学者のジル・ドゥルーズとフェリックス・ガタリは、「産業資本」のこのようなメカニズムを、「脱コード化」とか「脱領土化」などと呼んでいます。

ホイットニーの技術革新によって可能性を見いだされたこうした生産過程の徹底した合理化は、Taylorism（発明家 Frederick Winslow Taylor によって考案されたのでこの名前で呼ばれる）と呼ばれる、科学的経営管理を生み出したのです。テイラーは、アメリカ人の生活様式が、日常生活から仕事や労働に至るまで、効率的ではない、と考え、徹底して「効率性」という価値を追求しました。彼は、仕事が迅速かつ正確にできるという意味で優秀な労働者の動作を基本的な動作に分割し、一つひとつの動作にかかる時間を計測することを発案しました。基本的動作に分割されて、いったん単純作業になってしまえば、熟練を要せず誰でもできる作業になるのです。こうして、不要な動作や遅い動作を排除し、必要最低限な理想的動作を補助する機械と一体化させようと考えたのです。規格化された物を生産するために、先ず、規格品を生産する機械に合わせることのできる、「規格化された人間」を教育しなければならない、そうしなければ、「効率性」は望めない、と考えたのが、テイラーだったのです。これによって、生産過程における作業の徹底した単純化が可能になり、教育や技能を持たなくても、またたとえ英語が話せなくても、どのような労働者でも、合理的システムに適応させることが可能になったのです。このテイラーリズムの究極的な形態は、フィップル氏の工場にも見られた、コンピュータに管理されるロボット化という形態なのですが、皆さんにも良く知られているものでは、チャップリンの『モダンタイムズ』で戯画化されて描かれているあのシステムです。労働者の立場から見てみれば、流れ作業の時間に合わせた労働というわけで、時間軸に沿ったライフが身体に強制されていきます。いったん時間軸に合わせた労働が定着してしまえば、後は効率性という問題だけになっていきます。チャップリンの『モダンタイムズ』で出てくるあの「もっとスピードをあげろ」ということだけが問題になるのですね。テイラーリズムが、モニターによって行われる、流れ作業の徹底した管理という形で表現されています。管理者である社長は、集中管理室でお茶を飲みながら、作業の遅れている部署に対して、モニターを通して、「もっとスピードをあげろ」と命令すればいいわけです。また『モダンタイムズ』の冒頭にある、家畜の群れに、工場に出掛ける人間をスーパーインポーズしていく画面は象徴的です。人間が「群れ」すなわち、管理されやすいように、「誰でもいい匿名の人、流れ作業の一部として交換可能なもの」になっていく様を印象的に表現しています。実際に、この映画の中では、チャップリンの身体は流れ作業の機械と一体化してしまい、身体が自分の意志に反して、勝手に「螺旋を巻く動作」を繰り返してしまい、例によって大変コミカルな大騒動を引き起こすわけです。チャップリンが巨大歯車に巻き込まれていく場面は、人間が、人間の動作を補助するはずだった機械に取り込まれ、むしろ機械の一部になってしまったことを象徴的に表わしています。螺子のようなものを目にすると、身体が勝手に反応し、螺子を巻く動作が止まらなくなってしまったチャップリンは、警察に追われ、どたばた騒ぎの中、とうとう看護士に取り押さえられ病院に送られてしまいます。彼は流れ作業が強制する身体動作を絶えず繰り返させられることによって、ノイローゼになってしまうのです。このように、大量生産・大量消費のシステムで生きていくためには、機械に同化しならなければならないのだけれども、機械の一部になると、かえって「生きている意味」を失って不幸になってしまう、という「大量生産」社会の持つ逆説を、この映画は見事に描いているのです。

テイラーリズム的な、オートメーション・システムのお陰で、1940年代に比べ、1950年代は、アメリカの国民総生産は、４倍以上に跳ね上がりました。この頃、急に勢いを得てきた広告業界が、心理学者を雇って、消費者に購買意欲を植え付けるための研究を始めました。広告は、地位への欲求や周りの人に遅れはしないか、という欲求を植付けました。これから、お話ししますが、この「周りの人々から後れているのではないのか」という感覚を植え付けること、昔あった宣伝文句で言うと「おっくれてる〜！」という感覚をもたせること、は、なぜこうまで「技術革新」と騒ぐのかという謎を解くための鍵になります。

ホイットニーの開発した生産システムの発明に加え、流れ作業に縛られることになる労働者を高賃金で雇うという、フォーディズム（Fordism）が誕生するわけです。1908年、ヘンリー・フォードは、標準化された互換部品を流れ作業に乗せる「自動車作業ライン」と呼ばれる方法によって、有名なＴ型モデルを大量生産しました。「自動車作業ライン」には、電動式ベルトコンベヤーが使われるようになっていき、１回の動作で１つの作業を済ますという単純化された労働が要求されました。フォード自身は、頭を使わないでもいいような仕事を欲している人々が、世の中には実際に存在しており、そうした人々は単純作業をむしろ好んで引き受けると考えていました。たとえ、このようなフォードの考えの通りでなくとも、高賃金を約束されているので、単純作業を強制されている労働者の不満を解消できるのです。こうして頑丈かつ操縦が簡単、しかも安価である大衆車が誕生したのです。高賃金を得た工場労働者が、この最初の大衆車の消費者でもあったのです。労働者の賃金を上げることによって、労働者をそのまま消費者にして需要を増やす、というフォーディズムの形式が確立したのです。労働者は、消費者でもある、という発見は重要です。事実、「消費者」という新しいカテゴリーが、これを契機に誕生したと言っても言い過ぎではないでしょう。労働者は、「消費者」になり得るということで、「労働に対するモティヴェーション（動機付け）」が与えられ、勤労意欲を持つことができるようになるのです。誰か他のお客さんのために、日々汗を流すというのではなく、自分達も「客」の立場で、製品を消費できる、という、今でこそ当たり前のことがこうして始まったのです。「労働に対するモティヴェーション（動機付け）」が与えられることによって、自らが自分の意志で、進んで単純な労働にコミットメントしていき、流れ作業の一部になっていくのです。外的な強制手段を講じなくても、労働者は、自分の身体をテイラー的なシステムに役立つように自ら馴致してしまうことになるわけです。こうして大量生産と大量消費をそのままセットにしてしまうフォーディズムが完成します。大量生産・大量消費というセットはこのようにしてできあがったのですね。

「見ろ、あいつらを、労働者でありながら、車を所有しているぞ」。こうした羨望の声は､｢人が持っているから欲しい｣という人間的な欲望を煽りたてます。｢アメリカはいいな、労働者が車を持てるような社会だぜ」という声が、ヨーロッパ各国に住む普通の人達から上がりました。アメリカの労働者達は、生産システムの改良によって労働時間が短縮され、煩瑣な仕事からは解放された上、高賃金によって財布は潤っています。労働時間が短縮されれば、単調な流れ作業に疲れた労働者は余暇を待ち望むようになります。余暇のできた人々は、今度は、余暇をターゲットにした、レジャー産業のような産業に取り込まれていくことになり、消費する平等を楽しむようになっていくことでしょう。余暇のできた人々は、消費する平等を楽しむ、ということは重要です。職人の時代には、全て注文生産でした。注文を依頼するのは、特定の貴族や国家でした。けれども、ホイットニーが生み出した生産システムは、安価な上、製品によって違うといった癖が無く、誰でもが扱える商品を大量生産することによって、大衆一般を「消費者」という新しいカテゴリーで括ることになったのです。このように、「規格品」を生産する機械を導入することによって、生産過程を徹底的に合理化し、こうして生産された安価で可能な限りたくさんのものを、なるべく多くの人達に供給していくので、大量生産は当然ながら大量消費に結びついていくのです。

ヘンリー･フォードは、その自伝 Today and Tomorrow（邦題:『藁のハンドル』）の中で述べているように､｢小型で、丈夫で、シンプルな自動車を安価につくり、しかも、その製造にあたって高賃金を支払おうというアイディア」を記しています。『雇用･利子および貨幣の一般理論』の中で、ケインズが言うには、企業は、技術革新によって、労働者の労働をテクノロジーに置き換えることで、労働者を解雇し､賃金の抑制とコスト削減をすることで収益を上げていきます。けれども、労働者を解雇すれば、製品を購入してくれる消費者の購買力が落ちるので、需要が落ち込み、したがって、販売にも影響するようになるのです。こうなると企業側ももっと労働者を解雇せざるを得なくなり､まさに悪循環の「下降スパイラル」が始まってしまう、というのです。フォードの発想は単純ですが､｢下降スパイラル」に陥らない工夫にもなっています。フォードは、自伝の中で、労働者の賃金引上げの結果､｢私たちは自社の従業員の購買力を高め、彼らがまた、その他の人たちの購買力を高めるといったふうに、その影響がアメリカ社会全般に波及していった」と言っています。こうして頑丈かつ操縦が簡単、しかも安価である大衆車が誕生したのです。「効率性」を追求する動きは、もはや不可逆の動きとなりました。こうして、フォードは、「労働者」層を、そのまま「消費者」層に変換してしまうことになり、アメリカが、まさに「American dream」を実現できる場所として、羨望の眼差しで見られるようになっていくきっかけをこしらえたのです。これは、画期的な出来事でした。

さて、「フォーディズム」の名前の由来である、本家のフォード社は、消費者が一度購入したら永久に使用できるような自動車作りをスローガンにしていましたが、少し遅れてやって来た、アルフレッド・スローン率いるGMは、フォードに対抗するために、製品のグレード分化とモデル・チェンジ方式を導入しました。この「自動車のモデル・チェンジ」という戦術は、毎年、「カー・オブ・ザ・イヤー」を決めているような現代社会においては、むしろ見慣れた光景になってしまいましたが、この当時は全く新しい試みだったのです。製品をグレード別にして、高級車のキャデラックから大衆車のシボレーまでの５段階に、車種を分けて、しかもそれぞれにつき、定期的にモデル・チェンジがされたのです。GMはさらに、販売ディーラーを充実化させ、販売網を広げ、さらには心理学者を動員して「消費者が何を欲しがっているのか」を読み取るという戦術によって、マーケティングに力を入れたのです（消費者についての情報戦術という点でこれをもっと徹底して行ったのがトヨタです。販売部門と製造部門を分けて独立化させ、消費者に関する情報を知り、顧客へのサーヴィスを徹底化しました）。さらに１歩進んで、グレード分化やモデル・チェンジ方式は、こう言ってよければ、消費者を誘惑して、新しい欲望を植え付ける、という新しいマーケティング戦術を生み出したのです。大衆の欲望をマーケティング戦術で自由に操作し「消費者」に仕立て上げることができることに気付いたGMこそが、大量消費時代を完成させたのです。市場（マーケット）は、場所である必要はないのだ、むしろ「人の心」こそが、マーケットなのだ、と気付いたGM　は、大衆に欲望を植え付け、操作していくことこそ、マーケティングなのだ、と戦術の変換を成し遂げたのです。これが今でも続いているわけですね。

そして、GMの生み出したこのモデル・チェンジ方式によって、世代の違いを見える形で意識させるようになるのです（「これはちょっと若い人向けだね」といった感じで）。実際に、モデル・チェンジ方式のターゲットは若者達で、こうして「消費者」となった若者達は、「若者文化」を意識させられることになっていくのです。これがまた新しいターゲットになっていくのですね。また、グレード分化という方式は、「ステイタス・シンボル」としての商品という形で、商品がシンボルになり得るという可能性を教えたわけで、とても重要なことなのです。「シンボル／記号」としての商品という可能性が開けたことで、アメリカでは、誰でも成功することが可能な自由な国、機会均等の国であるアメリカでの成功物語を、商品を通して語らせることができるようになったのです。「見ろ、俺は今ではキャデラックに乗れる身分になったぞ」というふうに。そしてそれは誰でもが可能なのですね。お前が持っているものは、お前の成功物語を象徴するシンボルなのだ、という具合に、商品はただ使用されるものというだけではなく、「記号」として物語るもの、象徴するものにもなっていくのです。「自分とは何か？」ということを「所有」を通して知ることになっていくのですね。こうして、商品が、民主主義や自由主義のシンボルにもなってしまうわけで、アメリカ製品は、こうした付帯価値を持つことによって、人々の憧れの感情までをも引き付けることになっていくのです。産業資本主義の発展の歴史は、せいぜいこの過去２世紀程度のことですが、産業資本主義の発展に伴うライフスタイルの急激な変化によって、人間の欲望は拡張し続けてきました。こうしてこの２世紀の間に拡張した欲望が、持続可能性という観点から見た場合、グローバル化し得るものなのかどうなのか、という大きな問題を抱えるようになっているのです。

ホイットニーの発明は、テイラーリズムの発想を経て、フォーディズムを生み出し、大量生産時代の幕開けに貢献したのです。そのことは、今まで見てきたように、同時に大量消費時代の到来を予言していたのでした。そしてこの予言はGMの新しいマーケッティング戦略が登場することによって、現実のものとなり、こうして大衆に欲望を植付け、大量消費を操作した上で大量生産をするシステムが完成するのです。こうして、「消費による自己実現」が誰にも平等に開かれることによって、「大衆」と呼ばれる「普通の人々（Common people)」の時代が到来するようになったのです。消費者である限りにおいて、人は平等に「消費による自己実現」を達成でき、こうして誰もが「American dream」を叶えることができるという意味において、民主的であると思うことができるようになったのです。歴史の中で、資本主義が民主主義と結婚したかのように見えた、おめでたい時期だったのです。

宣伝・広告によって人々の欲望を動かすだけではありません。「車」の例を使って考えてみましょう。「車」が発明されて、「商品」として売り出されます。最初は贅沢品ですよね。「買えたらいいのになぁ」、と思っていたとしても、無くても別に困らないわけです。ところが、自動社産業界は、交通網というインフラ自体を変えてしまい、そのせいで、「車」が無ければ生活できないようなアーキテクチャー（仕組み）を築いてしまうのです。「無くてもいいもの」が「必需品」になってしまう、というからくりを作ってしまうのです。その内、１つの町が構想される時、その町の大型ショッピングモールに行くためには、どうしても「車」無しには生活できない、というようになってしまうのです。「車」がないと生活が成り立たない構造を押し付けられてしまうのです。こうした戦術が一方では存在しているのです。

さて、「産業資本」のメカニズムがグローバル化している現在、「先進国」「発展途上国」という言い方は偶然ではありません。「先進国」は、「技術革新」を成し遂げることによって「発展途上国」の未来を先取りしている国のことなのです。もし資本が成長するために、どうしても何らかの落差が必要であり、「産業資本」のメカニズムにとって、時間軸における落差、つまり、「先進国」「発展途上国」という落差が必要であるのならば、グローバル化した産業資本にとって、「発展途上国」は必ず存在していなければならない、ということになります。「産業資本」のメカニズムが作動している限り、「後れている国や地域」が必然的に生み出されていくことでしょう。1949年、当時のアメリカ大統領のトルーマンが、「世界は、先進国と発展途上国（Under・Developed）とに分けられる」と述べて以来、「南北問題」は、「産業資本」に必然的に伴う「影」となったのでした。もちろん、「産業資本」を膨らませ、常に先に進んであるためにも、「技術革新」は欠かせないものになっていったのです。「技術革新」のために「応用科学」の重要性が叫ばれ、アメリカは、自分の国に、頭脳を集めることを重視するようになっていくのです。

けれども、シューマッハーが言うように、「経済学という宗教は、急激な変化を賛美するものであって、確実によい変化かどうかがはっきりしないものは、むやみに歓迎すべきではないという、基本的真理を無視している」ということがあるがゆえに、技術革新の副産物として、環境問題を始めとする様々な社会問題が生み出されてきたのです。

２．技術革新と倫理

資本主義の中で、資本が成長するために、技術革新がいかに重要なのかということを理解していただけたことと思います。誰よりも先に「フロンティア」を先取りしてしまうような技術革新によらねば、資本が膨らみませんので、有害な結果をもたらす技術革新かどうかを見極める時間を費やすことができなくなってしまうということが十分考えられます。

そこで技術革新に対する倫理を考えておくことにしましょう。「技術革新」に対する態度が２通りあるのです。１つが倫理学者的態度、もう１つが技術屋的態度です。

①　倫理学者的態度：ある技術革新をすることで、何が結果しどのようなリスクがあり得るのか、全体的に分からないのなら、それが分かるようになるまでは、「やってみたい」という知的好奇心を自粛すべきだ。

②　技術屋的態度：ある技術革新を自粛することで、実現するかもしれない大いなる可能性を断念することこそ、人類の進歩・発展を止めてしまう行為だ。それにたとえ、何かハプニングが起きたとしても、そのリスクに対処する知恵を備えているのが人間であるはずだ。それゆえ、知的好奇心を自粛すべきではない。

以上の２つの立場からの倫理観に加えて、新自由主義者の持ち出す市場の原理から来る市場ポピュリズム的な倫理観を付け加えておきましょう。

③　市場は、民主主義的な投票と同じ機能を持ち、消費者は、良い物を購入することで、良い物に投票したのと同じ効果があり、こうして良い物が残っていくことになる。したがって、害悪をもたらすものは、市場において、自然淘汰され、駆逐されていく。

倫理学者的態度は、あまりにも厳密過ぎると技術の発展を阻害する、ということで非難されるかもしれません。下北半島の最先端に建設予定の大間原発に対する反対運動を展開している高橋茂夫さんの話が、鎌田慧氏の『六ヶ所村の記録』に出ていますが、興味深い点があるので引用します。それは、原発開発者の側の説明が、「とにかく、やってみたい。実証してみたい」というものなのだということなのです。私でなくとも、この技術開発者の側の発想に違和感を覚えるのではないでしょうか？　技術屋的態度には、行き過ぎると軽薄な好奇心が見られることすらあるのです。気付いていただきたいことは、この技術屋的倫理は、新自由主義的市場原理からくる倫理観と親和的であるということです。ハプニングを起こすような技術は改善されない限り淘汰される、という点で、両者は一致することでしょう。技術屋の倫理観そのものが、市場経済を推進するために、要請されている技術革新路線の中から生み出されてきたものと考えることができます。技術革新は、今や、資本主義の文脈の中に組み入れられていますので、技術は、利潤をもたらすために、開発されてきているわけなのです。利潤を上げるという動機は、安全性を確保するという動機よりも重視されてしまう傾向があるのです。こうした文脈において、安全性の確保は、市場原理に任せ、技術屋は知的好奇心の満足に専念することになるかもしれません。

他方、技術屋的態度は、確かに事後的に対処可能だと言ったとしても、やはり事後的ということは、ハプニングが生じてしまった後、ということなので、もしそのハプニングが大惨事を招いた時に、大惨事の犠牲になった人や環境に対して、対処する知恵が出てくるのが遅過ぎるということになります。これは市場原理主義的倫理観にも言えることです。悪いものは、市場任せにすれば淘汰されるということが本当だとしても、淘汰されるのは、ハプニングが起きて被害があった後のことなのですからね。こうしたことの責任逃れとして、「自己責任」という概念が浮上してきているのです。

技術屋の倫理観の難しさは、特に、まさに、現代的な問題として、技術の発展が、一般の人達の理解の速度を遥かに上回って進展しているところにあります。それゆえ、開発した技術に関して、十分に情報開示し得ないことになり、「自己責任」が成立する基盤を失ってしまうのです。なぜならば、消費者の自己責任をいうのであるのならば、十全な情報開示があって「説明責任」を果たして初めて「自己責任」が可能となるわけですからね。理解し得ないという不安を解消する義務を当然、技術屋サイドが、自己の「職業倫理」として負うべきでしょう。新たに開発された技術への理解を促すために、技術屋は、その技術の開発者として、想定内のリスクを情報公開する必要があるでしょう。さらにその技術がもたらす最悪なリスクとは何かについて説明責任を果たす必要があるでしょう。そうしたリスクの可能性を分かった上で、他にリスクを背負う必要のないような代案が可能かどうかを議論すべきでしょう。もし代案が無い場合は、さらに、どのようなリスクをどの範囲で誰が背負うことになり、仮に背負うとしたら背負う価値があるか、を議論し、リスクが想定される範囲内に存在する人達との間で合意をする必要があるでしょう。

この技術の問題を、特に環境倫理との絡みで言えば、環境問題という形でリスクが先送りされ、その関連で未来世代が関わってしまう場合をどうするのか、ということになるでしょう。「経済の時間」が「自然の時間」を決して追い越さないという原則の中で、技術革新を倫理的にコントロールするために、５つの原則を挙げておきましょう。

① 自然を資源と看做す場合、資源の利用は、自然が再生するペースを追い越してはならない。

② 涸渇に向かう一方で、決して再生しない資源は、リサイクル可能な場合はリサイクルし、そうでない場合は、その使用速度は代替法を開発するペースを超えてはならない。

③ 何らかの形で汚染物質が排出される場合は、生態系への影響力を調査した上で、問題が無い場合でも、自然の浄化力を超えないペースの排出量に抑えねばならない。

④ 水（河川、湖沼、氷河、地下水など）や大気、森林、食糧を生産可能な大地と海洋、などのように、人間の生存基盤でもある自然物を資源として扱う場合、それらは、「コモンズ」として、バイオ・リージョナリズム的な発想（これについては最終章にて詳述）に基づいて、そのリージョン（地域）の生態系の恩恵によって生活を営む人達の民主主義的合意に基づいてなされるべきである。たとえ、国家であろうと、地域の生存基盤を切り崩すような介入をしてはならない。

こうした４つの原則に加えて、未来世代へ、問題を先送りしないようにするために、

⑤ 技術革新によってもたらされる想定内のリスクは、その技術によってもたらされる利益を享受することになる、現行世代の者達が担わねばならない。

という原則を加える必要があります。特に、最後に挙げた項目において、自分の世代で担いきれないリスクが出る場合は、最低でも、そのリスクを金銭的に査定して、それを価格に反映した上で、その技術によってもたらされる便益を享受すべきでしょう。また4番目の原則ですが、例えば、石油が枯渇しても、代替エネルギーを想像できますが、例えば、水のような人間の生存基盤である物質が枯渇した場合、もはや代替はあり得ないのです。それゆえ、技術のリスクを査定する場合、人間の生存基盤への脅威となるかどうかという問題は、疎かにできないのです。

なぜここまで慎重にことを進めるべきなのでしょうか？　それは、生態系が、何百万年という長きに渡って形成され、絶妙なバランスの上に成立しているからなのです。1992年6月11日、ブラジル、リオ・デ・ジャネイロで開かれた国連の環境サミットにて、当時12歳のセヴァン・カリス＝スズキは、各国のリーダー達を前に、今では「伝説のスピーチ」として名高いスピーチをし、深い感動を呼び起こしました。そのスピーチの中に「どうやって直すのかわからないものを、こわしつづけるのはもうやめてください」という一節があります。この一節は、まさに、私達が「取り返しのつかないことをしてしまった」と叫んで頭を抱え込み、慙愧の念に堪えない思いをした時に実感する「時間の不可逆性」の問題に対する1つの答えを与えてくれる知恵の言葉となっています。私達、現行の世代の人間は、自然の「復元力」に挑み、「どうやって直すのかわからないもの」を壊し続け、そのつけを未来世代に送りつけているのです。未来世代への倫理については、後の章で詳しく扱いますが、未来世代への責任の取り方の1つとして、私達は、自然の「復元力」とは何かを理解する義務があり、技術の導入もこの文脈の中で思考すべきなのです。以前「自己組織化臨界現象」ということを紹介しましたが、砂山に加えるこの「1粒」を未来世代に先送りしないためには、地球生態系というシステムの復元力を重視し、その復元力に挑戦するような態度を差し控えるべきである、という倫理を訴えていく必要があります。それゆえ、シューマッハーが書いていますように、「複雑なメカニズムに変化を加えるとどんな変化でもある程度の危険が伴うので、あらゆるデータを慎重に検討した上で、行う必要がある。まず、わずかな変化を加える事前テストを行ってから、大きな変化にとりかかるべきである。データが揃わない場合には、そのメカニズムを長い間支えてきた実績のある自然の力にできるだけまかせることである」というアドヴァイスを受け入れる必要があるのです。ちなみに、シューマッハー自身は、技術を人間の身の丈に合わせること、を主張します。彼はこのように言います。「人間は小さいものである。だからこそ、小さいことはすばらしいのである。巨大さを求めるのは自己破壊に通じる。」身の丈にあった、人間の顔を持つ技術とはどのようなものなのでしょうか？　シューマッハーによれば、①安くてほとんど誰でも手にいれられ、②小さな規模で応用でき、③人間の創造力を発揮させるような、そうした技術であるのならば、そこからは、自然破壊には帰結しない、非暴力が生まれ、永続的な自然との関係が成立するようになるというのです。

哲学者のハンス・ヨナスは、人間自身の中に秘められた「自然を超える力」を畏怖することが、未来世代への責任に繋がるのだ、というようなことを述べています。この「自然を超える力」を人間はコントロールする責任があるわけで、その最善の方法は、「いいと分かっていないものは実用化しない」という予防原則的な態度でしょう。これを採用することで、「成長路線」を突き進む「経済の時間」の暴走にブレーキをかけることができるのです。

３．グローバル化する資本主義とコストの外部化（Externalization）

何かを生産した時、その生産に使ったコストは、当然生産者が払うわけで、それが価格（生産者価格）にも反映するわけです。これを経済学では「コストの内部化」と呼びます。けれども、生産コストをそれによって利益を受けるわけでもない、全くの第三者に負わせる、としたら、どうでしょうか？　「外部性」とは、「経済活動に関わっていない第三者に経済活動の影響が及ぶこと」を言います。しかも市場を経由せずに、そうした影響が第三者に及ぶのです。例えば、あなたが、洗濯物をベランダに干しておいたら、近隣の工場からの煤煙によって、洗濯物が真っ黒になってしまったと考えてください。あなたはこのせいで、洗濯をやり直したり、汚れた服を我慢して着たりするような不便を被るわけです。問題は、もともと、工場が起こしたのにもかかわらず、工場とは無関係のあなたが工場の経済活動の影響を受けてしまいました。本当は、洗濯代を工場に請求できるはずですよね。無関係の第三者に自分達の支払うべきコストを押し付けてよこす、という戦略を採れば、儲けは出るわけです。その第三者は、労働者かもしれませんし、消費者かもしれません。あるいは、その地域コミュニティーかもしれませんし、環境かもしれないのです。企業は利潤を得るためには、「外部性」に負担をかけながら、利潤を追求しているのです。例えば、製材業者が、公有林の伐採権を、安値で買い取って、それで、そうして手に入れた森林を乱伐し、生態系を荒らし放題荒らして、立ち去ったとしましょう。生態系の破壊によって、そこの地域経済は多大な打撃を受けてしまったわけです。この製材業者は、膨大な利益を手にしたわけですが、生態系の破壊から来る諸々の損失や生態系の回復にかかるコストは、この地域の人々の手に残されてしまったわけなのです。つまり、会社の尻拭いにその地域住民の税金が使われることになるのです。「コストの外部化」をすれば、当然、製品は安価になり、競争をする際に有利になります。第三者に生産コストの一部を負担させるわけですからね。けれども、先ほどの製材業者の例に出てきた、あの森が例えば、「白神山地」の森であるのならば、絶対に世論は黙っていないでしょう。世論は、製材業者に、「白神山地」の生態系を破壊したコストを支払わせることでしょう。

けれども、「コストの外部化」が、グローバルに舞台を移動し、「見えないところで」行われるとしたらどうでしょうか？　ある商社が、下請け企業を使って、マレーシアのベナン族の森林を乱伐し、先住民の文化と生活を破壊しても、それに対して一切コストを負うことなしに、純粋に利益だけを手にして涼しい顔でいる、ということは、紛う方無き事実なのです。けれども、南の国々で起きた事件なので、報道もあまりされず、日本の私達の誰も気がつかないままだったのです。こうした悪徳企業のグローバルな暗躍を知るために、皆さんも「多国籍企業モニター誌（Multinational Monitor）」を読んでみましょう。「多国籍企業モニター誌」の日本語訳がネット上で読めます。もしよかったら、オリジナルの英語版にも挑戦してみましょう。“The *Multinational Monitor* tracks corporate activity, especially in the Third World, focusing on the export of hazardous substances, worker health and safety, labor union issues and the environment.（「多国籍企業モニター誌」は、有害物質の輸出、労働者の健康や安全、労働組合や環境の問題に焦点を置き、特に途上国における企業活動を追跡しています）。”と紹介されている通りの活動をしています。私達は、「コストの外部化」という悪徳を隠すために、拠点を南に移している企業を監視しなければならないでしょう。

ここで、日本における「コストの外部化」の源光景を目撃しておきましょう。1952年、鉄腕アトムが流行った、この年に、千葉県船橋市では、「社団法人船橋ヘルスセンター」ができました。半官半民の「公益法人」という形にしておいて、実は、公有水面である「海」の埋め立てを、民間企業に任せようとしたのでした。民法第34条の規定に従えば、「公益法人」は、本来は、その設立要件として、先ずその名の通り①公益に関する事業を行い、②営利を目的としない、ということがあるのです。ついでながら、何と民法34条には定義がなされていないのですが、常識的に言って「公益」とは、「不特定多数の者の利益を実現することを目的とすること」と定義できるのです。法律的に見れば、「公益法人」という表看板がいかに不当なものか、誰でも理解できると思います。しかも、「公益法人」という看板を立てて、民間企業に任せるゆえ、当然のことながら、営利が目的となってしまい、「公益法人」の定義に抵触しているのです。けれども、いったん先例が築かれると、後は、「滑りやすい坂道」議論のごとく、都合の良い解釈の前に、規制は無きに等しいものとなってしまうのです。「皆がしている」という既成事実が、「法」よりも強くなってしまう、悲しむべき傾向がこの国には、深刻な病理として、存在しているのです。このような深刻な病理が巣食っているこの国では、船橋市が作った先例は、まさに、悪事のための言い訳を末永く与えてしまったという意味で、罪悪と呼ばざるを得ないのです。最初に癌細胞が作られてしまうと、止めようがない、似非民主国家が日本なのです。

さて、公有水面の埋め立ては、国か地方自治体しか行うことができない事業で、民間の企業が請け負うことはできないのです。にもかかわらず、「公益法人」という表向きの看板を立てることによって、船橋市は、朝日土地興業という私企業に、埋め立てを任せたのでした。埋め立て予定地を鉄の柵で囲い、沖合で海底の土砂を浚う「浚渫船」に「サンドパイプ」を繋いで、スイッチを押せば、後は機械が、海底の土砂を埋立地に流し込んでくれるのです。これが原因で、青潮の害を被るようになりました。

こうして、有明海、瀬戸内海に次ぐ、広大な干潟を有していた東京湾の埋め立てが開始されたのです。埋め立てで海をだめにしてしまって、漁業に未来はないようにさせてしまい、しかも、補償金を前払いまでして、漁師達が埋め立てに賛成せざるを得ない状況に追い込んでおいて、「漁師からの要請があったから」という理由で埋め立てていく、という手法が当たり前のようになっていくのです。これは、自分で放火しておいて、「火事だぞ」と叫ぶ、「マッチポンプ（自分で問題を起こしておいて問題を解決してやったと自慢する自作自演方式）」なのです。日本にとって「公」の自然が、私企業に奪われていく歴史がこうして作られていったのでした。

1980年の『環境白書』によれば、1945年には9,789 haあった干潟が、高度成長期の終わった1979年には、1,419 haにまで減ってしまい、85.5％の干潟を失ってしまったのです。船橋ヘルスセンターの成功で味をしめた朝日土地興業は、京成電鉄や三井不動産の２社とともに、「オリエンタルランド社」という会社を立てて、レジャーランドを建設するという名目で、1960年、大規模な埋め立てを開始しました。場所は、千葉県浦安、そう、東京ディズニーランドです。千葉県は、オリエンタルランド社に、漁業補償をさせる代わりに103.8万坪を譲渡したのでした。その内、63万8,000坪をディズニーランドにする、ということだったのですが、実際に遊園地にしたのは、25万坪だけで、残りの38万坪は、遊園地の「経営資金」に当てる、という名目で、転売可能にしてもらい、実際にその内の６万坪を、472億円で、ホテル業者などに転売して、暴利を貪ったのでした。浦安一体の大湿地帯は、時代が時代なら、世界遺産になっていたかもしれない湿地帯だったのですが、それも今では、シンデレラ城の下となってしまいました。1971年には、「千葉の干潟を守る会」が結成されて、その当時初めてとも言える「環境権」という言葉を盾にして、無謀な埋め立て事業との戦いを始めました。水俣病、新潟水俣病、イタイイタイ病、四日市喘息のいわゆる４大公害訴訟が70年までに、提訴されており、70年には最初の光化学スモッグが発生し、「公害」という言葉が認知されたころでした。1970年には、高まる公害防止の声に、ようやく国会でも公害問題が取り上げられ、「公害国会」とあだ名されているその時の会議で、一応公害防止関連の14法案が成立したのでした。それでも、「公害」は高度成長期の負の遺産だが、高度成長のために仕方が無かったという世論が半分近くを占める中、80 haの野鳥保護区が残されることになったのでした。東京湾には、三番瀬を初めとして３つの干潟が残されるだけとなってしまったのです。

もっと早く「公害」という言葉が生み出されていたらどうだったでしょうか？

人は、多大な犠牲を払って初めて学ぶことができる愚かな動物なのかもしれません。今、言えることは、「公害」という言葉が与えられて初めて、何が起きているのかを認知できるようになった、ということなのです。つまり、逆に言えば、「公害」という言葉が生み出される前の時代は、たとえ眼の前で起きている自然破壊でも、それは、「公害」という言葉が無かったために、まさに「盲点」として、目に見えない問題と同然だったのです。高度成長期の際に、多大な犠牲の下、ようやく「公害」という言葉が生まれ、それによって初めて、眼の前で行われている自然破壊に異議申し立てができるようになった、というわけです。それゆえ、千葉の干潟の埋め立て問題は、その当時の人にとって、「盲点」の問題という意味で、まさに「Invisible　problem」であったのです。「何かおかしいぞ」と疑問に思った時に、その「おかしさ」を表現できる言葉があるのとないのとでは大きな違いがあるのです。それゆえ、なぜ「公害」という言葉が必要になったのか、その言葉が発明される背後には、いかなる「苦しみ」や「犠牲」があったのか、ということを私達は決して忘れてはならないのです。

東京湾の埋め立ては、本来公のものであるはずの海を埋め立て、取り返しのつかない自然破壊をもたらし、さらに公害問題まで引き起こしたのです。企業が、海という「公」のものから、儲けを引き出し、自然破壊や公害のように、自分達がもたらした損失については、そ知らぬ顔、という「コストの外部化」による暴利は、実は、日本にも原光景が残されているのです。日本企業は同じ構図をそのまま、第三世界に当て嵌めているということになるのです。もし皆さんがディズニーランドを訪れる機会があれば、その時、皆さんの足下に眠っている、逆戻りは決してしない、失われた時間の中に消えていった、高度成長の犠牲となった多くの干潟の生き物に思いを馳せ、今度は、同じ「コストの外部化」が南の国を相手に行われていることを考えてみてください。あなたの眼の前で愛敬を振り撒く、安っぽいぬいぐるみと交換に何が失われたのか、そして、同じような手法によって何が失われようとしているのか、考えてみてください。

こうした「経済成長」の負の遺産が反省されることのないまま、今度は、第三世界の自然が破壊され続け、第三世界の富が、「コストの外部化」の手法を経て、一握りの裕福な者へ吸収されているのです。

4．負へのスパイラル

大企業の誘致は地域を活性化するゆえ、どのコミュニティーも大企業を喜ばせる政策を打ち出します。例えば、大企業を誘致するために、税金を引き下ろし、減税パッケージを提案するのです。こうして、会社という集団は、他の利益集団のように、ロビー活動を展開し、政治家に訴える必要すらなくなるのです。ロビー活動などせずとも、コミュニティーの方が、勝手にビジネスの有利になるような政策を考案してくれるからです。そんなわけで、ビジネスという利益集団は、特権的な位置を確保しているのです。

大企業が誘致されれば、誘致先の地域は潤うだろう、というふうに私達は考えます。けれども、この考え方は、国境を越えたとたんに間違っていたということが分かるのです。そのことを示す例を皆さんと見ていくことにしましょう。

メキシコとアメリカ合衆国の国境には、マキラドーラ・ゾーン（Maquiladora zone）と呼ばれている、1956年にメキシコ政府が設けた、一帯についてお話ししましょう。それは、1,300ほどの工場から成る広大な産業地帯なのです。そこには、ビジネスを誘致するために、メキシコ政府が与えた特権、固定資産税を払わなくともよい、という特権によって、守られてきた会社が集結しています。さらに、例えば、オハイオ州では、時給10ドル払わねばならなかった賃金が、マキラドーラでは、50セントで済むという、極端な低賃金によって、税金を支払うこともできないでいるメキシコ人労働者達が職を求めて集まっているのです。彼等のほとんどは、家さえ持てず、浮浪者のように、発泡スチロールや古くなった布やビニールシートで作った粗末な小屋に住んでいるのです。水道や電気も使えません。辛うじて、その日、その日の生活必需品を買うことができるだけなのです。当然ながら、税収入に頼る都市にはお金が入ってこないのです。大企業は、雇用をメキシコに移したとたんに、アメリカで長年の政治改革の下に築き上げられてきた法律を無視できるようになるからです。またそれと同時に、ビジネスが、こうした政治改革の下、築き上げた、健康や安全、環境への配慮、あるいは、工場が立地している地域社会への様々な形での還元などといった社会的責任を無視できるのです。マキラドーラでも有毒廃棄物の放出は野放し状態で、市民団体によって、重大な違反が摘発されてはいますが、メキシコ政府当局は見て見ぬ振りをしているのです。メキシコ政府は、1980年以降、アメリカの銀行からの借金が泥沼状態で、マキラドーラの産業が、ドルの流入という役割を果たしてくれている以上、メキシコ政府にとって、魅力的なのです。ですから、法律の規制も実に緩いのです。マキラドーラの地帯は、汚染地帯になり、マキラドーラの工場労働者の血液からも、高濃度の鉛が見つかりました。もちろん、メキシコにも、安全性や健康、環境を守るための法的基準は存在していますが、せっかく誘致した大企業が、他の国に逃げてしまうことを恐れて、自国の法を厳しく適用し過ぎないようにしているのです。またメキシコの法律では、両親の許可があれば、14歳から働いてよいことになっているので、家族のために、学校を止めて、働く子ども達が多く存在しているのです。こうした若い労働力をアメリカの大企業は、低賃金で雇うわけです、それも合法的に！　こうしたことに関して、改善を求める声が上がったとしても、大企業の方は、条件が悪くなれば、移転を止める法律はありませんので、いつでもマキラドーラを離れることができるわけです。「いつでも出て行くことができるんだぞ」という大企業の側の構えがある以上、好条件を提出していなければ、踏みとどまってもらえなくなるのです。大企業は、好条件を求めて、代替地へと、まさにグローバルに移動しますので、移動してしまった後に何が残るか考えてみたらいいでしょう。有毒物質に荒廃した環境と働く場所を失った貧困層のみが残されるのです。

今見てきた「マキラドーラ・ゾーン」の悲劇は、多国籍大企業は、その活動がグローバル化したとたんに、その企業が立地していた国が、法的にその活動を規制していた、規制を逃れ、国や地域に与える影響を何ら省みずに、利益だけを純粋に追求できるようになってしまうのだ、ということなのです。日本の公害の歴史を辿ってみても分かることなのですが、公害を起こしている企業とその土地の地域住民との間で、住民運動や裁判に至る争いが展開し、そうした上で公害を規制する法制度が整備されていく、という歴史があるのです。多国籍大企業は、その活動がグローバル化し、活動拠点を移したとたんに、その企業がもともと立地していた国が、法的にその活動を制限していた規制を逃れ、移転先の国や地域に与える影響を何ら省みずに、利益だけを純粋に追求できるようになってしまうのだ、ということなのです。どの先進諸国も、工業化をする過程で、同じような葛藤が、企業とその企業が立地している地域の住民との間で繰り返されてきました。

その葛藤の歴史が、公害から住民を守る法制度を作り上げていったのです。環境に関する法案は、国内の大企業とその既得権益者との長年にわたる、論争の歴史なのです。けれども、こうした葛藤を経験しないでいる、工業化以前の段階の国々は、環境関連の規制が緩いのも当たり前なのです。労賃に関しても、同様のことが言えます。先進諸国では、労働者と経営者との間の闘争の歴史があるのです。そうした歴史の中で、最低賃金を決める法律が整えられていったのです。こうした闘争の歴史によって勝ち得た遺産は、先進国においては、1つの「ヘリテージ」となっているのです。けれども、工業化以前の国々では、当然ながらそうした歴史が無いがゆえに、法制度の点では不十分なのです。それゆえ、グローバルな視点から見れば、公害規制が緩い上に、労働力が安いままの国々が存在しているわけで、そうした国々は、企業にとっては実に美味しい条件を備えているわけなのです。法に抵触すること無しに「コストの外部化」が可能なわけですからね。それゆえ、このグローバル化の時代に、「マキラドーラ・ゾーン」の悲劇と同じ悲劇が、今では、世界中のどこでも繰り返されているのです。さらに、こうした、途上国との競争を視野に入れた場合、途上国における企業にとっての「好条件」が、先進諸国においても環境基準や社会保障に対して、より低い基準に向かう圧力となって働くようになり、「規制緩和」を肯定する声となるのです。これが、規制緩和を批判する人達が恐れている「底辺に向かう競争」なのです。規制が撤廃された市場があるとしたら、一体どの企業が「コストの外部化」に手を染めずにいられるだろうか、考えてみるといいでしょう。環境や人に優しい企業は、そんな条件下の競争には勝ち残れないのですから。また、「コストの外部化」を取り締まることができるのであるのならば、私達は、未来世代に向かって、私達の享受した幸福の負の遺産をつけとして回すことがかなり軽減されることでしょう。例えば、天然資源一つ取っても、もしその「有限性」や採掘の際の環境コストが「内部化」されているとしたら、資源が安価であろうはずがないのです。このままのやり方が持続可能ではない、ということを意識することは、「未来世代」から収奪していることを意識することと同じなのです。

規制が緩いか厳しいか、という「落差」を、「コストの外部化」が可能かどうか、という「落差」と置き換えて、金儲けに利用するという、「脱コード化」のメカニズムがグローバル化した資本主義は、今、まさに、「落差」を求めて、利潤を上げる合理的選択として、国境を越え、そこで「コストの外部化」を「合法的に」行い、環境を劣化させ、人権を侵害しているのです。これはもはや企業の良心に訴えるだけでは、どうすることもできません。だからこそ、「外部化」されているものを、全て「市場」に内部化してしまい、何が「内部化」されているのかを情報公開するよう強制するような、国際的な仕組みを設計し、全ての企業を縛る必要があるのです。

５．成長神話妄信の時代と限界の存在

「成長」は、技術革新によって生み出されていくことを見てきました。日本の高度成長期を簡単に振り返ってみましょう。1952年（昭和27年）、漫画の『鉄腕アトム』が子どもの間で大人気になりました。「鉄」と「ロボット」に象徴される未来へ、まさに成長期のシンボルとして、次世代を担う子ども達に、「高度成長」に対するプラス・イメージを与えました。「経済成長は良いこと」なのだ、ということが、こうして国民間の暗黙の了承になっていくのです。「頑張れば、自分も家族も国も皆が豊かになっていく」という「成長神話」を誰もが信じて、「アトム」の象徴する明るく輝かしい未来に向けて、国民規模の努力が開始されたのでした。日本全国全ての人が「豊かさ」を共通の目的にしていた、そんなおめでたい時代だったのです。日本の高度成長期において、経済は急成長を遂げ、1965年（昭和40年）貿易が安定的に黒字になっていき、そして池田勇人首相の所得倍増計画が実現したかのように、1968年には、GNPが世界第２位の経済大国となりました。これを機に「成長神話」は疑うことのできないオーラを帯びるに至り、その輝きの頂点として1970年、総額4,000億円と言われている大阪万国博覧会が開催されるに至るのです。漫画『20世紀少年』の中で、原っぱの秘密基地で遊ぶ子ども達が、万国博覧会に思いを馳せ、輝かしい未来を夢見るシーンがありましたね。

けれども、この1970年は、いわゆる「公害国会」の年でもあり、これを機に「公害」という言葉が世界中に認知されるようになりました。光に伴う「影」を名指す言葉が誕生した年でもあったのです。1953年、熊本県、水俣市で水俣病の最初の兆候が現れたのです。魚の大量死、そして魚を食べた者は、狂ったようになっ

て死んでいったのです。当時の回想録によりますと、「(症状の重かった) 父をベッドに寝かせると、手足をばたつかせ、母と私で押さえても、押さえきれない。最後には狂って死んでしまった」というのです。当初は、原因が特定できない新種の「伝染病」や「奇病」扱いでした。水俣出身だというだけで、人々は伝染を恐れて逃げ去ったのです。それが1956年に熊本大学で有機水銀による汚染であることが認知され、1959年には、新日本窒素肥料水俣工場を相手に地元住民が運動を開始しました。1961年、富山県、神通川の「イタイイタイ病」。身体中に激しい痛みが走り、咳をしたり、手足を動かしたりするだけで、骨が折れてしまうという恐ろしい病気です。鉱山から流れ込む鉱毒のカドミウムによる汚染が原因でした。そして1963年、三重県四日市市の「四日市喘息」。重化学工場の排煙が大気を汚染していたのです。翌年、1964年には、新潟県阿賀野川流域でカセイソーダ工場の廃液が原因で、水銀中毒患者が発生しました。「新潟水俣病」です。こうした一連の問題が「公害」として認知されるに至ったのです。

当時のアンケートによりますと、「公害」という言葉が認知されるに至ったのにもかかわらず、「自然破壊に怒りを感じた」という人が、国民全体の41%程度に過ぎず、「経済成長のためだから、仕方がない」が35%、「経済成長のシンボル」と捉えていた人が10%いたのです。「仕方がない」という雰囲気に支配されていた、ということが良く分かりますね。敗戦によってもたらされた自信喪失の埋め合わせ、そして懺悔という意味合いもあったのでしょう。当時の回想の中には、死んだ戦友の苦しみを思えば何ともない、と考えて日本の発展のために努力した、というのがあります。先の「鉄腕アトム」に象徴されるような、プラスで前向きの「善」のイメージが「高度成長」にはあったのです。水俣市の新日本窒素肥料水俣工場も、工場の完成当時は、新しい時代を迎える水俣のシンボルとして歓迎されました。水俣病が始まった時、新しい時代のシンボルである工場で働く人達は、その病気は、「漁民の病気」であると認識した、ということです。ここには、新時代の担い手たる「自分達、工場労働者」というような、差別意識へと容易に転換可能な「優越感」が働いていたのでした。「公害」ということが分かった時でさえ、黙認しようとする動きさえ見られたのでした。当時を回想する住民によれば、水俣病患者の中には、補償金目当てのニセ患者として扱われ、ほとんど村八分状態に置かれてしまった人達もいたというのです。もちろん、新時代のシンボルに「公害の要因」というマイナス・イメージを与えたくなかったからですし、それに、何よりも、「水俣病」という名前で、水俣で起きた奇病を認知したはずの医者が、症候学的に「水俣病」と呼べるための条件を提示してしまっていたので、そうした条件を満たさない人は、実際に苦しみを被っていても「偽患者」扱いされてしまったのです。「公害」という新しい社会問題は、「仕方がない」ものとして捉えられていたのです。

1973年のオイル・ショックの頃までには、各家庭でクーラーや車、冷蔵庫などの、いわゆる、「耐久消費財」がだいたい揃ってしまって、新規需要が見込めなくなり、「買い替え需要」になっていきます。早く新しい物に買い換えてもらわないと企業は儲からなくなってしまったわけですね。こうして「耐久消費財」が一通り揃うと、アメリカの経済学者のガルブレイス（John Galbraith）が言うような「飽和した社会（affluent society）」が到来します。これまでのように「必要だから買う」という風に消費者に構えられたら、商売になりません。そこで、この70年代前後から、人々は「モード」つまり流行として商品を買うという風になっていくのです。「流行化」は「陳腐化」と表裏一体ですから、大量廃棄という害悪が生み出されることになります。高度成長期には、確実に存在していた「欠乏感」はなくなりました。「モード」を追ってただただ消費をしていく、という傾向が生み出されました。こうした傾向を、「Affluent（飽和した）」と「Influenza（インフルエンザ）」を掛け合わせて作った合成語である「Affluenza（消費熱病）」と呼んでいます。「何のために買うのか？」という機能的な意味はほとんどどうでもよくなってしまい、「皆が買っているから買う」というふうになっていき、知らない内に本当は必要のないものが溢れていく、これが「Affluenza（消費熱病）」なのです。こうして、70年代後半には、「高度成長期」は終り、物に対する欠乏感が無くなってしまい、ただただ「Affluenza（消費熱病）」によって消費をし続ける、「成熟期」と呼ばれる時代に突入するのです。本当は経済の「成熟」というコインの裏側には、「停滞」という文字が書かれているのですが、もはや十分な富を再配分して、今度は幸福な社会つくりを考えましょうということにはならずに、逆に「停滞」しないように「消費」を煽り、さらに「成長」を進める戦略が考えられたのです。

1972年、まさに高度成長時代の絶頂期に、『成長の限界』という報告書が発表されたのです。このまま「成長」路線を突き進めば、人口増加に伴う資源の枯渇や環境劣化によって、100年以内に「成長」は限界に突き当たるだろうと警鐘を鳴らしたのです。地球が有限であることを忘れた経済の行き方が見直しを迫られる最初の機会が、早くも70年代に出てきたのです。70年代、この「成熟期」という「停滞期」に、限界を忘れた生産様式が見直しを求められ、「消費」自体も飽和状態になってしまっていたのです。産業資本は、先進諸国において、「落差」が形成できないような飽和点に達してしまったのです。この時代に、真剣に見直しを進め、従来の経済規模拡大に向かう経済構造を「ゼロ成長」に向けて大転換する機会が与えられていたにもかかわらず、「成長」が自己目的化した世界においては、間違った方向への舵取りがなされるようになってしまったのです。この実体経済の「停滞期」に、資本家は、単なる「株主」として、生産活動に資本を活用すること無しに、ただただお金を増殖させるという意味合いにおける資本の所有のみに向かう、「金融資本主義」が登場するのです。

6．金融資本主義の暴走

アメリカは、すでに大戦前に「ドル」と金との兌換が不可能になっていました。1929年の大恐慌を経て、世界中で、金本位制が揺らぎ始めるのです。金本位制では、その国の金の保有量が紙幣の発行限度を定めるわけで、発行量を増やして国内の冷え込んだ経済を刺激したくともできないのです。このように書くと悪い制度のように聞こえてしまいますが、金の保有量という制限が紙幣の発行限度を定めているがゆえに、決まった量のお金の中で思考することしか許さない、という「欲望」の制限原理にもなっているとも考えられるのです。1934年の「金準備法」で、アメリカも金への兌換を廃止しましたが、それでも外国政府に対しては＄35を金１オンスと兌換することに応じていました。1944年、アメリカ、ニューハンプシャー州ブレトンウッズで開かれた会議で創設が決められたのが、「世界銀行」と「IMF（国際通貨基金）でした。この会議において、各国通貨は、「米ドル」と固定相場が定められ、金１オンスと＄35で兌換する、この国際協調体制を「ブレトンウッズ体制」と呼んでいます。1947年、IMF（国際通貨基金）の定めた各国の通貨の共通尺度として「金」と「米ドル（＄35を金１オンス）」

を位置付けることで、国際協調体制が布かれるようになりました。そうした意味において、アメリカ国内では「ドル」が紙切れ同然の通貨であったにもかかわらず、世界では、まさに、「金」と兌換される「ドル」として信頼されたがため、国内で「ドル」を刷れば、それを世界中に供給できたのです。こうしてアメリカを中心に一種のインフレ経済が展開していきます。当然、ドルが世界中で余るようになってしまいます。戦後のアメリカは資本主義国家の盟主として、社会主義国家に対抗するための軍事費や、同盟国への援助、あるいは、途上国の親米政権への経済および軍事援助などの巨額な支出が嵩み、世界的なインフレ状態が引き起こされドルの減価が起きました。すると当然、ドルを金に兌換しようとする動きが出てくるわけで、外国政府に対して＄35を金１オンスと兌換することができなくなってしまったのです。そこでアメリカは、1971年、正式に「金」との兌換を停止しました。いわゆる、ニクソンショックですね。「ブレトンウッズ体制」は崩れ、世界経済は変動相場制に移行します。こうして紙幣の発行限度を定めていた「金」という限界が取り外されてしまうことになりました。お金がお金を生むように金融システムの中で運用できる下地が生まれたわけなのです。それでもアラブ諸国のような巨大な産油国との原油取引の場では、そのための支払いを「ドル」で決済していたという、その当時の慣例が基軸通貨としての「ドル」を支えていたのです。1945年２月、サウジアラビア国王、アブドルアジズとルーズベルトが会見をして以来、石油取引の際は、ドルで決裁され、アラブ諸国の通貨はドルとの固定相場になったのです。ジョージ・ソロスが50年代の慣例を振り返って、このように述べています。「当時、国際的な商品の売り買いは石油と金くらいに限定されており、しかも…『プレミアム・ドル』といった国際商品取引用の特殊な通貨でなければ売買にも参加できなかった」(p. 169)。実際に、最大の石油産出国であるアラブ諸国は、その後も「米ドル」を要求したのでした。それは逆に言えば、原油取引があれば、ドルが世界中に出回るということで、アメリカの財政赤字拡大は続いていくことになるのです。日本そして後に中国が、ドルの権威が失墜せぬよう、米国債を買い支えるという役割を忠実に果たしてきました。マイケル・ハドソンが「米国債本位制」と呼んでいるような体制ができ上がるのです。高度成長期が終わった70年代に、「産業資本主義」路線は、どの先進国においても、過剰生産に陥りました。こうなると本当は、物価が下落し、失業率も高まり、賃金も低くなるといった下降スパイラルを辿ることになるはずでした。ですからどの先進国も輸出に必死にならねばならなかったわけなのです。そんな時、ドルを刷り続けているだけでいい、アメリカ経済が、その強いドルのお陰で、「消費」の巨大な胃袋となり、世界中から安い輸入品を引き受け続けることができたのです。これがアメリカに貿易赤字をもたらすことになりましたが、世界経済は全体としてしばらく安定したのです。かの独裁者、サダム・フセインは、米ドル支配を逃れようと、原油取引の場にユーロを導入しようとしたことが災いして、戦争を仕掛けられた挙句、皆さんも知っているような哀れな末路を辿りました。けれどもアメリカは、イラク戦争など歳出を拡大させ、財政赤字が膨れ上がり、それがとうとう8,000億ドルにも及びました。こうして基軸通貨としての米ドルの地位が危うくなってしまったのです。ドルの相場が下がれば、誰だって輸出代金をドルで受け取りたいとは思わないでしょう。こうして期待されるようになったものが、金融による収益なのです。70年代から80年代にかけて、世界中の先進国で高度成長が終了してしまうと、実体経済における収益性が低調になり、経済成長を促進するための新たなモーメントが必要になっていたということもあるでしょう。産業によって生み出された利益を再投資して拡張する産業資本主義型の成長が停滞期に入ってしまったのです。今まで、実体経済へのフィードバックによって膨張してきた資本が、そうした生産プロセスへのフィードバックから独立し、ただ利益の機会を求めて世界中を移動するだけの金融資本主義型に移行したのです。例えば、日本やアメリカで顕著に現れたように、ただただ資産インフレによるバブルを生み出すという形で景気を高揚させるといった形態に移行したのです。殊に、アメリカは、製造業を基本とした経済では、ドイツや日本との国際競争に敗れ、IT産業の活況が追い風となって「金融立国」への移行を積極的に推進しました。確かに、高度成長が終焉を迎えると、実体経済を支えるためには、銀行は貸出し先がなくなってしまったということもあるでしょうが、残念なことに、本来は、実体経済を支えるはずの金融システムが、投機利益を獲得するための博打場と化してしまったのです。成長期を終えた、いわゆる「成熟期」とは、まさに「停滞」と表裏一体で、供給が需要を超える「過剰」生産の時代に突入し、人間が消費できる量の限度にも突き当たるようになりました。こうして企業が設備投資を差し控えるようになれば、金融機関は、別の投資先に目を向けることで、運営費を捻出しなければならなくなるのです。株、債券、為替、土地、それからデリヴァティヴなどを対象とする投機向けに預金を貸し出すだけではなく、銀行自らがそうした行為に走るようになっていくのです。アメリカ主導のグローバリゼーションの主役が金融資本で、アメリカがゲームのルールを掌握することで、資本が自由に国境を越えて移動できるようにし、膨大な金融収益を獲得しようとしたのです。これが、本当に単なる賭博なら、ゼロサムゲームですから、儲かる人がいれば損をする人がいる、ということで参加した人の責任ですが、しかし結局は、金融システム内の貸与は「実体経済」の資金からしか調達できないのです。したがって、結局は、「実体経済」の利益を吸い取っていくことになるのです。こうしてアメリカは、世界中の政府に「規制緩和」を押し付け、金融と貿易の自由化を推進していきました。これがまさに「グローバリゼーション」の正体なのです。コロンビア大学経済学部の、ジャグディッシュ・バグワティ教授が指摘しているように、アメリカの金融機関の象徴であるウォール街、アメリカ財務省、世界銀行、IMFの「ウォール街＝財務省複合体」と彼が呼ぶ「金融複合体」が存在しており、これが「グローバリゼーション」を推進しているのです。これらの組織は、いわゆる「回転ドア」で繋がっていて、相互に人事の交換を行っているのです。例えば、世界銀行やIMFの施策実行部は、ほとんどがアメリカ金融機関のスタッフであり、米国財務省で長官を勤めた者は、金融機関のスタッフに招かれる、といった調子なのです。こうした「金融複合体」は、アメリカ資本主義に有利な構造をグローバルに広めているのです。こうして、一握りのプレイヤーのために、越境的な資本移動や投資収益の移動に対する規制が緩和されていくのです。規制も国境も無い市場において、ゲームのルールを握っている最大級のプレイヤーである多国籍大企業や金融機関や裕福層が決定を下し、他の大多数の人達は、何が起きているかも分からぬまま、環境や人権などに回されている莫大なコストの負担とともに取り残されていくのです。

商品の売買やサービスの供与など、実際の売買を伴う経済を「実体経済」と呼んでいます。何か当たり前の取引を、わざわざ「実体」と呼ばねばならない理由は、これとは異なる「金融資本」なるものがあるからなのです。これは、お金の貸し借りや為替、株などの売買で利益を上げる「ヴァーチャル経済」なのです。金融資本は、別にモノを生産しているわけでもないし、サービスを提供しているわけでもありません。ただ、融資したり、株の売買をしたり、通貨取引をしたりして、巨額のマネーを動かしているのです。株式もリスクを均等に請け負うという最初期の意味は薄れ、今や、株を売却して利益を手にする人達の方が主流で、どうしてこんな一過的な株主までもが会社の所有者と言えるのか訳が分からないほどです。お金からお金を生み出す試みは、何も「モノつくり」のような生産性にも貢献すること無しに、利潤を得ることなのです。つまり、これは決定的に重要なことなのですが、お金を生み出すことが自己目的化し、富の創造と無関係な次元で行われているということなのです。「富」とは、まさに、「人々のニーズに応えた場合にのみ創造される」のだとしたら、お金を生み出すことのみが指標となるようなシステムは、お金の蓄積と富の創造の乖離をもたらすのは必定なのです。このような「富」の創造と結びつかない「お金」を、経済評論家の内橋克人さんは、「マネー」と呼んで区別しています。ただただ金融資産が膨らみ続ければいいわけで、モノやサービスの生産というかつての経済活動の目的は置き去りにされてしまいました。そのせいで、「ヴァーチャル経済」は、実体経済を大きく超えて肥大しつつあるのです。世界の実体経済の規模は30兆ドルですが、金融資本は、3倍弱の80兆ドルにまで膨れ上がっているのです。金融資本は、ただただ「マネーを生み出すこと」を求めて大きくなる、ということだけが目的となってしまいましたので、多国籍企業も、国も、成長路線を、ひたすら成長に向けて、駆り立てられていくのです。さもなければ、投資家に見捨てられ、株式や国債が一挙に「売り」を浴びせられてしまい、国でさえも財政破綻の憂き目を見ることになるのです。今や、国も企業も格付けされ、投資マネーの動きは、それによって左右されているのです。このように、金融資本主義のシステムの中では、生産部門は縮小されてしまい、しかも、その生産部門も、マネーゲームのためのゲーム板と化して、「ヴァーチャル経済」に翻弄される有様なのです。金融資本主義のシステムでは、証券化によって、全てのものを売買可能で投機対象となる金融資産としてしまうことで、マネーゲームのゲーム板に乗せてしまいました。国際債券市場では、各国政府の債務が売買され、各国の政策立案者に圧力を加えています。また株式評価は、株主の利益を最優先するよう企業経営者に圧力を加えているのです。さらに博徒と化した銀行は、得をしても預金者に還元しようとはせず、自分の懐に利潤を入れ、損して潰れそうになると、公的資金、すなわち、税金が投入されるという、納税者がジョーカーを引くやり方を当たり前のように享受するようになりました。このように考えてみますと、実体経済のダイナミズムを左右するメタ機能として「金融資本」が働いているという見方が可能となるでしょう。もはや一国の政府が、ゲーム板で起きていることを食い止めようと働きかけることは至難の業となりました。逆に、ゲーム板の上から、下界の「実体経済」を操る手段として、「格付け」なるやり方が出てきているのです。アメリカ証券取引委員会が「Nationally Recognized Statistical Rating Organization」という称号を、この名の通り、ほんの一握りの「全国的に認められている」格付け機関に与えていて、企業も国家も、ゲーム板でプレーするのに、新自由主義路線に従わざるを得ないような枠組みを作っているのです。こうして、ゲーム板上を動く巨額な資金は、まさに、「実体経済」を翻弄することになるのです。例えば、資産価値の競り上げによって、価格が上昇すると、それが投資家を引き寄せ、さらに価格は上昇していき、こうしてできた「バブル」が崩壊すると、経済危機が生じるといった具合に翻弄されるのです。あたかも、ホストである「実体経済」の血肉を、安全な場所から吸い尽くす寄生虫のように、ホストが死ぬだろう瞬間にあっと言う間に、ホストを見放すのです。これは、まさに「投資は生産に寄与する」という基本原則が成り立たない、何の生産にも貢献しない利殖の世界なのです。デイトレイダーという存在が、この仕組みの異様さを象徴していると言えるでしょう。これは、コンピュータ上で数字を操作するだけで、膨大な利益を得ている、博徒のような人達のことです。投資家のコンピュータ画面では、まさに、「数字」しか問題になりません。ですから、「数字」の上でよい成績を上げている企業だからといって、その実体を見ると、先行投資も何もほとんど行われていないような会社であったり、環境汚染や森林乱伐を繰り返すような「悪徳」企業であったり、するということがあり得るのです。画面上の「数字」は、こうした「実体」については沈黙しているのです。また、コンピュータ画面上を追いかける投資家の目には「数字」だけで十分なのでしょう。「数字」の裏側に断固存在している「実体」には、目を向ける必要は無いし、「見なくてすむ」ということは、まさに良心を免責することでしょう。けれども、経済的効率性のみを反映している、この「数字」の向こう側では、環境汚染の除去に励むとか、労働環境を整えるとか、地域コミュニティーに貢献するなどといったような社会的責任を引き受けて、良心的経営をしようとするような企業が淘汰されて消えていっているのです。

今、「コンピュータ画面上で」ということをとりわけ強調しましたが、インターネットによって情報環境がグローバルに整備された、ということは、金融資本主義を考える上で大変重要なことなのです。なぜならば、情報技術の急速な発展によって、世界の金融市場は、オンラインで結ばれ、単一の電子商取引システムに集約される、グローバル金融システムになったからです。マネーは、紙や金属のような媒体無しで、コンピュータへの入力という操作で、取引所に身を置く必要など無しで、ネット上を駆け巡るのです。投資家は、各国の通貨価値の分単位の変動を目敏く捉え、キーボードを叩くだけで瞬時に利益を得る、という具合なのです。マネーは、モノやサービスという価値の源泉であったものからも離れ、マネーそのものが、売買される対象となりました。コンピュータ・プログラムを駆使して、巨額な取引を自動的に、そして瞬時に行うことも可能となったのです。金融市場から、将来有望とされた国には、国境を越えて、時には国内総生産の伸びを遥かに超過する大量の資本流入が始まります。けれども、金融市場の変動に少しでも不穏な動きがあれば、大量かつ迅速な資本の引き上げが待ち受けているのです。ここでは、生産的な資金の流入と投機的な資金の流入を区別するような資本規制が叶わなくなってしまっているのです。

金融市場で評価されるためには、企業は利潤を生み出さねばならないのです。M&Aや戦略的提携などを通して、企業は国家の力を凌ぐほど巨大化し、ダウンサイジングや労働組合の解体やコストの外部化などの手段で、人間社会や地球そのものが搾取されているのです。ですから、社会のために経済が回るというのではなく、経済のために、ありとあらゆる社会が、まさにグローバルに改変されてしまう事態になったのです。社会のために経済が回っていれば、何のための利潤なのか、ということは、当然、社会的に打ち立てられた目的に従うわけで、自ずと決まってきますね。ところが今や、一握りのプレイヤーに富が集中するように、ただ単に貪欲に利潤が追い求められるだけになり、国もこうした利潤追求に歯止めをかけるどころか、益々規制緩和が行われ、私達が「イラク」で目撃したように、しばしば軍事力によって再編されていくのです。こうなれば、当然、社会の均衡も崩れるでしょうし、至る所で歪みが出ます。世界市場では、安い労働力や公害を許してしまうような法の規制の甘い国の基準がむしろ利益追求には有利に働くゆえ、最低の基準に落下するスパイラルが起きてしまうのです。こうして環境劣化、労働条件の悪化、児童労働、貧困問題、格差社会、資源を巡る戦争などがといった歪みが生じているのです。金融資本主義の隆盛は、環境問題、貧困問題、失業率の上昇、子どもの酷使の問題、文化的多様性の崩壊、など企業も責任を負わねばならないような問題を放置させてしまうような社会の機能しない世界つくりに貢献しているのです。

社会的な幸福を支える価値は、生命や安全の保障など様々な価値があるべきなのに、経済的価値のみが、他の全ての重要な価値を凌駕し自己目的化したために、その中で個々人が己の幸福の追求を為し得るような社会を健全に構築する想像力が麻痺してしまったかのようなのです。こうした価値観の一元化に対して、「世界は売り物ではない」という叫びが上げられるようになっているのです。経済に従属する社会という、この逆転の構図の中で、ビジネスが、人々の幸福を実現する社会構築に貢献するにはどうすればいいのか、などという問いは、もはや問われることがないのです。現在のシステムを支配している、この金融資本主義こそが、資本主義の病理的な状態で、こうして、「経済の時間」の暴走が始まってしまい、もはや止まる所を知らない状態なのです。今や再生不可能な資源が限界に達し、環境の自己浄化作用は、もはや機能し得ない限界にまで追い込まれてしまっているのです。

金本位制の時代のように、紙幣の発行量を量的に制限してくれていた「金」という投錨点を失った金融システムの中では、価値の尺度、それから交換を媒介物として機能してきたはずの「お金」そのものが商品化し、「お金がお金を生み出す」という形の「マネー」となってしまい、それはまさに天井知らずの増殖を開始したのです。それに伴って人間の欲望も限度を失ってしまいました。「貪欲はいいことだ」と標榜する愚者が操舵する船は、今や、「氷山」に激突するまでは止まらぬ船となってしまったのです。「ヴァーチャル経済」を行き来する「マネー」は、「数字」なのです。「数」は、まさに、プラトン的なイデアの側面を持っているわけですから、決して劣化しません。実体経済の数倍も金融資産総額が存在しているわけで、この「数字」の世界で、誰かが天文学的な量のマネーを増やしたということは、当然、それに伴って誰かが天文学的な量の負債を負っているということになります。この天文学的な量の負債は、やはり最後には「実体経済」の中から返していくことになるわけなのです。けれども、考えねばならないことは、「実体経済」は、まさに、「地球が１つ」しかないという、動かし難い現実に制約されているという事実なのです。「マネー」が、癌細胞のように、増殖を自己目的として、天文学的な量に膨れ上がっていくのを止めるためにも、「数字」を決済するためには、もはや地球が１つでは足りなくなってしまっていることに気付くべきなのです。この「数字」に追いつくように、「実体経済」の面でも、成長路線を続けるのであるのならば、資源の枯渇や環境劣化という「氷山」に突き当たるのは必定なのです。「ヴァーチャル」な経済では、ゼロサムゲームですから、損得のバランスを行ったり来たりするだけの「経済の時間」があたかも無限でもあるかのように進行していくことでしょう。しかし「ヴァーチャル」ではなく「実体」の世界は、物理学のエントロピーの法則に従う限り、劣化という不可逆な時間に晒される現実が断固として存在しているのです。それが生態系の中で、かろうじて微妙なバランスを保っているというのに、そうした有難いバランスを忘れて搾取をしてしまう時、それが引き金となって自然の体系的崩壊が帰結するやもしれないのです。私達の生命維持をも司る自然という正真正銘の富は減耗するだけでなく、バランスを失えば人間の生存さえ危うくなるのです。エンデが言っていた「パン屋で購入代金を払う」という、価値の尺度と交換の媒介としての役目のみを持った「お金」に戻って、「実体経済」の中で思考すべき時が来ているのです。成長神話を捨て去り、地球１個分の経済を目指して、経済規模を縮小する決断を今こそ下さねばなりません。

マネーゲームを操る者達の目には「数字」しか映らないでしょうが、現実には、穀物の値段が高騰し、貧しい人達には手が届かなくなるなどといった歪みが生じており、その歪みによって苦痛を被る人達が出てきているのです。そうした人達が、「もう１つの世界は可能だ」を合言葉に、「世界社会フォーラム」を結成し、抵抗運動を展開するようになりました。一握りの人達に富が集中し、貧富の格差の拡大や地球資源の急速な涸渇をもたらしていることに人々は気付き始めたのです。苦痛の声は、人間を含むありとあらゆる生命の生存基盤が揺らいでいるからこそ生じているわけで、「数字」よりも優先すべき「生命」の存在を教えてくれています。現在の経済成長の歪みを考え抜くためにも、環境問題などのような「数字」の向こう側の社会問題を深刻に受け止める必要があるのです。

2007年のサブプライムローンを端に発した金融危機は、こうした無規制の資本主義は、私達を食い物にし、結局は癌細胞のごとく己自身をも破滅に追い遣るのだ、という教訓を残したのです。これを機に、私達は、「経済の時間」の暴走を食い止め、「地球１個分」の思考に基づく「社会」の中で、いかに「経済」を回していくのかということを真剣に思索しなければなりません。そこで、これだけ、「成長」路線を突き進んでいるにもかかわらず、なぜ、現行のグローバル化した経済が、生態学的には、これだけ地球環境に負担をかけておきながらも、地球人口の20％にあたる人達の基本的ニーズをも満たし得ないのかを考えねばなりません。

７．貧困問題について

第二次大戦後の「ブレトンウッズ協定」において打ち立てられた経済成長路線は、地球生態系の制約を無視し、社会的不平等を増大させ続けてきました。「経済の時間」の暴走ぶりを理解するために、私達は、「貧困問題」を避けて通ることはできないでしょう。「環境問題」も「貧困問題」も、自己目的化した「成長」が、環境劣化や社会の解体を推し進めたことに起因しているという点で同根だからなのです。「環境問題」を読み解く鍵として、この「貧困問題」を探ってみることにしましょう。

「国連食糧農業機関（FAO）」の1999年の統計によると、この地球上には、「慢性的な栄養不足」とされている人々が、８億2,800万人いる、とされているのです。「慢性的な栄養不足」だけではなく「深刻な飢餓状態にある」とされている人達が、3,000万人とされています。「深刻な」ということは、どういうことか、と言いますと、死が確実にやってくる、という意味なのです。これが「絶対的貧困」と呼ばれる貧困問題なのです。こうなると、もはや助けることができないのです。現在、世界の人口は60億人を超えましたが、FAOの試算では、現在の人口の２倍近くの人口なら養うことができるだろう、というのです。確かに、世界で生産されるトウモロコシなどの穀物は、その４分の１が、牛の餌になっているという現実が一方ではあるとしても、なぜ飢餓が起きてしまうのでしょうか？

ジャン・ジグレールが描写しているように、どこの難民キャンプでも見受けられるとされている光景があるのです。それは、難民キャンプに辿り着いた人達を、選別するということなのです。「治療をすれば生き残る可能性のある人は誰か」「治療をしても助けられる可能性のない人は誰か」ということを、医師、看護婦、ソーシャル・ワーカー達が決定しなければならなのです。いわゆる、「命の選別」です。確かに、してはならないことですが、救援物資が限られている中、こうした「命の選別」をせざるを得ない状況なのです。こうした限界状況の中で「命の選別」が為されざるを得ない時、適用される考え方が、「Triage（トリアージ３部法の倫理)」と呼ばれている考え方なのです。「トリアージ３部法の倫理」とはいったいどのような考え方なのでしょうか？　この考え方は、戦争時に、実際に行われた医療政策に基づいているのです。戦争の時のように、負傷者全てに対応できる医者や看護婦の数だけではなく、物資が極々限られてしまっている状況を想像してみてください。そうした状況下で、できるだけ多くの人を救いたいと考えた時、この「トリアージ３部法」が出てくるのです。つまり、負傷者を、①医療の助けがなくとも生き延びる可能性の高い者、②医療の助けがあれば生き残る可能性のある者、③医療の助けがあっても生き残る可能性が低い者、の３つに分類した上で、②に分類された者のみを救助していこうとする考え方なのです。

難民キャンプにおいても、「トリアージ３部法の倫理」が取り入れられ、２番目の「医療の助けがあれば、生き残る可能性のある者」には、プラスチックのリストバンドが与えられるのです。手首にバンドがある人達は、１日に１回食事を与えられるのです。でもバンドをしていない人達は、食事も治療も与えられないのです。医者や看護婦が、飢えた人達の様子を見て、誰が生き延びることができそうか、という過酷な判断を迫られている、というのが現状なのです。「お子さんは衰弱し過ぎていますね。栄養剤を注射しても、もはや手遅れの状態なのです」という宣告を、子どもを抱きかかえて、泣きじゃくる母親に向けて言い渡さねばならないのです。このようなことが想像できるでしょうか？　子どもを救いたい一心で、せっかく難民キャンプンに、母親に向けて、あなたはこのような言葉を投げ掛けなければならないとしたらどうでしょうか？　この時、このような限界状況で判断を下さねばならない人達は、「殺すこと」と「自然に死んでいくのに任せること」を区別して、自分の良心の痛みを慰めるのでしょうか？「どうせ、この子は、放っておけば、自然に死を迎えることになるのだ、だから、何もせずに見守ろう。何もせずに見守ることは、殺害することと同じことではない。」と言い聞かせるでしょう。確かに、何もせずに見守らざるを得ない状況では、この論法は正当化されるかもしれません。このような限界状況下で治療に携わる医師や看護婦にとって、「何もせずに、死ぬに任せること」は、道徳的に許容され得るかもしれません。けれども、私達は、「何もせずに、死ぬに任せること」は許されるのでしょうか？

この両者の区別が自明であると私達が感じる理由は、「誰かを殺すこと」は「誰かを死ぬにまかせること」よりも道徳上許されないことである、という見解を私達が道徳上の基本原理のごとく当然のことと考えているからでしょう。けれども「誰かを殺すこと」と「誰かを死ぬにまかせること」の間には歴然とした道徳上の差異が存在しているのでしょうか？　ラッチェルスはこの見解を次に述べるような思考実験によって批判しています。思考実験というのは、実際には行われないような実験を、想像力の助けを借りて頭の中で行ってみることをいうのです。それではラッチェルスの思考実験を紹介しましょう。

次の２つの話を頭の中で比較してみるようにラッチェルスは言います。「誰かを殺す」ということと「誰かを死ぬにまかせる」ということの道徳的差異のみを考察するために、以下の２つの話は「誰かを殺す」ということと「誰かを死ぬにまかせる」ということの違いの他は、全く似ているものでなくてはならないのです。

最初の話はこうです。

> スミス氏はもし彼の六歳のいとこに何かが起きた時、莫大な遺産を相続するということを知っている。ある夜、その子どもがお風呂に入っている時、スミス氏はそっと彼の背後に忍び寄り、子どもを溺れさせた。そしてあたかも偶然の事故の為せる業であるかのように見せかける細工をしてから、浴室を出た。

２番目の話も先ほど皆さんに注意を促した点を除いてはほとんど状況は同じです。聴いて下さい。

ジョン氏はもし彼の六歳のいとこに何かが起きた時、莫大な遺産を相続するということを知っている。ある夜、その子どもがお風呂に入っている時、ジョン氏は先のスミス氏同様にそっと子どもの背後に忍び寄り、子どもを溺れさせようと企んでいた。ところが、彼が浴室に忍び込んだ時、ジョン氏は、子どもが滑ってバスタブに頭をぶつけ、顔をバスタブに突っ込むように倒れた。自分が直接手を下さなくても望んでいた状況が、「棚から牡丹餅」式にやってきたのを見て狂喜したジョン氏は、子どもが頭をもたげた場合は、彼の頭を力ずくで水中へ押し戻そうと考えて身構えていた。だがそうする必要はなかった。ジョン氏は何もせず、子どもが溺れ死ぬのをただただ眺めていればよかったのだ。彼はただ子どもが、死ぬにまかせればよかったのだ。

この話から明らかなように、スミス氏は子どもを殺害し、ジョン氏は子どもを死ぬにまかせただけだというわけなのですが、直接に殺人を犯したスミス氏の方が「死ぬにまかせて」傍観したジョン氏より道徳的な譴責が軽いと言い得るでしょうか？　皆さんも考えてみてください。道徳上の違いがあるとしたらどこにあるのか、指摘してみてください。

道徳的な観点から、どちらか一方の行いが他方より一層道徳的に推奨できる行為であると言い得るような差異を指摘することは不可能のように思われます。例えばジョン氏が自己弁護のために「結局俺は殺さなかったのさ。ただ子どもが死ぬにまかせて、見ていただけなんだよ。」と申し開きをしたとしても、かえって彼のグロテスクな人間性の告白になるだけで、決して道徳的な潔白さを証明することにはならないでしょう。こうして「誰かを殺すこと」と「誰かを死ぬにまかせること」の間に明白な道徳上の差異が見いだし得ないとなれば、少なくとも道徳的には、あなたは援助の手を差し伸べるべきだ、と結論し得るでしょう。

そこであなたが、本当に援助したい、と考え行動に移そうとしているとしましょう。恐らくあなたは、大変素朴に、私の食べる食パンを１枚諦めて、送ったらどうか、と考えるかもしれません。けれども、ジクレールによれば、長いこと栄養不良に晒されている人達は、衰弱のあまり、消化機能が衰え切ってしまっており、与えられたパンを消化できないで、死んでしまうのです。たった１枚のパンですが、たった１枚のパンが命取りになりかねないのです。自分の食べる１枚のパンを諦めればよい、といったような簡単なことではありません。砂糖はかえって衰弱した身体に負担をかける結果になりますし、水だって、しっかり管理しなければ、バクテリアが繁殖してしまいます。衰弱している身体は、本来は平気なはずの感染症でも抵抗できないのです。下痢が命取りになる場合もあるのです。衰弱してしまっている身体が受付けられない栄養分があるということや衛生上の問題など、やはり専門家がいなければお話にならないのです。栄養不良に陥っている人達は、消化機能が衰弱して、消化もできなくなっていますので、消化機能に負担をかけないよう、点滴療法が必要であるなど、専門家による診断と治療プログラムの作成ということが必要になるのです。また、食糧を援助したとたんに、現地の農民が作った食糧作物が売れなくなってしまい、それが原因で貧困に陥るという問題まであるのです。ここで気付いていただきたいことは、このような知識を十分に備えた専門家が欠如しているのならば、支援が難しくなる、ということです。

アメリカのシカゴには、「シカゴ穀物取引所」という、世界の主要穀物の売買がされている市場があります。そこでは、「穀物メジャー」と呼ばれている多国籍大企業（今は再編されて、カーギル（Cargill）とADM（Archer Daniels Midland）の2強の時代となっているが、かつては、「ビッグフォー」と呼ばれたスイスのアンドレS・A、アメリカのコンチネンタル・グレインとカーギル・インターナショナル、フランスのルイ・ドレフェスが中心だった）が、農作物の買占めを行い、貯蔵倉庫に蓄えてしまっており、市場価格を思うままに操作しているのです。こうした一握りの「穀物メジャー」とお抱えの投機家による「ダンピング」と「在庫隠し」によって市場価格が決定されてしまうのです。「ダンピング」というのは、「放り込む」という意味の英語ですが、何をすることなのかと言いますと、大量の商品を市場に生産価格よりも安い値段で急激に投入させることで、価格を急落させてしまうことをいいます。「在庫隠し」はその反対に、在庫に溜め込んでしまうことによって、品薄状態を人為的に作り出してしまうことをいいます。こうなると商品が足りないということで、価格が急上昇してしまうのですね。こうした投機家達は、「ダンピング」や「在庫隠し」によって市場価格を思いのままに操作しているわけですが、彼らの価格操作によって、エチオピアやスーダンで人が飢えていようがお構いなしなのです。こうしてたとえ、穀物の収穫量が十分であったとしても、「穀物メジャー」が市場価格の操作をしてしまうため、操作された市場価格で、穀物を購入せざるを得なくさせられてしまうのです。国民を養うために最低限必要な穀物を購入したくとも、価格が高すぎて十分に購入できない国があるし、援助団体も、最低限の維持費用でやり繰りしている団体が多いため、市場価格が急に上がってしまうと、余分に支払いを求められてしまったり、必要量より少なく購入せざるを得なくされてしまったりしているのが現状なのです。こうした操作があっても全く何も影響を受けないで、私達が、衣食住に満ち足りた生活を謳歌する中、5歳にも満たない子ども達が、1万1,000人も、栄養失調で死んでいる、という現実があるのです。

「絶対的貧困」という問題が存在していることは、事実ですが、それとは区別され得る「構造的貧困」についてお話ししなければなりません。「構造的貧困」を知っていただいた上で、「絶対的貧困」を振り返ると、今まで見えてこなかったものが確実に見えてくるようになります。ですから、ここでは皆さんとともに、「構造的貧困」の問題について考えてみることにしましょう。

8．強い者がゲームのルールを決めてしまう（ツツ大司教）

もともと世界には、「外から見れば貧困に見えるけれども、そこで暮らしている人々にとっては、自足している」という自給自足圏が存在していましたし、今でもそうした地域は残っています。「物を多く持たなくても満足できる人達」が存在しているのです。例えば、19世紀から20世紀にかけて、帝国主義による植民地拡大が起きた時のことを例に考えてみましょう。入植したヨーロッパの人達は、現地の人達を雇って、賃労働させようと考えました。けれども、お金をやるから8時間働け、と言われても現地の人達は、労働に従事しようとはしませんでした。説得されて1日くらいは働くのですが、こうして稼いだお金を持って店に行き、必需品を買うと、2日目からはもう働きに来なくなってしまうのです。どうしてでしょう？　「それほどまでして買いたいものはない」というのですね。こういう自足して満ちたりている人は、決して「人材」にはならないのです。人が「人材」になる、ということは、生産手段として役に立つようになる、ということなのですから、「人間」を「経済成長」の一手段にする、ということなのです。人間を経済的に搾取する、ということは、奴隷にするなどといった極端な手段に訴えなくとも、「人材」の立場を受け入れられるようにすればいいわけです。けれども、現地の人達は、「人材」として「労働力」を提供しなかったのです。それゆえ、ほとんどどの植民地で、「強制労働」という手段に訴えざるを得なかったのです。まさに、奴隷化の一形態である「強制労働」が手段として採用されざるを得なかったのでした。実は、イギリスでも、産業化の最初の過程において、「囲い込み運動」という実に乱暴な手段に訴えたからこそ、農耕地を追い出された人達が、「労働者」という「人材」にならざるを得なかった、という歴史があるのです。先祖代々その土地に住んで、耕作に精を出していた人達を、「囲い込み（Enclosure）」によって追い出してしまい、そのせいで、ホームレスになってしまった人達が、生きていくに仕方が無く、「労働者」となっていく、という過程が存在していたのです。そうした人達が「プロレタリアート（労働者階級）」と呼ばれるようになるのです。ヨーロッパだって、人間は、もともと「人材」だったわけではないのです。「賃金奴隷」という言い方が、20世紀初頭まで、あったくらいだったのです。

まとめておきましょう。自給自足圏を「市場」経済に取り込むためにはどうしたらいいのでしょうか？　自給自足圏で生きている人達は、まさに「物を多く持たなくても満足できる人達」なのです。そうした人間を経済的に搾取するために、①説得に訴えたとしたらどうでしょうか？　お金をやるから働けと説得したとしても、それに対して、「それほどまでして買いたいものはない」ということでどうもうまくいきませんでした。そこで仕方なく②暴力に訴えたのでした。つまり、強制労働に訴えるということですね。けれども、当然ながら、このような露骨なやり方では、反発と抵抗を生むだけなのです。それではどうすればいいのでしょう？　そこで「人材」の立場を受け入れてもらえるような「仕組み」造りが必要となるのです。そこで私達は、こうした「仕組み（ゲームのルール）」が存在していることを確認しておくことにしましょう。

1949年、当時のアメリカ大統領のトルーマンが、「世界は、先進国と発展途上国（Under・Developed）とに分けられる」と述べました。ダグラス・ラミスの研究によれば、このトルーマン大統領の演説以降、「Develop」という言葉に「他動詞」の意味ができたのだ、ということです。もともとこの言葉は、「Envelop包む」の反対語の「ほどける」というイメージで、中にもともとあるものが姿を現す、ということで、「自動詞」の意味しかなかった、とラミスさんは述べています。つまり、「Develop」は、もともと可能性としてあるものが、自然に育っていく、というイメージだったのだ、というのです。それがトルーマンの演説以降、他動詞として、「〜を（外から援助などの力を加えることで）発展させる」という意味合いで、使われるようになったのだ、というのです。この時以来、「自分の力で自然に成長していく」というオリジナルのイメージが後退して、「〜に力を加えて発展させる」という、強引なイメージの言葉になってしまったのだ、というのです。

トルーマン大統領は、「かつての帝国主義のような大国の利潤のための搾取を求めるのではなく、われわれが構想するのは、民主的で公正な関係を基本概念とする『開発計画』である」と宣言し、アメリカが、第三世界に、援助という形で介入し、「経済発展させる」という政策を打ち立てました。「未開発の国々を発展させる」という経済政策です。

アメリカは、このトルーマンの政策を機に、新しい学問分野「発展経済学（「開発経済学」というのが通名ですが、「発展途上国」という言葉との関連を残したいために、Develop「発展させる、開発する」の内「発展」を訳語として採用します。けれども、皆さんは「開発経済学」という用語が定着しているということを知っておいてください）」という「対外戦略」を生み出したのです。「国防省」が、「戦略的に重要な言語」を学べば、３年間の生活費と学費を出すという奨学金制度、という形で、アメリカの学生を、この新学問分野に誘ったのだということです。こうして「開発経済学」の通り名で知られる「発展経済学」が完成するのです。さらに、第三世界から、優秀な留学生を募り、博士課程まで面倒を見て、十分に「経済発展イデオロギー」を吹き込んで、本国に送り返したのだ、ということです。「発展させる」という、新しくできた他動詞の意味から分かるように、アメリカが外から「発展させる」のですが、こうして本国に戻ったエリート達は、まさに内側からアメリカの「経済発展イデオロギー」の手助けをすることになるのです。「発展は良いことだ」という「経済発展イデオロギー」中の「発展」は、「外」から与えられた「目的」なのに、あたかも、初めから自分達が望んでいたかのように錯覚してしまうのです。こうして、アメリカは実に遠大な対外経済戦略の下、自国の利益を確保し得る確固たる仕組みを築いていくことになるのです。

こうして、第三世界を動かしていくことになるエリート層は、完全に「経済発展イデオロギー」に取り込まれて、同じ第三世界でも、エリート層と民衆の間に分裂が起きてしまうのです。結果として、「経済発展」で美味しい汁を吸う階級とそうでない階級が分断されていくことになるのです。どんなに「発展させられても」貧乏である階級が誕生したのです。むしろ「発展させられた」がゆえに、「貧乏」である、という自意識を持たされているわけですから、「発展させられた」がゆえに、貧困層になったのだ、と言った方がいいでしょう。アメリカの世界戦略は、大変雄大です。アメリカで出た本をそのまま翻訳しているだけの、日本も、アメリカの世界戦略に無邪気に乗せられてしまっているかもしれません。善意だろうが悪意だろうが関係無しに、こうして、第三世界は、アメリカ型の技術革新主導の産業資本主義の市場に組み入れられていくのです。「経済発展」は良いことだ、という「経済発展イデオロギー」に世界中が飲み込まれていくことになるのです。

「発展経済学」を学んだエリート達は、自国において急速な経済成長を促し、その結果として、国民全体に利益がいきわたること、を目指して、「トリックル・ダウン効果（Trickle　down effect）＝ぽつりぽつりと滴り落ちる効果」が期待されました。実は、この「トリックル・ダウン効果」こそ、「経済成長」派が、必ず前面に打ち立てる原則なのです。そこで、この「トリックル・ダウン効果」とは何なのか、解説しておきましょう。

この「トリックル・ダウン効果」とは、「政府の財政支出を、公共事業や福祉に割り振るよりも、富裕層や大企業に振り向けた方が、経済が最も早く活性化し、そうした活性化が中小企業や民衆にも恩恵を与え、染み渡り、民間部門の拡張を促すだろう、そして、貧困も解消されるだろう」という考え方をいいます。富裕層への減税政策の原点もここにあるのです。大企業や大富豪が潤えば、投資が拡大し、雇用も増え、経済成長はさらなる刺激を受け、しかも彼等の消費活動が活性化するから、それは必ず、社会全体に利益を及ぼし、最後には、貧しい人々にまで行きわたる、というわけです。上が潤えば、それが下々にも「滴り落ちて」いき、最終的には、全体的に潤うだろう、というイメージですね。経済学者のガルブレイスは、「馬にカラス麦をたっぷり食べさせれば、食いこぼしがスズメのために道に落ちるだろう」という喩えを使って、「トリックル・ダウン効果」を説明しています。「馬」に喩えられている「裕福層」が潤えば、「スズメ」に喩えられている「下々の者」もそのおこぼれを頂戴できる、ということです。けれども、そうした裕福層が潤っても、株式市場、通貨投機、ディリヴァティヴなどの非生産的な投機活動に振り当てられるか、「タックスヘブン」に溜め込まれてしまうか、して、生産的な長期的投資活動のような社会的に有益な投資にあまり使われていないのが現状です。ですから、実際には、貧富の格差が広がるばかりでした。富を持つ者と持たざる者の差がどこの国でも広がってしまったのです。

「自由のイメージ」の典型は、「あなたの目の前に無数のドアがあり、どのドアもあなたの入場を拒まない」という「機会の自由」を表現したイメージなのです。「ドア」が象徴するものは、あなたに与えられている「機会」なのです。1つでもあなたを拒むドアがあれば、あなたは抑圧されており、自由ではないのです。多くの「機会」が、あなたを拒むことなく、与えられていて、その中から選ぶ、という方が、より自由なわけです。経済学者のアマルティア・セン（Amartya Sen）は、「幅広い選択肢を社会が与えてくれる」ことこそ、豊かさなのだ、ということを論じ、この「機会」の社会的な豊かさを「Capability（潜在能力）という概念を使って表現しています。彼は、「機会」を論じるのに、「選択肢があること」と「自由な選択が尊重されること」が重要であることを述べています。援助によって物質的な豊かさを達成した国は、「物質的な豊かさ」が良いとする他の国々のやり方に合わせてそうなっただけであって、「選択肢の多様性」があって、そこから今の生活様式を選んだわけではないのです。こうした、「物質的豊かさ」によっては測ることのできない、「豊かさ」こそが、「ケーパビリティ」なのです。それゆえ、「発展させられる」という形で、経済発展を強要されて物質的「豊かさ」を達成した国は、センに言わせれば「ケーパビリティ」という点では、「豊か」ではないのです。

けれども、こうして、「経済発展イデオロギー」がグローバル化すれば、技術革新によって、新しい「Wants（欲望）」が作られると、そうした「Wants（欲望）」が満たされていないと感じる新しいタイプの「貧困」が誕生してしまうことになるのです。本当は生活に困らないという意味で十分豊かなのに、無いと困る物でもないのに、欲しいと感じて、それを持っていない自分達は「貧しい」と感じてしまう人達が出てきてしまうのです。ガルブレイスが、『ゆたかな社会』の中で区別したように、①物理的根拠に基づく欲望、②セールスマンのお世辞やコマーシャルによって植え付けられた欲望、の２つの欲望があるわけなのです。最初のものは、まさに「Need（必要）」に当たるわけで、こちらの方はずっと膨らみ続けることなく充足するわけで、これだけですと「成長」路線をひたすらに突っ走ることはできないはずなのです。したがって、消費社会は、２番目の種類の欲望へ移行することで初めて成立するのです。こちらが、私達が「Need（必要）」と区別している「Wants（欲望）」なのです。つまり、欲望が２番目のタイプになったということは、「欲望」が作り出される時代になったということを意味するのです。これはもちろん、「消費文化」というゲーム板の上で全ての人達が「消費者」としてプレーするようになったということなのです。「Need」という意味ならば、「Need」が満たされれば、参加しない、という自由があったはずですが、作られ続ける欲望に従うだけの「消費者」の立場を受け入れたら、気がついてみると、参加しない、つまり、ゲーム板から降りる、という選択肢がいつの間にか無くなってしまったことに気付くのです。営利団体は、２番目の種類の欲望を生み出すと同時に刺激し、消費文化を築くありとあらゆる方法を打ち出して、消費者の見かけの能動性を引き出しているのです。

第三世界に話を戻し、まとめておきましょう。つまり、こういうことなのです。確かに外から見たら貧しそうで、「お金が儲かれば幸せだろう」と思ってしまうような現地の人達なのでしたが、実は自足して十分満ち足りていたわけなのです。それゆえ、外から見たら貧困に見える、というだけの人達が存在していたのです。このように自足してしまっている人達は、現状に満足しているので、経済的に搾取するのが難しいのです。そうした人達を、市場経済に取り込んでしまわねばならなかったわけで、皆さんに思い出していただきたいことは、あのトルーマン以降のアメリカがとった、「経済成長イデオロギー」戦略なのです。第三世界から、優秀な人材を留学させ、「経済成長イデオロギー」を教育し、「経済発展」を至上命令と考えるエリートにしてしまった、ということです。こうしたエリートが、自国を構造改革し、「労働者にならなければ食べていけない」そんなアーキテクチャー（仕組み）を作ってしまったのです。今まで自足していた人達も、そんなわけで、「労働者」にならざるを得ない、そんな状況に追いやられてしまったのです。しかも、こうしたエリート層が、「金持ち」になり、国民がそれを「羨ましい」と思うようになって、憧れの対象にしていくようになれば、もう「市場経済」に取り込まれるしかないわけなのです。そうした人達は、「金持ち」層を基準に自分達を「貧しい」と考えるようになってしまうのです。これを「相対的貧困」と呼ぶことができるでしょう。「金持ち」が存在するゆえ、自分達を相対的に貧しい、と捉えてしまう、そうした「貧困」です。

世界の人口の半分に当たる人達が餓えに苦しむ時代になってしまった理由は、先ず表面的な次元で考えると、基本食料品となるべきはずの穀物が、家畜飼料になってしまった、ということ、そして、いわゆる嗜好品に当たる商品作物が輸出商品となるという理由で、耕作地を奪ってしまっていることなどが挙げられるでしょう。しかし、先ず、考えなければならないことは、先ほど説明したように、貧しい、とされている国々も、欧米に接触しなければ、「貧しい」という観点から自分達を振り返ることはなかっただろう、ということです。貧しい、といったん自覚し、「相対的貧困」の立場に置かれるようになれば、「豊かさ」を求め始めます。こうなると市場経済に乗っかるしかなくなってしまうのです。すると、そこで、技術革新によって、新しい「Wants（欲望）」が掻き立てられていくという構造に参加してしまうことになるのです。「広告で液晶テレビを宣伝していた、俺も欲しい」というふうになってしまうのですね。技術革新によって生み出される「Wants（欲望）」を満たしたい、と思う「貧困」が存在しているのです。これを「欲望による貧困」と呼びましょう。「相対的貧困」から抜け出したいと考えたり、「欲望による貧困」に躍らされてしまったりすると、そうした貧困から抜けるためには、やはり「外貨」が必要になるのです。実は、これが自ら罠にはまる第一歩となるのです。

9．貧困の構造 ―「貧困の近代化」と「構造的貧困」―

今までお話ししたタイプの貧困を総括しておきましょう。

①「外見的な貧困」

第三者から見て貧しいように見えるだけで、当人達は自足しています。このような自足している人達から搾取することは不可能なのです。

②「相対的な貧困」

「金持ち階級」が生まれ、それと比較して「相対的に貧困」だと自覚してしまうタイプの貧困です。「相対的に貧困」であると感じる人達は、「ルサンチマン」を感じて、自分達も金持ちになりたいと思うようになります。こうなると、自主的に「労働者」になろう、としてしまうのです。そして市場経済の中で搾取可能な人材になっていくのです。

③「欲望による貧困」

実は、「欲望による貧困」こそが、「経済成長イデオロギー」に内的に呼応する「消費主義」を稼働させる原動力です。これに侵された人々が、グローバリゼーションを歓迎し、絶え間ない「経済成長」の道具的価値となる「資源」としての自然を生み出す片棒を担ぎ続けているのです。「欲望による貧困」とは、技術革新で新しく生み出された商品を、今の自分が持っていないという欠乏感から来る貧困なのです。「私もあれが欲しい。今はそれが所有できない状態にあるから貧しいのだ」と考えるようになってしまうのです。何かを欲するためには、現在というこの時点において、その「何か」が欠如していなければなりません。つまり、コマーシャルなどを通して「欠如」をこしらえることによって、欲望は作られ、刺激されるのです。こうして欲望を刺激することで消費を促し、システムを回転させることは、資本主義の根本です。こうなれば、ほとんど先進国の人間の心理と変わらないことになるのです。後は、広告業者に大量の資金を注ぎ込めばいいわけで、完全に市場経済に取り込まれていくことになります。つまり、経済成長という目的の中で「消費の手段／道具」としての人間、一言で言えば、単なる「消費者」にされてしまうのです。資本主義のシステムが回転するためには、「消費者」は、常に「欠如」の感覚を抱かされ、それゆえ常に不満足の状態に置かれるわけなのです。このように考えれば、「経済成長」が、「幸せ」を呼ぶはずがありません。なぜならば、人々が「幸せ」な状態に停滞してしまったら何も買ってくれなくなるだろうからです。「自給自足」的な充足に安住されては困るわけなのです。経済成長のためには、こうして、永久に「欠如」が、「消費者」の立場を受け入れた人間の心に植付けられていくのです。つまり、心に開いた「穴」というわけなのですが、その穴を作るのは広告業者の舌先三寸なのです。そして、その穴を埋めるものは、「物質」的なものであり、その物質の原材料は、有限な地球が供給するわけなのですね。「消費文化」が一種、洗脳にも似たプロセスを経て入り込んできてしまっていることに気付かぬほど、欲望は消費的な欲求へと書き換えられてしまっているのです。地球が１つしかなく、有限であるにもかかわらず、広告業界が「欠如」作りを請け負い続け、それに応じて、今やグローバルに広がった消費者層が「消費による自己実現」を目指す限りにおいて、そうした自己実現の形態が、地球環境破壊に直結していることになるのです。「消費者」の立場を受け入れたがゆえの欠乏感こそ、「欲望による貧困」なのです。

アメリカ食品会社大手のハインツの最高経営責任者（CEO）は、「テレビさえあれば、人種とか文化とか育ちとかにかかわらず、いずれ似たようなものを欲しがるようになるのだ」と語っています。アメリカの良心とも言える存在である、ジェリー・マンダーさんは、大手会社がテレビを尊重する理由を分析し、このように述べています。「テレビには、数百万人の心に同じイメージを植付ける力があるため、人々の考え方、知識、趣味、欲求を画一化し、送り手の好みや利害に同調させることができる。衛星技術の発達のせいで、今までテレビの影響を逃れていた地域まで、企業の作るイメージが浸透しようとしている」。こうして、テレビを通して、人々の考え方や知識、趣味、欲求を、送信者の利害に同調させてしまうことが可能なのです。自分の欲望が分かっていない人間にとって、「他者の欲望」を参照しようという傾向は大変強いわけで、私達は、テレビのようなメディアを参照にして、「衣食住」を始めとするライフスタイルを決定してしまうようになってしまいました。盛田氏がソニーの会長だったころに、グローバルな経済統合の必要性を訴えて、このように語っていました。「特徴ある地域文化は、貿易障壁になる」と。つまり、ローマだ、バンコクだ、モスクワだ、ポルトアレグレだ、ムンバイだ、イスタンブールだ、上海だ、などといった地域ごとの文化の違いに合わせたマーケティング戦術にすると企業にとっては大きな負担になるので、文化の違いが無くなってしまった方がやりやすいのだというわけなのです。コカコーラのロバート・コイズエダ氏も「世界中の人々を強く結び付けているのはブランドネームである」と述べていますが、まさに、ブランド名中心の画一化された消費文化ができあがってくれることを、営利団体は望んでいるのです。それによって、「豊かさ」についての、万国共通のヴィジョンが完成するからです。こうしてのっぺりと画一化された商業文化がグローバルに展開されていきます。

こうしていったん、万国共通のヴィジョンが受け入れられると、アメリカの小売店舗連合会の会長が「我々の仕事は、女性たちが今持っているものに不満を抱くように仕向けることだ」と語っていたように、現状に満足しないで、「より良いものをもっと多く」求めるように、マーケット戦術を展開していくことになるのです。「消費主義」を受け入れることによって、現状には不満で、未来に夢を抱く、未来志向の人間が生み出されてしまったのです。こうした人達は、新製品を買い続けることで満足を得ようとしますが、「もっと良いもの」を求めるゆえ、現状に満足することがないのです。けれども、実は私達が生きることのできるのは「今、ここ」なのですが、未来志向の人達は、「今、ここ」しか生きられないにもかかわらず、「今、ここ」には常に不満を抱いて生きることになってしまうのです。こうした「消費による自己実現」を受け入れる「消費者」となってしまい、「欲望による貧困」を経験することが、まさに、「発展」をよしとする、経済成長イデオロギーに基づくグローバル化を歓迎してしまう下地となっていくのです。搾取のためには、先ず「消費者」になってもらわねばならないのです。

搾取不可能な①のタイプの貧困を、搾取したり、利益を上げたりできる②そして③のタイプに変換させてしまうことを、イリイチは「貧困の近代化」と呼んでいます。これは、アメリカのトルーマンによる、「発展経済学」という世界戦略によって、第三世界のエリートが「発展」を受け入れるよう、教育されてしまい、アメリカの経済介入を許した時から始まります。そうしたエリート達は、自国において、アメリカなどの先進国経済の導入を進めることで利権を得て、「金持ち階級」になっていくのです。こうして、②の「相対的貧困」への下地が用意されていったのです。そして、まさに「貧困」からも利益を上げられる方法が完成したのです。それゆえ、逆に見れば、全く利益にもならない「絶対的貧困（「深刻な飢餓」に苦しんでいる地域）」は、市場経済の「外」にあるものとして、放置されてしまうことになるのです。「貧困の近代化」の空洞地帯こそが「絶対的貧困」なのです。そこは、市場に取り込めないがゆえに、生存に必要な最低限の物ですら、手に入らないのです。「市場」というゲーム板の外に置かれてしまい、忘れ去られた場所において、「死」という生物的な終焉を待ち受ける人達が存在しているのです。決して「搾取」したり、「利益」を上げたりできない、そんな貧困が「絶対的貧困」で、アフリカの飢饉は、こうして、いつまでたっても無くならないのです。

④「構造的貧困」

③のタイプがグローバルな「市場経済」に取り込まれて恒久化するとともに、「市場経済」への依存から抜けられなくなって後戻りが不可能となってしまうのです。

さて、「欲望による貧困」に回収されると、グローバル市場に飲み込まれてしまうことになり、外貨が必要になってきます。自給自足経済を放棄して、近代化を成し遂げるための外貨を獲得するために、発展途上国の国々は、自国の自然を「天然資源」と再解釈し、自国の天然資源を「先進国」に売る、ということで、「市場経済」に乗っかっていくか、自給自足的な作物から、お金になる、いわゆる「換金作物」に国家規模で変えていくか、ということになります。すると、どうなるのでしょうか？

「市場」という観点から見れば、自然環境を利用する採取・狩猟経済的な意味での自給自足には「無料あるいは可能な限り安価で得ることができる」という意味が含意されてしまうのです。それに加えて、もし生産者が、自分が生産しているものをそのまま消費するのであるのならば、何も生産していないとみなされてしまうのです。経済的な興味が「市場」にのみ限定されてしまう場合、自分自身のための生産は、マーケット的には失敗であるという理由から、経済的に自給自足することは、むしろ欠陥であるとみなされてしまうでしょう。自分自身のための生産は、国を潤すことない、失敗した生産であると考えられたのです。こうして、国民会計システムにおいては、「生産境界線」なるものが考案されました。「自給自足は国の経済に対して貢献していないことなので生産とみなさない」というのです。こうして途上国では、国家規模で、国際市場に打って出ることになり、当然、「成長」のために、ということで、公害が出ようが乱開発を進めてしまうことになります。いったん、自分達の伝統的生活様式が根付いていたはずの自然の恵みが「天然資源」とみなされるようになれば、それは自分達の文化や生活様式への繋がりを意味する、ありとあらゆるコノテーションを失い「市場」でしか価値が無いものに変貌してしまいます。こうしてお金と交換可能な、いわゆる「換金作物」の生産は奨励され、それが、一家の長とされる男性の手にゆだねられました。そして大規模農法によって、「単一栽培」をした方が、効率的に儲けることができる、と考えて、いわゆる「モノカルチャー」の戦略を採用することになるのです。けれども、お金になるからといって、例えば「コーヒー」ばかりを生産していたのであれば、食糧に事欠くことになりますので、女性が、「一家の中で消費される食料作物」を作ることになります。自給自足経済において、例えば、女性がキャッサバの栽培をし、白蟻の採集をし、燃料となる薪を集めているわけなのですが、自給自足の土地が換金作物のための農地に変ってしまったために、彼女達は共同体の持っている共有地を利用させてもらってキャッサバ作りをせざるを得なくなっているのです。自給自足経済では、一家の家庭内消費のための生産は女性が主に担っています。共有地をこのように自給自足経済に役立てるというのは、伝統的なやり方でもあるわけで、自分達の土地が換金作物用の畑に変ってしまった今、こうした伝統が役に立ったわけなのです。けれども政府がかつての共有地を換金作物作りの農地として一般に解放し、かつての共有地は私有地化してしまいました。こうなると、食糧作物用の農地がなくなってしまうことになります。

さらにいわゆる先進国の経済介入によって、国際市場という枠組みで思考するようになると、「換金食物」は重要、そうでないものは価値がない、といった価値観に関する認識が広まっていくのです。こうして「食糧作物」は顧みられなくなり、「食糧確保能力」は大幅に侵害されることになります。これに加えて、換金作物作りに従事する男性は重要であり、食糧作物作りを担う女性の地位は従来通り低いまま残されることになるのです。かくて、女性は経済的に貢献していない者、というイメージが定着します。貢献度があるとされる男性が収入を握ることになるのです。こうして「食糧作物」の生産ができなくなった家庭は飢えることになるのですが、一応男性が稼いでいるゆえ、統計上は「貧困」とされないのです。家庭という「私的領域」で起きているような飢餓は、公的な統計の数字の上には決して現われないのだ、ということもお分かりになっていただけたと思います。ですから、そうした統計のみを頼りにして、経済援助がうまくいっていると考えるとするのなら、とんでもない間違いを犯していることになりましょう。実際に、かの綿花のスーダンは1982年から1984年にかけて、深刻な食糧危機に陥っていますが、この時期に、綿花の輸出は大幅に伸びてさえいたのです。1974

年に、国連が指定した食糧援助最優先順位国、40か国中、何と36か国は、アメリカ向けに農産物の輸出をしていたのです。

こうして途上国は、天然資源の乱開発や換金作物のための耕地開発事業のせいで、内陸部の熱帯雨林も海岸部のマングローヴも伐採され尽くされ、土地には、乱開発や公害の爪痕は残されるし、無理な生産主義が祟って、化学肥料や農薬が大量に使われた結果、土地はやせ衰えてしまうという事態が見られるようになりました。これでは、二度と自給自足経済に戻ることはできなくなってしまいます。また、換金作物に変えたのはいいけれど、国際市場にいったん巻き込まれてしまうと、先進国の買い手から、言い値で「安く」買い叩かれてしまうのです。その結果として、国家規模の事業であったにもかかわらず、あまり経済的に実りが無いということになってしまうのです。

国力を得るために、外国資本の工場を誘致する方法はどうでしょうか？　例えば、ドミニカでは、外国資本の工場を誘致し、ガルフ・アンド・ウェスタン社というアメリカの会社が入ってきたせいで、砂糖きびの栽培用の耕地が２倍になり、全耕地の25％を占めるようになってしまいました。ガルフ・アンド・ウェスタン社は、ドミニカの農民と契約を結び、この契約によって、農民達は、土地全部を砂糖きびの栽培に当てるよう義務付けられたのです。けれども、この契約を結んだ結果、自分達の食料を生産するのに当てる土地が無くなってしまいました。飢えた農民が、この契約に反して、自分達の食料を耕作しようとすると、軍隊が動員されて、農民が作った作物は根こそぎ引き抜かれてしまったのです。なぜ一企業に過ぎないガルフ・アンド・ウェスタン社がドミニカ政府の軍隊を動かす力があるのでしょうか？　答えは、ドミニカ政府の一部の者が、ガルフ・アンド・ウェスタン社と結ぶことで、何らかの利権を得ているから、ということなのです。実際に、ドミニカに見られるような、政府の一部のエリート層が、先進国の企業と結ぶことで利権を得るというケースは、発展途上国のどこでも見ることのできる構造なのです。こうして政府の一部の者は潤うけれども、農民を初めとする途上国の国民には、利益が還元されることはない、という構造が作られていくのです。

途上国には、未だに民主主義が確立していない国が多く、先進国企業と結託して利権を持った特権階級のみに富が集中したり、急速な経済成長に伴う環境汚染や搾取などに対して、国民が反対の声を上げることが容易でなかったりするわけなのです。

スーザン・ジョージさんは、『なぜ世界の半分が飢えるのか』の中で、「低開発国では、より多くの土地が、贅沢な食品をより多く生産するために使われ、しかもそれを口にすることのできる人の数は全体の比率からみれば、より少なくなっている。アフリカは今や、従来のヨーロッパ向けヤシ油、落花生、コプラ油ばかりではなく、果物、野菜、それに牛肉までも輸出している。・・・。低開発国で作られた穀物はすぐに飼料工場に送られ、そこからまた家畜を太らせるため畜産地に送られるが、その家畜の肉は低開発国の消費者の手にはとうてい入らない」と述べ、途上国が「構造的貧困」の罠に嵌っている現状を訴えています。

ヴァンダナ・シヴァさんは、「開発」とは、「西欧の鋳型にあわせて世界全体を改造していくことが進歩であるという規範の押しつけなのだ」と述べて、トルーマンの「発展･開発経済学」というアーキテクチャーの正体を見抜きました。「発展･開発」を受け入れることによって、「発展させられる」という他動詞の力を、先進国の介入という形で許してしまうことになったのです。こうして、「構造的貧困」がグローバルに生み出されることになってしまいました。私達が見てきましたように、「発展・開発」という物差しが先ずできたがゆえに、その物差しで計測される対象が生まれてしまったという逆転した事態が起きてしまったのです。また、経済開発の名において、人間も自然も経済発展の手段である、単なる人材や資源として見られ、経済のサブシステムにされてしまったのです。こうして自然の豊富な「発展途上国」の国々は、資源に貶められた自然と極端に安い労働力を差し出すことになってしまい、経済のサブシステムに組み入れられてしまったのです。

80年代より、IMF（国際通貨基金）は、経済的に困窮している国々に融資を行うのと引き換えに、貿易・外国投資・金融の自由化、規制緩和、国有企業・公共サービスの民営化などを迫るようになりました。貿易の自由化とは、輸入関税の引き下げ、さらには撤廃を意味し、そのようなことをすれば、先進国の製品が市場になだれ込み、現地の産業は到底太刀打ちできず、潰れていく他ないのです。さらに外国投資を自由化し、投資を呼び込もうとする時、多国籍企業にとっての最適な活動条件として、環境規制や労働法などが規制緩和されていくのです。そして金融の自由化は、まさに、短期の投機資金の流入および流出の機会を提供することとなり、「マネーゲーム」の盤上に乗せられることを意味するのです。また、途上国で民営化が行われれば、それは外国資本に安く買い叩かれることを意味するのです。

その地域生態系への責任感の無い多国籍大企業によって、伝統的に使用していた種子に知的所有権の縛りをかけられ、上下水道設備も民営化の名の下に奪われ、小さき子ども達までをも労働力として徴集され、資源を乱掘され、都市のスラムに追い遣られ、公害を移転されてしまうこと、要するに強大な支配力のなすがままにされてしまうこと、それが、第三世界の地元の人達の目から見た経済的グローバリゼーションなのです。ほんの数十年前までは、経済的グローバリゼーションに覆い尽されることのない場所であったのに、今や完全にグローバル市場に取り込まれてしまっているのです。

それでは、グローバリゼーションに身を任せ、農産物の自由化を行えば「神の見えざる手」によって「飢餓」は無くなるという論法はどうでしょうか？　1994年に「北米自由貿易協定（NAFTA）」が、発効され、アメリカ、カナダ、メキシコの３か国間で関税を撤廃していく、ということが決められました。その後、アメリカからメキシコへ、安いトウモロコシが大量に入るようになり、メキシコの家族経営型の小規模零細農家が崩壊してしまいました。主食であったはずのトウモロコシをアメリカに依存しなければならない、という構造ができあがってしまったのです。このような依存状態が構造的に固まってしまった矢先に、末期のブッシュ政権が、「バイオ燃料」への転換を大々的に打ち出したものですから、トウモロコシの値段が高騰し、トウモロコシの値段が短期間の内に７割ほど上がってしまったのです。こうして、主食を手に入れられなくなったメキシコ人による大規模デモがメキシコの各地で起きるようになりました。

農作物の自由化は、メキシコの例からも見て取れるように、完全な依存構造が形成されてしまったら、生活そのものを破壊してしまうような惨事が結果し得るということです。自由化の結果、「余っている所」から「不足している所」への回路が開けるだろう、というのは、単なる理想論だったのです。メキシコの例からも分かるように、実情は、「値段の安い所」から、少しでも「値段の高い所」目指して、モノが流れていくということです。実際に、今、日本のような場所に食べ物が集まっているではありませんか。その結果、物価は高いが食糧は余っている（飽食）という事態を招いてしまっているのです。その証拠として、３つ挙げておきましょう。先ず､突出した「フード･マイレージ（輸送量×輸送距離［ｔ・km］)」です。日本の場合は、約9,000億t･kmで、これは、米、韓の約３倍にも及びます。次に、食品の大量廃棄です。日本の家庭から年間1,000万ｔの生ゴミが出ているのです。最後に、肥満の増加です。世界で11億人が飢餓に、ほぼ同数の人達が肥満に、苦しむと言われていますが、肥満は、アメリカ、イギリス、日本などの先進国に集中しているのです。そんなわけで、農作物の自由化は、飢餓の問題を解決してくれるような良策にはなり得ないのです。

こうして、「開発（発展）経済学」が可能にしたアーキテクチャーの中で、途上国は、市場経済に飲み込まれていきましたが、先進国の人間は、「消費」による自己実現を享受するようになったのです。1920年代にアメリカでは、消費社会が誕生し、自動車が消費社会のシンボルになった歴史を私は皆さんに紹介してきました。アメリカのビジネスは、経済学者や心理学者を抱き込んで、衣食住という基本的ニーズが満ち足りた後、なおも、大量消費を継続させることによって、経済成長を持続させるにはどうしたらよいのか、解決できる仕組みを考えたのです。その基本路線は、「消費の民主化」をアメリカ経済の合言葉にする、ということだったのです。第二次世界大戦が終結した1946年、実質上の大国になったアメリカでは、「夢の時代がやってきた」と言われていました。1950年代には住宅ブームが起きて、毎日、4,000組の若いカップルが、洗濯機、乾燥機、食器洗い機､冷蔵庫､テレビなどの電化製品一揃えとともに、できたばかりの新居に入ったのです。1953年、アイゼンハウアー大統領の下にあった経済諮問機関は、「アメリカ経済の究極の目的は、消費者への商品をより多く生産することである」と宣言しました。アメリカビジネス界の仕掛けた「消費の民主化」はこうして確実に広がっていきました。

1962年、ジョン・F.ケネディの下院に向けて行った特別教書演説の中に、政治という場面において、初めて「消費者」という言葉が使われました。彼の演説の一部を引用しましょう。「そもそも消費者とは、われわれ全員のことだ。この国最大の経済集団なのだ。それゆえ､どんな経済的決定にも影響を与えるだろう。消費者は、重要視すべき唯一の集団である。しかし、その意見はないがしろにされがちだ」。今までは、民主政治の主体としての「People」であったのに、先進諸国では、経済発展とともに、「消費者」という立場を認めざるを得ない状況になっていったのです。ケネディは、政府は、いかなる時も、消費者の、①知らされる権利、②選ぶ権利、③意見を聞いてもらう権利、④安全を求める権利、を擁護しなければならない、と述べました。ケネディが、このように述べざるを得ないほど、ビジネス界の勢力はあなどりがたいものになっていました。グローバリゼーションの名の下、全てが市場に飲み込まれ、市場の中でなければ、何事も実現され得ない状況が作られていったのです。確かに、先進国では、このケネディの演説が、まさに、消費者運動に端緒を開くことになりました。けれども、これは、もはや市場の外に存在することがあり得ないのだ、という宣言にもなっているのですね。

確かに途上国だろうが先進国だろうが、「欲望による貧困」に呪縛されてしまっている人間は、消費者が市場で選択する自由は不可侵だ、という主張することでしょう。けれども、こうした主張を受け入れてしまう前に、私達が考えねばならないことは、そもそも消費によらねば「幸福」になれないのかどうか、という、消費を称揚する考え方の前提を疑うことなのです。「欲望による貧困」の支配する社会では、消費者の選好があって、そうした上で、市場に赴き、選択する、という風にはなっていないことに注意しなければなりません。消費者は、むしろ、日々、企業のマーケティング戦術に晒され、消費者としての行動を操作されているのです。人々は、単なる「消費者」ではないはずなのです。本来は「人民の、人民による、人民のための政治」だったはずです。例えば、学生、探求者、病人、失業者、障害者、退職者として、あるいは、人権を持つ者として、むしろ、人間らしく生きるためには、市場から保護されてあるべきだ、という側面があるはずなのです。にもかかわらず、今や私達は一応に、「人権」には無関心な「消費者」として均されてしまい、テレビで紹介される新商品を新しい自己実現の手段として受動的に欲するようにされてしまっているわけで、こうなると、常に「欠乏」を植付けられるので、強迫神経症的に満足を追い求めることになるのです。こうなると「よく生きる」ということを、従来の枠からはみ出る形で、創造的に探求する生き方は忘れ去られてしまいます。経済成長は、あらゆる社会問題を解決に導く特効薬である、と信じて数十年以上もこうして「成長」を合言葉にやってきたというのに、先進国の人間には、いつ終わるとも無く満足を求めて駆り立てられる強迫神経症がもたらされただけでした。そして途上国においては、自給自足して何不自由なく生きてきた、その根本に当たるものが崩壊してしまったのです。

現行の制度で環境破壊をもたらしてきたものは何なのだろうか、ということを考えると、「経済成長」路線とそれを歓迎してしまう消費主義がグローバル化したこと、という答えに辿り着きました。自己実現が消費によるとしたら、「パイを大きくすれば、多くの人達の取り分が増える」などといったレトリックで成長路線が正当化されていくことになります。それが「複合の詭弁」に行き着くことは以前、お話しした通りなのです。

「南」の途上国に目を向けて考えていくと、資本と労働力の間の闘争という、社会主義者が社会構造の根幹に見てきた構図が断固として存在していることが分かります。ただ「消費による自己実現」という欲望が人々を単なる「消費者」に変換してしまうと、「資本と労働力の間の闘争」という構図はあまりにも単純化されたものと言わざるを得なくなります。なぜなら、人々が「消費者」となり、その欲望が「消費による自己実現」に限定されてしまうことで、現行の制度を批判することなど思いもよらぬことになってしまうからなのです。なぜならば、私達が見てきたように、「消費による自己実現」のために労働力を提供するようになるからです。こうして限り無く大きな「パイ」を求めて「経済成長路線」がどちらかと言えば歓迎されていくようになるのです。

10. 格差社会

2005年、8月アメリカを襲った大型ハリケーン「カトリーナ」がもたらした被害は、甚大なものがありました。本格的な復旧のためには、11兆円かかるだろうという概算が出ているくらいなのです。そして、このハリケーンによって、アメリカが国際社会には見せたくなかった恥部が露呈してしまうことになったのです。被災地のニューオーリンズの下町は、約50万人の人口の３分の２が黒人で、貧困層の割合は全米平均の約２倍と言われていて、大部分が黒人なのです。町は、海面より低い場所に位置し、堤防によって護られていましたが、堤防の決壊によって、下町に取り残されていた貧困層に属する人達の命を奪うことになったのです。白人中産階級の多くは、事前に避難をしていましたし、住宅には保険をかけてあるので、住宅損壊もそれほどこたえた様子は見せませんでした。嵐の去った後、私達は、ここがアメリカとは信じられないような光景を見ることになったのです。政府の対応の遅さも、貧困層がアメリカの一部ではないかのような錯覚を与えました。被災から3日経っても、死者の概数さえ把握できずに、政府はこれといった抜本的な対策を講ぜず、感染症まで流行し始める始末だったのです。まるで、あたかも被災地は「貧しい彼らの居住地」とでも言わんばかりの対応の遅延ぶりでした。物資の不足と不安から取り残された人々の中には、略奪行為や破壊行為に走った人もいました。テレビ画面には、一見してアメリカとは思えないような「難民キャンプ」を彷彿とさせる光景が映し出されていました。アメリカ社会の貧困格差の問題をこれほど強烈に印象づける光景はありませんでした。インタヴューに対して、「打撃をうけたのは貧しい人ばかりだ。彼らは家を失い、絶望している。」と語っていた福祉団体職員の言葉が全てを語っているのです。

ニューオーリンズの一連の被害報道の中に、恐らく皆さんは、水没した町をボートで回りながら、未だ住宅に居座っている人達に向けて、感染症の恐れがあるから避難するよう呼び掛ける政府関係者の姿を見たのではないでしょうか？　そして、恐らく、なぜこの人達は、強情なまでに避難しようとしないのだろう、と考えたことでしょう。しかも事前に避難勧告まで出されているのに、何を意固地になって、居残っているのだろう、貧困層ゆえの無知なのだろうか、それとも、貧困層には勧告が行き渡らなかったのだろうか、などと考えたのではないでしょうか？　けれども、これには理由があるのです。先ほど触れましたように、白人中産階級の人達は、避難勧告を受け、事前に、ニューオーリンズの町から、素直に脱出しました。それは、住宅に保険をかけているだけではなく、銀行に口座を持っているからなのです。ですから、保険関連の書類と預金通帳を持っていれば、後の憂いもないわけなのです。けれども、貧困層の人達は、口座すら開けないのです。どうしてか分かりますか？　今、日本にもアメリカのシティー・バンクが進出していますので、シティー・バンクを例に挙げて考えましょう。シティー・バンクでは、月末に、50万円以下の残高になると、月額2,100円にも上る口座維持手数料を取られてしまうのです。50万に限りなく近い額だとしても、年利がたった100円にしかならないのにもかかわらず、口座を維持する手数料に2,100円ずつ毎月支払わねばならないとしたら、どうでしょう？　月50万円の収入があれば問題はありません。けれども、あなたが貧困層に属しており、口座に50万円維持するのが難しいとしたら、どうでしょうか？　あなたは、口座を開こうなどと考えないはずです。すると、あなたの全財産は、あなたが住んでいる、まさにその家の中にある、ということになります。アメリカでは、このような仕組みがあるがゆえに、いわゆる「金融弱者」が貧困層を中心に拡大しつつあるのです。アメリカでは、1,100万世帯が口座を持てない「金融弱者」層になってしまっている、ということなのです。金融学で言うところの、「20対80の法則」というやつで、儲けが出るのは２割に当たる富裕層からで、残りの８割はどうするか、というと、顧客選別をかけて、儲けが出るだろう人達のみを篩いにかけていくのです。さて、ここで考えてみてください。あなたが、そのような貧困層の立場に立たされているとしたら、「ハリケーンが来るから避難せよ」と言われて、「はい、仰せの通りに致します」となるでしょうか？　恐らく、あなたは、ニューオーリンズの貧困層の多くの人達がそうしたように、家と土地という資産とその家の中にキープしているわずかばかりの自分の財産にしがみつこうとするはずです。そう、つまり、家に残る、という選択肢以外に選択の余地はないのです。この時の犠牲者が、貧困層に集中したのも当然なのです。保険にも入れない上に、「金融弱者」でもあるのならば、家にしがみつくのは自然なことなのです。アメリカでは決済手段が大抵は小切手かクーポンですので、たとえ、福祉の援助が降りたとしても、援助が「小切手」できたとしたら、口座がなければ換金できないわけです。でも貧困層は口座が開けないので、どうしようもない、そんな社会の仕組みがあるのです。

皆さんは、デンゼル・ワシントン主演の映画『ジョン・Q』を観たのではないでしょうか？　保険を削られた主人公が、自分の子どもに心臓移植手術という高額な手術を受けさせてやることができなくなり、やむを得ず、銃を持って病院に立てこもり、暴力に訴えてでも息子の手術を受けさせようとする、そんな内容の映画でした。アメリカ社会で、保険に入れないこと、あるいは、高額の保険に加入できないことがどういうことを意味するのかを教えてくれる映画でした。これは、アメリカの貧困層の有様を反映した、まさに現実と隣合わせのフィクションなのです。ジョンＱの友人が、ジョンＱが立て篭もる病院を背景に、テレビ・インタヴューを受ける場面で、「世の中には、ブルー・カラー（肉体労働者）、ホワイト・カラー（頭脳労働者）の他に、ノー・カラー（階級無き者）がいるんだよ」ということを言っていました。ブルー・カラー（肉体労働者）やホワイト・カラー（頭脳労働者）のように、「ゲーム」板の上でプレーできる人ならまだいいでしょう。確かに、ブルー・カラー（肉体労働者）は、搾取され、抑圧されてはいますが、まだ「消費者」である内は、「ゲーム板」の上でプレイヤーとしてプレーできますし、あまり可能性はないにせよ、敗者復活に与るかもしれないのです。けれども、「ノー・カラー」になってしまったら、「ゲーム板」の外に弾き出されてしまって、敗者復活も何も無いただただ一生涯、ゲームの外で、苦渋を舐めねばならず、腐臭が漂うまでは、誰にも気付かれない「死」を迎えるかもしれないのです。

カナダの活動家ナオミ・クラインさんが、紹介しているFATT（米州自由貿易地域）に賛同するカナダの国際貿易担当大臣、ピエール・ペティグリューの言葉を引用しましょう。「（現代の経済システムでは）弱い者は搾取されるだけではなく、排除される。その富を生み出すのに、あなたは必要とされないかもしれない。不要な人間の排除は、搾取よりもっと進んだ段階なのだ」と。ここには、「社会ダーウィン主義的発想」が、経済モデルの中にそのまま残っているのだ、という恐さを感じます。もっとも、「弱肉強食」の世の中での「適者生存」を前提とする「社会ダーウィン主義」的な考え方は、アメリカではかなり根強いものがあります。皆さんも知っているウォルト・ディズニーの言葉を引用しておきましょう。「肝に銘じておきたまえ、強者が生き残って弱者が道端に倒れるのは世の習いだ。どんな理想が打ち上げられようと、私は聞く耳をもたない。たとえ何があろうと、これは変わらないのだ」ディズニー・ランドのような理想郷を造った男の言葉として聞くと、面白いですね。「どんな理想が打ち立てられようと、強者が生き残って弱者が道端に倒れるのは当たり前だ」と言っているのですからね。いつ、ゲーム板の外に弾き出された「ノー・カラー」になるかも分からないような、そうしたお粗末な社会つくりが、日本でも格差を広げているのです。金にならぬという理由で貧困が放置される社会は、そこが大都市であろうと、「絶対的貧困」の類似物を生み出してしまうのです。

グローバリゼーションは、多国籍大企業にとっての「効率性」を最大限に高める仕組みを広げていくことでした。けれども、その「効率性」の正体は、結局は、

「外部性」に皺寄せをすることで成り立っているのです。児童労働を含む低賃金労働や公害に関する規制の緩い場所への移転も、あるいは、リストラによって、包摂する力がない社会へ雇用を失った人達を放り出すことも、全て、そうした「外部性」への皺寄せで、そうした皺寄せに目を瞑ることで成り立つ「効率性」の追求は、実はあまりにも、コストの点でも高くつくだけではなく、地球生態系へも取り返しがつかないダメージを与え続けているのです。

11. 欲望、お金、時間 ―「自然の時間」を守る―

2005年にアル・ゴア元副大統領の映画『不都合な真実』が上映されたお陰で、ようやく世界の人々が動き出しましたね。私達の講義も、「不都合な真実」を知る、というところから始めることにしましょう。グローバル化する経済は、どれだけ地球資源を無駄なく活用できるかにかかっているはずなのですが、環境の問題は無視されてきたのです。私達は、自然を「資源」として扱うことに何の抵抗も感じずにやってきたわけですが、今、何と、基本的な生命維持システムの崩壊が起きつつあるのです。

アムンゼン率いるノルウェー隊に一か月遅れて、1912年１月17日、ロバート・スコット率いるイギリス隊は、南極点へ到達しました。すでに極点に翻っていたノルウェーの国旗に、失意のイギリス隊を、その岐路、激しいブリザードが襲い、彼らはそのまま消息を絶ってしまったのです。同じ年、捜索隊が、最後の宿営地となったテントの中でスコットの遺体と手記を見つけました。こうしてロバート・スコットの名前は悲劇の探検家として、世界中に知られるに至ったのです。この有名な探検家、ロバート・スコットの息子、ピーター・スコット卿は、父親の影響もあって、自然保護活動家になって、特に南極の保護を訴えています。スコット卿は、このように述べています。「人間の貪欲な欲望をコントロールできない限り、南極の自然、そして地球が人間の手によって破壊されていくだろう」私達は、最近は殊に、このスコット卿の警告に類する警告を嫌というほど聞かされています。これだけ同じような警告が発せられているのだから、スコット卿の警告に耳を傾け、「人間の貪欲な欲望」をコントロールしましょう、ということで誰もが合意しそうなはずです。そして、この警告に従って、「貪欲な欲望」をコントロールしさえすれば、私達は、地球の破壊に手を染めることなく生きていくことができるはずなのです。このことは誰もが分かっているはずですね。にもかかわらず、「人間の貪欲な欲望」をなぜコントロールできないのでしょうか？　そこで私達は、先ず、人間の欲望はなぜコントロールし難いのかということの理由について考えましょう。

スコットランドの哲学者、ディヴィット・ヒュームは、人間の欲望と理性の関係を深く思索しました。ヒュームによれば、人間の欲望が目的を設定し、理性は、その目的をどうしたら効率良く達成し得るか、という計算に貢献するだけだ、というのです。例えば、「あなたの目的は何ですか？」と私が聞いたら、あなたは何と答えるでしょうか？　目的は一人ひとり違うとしても、「私は～したい」とか「私は～になりたい」という表現形式で答えることでしょう。この表現中の「したい」とか「なりたい」という言い方は、まさに「欲望」の表現ではありませんか！　このように考えてみると、「欲望」こそが「目的設定」に関わる、というヒュームの考え方は正しいように思えますね。人間の理性は、「欲望」が打ち立てた「目的」を達成するのに、効率的な手段を計算するのだ、とヒュームは言うのです。「ある目的を達成するために可能的な手段を計算すること」を「目的合理性」と呼びます。理性は「目的合理性」に貢献するのです。人間の理性が目的合理性に従事するとしたら、目的を設定するのは「欲望」ですから、理性は、せいぜい、欲望の従者にしかなり得ないということを意味します。

ヒュームの図式が見通せると、私達は、「利潤の追求」という欲望の問題が、「いかに効率よく利益を上げるか」という合理的計算という理性の問題に置き換えられる、という転換点に、経済学という学問を置いて考えることができるようになります。社会学者のマックス・ウェーバーは、『経済と社会』の中で、「純粋に技術的視点から見るならば、金銭は経済計算のための、この上なく完璧な手段だ。すなわち、経済活動を測定するための、もっとも合理的な手段にほかならない。」(p. 86 創文社）と述べています。「利潤の追求」という欲望に、金銭の計算という理性的手段が従属しているのです。こうして、力点は後者の「合理性」に移動してしまい、前者は、謂わば前提という形で肯定されてしまうのです。実際に、経済学では、人間は「ホモ・エコノミクス」として定義され、その内実は、自分の欲望の最大化を目的として合理的に行動する存在、ということなのです。

こうして経済活動は、「欲望」を前提とすることから出発します。けれども、第３章でもみたように、フロイトやラカンの精神分析を勉強すると分かることは、人間は自分の本当の「欲望」が何たるかを知らないということなのです。つまり、人間は自分の欲望に、名前を与えることができないのです。本来の欲望を知ることができればどんなにいいでしょうか！　なぜなら、その欲望が満たされれば、全てが解消するはずだからです。けれども、人間は自分の欲望が本当は何なのか分かりませんので、決して満足に至らないがゆえ、飽くこと無く、来る日も来る日も欲望し続けるのです。そんなわけで、本当は、人間は自分の欲望を知らず、名付けることさえできないのです。自分の欲望の正体が分からず、それがために、欲望し続けねばならない、というのが人間の運命なのです。喩えて言えば、人間は、自分で発明したわけではない、という意味で「他者の言語」という「寄生物」が、人間の心を構成すべく、取り込まれたがゆえに、「欲望」が多様化しました。言語があるがゆえに、人間だけが、今日の晩御飯に何を食べるのか迷うのです。「あなたは何を今晩食べたいですか？」これだけのことでも、多様な選択が広がります。「フランス料理にしようか、懐石料理をいただこうか、中華も捨て難いし、イタリアンも魅力的だ」などといった具合に、言葉を持ったがゆえに、欲望の幅が広がったのです。言語ではなく、本能行動に支配されているパンダやコアラなどの動物は、ユーカリや笹をただただ食べているわけなのです。あなたが幾ら「カレーライス」が好物だとは言え、毎日毎食食べ続ける、ということはないでしょう。「カレーを毎日なんて厭きるから嫌だ」という欲望が出てくるわけで、「ユーカリを毎日何て嫌だ」というコアラや「そろそろ笹だけというのも厭きたから、せめて毎日違ったドレッシングをかけてくれ」と欲望するパンダはいません。けれども、人間は、何を食べるのかという食欲という欲望１つとっても、言語のせいで多様化してしまっているのです。性欲になると、人間はまさに変態的であるとさえ言えるわけです。考えてみてください。岸田秀さんが言うように、マザコンのコアラやSM趣味のパンダは存在しないのです。動物の場合、ただただ本能によってプログラムされた交尾期が存在しているだけなのです。交尾期だけど、我慢しよう、ということができる動物はいないわけです。動物の場合は、欲動（欲望の衝動）を本能が行動にまで導いてくれるわけです。人間の場合は、欲動を感じても、それが本能によって一様な行動に導かれる、ということはありません。

人間の場合、生じた欲動を「言語」を介在させて解釈せねばなりません。「何を食べようか？」「何をしようか？」などといった具合に、生じた欲動を巡っていろいろと考えるわけなのです。人間の場合、これがあれば満足できる、ということが決してありません。「あれを食べたい、これも食べたい」「あれを着たい、これも着たい」「あれを欲しい、これも欲しい」「あれをしたい、これもしたい」という風に、これがあれば、欲望は満ち足りるということが決してありません。人間は自分の本当の欲望が分からぬまま、「あれが欲しい、これも欲しい」と右往左往しつつ一生を送らねばならない業を背負っているのです。

お金の発明によって、愛、美、権力、強さ、快楽、食糧、真理、土地、救い、安らぎ、などといったものでさえも、お金で買うことができる、ということになりました。それゆえ、例えば、「美」とは縁遠い人でもお金があれば、整形して「美」を手に入れることができるし、「美しい女」を買うことができるようになったわけです。こうしてお金は、全てのものを「置き換え可能」つまり「交換可能」にしました。お金は、あらゆる欲望、願望を可能的に集約するものになったのです。つまり、「お金さえあれば、何でもできる」ということです。しかもお金を手に入れるための努力や苦労、あるいは、金儲けの手腕や戦略、知略などがあるため、お金は「力」、「名声」、「幸福」、「知性」などの記号にもなってしまったのです。それゆえ、もはや必要だからという理由を越えて、「金のために金を儲ける」という倒錯した形の蓄財が現れるようになるのです。「お金さえあれば、何でもできる」ということは、論理的には、「お金がなくても、何かができる」ということを排除しないはずなのですが、世が消費社会になり、あなたも私も誰もが消費者で、お金を媒介に交換行為をする市場のみになってしまえば、お金がなければ、そもそも私に欲望や願望があることを他者から認知されないような社会になってしまうのです。そのような社会では、「お金」が無ければ「何もできない」ということになってしまうのです。そのような社会では、こうして「お金」は「何でもできる」ということをとりあえず約束してくれるのです。「お金」の恐ろしさは、本当は良く分からないはずの自分の「欲望」をともかく代理できるという錯覚を与えてくれるところにあるのです。自分の「欲望」が何かを名指せない動物である人間にとって、「お金」ほど有難いものはないのです。自分の「欲望」が分からない人間にとって、「金さえあれば、何でもできる」ということで、「お金」がありとあらゆる欲望を代理してくれているような錯覚を与えてくれるからです。これは「金銭のフェティシズム(Fetishism)」と呼べるような状態です。「フェティッシュ（Fetish)」とは、それを所有していることで、所有者に「全能感」を与えてくれるような「物」のことをいうのです。例えば、良く引き合いに出される例として、拳銃を常に携帯していなければ、女を抱くことができないガンマンの話があります。この男にとって、「拳銃」こそが「フェティッシュ」なのです。「お金」は、「金さえあれば、何でもできる」という「全能感」を与えてくれる、最大の「フェティッシュ」になったのです。自分が本当は何を欲望しているか分からないのだけれども、「金さえあれば、何でもできる」ので、とりあえず、「お金」を持っていよう、という論法に人間は支配されるのです。けれども、このことは、「お金」があれば欲望が満足されるということを決して意味しません。「欲望」を代理できる、というのは錯覚に過ぎないからです。そうだからこそ、とりあえず、蓄財に励むということになってしまうわけなのです。人は、自分の欲望の代理機能を「お金」に見いだしたとたん、「金儲けのための金儲け」に明け暮れねばならないようになってしまうのです。

オリヴァー・ストーン監督の映画、『ウォール街』から、お金にとり憑かれた人物の姿を見ておくことにしましょう。実際の人物をモデルにしたとされる、投資家ゴードン・ゲッコー（マイケル・ダグラス）が、「ブルースター」という航空会社を乗っ取り、金儲けの材料とするために、わざとこの小さな航空会社の株価を吊り上げる戦術に出て、散々ぼろ儲けをした後、この航空会社を解体して売り払おうと企む場面があります。ゲッコーに利用されているとも知らず、ゲッコーと組んだバド・フォックス（チャーリー・シーン）は、ブルースター社で、労働組合を引っ張ってきた自分の父親と対立しつつも、ゲッコーはブルースター社の建て直しを図ってくれるから、最終的には父親のためにもなる、と固く信じて、ゲッコーに協力するのですが、ブルースター社は再建されるどころか、解体されてしまうということを知ってしまい、ゲッコーに詰め寄るのです。「教えてくれよ、ゴードン、いつになったらすっかりお終いになるんだ。水上スキーするのにヨット１艘で十分じゃないか。どれだけあれば十分なんだ！」と。ゲッコーの台詞にもあるように、アメリカのたった１％に過ぎない金持ちが、アメリカの９割近い富を所有しているのです。そうした連中が、圧力団体を組織し、ロビー活動を通してアメリカ政府を動かし、時には戦争を扇動しながら、世界の富を集めやすいシステムを作っているのです。まさに「利潤の追求」という目標は止まる所を知らないのです。「お金」は、もはや交換の手段としての役割すらをも離れて、「お金」を所有するというだけの欲望を喚起するものになってしまっているのです。

これは、「金銭のフェティシズム」にとり憑かれていない人から見たら、実に奇妙な光景に映ることでしょう。ツイアビという名前のサモアの酋長が、初めて西欧文化に接触した時の記録があります。それが『パパラギ』という題名の本として残されているのです。「パパラギ」とは、彼の部族の言葉で「白人」を意味するのだ、ということです。この本の中に、「丸い金属と重たい紙について」と題された章があります。少し読んでみましょう。「ぴかぴか光る丸い形の金属か、大きい重たい紙を渡してみるがいい。とたんに目は輝き、唇からはたっぷりよだれが垂れる。お金が彼の愛であり、金こそ神様である。彼ら全ての白人達は、寝ている間もお金のことを考えている。手は曲がり、足の形は大赤アリに似た人々が沢山いる。例の金属と紙をつかもうとしてのべつ手を出しているせいだ。目が見えなくなった人も沢山いる。のべつお金ばかり数えているせいだ。お金のために、喜びを捧げてしまった人が沢山いる。笑いも、名誉も、良心も、幸せも、それどころか妻や子どもまでもお金のために捧げてしまった人が沢山いる。ほとんど全ての人が、そのために自分の健康さえ捧げている」このように「お金」を「フェティッシュ」と考えることのないツイアビのような人にとっては、「お金」に呪縛されていないので、「金銭のフェティシズム」に取り憑かれた「パパラギ」は奇妙に映ることでしょう。ツイアビは続けてこう言います。「お前がもしこの人に尋ねるとする。そんなに沢山のお金をどうするんです？　着たり、飢えや渇きを鎮めるほか、この世であなたに何ができますか？　答えは何もない。あるいは彼は言うかもしれぬ。もっとお金がほしい。もっともっと、もっと沢山…やがてお前にも分かるだろう、お金が彼を病気にしたことが。彼はお金にとり憑かれていることが。彼は患い、とり憑かれている。だから心は丸い金属と重たい紙に執着し、決して満足せず、できる限り沢山強奪しようとして飽くことがない。私はこの世に来たときと同じように、不平も不正もなく、またこの世から出てゆきたい。大いなる心は私達を、丸い金属、重たい紙なしに、この世に送ってくださったのだから、などとは、彼は考えることができない。心は決して健やかになることなく、沢山のお金を授けてくれる自分の力を楽しんでいる。彼らは熱帯雨の中で腐ったくだもののように、尊大さの中で膨れ上がっている。」

人間は、言語を持つことで欲望が多様化されはしたけれども、自分の本当の欲望が分からないゆえに、欲望をコントロールすることができないのだ、ということが結論です。欲望の正体を知らぬ人間は、悲しいかな、「金があれば何でもできる」という、お金の欲望を代理する機能にしがみつくのです。人間は自分の欲望の正体を知らぬゆえに、欲望をコントロールできず、欲望を代理してくれると期待される「お金」に執着し、ツイアビさんが指摘しているように、「お金に憑かれて」生きてしまうのです。今や、世界秩序は、「グローバライゼーション」の名の下に、「お金に憑かれている人々」が「できるだけ沢山強奪」できるために再構築されているかのように、動いているのです。

ここで、もう１つ語っておきたい問題があります。それは「時間」についてです。「時間」について考えるために、ミヒャエル・エンデの『モモ』を読むことから始めましょう。

1973年のミヒャエル・エンデの作品、『モモ』は、児童文学に分類されていますが、近代社会を風刺する寓話として読むこともできます。主人公のモモは、いつどこで生まれたのかも分かっていない、一見浮浪者みたいな女の子で、今は廃墟となっている円形競技場に住んでいます。彼女は、とても聞き上手で、モモに話しを聞いてもらうことで、喧嘩中の人達も仲直りする気になってしまうし、ともかく自分を発見できるので、多くの人達が、彼女が住居にしている円形競技場にやってくるのです。この『モモ』という作品の中に、灰色の男達が登場します。彼等は、「時間貯蓄銀行」を営み、人々に「人生の帳簿」を計算してみせて、いかに時間が無駄にされているかを証明した上で、時間の節約と貯蓄を囁くのです。例えば、こんな具合に、です。「たとえばですよ、仕事をさっさとやって、余計なことはすっかりやめちまうんですよ！　一人のお客に一時間もかけないで、十五分ですます。無駄なおしゃべりはやめる。年寄りのお母さんと過ごす時間は半分にする。一番いいのは、安くていい養老院に入れてしまうことですな。そうすればまる一時間も節約できる。それに役立たずのインコなんか飼うのはやめてしまいなさい。ダリア嬢の訪問は、どうしてもというのなら、二週間に一度にすればいい。寝る前に十五分もその日のことを考えるのもやめる。とりわけ、歌だの本だの、ましていわゆる、友達づきあいだのに、貴重な時間をこんなに使うのはいけませんね。ついでにお勧めしておきますが、店の中に正確な大きい時計をかけるといいですよ。それで使用人の仕事ぶりをよく監督するんですな」灰色の男達に時間の貯蓄を吹き込まれた人々は、それがあたかも初めから自分の思いつきであったかのように、時間の節約に励み始めるのです。灰色の男達に吹き込まれた通り、「時間を倹約すれば２倍になって戻ってくる」と考えて、「生活を豊かにするために」、日々、時間の節約に励むのでした。けれども、時間を貯蓄する生き方を選んだ人達は、時間を貯蓄すればするほど、「今」というこの時間がやせ細ってしまうのです。なぜならば、強迫神経症的に時間を使おうとし、時間を節約すればするほど、時間に追われて生きることになってしまうからです。今では手を１つ動かすのにも、正確に時間表通りにやっていかねばなりません。こうして時間の節約のために、日々の生活は、何もかも１秒の無駄も無く事細かく計算されていくにつれて、何もかも画一的になり、冷たく、貧しいものになっていったのです。そんな貧しい日々を生きる人達の目つきも日々険しいものに変わっていってしまい、常にいらいらして、怒りっぽくなり、しかも憂鬱になっていくのです。そして、何と、貯蓄したつもりになっていた時間は、結局、利子がつけられることもなく、ただただ失われていくだけだったのです。大人達のこうした異様な変化に逸早く気付いた子ども達でした。時間の節約に忙しい大人達からやっかい払いされて、遊んでもらえない代わりに、高価な玩具を与えられた子ども達は、高価なのだけれども、決まった１通りの遊び方を、その玩具から強制されて、想像力を自由に使うこともなく退屈していくのです。そして、そんな子ども達も結局、「子どもの家」という名の矯正施設に収容されてしまって、貴重な時間を無駄な遊びに費やすことがなくなるように、行届いた躾をしっかりと受けることになるのです。そこでは子ども達は、空想を封じられて、何かに役立つことを覚えさせるための遊びを強制させられるのです。子どもは、こうして、楽しいことに夢中になったり、夢見たりすることを忘れ去り、「時間貯蓄家」予備軍という、半ば大人の顔つきになってしまうのでした。実際に、私達は、子どものころから、「効率性」の理念を中心にした、近代産業の時間に、人間の生物学的な身体が持つ「時間」を合わせて生きるように、「教育」を通して、しっかり仕込まれてしまっているのです。

皆さんも覚えていることでしょう。子どもの時、あの夏休みの時間が、今振り返れば、何か永遠に終わらないかも知れないと思うほどの豊かさを持っていたということを。それがどうでしょう？　大人になると、１年ですら短く感じてしまいます。それは、時間に意味を与え、一括りの単位として纏めてしまうからなのです。この豊かな子ども時代の時間こそ、人間の生物学的な身体が自ずと備えている「自然の時間」なのです。にもかかわらず、いったん、「子どもの家」という名の矯正施設である「学校教育」を経て「経済の時間」へ参入すると、「時間」を単位で刻み、「時間」を意味づけることによって、生活はルーティーン化していきます。「目的」のある、つまり、意味のある時間はいいとされるのですが、そうでない「退屈な時間」は潰して過ごすことになります。

子ども時代の時間がいかに豊かであったのか、ということを考えるのに、C.S.ルイスの『ナルニア物語』を参照するのがいいかもしれません。全部で７冊ある内、映画化されたゆえ、皆さんにもお馴染みの『ライオンと魔女』を取り上げることにしましょう。主人公のピーター、スーザン、エドマンド、ルーシィの兄弟が、第２次世界大戦の空襲を避けて、ロンドンから疎開した時に起きた話という設定になっています。この疎開先の田舎のお屋敷にある衣装箪笥が、ナルニア国への通路になっていたのです。そこは、ライオンの姿をした、ナルニア建国の祖、アスランに統治されており、物を言う獣達、ギリシア神話のフォーン（山羊の足を持つ）やセントール（上半身は人間、下半身は馬）、小人や巨人、木や水の精などが住む不思議な国だったのです。そこで４人はナルニアを永遠の冬の世界に変えてしまった白い魔女と戦い、勝利を収め、王座につくのです。４人はナルニアに全盛期をもたらすわけですが、ナルニアで過ごす内、成人した４人は、ある日、遠い記憶の向こうに忘れかけていたあの街灯のランプに遭遇するのでした。実は、この街灯の先に衣装箪笥があるのです。４人が衣装箪笥を通して元の世界に戻ってみると、再び子どもの姿に戻っており、何と衣装箪笥に入った、あの時から時間がほとんど過ぎていないことが分かるのでした。ここには、あの子ども時代の、無限に豊かな「自然の時間」が象徴的に描かれています。衣装箪笥に入って、再び出てくる間のほんの短い時間なのに、それがナルニア国で王位につき、冒険を重ねるという無限な豊かさをもって描かれているのです。子ども達の時間はこれほど豊かなのですね。『ナルニア物語』の７冊目に当たる『さいごの戦い』では、アスランによって、現実の世界で起きた列車事故についての言及があるのです。つまり、子ども達は、列車事故に遭う、その瞬間、ナルニアに引き寄せられるのです。けれども、現実世界の一瞬の事故が何だというのでしょうか？　確かに悲劇には違いありませんが、子ども達の時間が無限に続く豊かな「自然の時間」なのだ、ということが救いなのです。それは、列車事故ですら断ち切ることのできない無限の時間なのですね。大人の時間では、一瞬なのですが、たとえ一瞬でも、無限に豊かな「子どもの時間」なら永遠を築くことができるかもしれないのです。そしてこの無限の「子どもの時間」を子ども達は、永遠にナルニア国で生きることになるのです。「子どもの時間」の豊かさということ、ルイスの感受性はこのことをしっかり分かっていたわけです。

『ライオンと魔女』からでもお分かりのように、衣装ダンスの中に入って出てくるという現実世界では、極めて短い時間なのに、子どもの想像力はそこに永遠の時間を築くことができるのです。ナルニア物語の救いはそこにあるのですね。列車事故が起きるその瞬間にアスランからナルニアに連れ去られて子どもたちは、ナルニアで永遠に生きることになるだろう、という希望を描いたからこそ、ナルニア物語は、凡百のお話とは違って古典になり得たのです。子ども時代の豊かな時間に対する讃歌として読むことが可能なのですね。『ナルニア物語』では、アスランはキリストをモデルにしていることは明らかですが、アスランの永遠の時間は、まさに「子どもの時間」をモデルにしているのだ、ということが、『ナルニア物語』を非凡な作品にしているのではないでしょうか？

児童文学の作家には、こうした優れた感性の持ち主が多く存在しています。原作の『くまのプーさん』には、主人公の男の子が、この子ども時代の「自然の時間」に別れを告げる場面が出てきます。この作者も実に、感受性豊かに、子ども時代を振り返っています。

アラン・アレクサンダー・ミルン（Alan Alexander Milne）原作の『プー横丁にたった家』の最終場面で、主人公、クリストファー・ロビンが、プーに、「もう何もしない、ということができなくなるんだ」と言って、子ども時代に別れを告げるシーンがあります。クリストファー・ロビンは、自分が子どもであることが終わるのだ、ということを何となく分かって、恐らくプーさんと遊ぶことも、これで最後になるかもしれないと知りつつ、プーさんを、いつもの森「Hundred-acre wood」に誘うわけです。もちろん、プーさんには、クリストファーの台詞の意味が分かりません。クリストファーは、それでも構わない、と思ってずっと一緒に遊ぶわけです。その遊ぶ時間が、まだ彼には永遠に思われるわけなのです。「どこでもいいよ」と言って、クリストファーは、プーさんをいつものように森に誘う、最後の場面は、そこに永遠が記念されているかのように美しいのです。興味深い点は、クリストファー・ロビンが、「子ども時代」を「何もしない」という形容詞で捉えている、という点です。子ども時代を、「何もしない」という否定の言語を使って振り返った瞬間、彼は、近代的な「経済の時間」という大人の世界に参入し、そこでまさに意味のある「時間の使い方」を求めるようになってしまうのだ、ということなのです。このシーンは、クリストファー・ロビンが、子ども時代に別れを告げることを自覚したシーンなのです。

ブラッド・ピットとモーガン・フリーマンが刑事役を演じていた映画『セブン』の中で、キリスト教の７つの大罪が語られていましたね。「高慢（Pride)、貪欲(Greed)、色欲（Lust)、怒り（Wrath「憤怒」)、大食（Gluttony)、羨望（Envy)、怠惰（Sloth)」の七つです。資本主義の時代は、「勤勉さ」が叫ばれ、この中の「怠惰」が特に嫌われるようになりました。「資本主義精神の生みの親」として、資本主義時代の聖人のごとき扱いを受けてきた、あのベンジャミン・フランクリンの有名な「時は金なり」という言葉の通り、時間を無駄にせずに、勤勉に働かねばならないのです。実際に、「時給」という言葉に象徴されているように、労働時間が売られる時代になっているのです。フランクリンの著作の中から、『自伝』や『富に至る道』と並んで有名な『若き商人への忠告』を引用しましょう。

> 時は金なり、ということを忘れてはならない。一日働けば10シリング稼げるのに、半日の間、外出したり、怠けて座っていたりしたとしよう。この場合、気晴らしの間や、怠けている間、６ペンスしか使っていないとしても、出費はそれだけだと考えるべきではない。本当は、その他に５シリングを使っているか、捨てているかしている計算になるのだ。

フランクリンの作った日捲りには、教訓が必ず書かれていました。例えば、「寝たいなら墓場に入ってからでも遅くはない」などといったように、です。こうして、「時間」も「お金」に喩えられ、「金さえあれば何でもできる」ように、「時間を節約し、将来のために貯蓄さえすれば何でできる」というわけなのです。「金さえあれば」という条件節の部分に、さらに「金さえ貯蓄されれば」という「未来」という時間の要素が入ってくるのです。「金が貯蓄される」そんな未来に向けて、勤勉でなければならないわけなのです。「お金を貯めること」が勤勉さの証ですので、「お金を貯めること」が自己目的になってしまう、そんな生き方の見本をフランクリンは示したわけで、アメリカ人は、フランクリンの教訓入りの日捲りを使いながら、彼を手本にして勤勉な生活を送ろうとしたのです。やがて、「お金を貯めること」から切り離されて「労働そのもの」が自己目的化してしまうようになるのです。「労働は金儲けのためではない、労働のための労働である」という倒錯が資本主義を支えるわけです。日本でも明治政府は、二宮金次郎という、日本版フランクリンを探し出し、彼を手本とし、日本中至る所に彼の銅像を立て、資本主義の精神を植え付けようとしたのです。

けれども、現代の資本主義は、「資本の蓄積のための運動」という露骨な姿を再び肯定するようになりました。こうなると『ウォール街』の映画にもあったように、「貪欲」はむしろ露骨に肯定されるようになるのです。実際に、80年代、ゴードン・ゲッコーのモデルとされるアメリカの大富豪、アイヴァン・ボウスキーは、カリフォルニア大学、バークレー校の経営学部の卒業式で、このような式辞を述べたのです。「貪欲、大いに結構。貪欲は健康であります。貪欲でありながら、自分を立派だと感じることができるのです。」バークレーの学生達は、大喝采でこの言葉を受け入れました。時代は、「Yuppie ヤッピー」の時代でした。当時の人気テレビ番組『ファミリー・タイズ』で、マイケル・J・フォックスが演じていた、アレックス・キートンのように、ビジネスと金のことしか頭にない、そんな若者が「ヤッピー」と呼ばれ主流となり、「貪欲の10年」と呼ばれる80年代を築くのです。この風潮はそのまま、90年代のインターネットを駆使して格好良く金儲けに興じる「市場ポピュリズム」の世代に繋がっていくのです。

70年代に入って、アメリカ企業は、日本やドイツの台頭による国際競争力の低下や、ヒッピーのような消費に逆らう若者文化の興隆や、カーソンの影響を受けた人々による環境保護運動やラルフ・ネイダー等による商品の安全性に対する消費者運動が展開する中、グローバルな覇権を再び手にすべく、猛烈なキャンペーンを開始しました。その手始めとして、アメリカ商工会議所は、ヴァージニア州の弁護士、ルイス・パウエルに、今述べたような、ビジネス界の直面している諸々の問題に対処するための戦略に関するアドヴァイスを求めたのです。これに応えてパウエルは、「アメリカ自由企業システムに対する脅威」という覚書を提出したのです。環境保護者や消費者運動家を「プロパガンダで自由企業システムを批判し、破壊活動の機会を常に窺っている連中」と呼び、「アメリカ企業の叡智と能力を集結して、こうしたシステム破壊から自衛をすべきである」と結論したのです。そのために、裁判で企業側が有利になるように、各企業が資金を出し、企業利益を代弁する「法律家集団」を組織したらよい、と提案したのです。これによって、1973年、「パシフィック・リーガル財団（PLF）」が組織されたのです。「環境汚染」に対する規制緩和、国有林、国立公園における油田・ガス田の開発禁止への反対、企業への課税の撤廃、労働者の権利拡大への反対などといった、企業側に大変有利な制度を法的に支えることを使命としました。大企業は、さらに、大学の研究室に手を回し、規制されていない市場こそが効率的かつ公正な社会を形成するための条件である、という論調の研究には、惜しみなく研究資金を提供したのです。PLFのモンボイス代表は、環境団体こそが、「社会全体に致命的な損害をもたらすことを知らない自己中心的な輩」と演説をしたのです。70年代を境に、会社の利益を代表する「ロビイスト（圧力団体）」の活動が活発になりました。「企業利益こそが公益である」というスローガンを人々に植え付けることが狙いでした。PLFの主張とこのロビイストの主張を突き合わせると誰もが矛盾に気づきます。「環境汚染」に対する規制緩和、国有林、国立公園における油田・ガス田の開発禁止への反対、企業への課税の撤廃、労働者の権利拡大への反対などが、どうして「公益」になるのでしょうか？　誰もが理解に苦しむはずです。かつて、タバコ会社が、「ニコチンには中毒性がなく、健康には害にならない」ということを信じ込ませるに足る、執拗な広報活動を展開したように、70年代を境に、大企業は、莫大なお金をかけて、企業活動が有利に展開できるようなシステム造りのために壮大なキャンペーンを展開し始めたのです。

90年代、ウォール街の宣伝戦術によって、アメリカでは、「市場ポピュリズム」という考え方が流行しました。それは、市場は民主主義を実現する場である、というものです。株を買ったり、数ある商品の中からお気に入りの商品を選んだり、数ある映画の中から見てみたいと思う映画を見に行ったりすることで、私達は皆、市場に参加しているのだというのです。それゆえ、市場で商品を選ぶことは、民主主義における投票行動のようなもので、市場には民衆の選択が反映されるのだ、というわけなのです。市場とは、私達の求めるものを提供し、私達が消費者として「商品」に、いわば、「1票」を投じる場所であるがゆえ、消費者に権力を与える場所なのだ、というのです。市場の規制や抑制を図るのは、こうした「民主主義的投票行動」の自由を奪うゆえ、間違っているのは明白だ、と宣伝したのです。ここで、注意していただきたいことは、「私達が求めるもの」が提供されているなどとありますが、本当は、企業の宣伝戦術で、心理的に何となく「持っていなければならないようにさせられている」というのが真相でしょう。また企業の中には、消費者の不買運動などびくともしないような企業があります。例えば、武器を商う企業ですね。一般の消費者が、「お前のところのミサイルは買わないぞ」と抗議運動して、「1票」を投じないという場面は想像できないでしょう。それゆえ、民主主義に喩えることに無理がある、ということを誰もが簡単に分かるはずです。さらに、「市場」に乗っかることを初めから拒否する、という選択肢や、売り手の顔の見える地域的な「市場」は肯定するけれども、「グローバル化した市場」は拒否する、という選択肢だって、本当はあるはずなのです。こうして「市場ポピュリズム」のレトリックに乗せられて、人々は「消費による自己実現」しか叶わないものとされ、市場がグローバル化されることに抵抗を感じないようになりました。やがて市場原理主義の名の下、「貪欲」が肯定され、まさに「世界」が売り物になってしまう事態を招いたのです。産業構造も、金融、保険、証券、不動産などにシフトし、グローバルなIT化によって投機マネーが動きやすい、金融資本主義のシステムが完成していきます。サブプライムローン問題を引き金に起きた金融危機を見て分かることは、今やグローバル化した金融資本主義は、自由放任のままにしておけば、貧富の格差を拡大させ、環境劣化を招くだけではなく、均質化されていくシステムの中で伝統文化や社会的価値を破壊し、挙句の果てには、実体経済を崩壊させ、世界中の一般庶民に生活苦と心理的不安を強いる恐慌状態をもたらす、実に危ういシステムである、ということなのです。「貪欲」さの帰結を市場任せにすることから生じる破壊的な不安定さを私達は身をもって経験しているのです。

子ども時代が、「何もしない」という特徴付けを被るのも、大人が子どもと同じような時間の使い方をして過ごせば、それが「怠惰」であると見られるような、そんな時間の使い方を子ども達がしているからでしょう。大人になる、ということは、「自然の時間」に別れを告げ「経済の時間」の中に組み込まれることなのです。モモの灰色の男達は、子どもを「教育」を通して「経済の時間」に組み入れる、ということを象徴的に表現しているのです。クリストファー・ロビンもやがては、この「経済の時間」の中で、プーさんや「Hundred-acre wood」の仲間達のことは忘れてしまうことでしょう。子ども時代の時間を取り戻そうとしても、私達は、もう戻ることができません。漫画家の諸星大二郎は、『汝神となれ、鬼となれ』という短編漫画集の中に、「子どもの遊び」という作品を残しています。子どものころ、誰でも、捨て犬や捨て猫を拾ってくる、という経験をします。この作品の父親は、子ども達がどこからともなく拾ってきて飼い始めた動物を見ながら、ある考えにとり憑かれるのです。「拾ってきたあの動物こそ、大人の人間という種なのだ、それが今の大人の自分に成長したのだ」という考えなのです。どうでしょうか？　私達は「子どもの家」という矯正施設に入れられ、「経済の時間」しか生きられないように洗脳されてしまい、子どもとは別の種類の生き物になってしまったのではないのでしょうか？　こうなると、純粋に時間の中でただ生きる、ということができなくなってしまい、「効率性」を重んじるあまり、時間を意味のある単位に区切って、ずたずたにしてしまうようになるのです。「１時間目の授業」「10分休憩」「２時間目の授業」「昼休憩」などといった具合に、あるいは「今年の夏休みもこれで終わり」とか「除夜の鐘でまた１年が終わった」などといった具合に、「意味がある」とされる単位に、時間を区切ってしまうがゆえに、時間が異常に速く経って行くように感じてしまうのです。子ども時代は、決して意味の単位で区切ったりせずに、ただただ豊かな「自然の時間」を素直に生きていたのです。それがもはやできなくなってしまいました。本当に何かに夢中になる時以外は！

さて、ここでもう１度、サモアのツイアビ酋長の言葉に耳を傾けましょう。『パパラギ』という本の中には、「パパラギにはひまがない」という、「時間」についてのセクションがあるのです。少し長くなりますが、面白いところを抜粋して引用しましょう。

日が出て日が沈み、それ以上の時間は絶対あるはずがないのだが、パパラギは、それでは決して満足しない。パパラギは、いつも時間に不満足だから、大いなる心に向かって不平を言う。「どうしてもっと時間をくれないのです」。彼は、日々の新しい一日をがっちり決めた計画で小さく分けて粉々にすることで、神と神の大きな知恵を穢してしまう。切り刻まれた部分には名前がついている。秒、分、時。ヨーロッパの町では、時間の一区切りが回ってくると、恐ろしいうなり声や叫びが起こる。時間のこの叫びが響きわたると、パパラギは嘆く。「ああ、何と言うことだ。もう一時間が過ぎてしまった」そして大きな悩みでもあるかのように悲しそうな顔をする。ちょうどそのとき、また新しい一時間が始まっているというのに。これは重い病気だと考えるしか、私には理解のしようがなかった。彼は、「いや、楽しんでなどいられない。おれにはひまがないのだ」という考えにとり憑かれる。こうしてパパラギはいつでも明日しようと思う。時間があるのは今日だのに。どのパパラギも時間の恐怖にとり憑かれている…。だれもが投げられた石のように人生を走る。目を伏せたまま大きく手を振り、できるだけ早く先頭に立とうとする。もし他の人が止めようでもしたら、彼は立腹して怒鳴る。「どうして邪魔をするのだ。おれには時間がない。おまえは自分の世話をやくがいい、自分の時間を無駄にしないようにな」パパラギは時間をできるだけ濃くするために全力を尽くし、あらゆる考えもこのことに集中する。もっと時間を稼ぐために、足には鉄の車輪をつけ、言葉には翼をつける。だが、これら全ての努力は何のために？　パパラギは時間を使って何をするのか？　私にはどうしてもこのことが飲み込めない。私たちは、パパラギの小さな丸い時間機械を打ち壊し、彼らに教えてやらねばならない。日の出から日の入りまで、一人の人間には使い切れないほどの沢山の時間があることを。

「日の出から日の入りまでの、１人の人間には使い切れないほどの沢山の時間」を、私達は、子ども時代には知っていたはずなのです。このツイアビさんの語る「日の出から日の入りまでの、１人の人間には使い切れないほどの沢山の時間」こそ、「自然の時間」で、未だ「丸い機械」を腕に嵌めていなかった子ども時代に、身をもって生きていた、そんな豊かな時間なのです。けれども、そうした豊かな時間は、「経済の時間」から見たら、まさに「何もしない」時間とされ、そのような時間を過ごすのは、子どもか「怠惰」な怠け者なのです。子どもは、教育制度を通して、「自然の時間」を忘れ、「経済の時間」に慣れるようにされてしまい、自分の身体を「労働力」として、「人材」として、提供することになるのです。「労働力」として、「人材」として、閉じ込められてきた、私達の身体を、労働力としての、人材としての、目的以外のために、回復させることができるでしょうか？

アマゾンに住む、「インディオ」と一括りにされてしまっている先住民族のアユトン・クレナック（「クレナック」は部族名）さんが来日した折に、このように話していました。「都市ではどんなに想像性の無い人でも何の支障も無く生きていけるよう仕組まれています。そこではただ繰り返しだけをすればいいのです。理想的な都会人とは、１日中、１年中、同じことをただ繰り返すだけの生活をしていて、何の疑問も感じない人です。そういう人は、都市での生活に最も適した人間だと言えるでしょう。しかしあなたが想像性豊かで活力に溢れる人物だったら都市での生活は耐え難いものでしょう。自分のやりたいことを長く続けていくには、都会ではとてつもない苦痛を伴うに違いありません。自分のうちにある自然さが脅かされるからです。どの大都市でも私は酷く疲れてしまいます。一定の生活リズムを強要され、本来の自然なリズムが崩されてしまうからです。例えば、私の身体は、ある時間が来ると食事を必要とします。自然に何かを食べたくなるのです。またある時間になると、自然に身体を洗いたいと感じます。しかし都市での生活や労働は、この生物学的なリズムに忠実であることを許してくれません。」このような内容のことを話していましたが、「経済の時間」が支配する中で、私達は、日常生活において、ルーティーン化した一律のリズムを強要されているのに、すっかりそれに慣れてしまっているのです。強要されていることすらも感じないほど、鈍感になってしまっているのです。こうした私達の鈍感さを教えてくれるエピソードを紹介しましょう。

今から紹介する詩は、精神病を患っていた男性が、社会復帰を助ける慈善団体の助けを借りて、社会に出てから困らないようにと、簡単な手作業に従事することを教えられる場面から始まります。読んでみましょう。

> 毎日毎日、お菓子の箱折りだった。朝の９時から夕方４時半まで。月曜から金曜まで、毎日箱折りだった。朝礼をする、箱折りをする、お昼一時間の休み、また箱折りをする、夕方４時半掃除をして、グループホームに帰る、夜間は外出禁止。一日に何箱を折っただろう。100箱だったろうか、200箱だったろうか。確か皆勤賞とかって、毎日行ったら月100円労賃に、上乗せしてくれたな。それで月一万にゃあならんかった。
>
> ホント傑作なのは若い作業指導員という兄ちゃんや姉ちゃんたちが、マジで俺達精神病者の社会復帰にむけて、頑張っているんだと信じ込んでいたことだった。20歳も

年上の俺達の仕事の手が遅いと、社会復帰が遅れますよと説教垂れてた。だったら一年間オマエらが毎日毎日箱折りしてみろよ。

一年経たない内に、俺は作業場の中で叫び始めた。何かが俺の中で切れたんだろうと思う。…グループホームの寮長の元看護長が、すっ飛んで来て、ねじ伏せられた。その内白衣の何人かが、突然なだれ込んできて、そしてチクッとした。フト気がつくと、救急車の中で聞こえてくるのは、「精神科救急システムへ回せ」という声だけ。…何精神病者、身寄りが無い、精神障害者手帳持っている？　やった〜臓器摘出チームを呼べ。

この詩の最後の句は、現実とも妄想ともつかぬものになっていますね。けれども、人間を徹底して「資源」として扱う、「経済の時間」というシステムに対する痛烈な皮肉になっています。「資源」としての「臓器」ということなら、この男も社会に「役立つ」ぞ、というわけですね。しかも彼がそうした社会の暗部を見抜いてしまっているところが面白いわけです。こうして改めて、突きつけられてみると、日々きっちりと時間で区切られて繰り返されるルーティーンに鈍感でいられる私達の方が、本当はおかしいのではないのだろうか、と考えてしまいます。先ほど紹介した、アユトンさんや今紹介した詩を作った精神病を患っている男性は、いずれも「経済の時間」の外を知っている人達です。二度と子どもに戻ることのできない大人にとって、「経済の時間」が当たり前になってしまっていて、私達が未開の地であると蔑む、市場経済の外からやって来た人や精神病の人でないと「経済の時間」の外部を知らないというのは残念ですね。ただ、救いは、感受性の鋭い有名な童話作家達は「子どもの時間」を知っているということです。私達は、子ども向けと馬鹿にせずに、もう１度、そうした感受性を取り戻すために、そうした作品を読み直してみる必要があるかもしれません。暴走する「経済の時間」に「ノー」と言えるだけの感受性を取り戻すことがこの21世紀を生きる私達には重要な感受性なのです。

さて、皆さん、どうでしょう？　この「経済の時間」が、「自然の時間」を無視するようになったがゆえに、今、地球が悲鳴を上げているのではないのでしょうか？　私達の身体を含めた「自然」が、悲鳴を上げているのではないのでしょうか？　「自己開発セミナー」などというようなものが至る所にあり、「人間は皆ダイヤモンドを内在させています。あなたもあなたのダイヤモンドを発見し、それを磨かねばなりません」などとやっているのです。皆さんは、このようなレトリックに納得したとたんに、「人材」として、まさに、「ダイヤモンド」と同列の「資源」になるわけなのです。自分の中に「ダイヤモンド」を発見した人は、ただただ「経済の時間」の中で役に立つ「人材」という点で優秀だということに過ぎないのです。「経済の時間」がフル回転しているこの世の中では、「ダイヤモンド」など見つからなくてもいいのではないのか、とか、なぜ開発されるのか、などと疑問の声を上げる雰囲気がありませんので、自分の中の何かが「ダイヤモンド」に違いないと信じ込もうとして皆、懸命に生きているわけです。

12.「経済の時間」をコントロールする

「経済の時間」が加速化していく中で、私達の身体が耐えられなくなっているだけではなく、様々な生き物達の「自然の時間」が破壊されていっているではありませんか？　その証拠に、今世紀中に全生物種の３分の２が絶滅する、という不吉な予言があるのです。早ければ2030年までには、北極の氷が融けてしまい、そのせいで行き場を失った白熊が絶滅するという予測があります。2006年を境に、イヌイット達は、白熊の死骸が海に浮いているのを見かけるようになったのです。北極の崩壊とそれに伴う多種の生物の絶滅がどのような影響をもたらすのか、誰も知りません。「経済の時間」を「自然の時間」の中で手懐けていかねばなりません。例えば、木材を利用するために、木を伐採し、植林したとしましょう。植林した木が育つまで、伐採した木材を使い続けることができればいいのです。つまり、木が生長していく「自然の時間」を、木材を消費するという「経済の時間」が決して追い越さねばいいわけなのです。木が育つのに例えば50年かかるのならば、50年間、建て替えることなく、１つの家に住み続ければいいのです。それを、10年とか20年で建て替えてしまったり、壊してしまったりしたら、森林資源は破壊され始めることでしょう。50年でも100年でも同じ家を大事にしていけば、木々が育つ「自然の時間」が大切にされることになるのです。例えば、伐採して木材にすると同時に植林した場合、植林した木の成長にかかる「自然の時間」を「経済の時間」が追い越さないようにするためには、「カスケード利用(cascading)」によって、伐採して「資源」にした木材を、木が成長するよりも、長く使い続ければいいのです。例えば、木材を「家」として使い、家としての耐用年数を越えたら、家を解体した際に出る木材を、今度は「家具」として利用し、「家具」としての寿命が来たら、今度は、それをそのまま廃棄してしまわずに、「紙」として利用し、その「紙」は「再生紙」にしていき、最終的に「灰」となったとしても、それを「肥料」として使用する、といった具合に、植林した木が成長するまでは、何らかの形で使い続けるわけなのです。

「自然の時間」と一括りにして言いましたが、本当は「自然の時間」は様々で多様性に富んでいます。そんな「自然の時間」を一つひとつ見つめ直していけばいいのです。けれども、「自然の時間」を「経済の時間」が追い越し、それゆえ、「自然の時間」が消滅しつつあるのです。「自然の時間」の消滅の時、人間も危機を迎えるのは必至なのです。「経済の時間」は、様々な生き物達の「自然の時間」やその生き物達の共生関係の中に紡ぎだされる、多様な「自然の時間」を、あたかも灰色の男達であるかのように盗むことによって成り立っているのです。「経済の時間」の中で、誰も「自然の時間」を楽しむことがなくなってしまいました。子ども時代には、あれほど親しかったというのに、今や「パパラギ」と化して、「経済の時間」の中で、「経済の時間」を気にしつつ、あくせく生きているのです。「自然」は、「経済の時間」の中では、単なる「資源」として、「金儲け」の手段として、役に立つかどうかによってしか判断されないのです。

アダム・スミスは、近代経済学の父と呼ばれている人物ですが、同時に哲学者でもありました。彼は古典経済学のバイブルとなった『国富論』という本だけではなく、『道徳感情論』という哲学の本を残しています。スミスは、この『道徳感情論』の中で、蓄財への欲望を非常に興味深い論法で擁護しています。彼は先ず、蓄財によってもたらされる財産についてこのように述べています。

> それら全てが与えてくれる実際の満足を考えてみると、いつでもその満足感は極めてくだらなく、つまらないものに見えるだろう。しかし、私達は、このように哲学的な見方で、その満足感を見ることはめったにない。

このように、蓄財から来る満足感は、「極めてくだらなく、つまらない」という認識をスミスは記しているのです。富の追求を無限に突き進めることは、幸福を得ることと、論理的に直接には関係していないことをスミスは認めているのです。にもかかわらず、彼はこのように続けます。富を得れば実際に満足感が得られる、という思い込みによって、人は自己欺瞞的に騙されているのだけれども、実は騙されていることがかえっていいのだ、というのです。どうしてでしょうか？

スミスはこのように言うのです。「自然がこのようにわれわれをだますのはいいことである。人類の勤労をかきたて、継続的に運動させておくのは、この欺瞞である。」つまり、言い換えれば、このように「富による快楽が何か凄いことであるかのように」騙されているからこそ、人類は勤勉さを奮い起こしとどまることを知らないのだ、というわけなのです。それがたとえ、自己欺瞞によるものだとしても、蓄財のための勤勉さこそが、人類に進歩発展をもたらすのだ、という論法です。蓄財という手段であったはずのものが、こうして簡単に目的にすり替わってしまうのです。こうした自己欺瞞による努力が人類の進歩発展の原動力となっている、という、実に興味深い論法をスミスは展開しているのです。

そして、古典経済学派とは対置されている、あのケインズも、この点では、アダム・スミスと同一の見解を持っているのです。彼は、シェークスピアの『マクベス』の３人の魔女の台詞を引用して、このように言うのです。「いいは悪い、悪いはいい、と自分にも人にも言い聞かせなければならない。悪いことこそ役に立つからだ。貪欲と高利と警戒心（経済的安全）とを、まだしばらくの間はわれわれの神としなければならない。これによって、はじめて経済的窮乏というトンネルから抜け出て、陽の目を見ることができるからだ」ケインズの言葉にも、人類の発展を促進するために、貪欲という「悪いことこそ役に立つ」という発想があるのです。

けれども、結局、このように、蓄財をしても、実際にはそれが決して満足感をもたらさないわけで、満足感をもたらさない虚しい欲望の追求の結果、いわゆる「近代社会」が誕生したことを、スミスは認めているのです。これが「経済の時間」の正体なのです。私達は、私達の自己欺瞞を認めている、近代経済学の祖、アダム・スミスの言葉を逆手にとって、今や「経済の時間」が暴走を始めているゆえ、「騙されているのがかえっていいのだ」と開き直らずに、暴走を食い止めるためにも、「貪欲」を神の座から引きずり降ろし、自己欺瞞から目を覚まさねばならない、と人々の注意を促さねばなりません。「経済成長」の希求は、結局、アダム・スミスが言っているように、「哲学的な見方で」見れば、真の満足感には至らぬゆえ、いつの間にか、１つの地球という有限性をも踏み越えて、破滅に向かうようになってしまっているのです。私達は、それゆえ、「哲学的見方」を取り戻し、量的拡大を目指す経済成長路線に、生態学的限界が存在することを突きつけ、「限界」の中で、質的な向上を目指すライフスタイルを構築していく必要があるのです。

この自己欺瞞から目覚めるためにも、「環境問題」を真剣に考えてみることは必要なのではないでしょうか？　資本主義の急速な発展が、「経済成長」を合言葉に自己目的化し、環境に対して、圧倒的な負荷を与え続けてきたことは否めないのです。「経済成長」に支えられ、今私達が当たり前に享受している、消費至上主義の生活形態を支えるエネルギーおよび物質の投入量とそこから生じる廃棄物の量こそが環境に負荷を与える当のものなのであり、これがグローバル化しているのです。私達が見てきたように、グローバル化した非人間的な市場の力は、規制の緩い所に「コストの外部化」を押し付けているのです。

シューマッハーが、ガンジーの言葉を引いて、警告をしている通りなのです。「大地は一人ひとりの必要を満たすだけのものは与えてくれるが、貪欲は満たしてくれない」と。己の「極めてくだらなく、つまらない」満足感によって、自分自身の生物的基盤が掘り崩されて、我が身が滅びることが分かれば、自己欺瞞から目を覚ますことができるかもしれません。物質的なレベルで経済を考えて初めて、物理法則の制約を明らかに受けることになる地球生態系の限界を考えることができるのであって、いったん、貨幣経済という数値のレベルに目を奪われたとたんに、人は制約の存在を忘れてしまうのです。「マネー」という制約の無い世界は、精神分析的に見れば、その根源が分からぬゆえ無際限な人間の欲望のために作られた制度であるかのように「行過ぎ」を目指して盲進していくのです。そこには歯止めが無いようですが、「お金」のシニフィエに当たる、実際の資本ストックに目を向ければ、資源として地球から取り出され、廃棄物として地球に戻される、そうした別の現実に突き当たるのです。地球が供給し得る限界、そして地球が吸収し得る限界が、人間が何を欲望し、何をおねだりしようとも、断固と存在しているのです。こうした生態学的復元力という限界を無視し、涸渇と汚染に苦しんだ挙句の果てに、方向転換を強いられるのか、それとも「限界」を意識し、新しい持続可能なライフスタイルを選ぶか、という選択が残されてはいるのです。

13. 経済の時間からの解放 ―「子どもの時間」の取り戻し方―

「経済の時間」は、「自然の時間」を搾取し、「お金」に換えつつ、お金を未来に向けて貯蓄していく運動なのです。自分の欲望の正体が分からない人間にとって、これは好都合なのです。なぜならば、「お金さえあれば、何でもできる」ゆえ、「お金」の蓄積されていない、「今」を我慢しよう、と言い得るからなのです。こうすれば、「自分が何を本当は欲望しているのか」という問いに直面しないでいられるのです。こうして「お金が貯まりさえすれば、何でもできる」という風に、「お金」の問題は「時間」の問題と切り離すことのできない問題なのです。これが「経済の時間」の正体なのです。

『モモ』に描かれているような「子どもの家」という名の矯正施設に収容されて、私達は、「経済の時間」に完全に馴らされてしまっています。そして「経済の時間」に組み込まれてしまうことから来る思考様式を基にして、行動を起こすのです。ジョン・ラッチスは、そうした「経済の時間」起源の思考様式を２つにまとめています。「Consumer's Fallacy（消費者の詭弁）」と「Fallacy of Separation（分離の詭弁）」です。

A. 消費者の詭弁（Consumer's Fallacy）

「経済の時間」に組み込まれてしまいますと、私達は、「消費者」という立場を受け入れることを余儀無くされてしまいます。私達は、日々、多くの広告やコマーシャルに晒され、宣伝されている、新開発、新デザインの商品を知るに至ります。そして、その「商品」を所有することで、何ができるのか、ということに思考を巡らせるのです。「こいつを持てば、Ｘができるし、Ｙもできるな」などといった具合に、「商品」の方から「欲望」を吹き込まれることになるのです。言い換えれば、「商品」を所有することで欲望の可能性が広がるのですね。こうして、私達は、「良い人生とは良い商品を所有していることである」という風に考え始めるようになります。「所有」による「自己実現」ということです。こうなると、良い商品を所有するまでは、良き人生は決して始まらないということになります。「コンシューマーズ・ファラシー（Consumer's Fallacy）」に毒されている人達は、人間は自分の所有しているところのものである、と考えてしまっているのです。

そして、幸福というものは人間が消費する物や所有する商品の１つの機能なのであり、商品の所有によって吹き込まれた欲望を、商品を使用することで満足させることなのだ、と思うようになるのです。「これさえあれば、～ができる」という欲望が、所有によって「これがあるから～ができる」という形で満足させられていくのです。こうして、「商品」が吹き込む欲望の範囲で思考するようになってしまうのです。こうなると、幸福は所有できる何かであるはずだと考えてしまうようになっていきます。けれども、幸福は所有できる何かではありませんので、次から次へと、所有に所有を重ね、「幸福」を約束すると思われる商品を購買していくことになってしまうのです。経済学者が「効用」という用語を使って考慮に入れることのできる「幸福」は、せいぜいこの「コンシューマーズ・ファラシー」によってもたらされる満足感なのです。

「この商品を手に入れたから～ができる」と類似する思考法が、「この技術が開発されたから～ができる」という思考法でしょう。この思考法の欠点は、シューマッハーが述べているように、「人が本当に望んでいる目的を選び取る自由と能力を失わせる結果になる」ということなのです。彼は、例えば、「月に着陸する膨大な努力」は、「人間が本当に必要とし、望んでいるものが何であるのかについて熟考した結果ではなくて、ただ技術的手段ができたからなのである」と述べているのです。もっと深刻な例を考えてみましょうか。大量殺戮をもたらす化学兵器を製造する技術があるから、平和時になった今、今度は「殺虫剤」として使おう、とか、原爆を製造する技術があるから、平和時になった今、今度は「原子炉」として活用し発電しよう、などといった発想も同様な発想です。こうした本来は危険と紙一重の技術が、「人が本当に望んでいる目的を選び取る自由と能力」を無視して、どのような弊害をもたらしているのか、ということは熟考に値します。

フランスの思想家、ギー・ドゥボール（Guy Debord）は、「スペクタクル Spectacle」をキーワードに現代の消費文化を読み解こうとしました。「スペクタクル」という語は、「壮大・豪華な場面、見世物」といった意味があります。メディアが作り出す誇大広告的な見世物感覚を「スペクタクル」と呼ぶのですが、私達の生活は、こうした絢爛豪華な「スペクタクル」なイメージの受け入れ先になってしまっているのです。大袈裟に誇張された幸福イメージのように、消費文化が、ワンセットで押し付けてくる画一的な価値観が、ありとあらゆるメディアを介して、まさに「ショー」として、演出され、私達の心を虜にしようとしているのです。テレビ・コマーシャルを見てみるといいでしょう。そこには、例えば、「幸せな家族のイメージ」が、その商品を所有することのイメージと重ねられて語られているのです。ディズニーランド的なものとは、まさに「スペクタクル」の典型ですね。そこでは、アメリカン・ドリームという名の価値観が生み出され、私達を魅了し、ディズニー的な幸福に与ろうとする人達は、消費に駆り立てられていくのです。夢をぶち壊しにしてしまう、ゴミであるとか下水であるとか、そういった都合の悪いものは、一切合切、地下に吸い込まれていくように設計されていて、絵に描いたような「幸福」に人々の目が釘付けになるようにデザインされているわけで、まさに「幸福」が誇張された「スペクタクル」があそこにはあるわけなのです。「スペクタクル」は、消費社会の提供する絢爛豪華で大袈裟なイメージの奔流をメディア上で形作り、私達は麻薬漬けになったかのように、そんなイメージの奔流に脳味噌を浸しているのです。

精神分析家の香山リカさんが、2005年に出版された『貧乏くじ世代』という著書の中で、40歳代の人が、「人生をやり尽くした」という悩みを抱えている、ということを指摘していました。そうした「やり尽くした」という感覚は、「消費意欲の低下」に起因しているのだ、というのです。どういうことかと言いますと、例えば、ある男性は、30代半ばで、マイホームを購入し、「消費欲の最後の一花を咲かせた」後、「欲しい物は全て手に入れた」という達成感とともに、「これから何を欲しいのかが分からない」という状態に陥ってしまったのだというのです。彼に言わせれば、「金で買えないモノの価値」を信じられた世代が羨ましい、というわけで、「これ以上、生きていても仕方が無いから」40歳代で、人生を終わらせることにも思いを巡らせるようになってしまったのだ、というのです。彼は、「家族」も「子ども」も「手に入れ」、「海外旅行」で行きたいところに全て出掛け、会社でも、重役級のポジションを「手に入れて」、最後に「家族」を入れる器である「マイホーム」を「手に入れた」とたんに、「終わった感覚」に襲われ始めたのだ、というのです。この40代男性のエピソードは、「スペクタクル」と化した消費文化のカリカチュアがあります。「カリカチュア」とは、「風刺を目的に皮肉をこめて面白おかしく描くこと」を言いますが、この男性の人生から、私達は、どんなにそれが絢爛豪華でも、与えられたに過ぎないものを、完璧に所有したところで、「幸福」には決して至らないのだ、という教訓を読み取ることができるでしょう。この男性のエピソードにも、やはり、「幸福」は「手に入れるもの」であると考えて、「所有」という言語でしか語ることのできない、「スペクタクル」をモデルにした、ライフスタイルが前提として存在しているのです。雑誌やテレビなどから仕入れた「スペクタクル」すなわち、「幸福であるための一揃いのセット」を真に受けて追いかけてしまっている、現代人の姿がここにあるのです。こうした意味において、私達は、消費文化の幸福を教える「スペクタクル」に翻弄されてしまっているのです。「子ども」も「家族」も、消費文化が喧伝する「スペクタクル」なセットの１つの小道具として、「所有すべきもの」という位置付けになってしまっているのです。そこには、家族や子どもと交流し「絆」を作ったり、何かをともにしたり、といった「所有」という言語で語ることのできない要素が欠けてしまっているのです。実際に、「消費文化」を「スペクタクル」にまで高めて宣伝活動に従事している、資本主義の世の中は、「競争社会」という現実が存在しており、その中で、社会的な絆は、弱まる一方だったのです。

私は、カナダの活動家、ナオミ・クラインの著した力作『ブランドなんか、いらない』を読むことを皆さんにお勧めします。「スペクタクル」として、作られたライフスタイルを実現する小道具が市場で売られ、そうした偽の「ライフスタイル」の「一里塚」的な役割を果たしている「小道具」こそが「ブランド」なのです。「これとそれとあれが揃っていなければ、幸せにはなれない」といった形で、偽の「ライフスタイル」をまさに「消費」の用語で考えてしまうように慣らされてしまっているのです。市場の要求に乗せられて、「スペクタクル」に魂を売ってしまうことなく、皆さんのライフスタイルを設計する権利を皆さんの下に取り戻し、皆さん、個人個人の生活の質を考える過程で、他の人達と「連帯」できるような「社会」を取り戻すことが肝心なのです。その一歩として、ブランドの持つ「スペクタクル」に誘う魔力から解き放たれることが必要となるでしょう。解き放たれた瞬間、私達は、こう自問自答しなければなりません。「なぜ、自分のライフスタイルを企業に提供してもらわねばならないのか？　独自のライフスタイルを築き上げることこそ、最もチャレンジングで、面白いことなのではないのか？　なのに、なぜ、その最も面白いはずのことを、企業に代理してもらわねばならないのだろうか？」と。

私達は、大量生産、大量消費、大量廃棄の文化に、意識的にコミットしないようにすることができるのです。消費至上主義の文化の虚栄を暴き、意識的に「ノー」を突きつけ、消費文化からの脱出を試みる人達が出てきました。「Culture jam カルチャー・ジャム」の運動です。

カレ・ラースン（Kalle Lasn）さんが、1970 年から、カナダ、バンクーバーを拠点に展開している運動が、「Culture jam カルチャー・ジャム」の運動で、その運動を実践している人のことを、「Culture jammer カルチャー・ジャマー」と呼びます。「Jam」は「動かなくする、妨害する」という意味の動詞で、ラースンさんに言わせれば、多国籍大企業が作る消費文化の上辺だけのカッコウ良さを引っ剥がして、その醜さ、虚の部分を暴いてしまおう、というわけなのです。ですから、「Jam」される標的となる「Culture（文化）」とは、多国籍大企業が、日々、仰々しく喧伝している「消費文化」なのです。60 年代のヒッピー世代は、消費文化に懐疑の声を上げ、反抗的な若者文化を築きました。けれども、80 年代辺りから、「消費文化」は「Cool クール」だとされ、若者文化にも浸透し始めたのです。カルチャー・ジャマーは、「Cool」だとされるようになってしまった「消費文化」を、「Un-cool アンクール」、つまり、「クールどころかダサい」ものにしてしまい、消費文化への加担を意識的にストップしよう、という運動なのです。

ラースンさんは、「消費文化」への抵抗戦略を幾つも編み出しています。有名な運動が、「Buy Nothing Day（無買日＝「ムバイ日」あるいは「ムガイ日」）」です。クリスマスの１か月前、11 月 25 日辺りの日を、全く何も消費活動をしない日としてしまい、習慣化してしまっている消費への衝動を見直そう、というのです。「サンタクロース」ならぬ「禅タクロース」をシンボルにして、その日、1 日、瞑想などによって、心の豊かさを取り戻すようにしてみましょう、というわけなのです。「消費文化」すなわち「アメリカ文化」は、民衆の中で育ってきた文化などではなく、単なる「ブランドの集合体」なのです。「Buy Nothing Day（無買日＝ムガイ日）」を通して、「ブランドの集合体」へのアクセスを減らし、自分達が消費活動によって手に入れた商品によって自分を表現するのではなく、文化を創造する方向に転換していこう、というのです。

市場原理主義のゲーム板上で、唯一喜ばれる消費至上主義の文化にあって、自分の「ライフスタイル」でさえ、与えられるのに甘んじてしまうような、呆れるほど馬鹿馬鹿しい受け身状態に陥って、思考停止してしまっている現状から、目覚めた市民達が「カウンター・メッセージ（対抗メッセージ）」を能動的に流して、どんどん社会に介入し、参加しましょう、というのが、ラースンの意図なのです。ラースンさんは、「怒れる市民達」という言い方をされていますが、消費文化の申し子達にとっては、もはや、「怒り」さえも感じられないわけで、「怒り」だと思っていても、その正体は、人と比較してどうか、といったような単なる「嫉妬」や「不安」それに「あれも無い、これも無い、あれが欲しい、これが欲しい」と内面を落ち着かなくさせるような「強迫神経症的状態」なのです。こうした感情は「消費文化」の中で育まれた感情なのです。現代人は、「自分探し」に余念が無いという意味において、神経症者で、「本当の自分」を求めて、一生を終える、というわけなのです。この「自分探し」に「消費による自己実現」が絡んできますと、「あれが手に入れば、〜が可能になる」といったような「コンシューマーズ・ファラシー」に振り回されるようになってしまうのです。幸福とは、「所有」とは無関係な概念なのだ、という根本を見据える必要があるのです。

B.　分離の詭弁（Fallacy of Separation）

「経済の時間」に組み込まれた私達の思考様式として、最も顕著な思考様式は、ラッチスが「Fallacy of Separation（分離の詭弁）」と呼んでいる思考様式です。これはあまりにも当たり前だ、と私達が思い込んでしまっているほど、まさに身についてしまっている思考様式なのです。「経済の時間」に組み込まれた私達は、誰でも、「目的」を設定して、何かを行う、という思考様式に基づいて行動しています。ラッチスは、この極々当たり前に私達が従っている思考様式を批判しているのです。目的を設定し、それに見合った手段を選んだ上で行動する、というこうした思考様式のどこがおかしいのでしょうか？　私達の欲望は、「〜したい」という形で、「目的」を設定します。「〜したい」の「〜」は、現在は「欠けている状態」にある何かです。それが満たされるのは、未来のある時点ということになることでしょう。したがって、目的は、未来のある時点に実現するものとして設定されるのです。「いつかは叶う」という形で、未来に設定された目的に対して、目的達成のための手段は、現在行わねばなりません。現在のこの時間に、地道に手段に当たる行為をこつこつ行っていくことで、やがて目的に到達するわけなのです。ですから、目的設定は未来に、手段設定は現在に、ということになり、手段と目的は、時間によって隔てられていることになります。私達は、手段と目的は、手段を行う現在と目的達成するだろう未来の間にタイムスパンが必要だということを当たり前だと思っています。手段と目的は時間によって隔てられているのは当然だ、という風に考えているのです。けれども、この思考様式で問題なのは、未来に設定した目的を達成して初めて手段に意味が与えられるということなのです。例えば、あなたが有名大学に入学することを目的に一生懸命勉学に励んでいるとしましょう。恐らくあなたは、有名大学入学という「目的」が叶った時に、「これで、あれだけ一生懸命こつこつとやってきた日々が報われた」と呟くことでしょう。つまり、「目的」が達成されて初めて、「手段」として行ってきた過去の行為に、意味が与えられることになるのです。裏を返せば、「目的」に到達しないとしたら、「今まで手段としてやってきた諸々の努力は実らなかった」つまり、意味が無かった、ということになってしまうのです。このように見れば、「目的を設定し、それに対して手段を選ぶ」という、「Fallacy of Separation（分離の詭弁）」とラッチスが呼ぶ、あまりにも慣れ親しんだ思考様式が、実に「未来志向」の思考様式であることが分かります。「目的」が達成しなければ、「手段」に意味が与えられませんので、手段を実行する現在を効率的に迅速に終わらせて目的に辿り着きたいと願うようになってしまいます。それゆえ、「効率性」という価値観が重視されるようになります。『モモ』の灰色の男達に唆された人達は、時間を無駄にせず、効率的に物事を行い、早く「時間を貯蓄する」という目的を達成しようと、強迫的になっていきますが、そのせいで何が起きるかと言いますと、私達が見てきましたように、「今」が痩せ細ってしまうのでした。けれども、本当は、私達はこの「今」しか生きられないというのに、あまりにも「未来志向」的になり過ぎて、「今できること」「今したいこと」「今しかできないこと」「今いること」が疎かになってしまったのでした。

こうして、２重に「経済の時間」に取り込まれてしまっている私達なのですが、「自然の時間」を生きていた、あの「子どもの時間」を取り戻すことは、果たして可能なのでしょうか？　例えば、せっかく余暇が取れて、贅沢に使える時間があるような場合でも、「経済の時間」に馴らされて私達は、何と、「暇つぶし」をしようなどと言って、「時間を潰す」ことを考えてしまうのです。「暇つぶし」にはテレビという受身になれる娯楽はうってつけですよね。せっかく「経済の時間」のルーティーンから外れることができた場合も、「暇つぶし」をして生きるというふうになってしまっているのではないでしょうか？　あの「子どもの時間」のような充実はもはやあり得ないのでしょうか？

先ほど、紹介したジョン・ラッチスさんは、古代ギリシアの哲学者、アリストテレスの哲学の中に、「経済の時間」から解放されるためのヒントを見いだしています。アリストテレスは、後世に『形而上学』という名で知られることになった本の中で、「エネルゲイア（Energeia'ενεργεια）」という概念を提唱しています。アリストテレスの定義によりますと、「エネルゲイア」は、「進行形の行為が同時に完了形でもある」というのです。この概念を利用して、「子どもの時間」の正体に迫ろうと思います。この定義の意味していることは何なのでしょうか？　これは、つまり、自分が行っている活動や行為それ自体が同時にその目的であるところの自己充足的(自己目的的)な行為を意味するのです。このようにパラフレーズしても皆さんには、何のことやら、という感じでしょうから、例を挙げて説明することにします。これこそ、「子どもの時間」の正体だ、というからには、子どもの「遊び」を例に挙げて説明してみましょう。子どもは、何かのために「遊ぶ」のではありません。つまり、「遊ぶ」ということの外に何か目的を立てた上で、遊んでいるわけではないのです。強いて言えば、「遊ぶ」ために「遊ぶ」のです。「遊ぶ」ために「遊ぶ」ということは、まさに「自己目的的」であるし、『「目的」を達成することで「行為」が完了する』のではないがゆえに、「自己充足的」です。これが、「進行形である行為が同時に完了形」ということの意味することなのです。遊びが進行しているそのつど、遊びという目的は叶えられているので完了形でもある、という、「経済の時間」しか知らない私達の目か見たら、稀有な事態が、「遊び」という行為の中で実現しているのです。進行形の行為の内に自己充足的に目的も実現しているわけなので、こうした行為を行っている者こそ、「幸福」であるはずなのです。そして、アリストテレスの「幸福」の概念も、「エネルゲイア」に立脚しているのです。だとしたら、これを行っていることがそのまま何か充実感のような幸せをもたらしてくれるような、そんな行為が「エネルゲイア」であるはずです。子どもの「遊び」の精神を純粋に保ちつつ行為できる行為があるかどうかを自問自答してみたらいいでしょう。名人の業は「子どもが遊ぶがごとし」ということが言われるわけで、「子どもの遊び」のように行為できる何かがあれば、それがあなたにとっての「エネルゲイア」である、ということになります。

これから紹介する「禅問答」は、どのような行為も本当は「エネルゲイア」になり得るのだ、ということを教えてくれます。ある人が、禅宗の悟りを開いた和尚さんに、どのような心がけで生きるべきか、修行の極意を尋ねました。

男　：「和尚、あなたは、悟りを開かれた方ですので、お聞きしたいのですが、あなたは毎日、どのような規律によって修行されているのでしょうか？」

和尚：「腹が減れば食い、疲れれば眠る。」

男　：「それでは、私たち、凡人と何も変わらないではありませんか？　私たちも和尚と同じように修行をしていることになってしまいますよ。」

和尚：「いいや、同じではない。」

男　：「どこが違うとおっしゃるのですか？」

和尚：「お前達は、私のように、本当に食べてはいない。お前達は、食べながら、雑念を心に宿しておる。だからわしと同じではないというのだ。」

（*Living by Zen*, Daisetsu, Suzuki, より和訳）

この問答から窺い知ることができるように、東洋でも禅の修業者などは自分が行っている行為をそのまま生きることを実戦してきたのだと考えます。禅者にとって飯をくう、皿を洗うということもエネルゲイアになるのであって、悟りを開いた禅者は行為の最中に雑念に捕らわれたり、行為の外側に第三者的視点を設定してその行為の究極的意味づけをしようとしたりするような愚かなまねを全くしないのです。禅の修行者は、飯を食うという行為そのものが目的であるように、飯を食うことに徹し切るのです。心から食べ、心から皿を洗い、心から眠り、心から「今、ここ」にいることで、この「今、ここ」を生きるわけです。このように行っている行為に徹し切ることによって、「今、ここ」が充実したものとなるのです。つまり、ここで強調したいことは、どんな行為でもエネルゲイアになり得るのだ、ということなのです。

子どもが「遊ぶために遊ぶ」のが楽しくて、嬉しくてたまらないように、まさに、子どもの遊びの境地でできる行為が「エネルゲイア」なのです。子どもは、ツイアビさんが語っていたあの「日の出から日の入りまでの、１人の人間には使い切れないほどの沢山の時間」を遊びという「エネルゲイア」として生き抜いています。子ども時代は、時間が無限にあるかのように感じられたわけです。何と言っても「遊び」は、自己充足的なのですからね。

日本は、70年代以降、成熟期を迎えると、高度成長期のあの「物作り」の伝統に生き残っていたにちがいない、「エネルゲイア」の境地を忘れ、「コンシューマーズ・ファラシー」に毒され、「消費による自己実現」を追及するようになりました。所有によって、他者と少しでも違うことで「個性」を表現しようと、ひたすら消費に駆り立てられていったのです。1980年代から、東京ディズニーランドを筆頭に、テーマパークがブームになりました。ここには、「経済の時間」と切り離された、まがいものの楽園の中で、もう１度、子どもに返ろうという巨大な欲望を感じ取ることができます。けれども、消費文化の象徴でもあるようなテーマパークという作り物の世界で、人々は、残念ながら、子どもに返ろうとする欲望の正体を見抜くことができず、長蛇の列に並ぶことで、この楽園においても「経済の時間」の悪夢を追認し、結局は「消費文化」に膝を屈して、大量の買い物袋を提げて帰路に着くことになるのです。

「経済の時間」を脱するには、あなたの「エネルゲイア」を探してみることから始めるのがいいかもしれません。そして何よりも、もしあなたが「自然の時間」を大切にしようとして、環境運動を起こし、その運動が「エネルゲイア」であるようになれば、簡単には「経済の時間」に回収されはしないことでしょう。この講義では、悲観的な事実を沢山紹介しましたが、たとえ、現実がそうであっても、ともかく「環境運動」は、楽しくね。

第6章

IPCCの第4次報告書
—未来世代への責任をどう考えるか—

1．温暖化という仮説

2007年に発表されたIPCC（後の節で詳述）の第4次報告書によると、100年間（1906～2005）で0.74℃の温暖化が進んでいるというのです。最近12年（1995～2006）の内、11年の世界の地上気温は、1850年以降、最も温暖な12年の中に入るといいます。過去50年の昇温傾向は、10年当たり0.13℃で、過去100年のそれと比べて、ほぼ2倍になるということで、温暖化が近年になるほど、加速していることが分かります。また、1961年以降の観測によれば、水深3,000ｍまでの全海洋の平均水温が上昇し、気候システムに加えられた熱の80%を吸収している、という報告があります。これは海水膨張を引き起こし、海面水位上昇に寄与しているのです。IPCCによれば、20世紀を通じて、海面水位は0.17ｍ上昇したと見積もっています。温暖化が起きているということを示す証拠は、3つに分けて考える必要がありそうです。1つ目は、温室効果ガスが気候システムに与える影響を説明する物理学的理論が、ここ1世紀に渡ってまとめられてきた、ということです。2つ目は、温暖化傾向を示す「自覚症状」に当たる膨大なデータの蓄積です。最後に、アメリカ、イギリス、ドイツ、日本などの国が持つ最先端のコンピュータを駆使したシミュレーション・モデルの開発とそれに基づく予想がほぼ一致した、ということです。

そこでまず、科学共同体において合意されるに至った物理学的理論についてお話しします。地球の温度を左右するのは、熱源としての太陽です。太陽は「放射」によって、途中に物質を介在させること無しに熱を送ります。放射は、「電磁波（赤外線、可視光線、紫外線を含む）」で、波長によって強さが違います。太陽放射エネルギーの内、反射して再び宇宙に逃げていってしまうものもありますが、その分を差し引いた太陽放射エネルギーが地表に到達すると、地球表面が暖められます。あらゆる物体はその温度に応じた電磁波を出す、という物理学の法則通り、暖められた地球も宇宙に向けて「赤外線」と呼ばれている電磁波を放射しているのです。この地球からの赤外線の放出のことを「地球放射」と呼んでいます。1827年に、太陽からの放射エネルギーと地球からの放射エネルギーの収支を計算することを思いついた、フランスの数学者、ジョゼフ・フーリエによると、地表が受け取る太陽放射のエネルギー（一部は、雲アルベド効果や地表面アルベド効果などで反射される）と地表が放出する赤外線のエネルギーの収支はバランスするのですが、そのエネルギーの収支バランスは平均－18℃という数値を示してしまうのです。実際の地球はそれよりずっと温暖です。フーリエは「地球放射を大気が吸収しているから、実際の地球は暖かい」と考えました。この地球放射を吸収する性質を持つ大気成分をフーリエに従って「温室効果ガス」と呼ぶのですが、この大気による吸収を考えない場合、地球の温度は、約－18℃になってしまうというのです。「温室効果ガス」のお陰で、地球の表面温度は平均して14℃に保たれているのです。電磁波は、電気的な偏りを持った粒子を振動させて熱を帯びさせます。例えば、電子レンジは、「電磁波」の一種のマイクロ波を使って、電気的に偏りのある水分子を振動させて熱を起こすのです。1859年、ジョン・ティンダルが、二酸化炭素が赤外線を捉えてしまうことを発見しました。二酸化炭素（電気的性質を打ち消すタイプの極性分子）は、極く僅かな電気的な偏りを持つことが一時的に生じることがありますが、この時、赤外線によって、二酸化炭素分子は振動し、熱を発生・放出するのです。太陽放射は、地球放射に比べて、波長の短いところに分布していますが、地球放射は、赤外線で、波長の長い「長波放射」なのです。太陽放射は、ほぼ通過させるけれども、地球からの長波放射を一度吸収して再放出する気体が「温室効果ガス」なのです。その場合、太陽放射には「透明」だが、地球放射に対して、「不透明」という言い方をします。「温室効果ガス」として、代表格の二酸化炭素の他にも、水蒸気やメタン、フロンガス、一酸化二窒素などが知られています。「温室効果ガス」の種類によって、この「長波放射」の内、どの周波帯に反応するのかが違ってきます。ある周波帯の「長期放射」は、どの「温室効果ガス」にも捕まることなく、宇宙に放射されるので、その周波帯について「窓」が開いている、などといった言い方をします。

二酸化炭素や水蒸気に吸収されにくい波長を「大気の窓」領域の波長と呼びますが、この地球放射の逃げ道の「大気の窓」をメタンやフロンなどのガスが塞いでしまうというのです。つまり、大気中に様々な種類の「温室効果ガス」があればあるほど、地球放射を宇宙空間に逃がすための大気の「窓」が、それだけ一層塞がれてしまっていることになるのです。

地球の温度は、こうして物理的には、「太陽放射」と「反射率」と「温室効果」によって定まるというのです。ついでにお話ししておきますと、地球に出入りするエネルギーの収支バランスを変化させる影響力のことを「放射強制力（Radiative forcing)」と呼び、1 m^2 あたりのワット数（W/m^2）で表現します。地表を暖める影響力が「正の放射強制力」で、「温室効果ガス」がこれに当たります。他方、後述するように、太陽放射を反射してしまう、一部の「aerosol エーロゾル（浮遊微粒子)」のように、地表温度の低下に寄与する影響力を「負の放射強制力」と呼びます。後で幾つかの事例を紹介しますが、温暖化傾向を示すデータが、専門査読つき学術論文の形で蓄積されてきている、という事実があります。そこで、こうして蓄積された科学的知見が、温暖化傾向そのものを否定しない方向で一致している、としたら、温暖化の原因を探る時、「太陽放射」が強まるか、「反射率」が弱まるか、「温室効果」が増大してきているのか、という可能性を当たってみるというのが論理的に正しい筋道でしょう。

「太陽放射」の強弱ということに関して言えば、長期的な周期としては、地球の自転軸の傾きや公転軌道の離心率や近日点（太陽にもっとも近づく位置）の位置などの影響による、数万年、数十万年という周期での「ミランコビッチ・サイクル」と呼ばれている変動が知られています。セルビアの天文学者、ミランコビッチによって提唱されたこの変動は、地球の大体11万年のサイクルで繰り返される「氷期」と「間氷期」のサイクルに関係しているとされています。現在は「間氷期」にあるとされていますが、たとえ、今直ぐ「氷期」に向かう寒冷化が始まったとしても、それは1万年以上もかけてゆっくりと進むゆえ、現在問題になっている100年単位で進んでいる温暖化を打ち消すことにはならない、とされています。

もっと短期的な周期に関係するものとして、太陽表面の黒点の数がおよそ11年周期で増えたり減ったりしており、その相関のメカニズムが理論化されているわけではありませんが、黒点の多い時に太陽放射が強いという傾向があります。現在は、太陽表面に黒点がほとんどなく、太陽放射がむしろ弱まっているにもかかわらず、温暖化傾向を示す「自覚症状」に当たる科学的データが蓄積されているのです。太陽放射が強まるということに関しては、もし11年周期で替わるとしたら、今後、むしろ太陽放射が強まる時期を迎えることになるのです。

反射率に関しては、後で詳しく出てきますが、火山活動による噴煙や工場からの煤煙などに含まれる「aerosol エーロゾル（浮遊微粒子）」と呼ばれている粒子が大気中に増えれば、反射率が強まって、日射量に影響が出ます。これを「日傘効果」と呼びます。逆に、反射率が弱まるということで言えば、地表を覆う氷が融けると「反射率」が弱まるということが起きますが、今、まさに氷の融解は、北極などにおいて、温暖化を加速化させる「正のフィードバック」現象をもたらしているのです。

こうなると最後に、「温室効果」を増大させる温室効果ガスが増えているのか、ということを見なければならないことになります。これと同時に、「自覚症状」に当たる科学的データの一角について触れるとともに、コンピュータ・シミュレーションの試みに関してもお話ししていこうと思います。

理論的には、すでに1896年の段階で、ノーベル化学賞の受賞者、スウェーデンのアレニウスが、人間活動由来の二酸化炭素によって大気中の二酸化炭素が倍増した場合、地球全体の平均気温が5～6℃上昇するだろうと推計しています。

チャールズ・デイヴィッド・キーリングは、観測機器をハワイのマウナロア火山の頂上に設置し、1958年より、大気中の二酸化炭素濃度のモニターリングを開始しました。年々データが蓄積されていくにつれて、二酸化炭素濃度が著しく上昇していることが動かし難い事実として現れたのです。観察当初は、約315 ppm（百万分率）だった二酸化炭素濃度が、2007年の時点では、約384 ppmとなり、自然的な要因からだけでは説明され得ない上昇だったのです。これからお話しする、「氷床コア」の分析によって、産業革命以前の18世紀中頃の二酸化炭素濃度が280 ppmくらいであったことが分かりました。この濃度は、産業革命以降著しくなっていく人為的原因による二酸化炭素の増加が始まる以前のものですので、自然に存在する二酸化炭素の濃度だと考えることができます。

さて、「氷床コア」について説明しておきましょう。氷床は雪が毎年降り積もって万年雪になっていったものが氷のように固まってできる、という話を以前しましたね。この氷床を垂直方向に円筒形にくり貫くと、その円筒形の氷の中に、空気の成分が閉じ込められているのです。積雪がそれ自身の重みによって押し固められて氷となっていくプロセスにおいて、その積雪当時の大気が氷の中に閉ざされている、というわけなのです。この円筒形にくり貫いた氷のサンプル、これを「氷床コア」と言いますが、地下深くに行くに従って古い時代のものになっていますので、その時代の空気の成分を分析できるのです。深さ約500m以上の氷床コアのサンプルになりますと、氷の中に閉ざされていた空気の泡が、水分子の籠の中に取り込まれ、低温と圧力によって「ハイドレート」と呼ばれる物質に姿を変えているのです。ですから、一見、空気の泡が消えてしまったように見えますが、このサンプルを、例えば、水につけて温めると、温度が上がって圧力が低くなり、透明なサンプル中から、パチパチと泡が出てくるのです。太古の空気が、ハイドレートの籠の中から、再び大気中に放たれる時の音が聞こえるというのです。この気泡を調べることで、当時の大気中の成分を調べることができるのです。

また、デンマークのウィリ・ダンスガードは、雪の酸素同位体比と気温の関係を調べ、年平均気温が高ければ、その年の雪の酸素同位体比は^{18}Oに富む重い雪に、平均気温が低ければ、^{18}Oの少ない軽い雪になることを発見したのです。^{18}Oの濃度を使って、氷床コアの分析を行えば、その当時の平均気温を推定でき、過去の気候変動を再現するのに役立つかもしれない、とダンスガードは考えました。酸素には「同位体（isotope）」が存在しており、原子核が陽子8個、中性子8個で構成されている^{16}Oよりも中性子が二つ多い^{18}Oなどがありますが、^{16}Oを含む普通の水よりも重い、^{18}Oを成分にした「重水」と呼ばれる水が存在しているのです。気温が高いほど、海水から蒸発する「重水」の量が多くなるという現象が知られており、そのせいで気温が高い時の雨や雪にも「重水」が多く含まれるようになるのです。氷床コアの成分中の「重水」の含有率から、当時の気温を想像することが可能なのです。こうした科学的な方法によって、過去の地球の空気の成分を知ることができるのです。

このように「氷床コア」の分析によって、過去の環境（古環境）を詳細に調べることが可能となったのです。例えば、日本チームは、南極において、3,025mに及ぶ「氷床コア」を掘削して取り出していますが、過去32万年にもおよぶ古環境を再現しています。こうして各国のチームによって、氷床コアのサンプルが分析されてきましたが、その分析結果は、直前の氷期時の二酸化炭素濃度が180 ppm、氷河期終了時には、280 ppm というものでした。そして、キーリング博士の測定結果を付け加えて考えると、20 世紀後半には、人間起源の排出によって、二酸化炭素濃度は 380 ppm に達したのです。何もせずに、このまま排出を続けていくと大気中の二酸化炭素濃度は、21 世紀末までに 500 ppm 以上にまで上昇してしまうだろう、と見られているのです。

さらに、ハンス・スースという学者は、面白いことに気付きました。産業革命以降、人間の産業活動起源の二酸化炭素は増加の一途を辿っています。この人為起源の二酸化炭素には、放射性炭素（^{14}C）が含まれていません。放射性炭素の半減期は 5,730 年で、化石燃料と化した炭素の中には、すでに放射性炭素は含まれていないのです。したがって、人為起源の二酸化炭素は、大気中の放射性炭素を薄めていると考えることができるのです。1955 年に、スースがこの発見を発表して以来、これは彼の名前をとって「スース効果」と呼ばれています。大気中の放射性二酸化炭素の濃度を ^{14}C／^{12}C の比と考えて、産業革命以降、この濃度が希釈されているのです。このように、科学者は、近年見られる急激な気候変動が人為的な原因によるものであるという仮説を裏付ける証拠を積み上げていったのです。

こうした努力が続けられ仮説の信憑性を裏付ける観測事実を求めていくことと同時に、科学者は、コンピュータによって、気候変動を予測するシミュレーション・モデル（気候モデル）の開発にも力を注いできました。このようなモデルを作ることで、温室効果ガスの濃度を表す数値を変えて、その結果を比較することができれば、人間活動によって自然界に加えられるガスの影響がある場合と無い場合を調べられると考えたのです。

ところが、90 年代に開発されたシミュレーション・モデルでは、良く知られている 20 世紀の二酸化炭素の増加を組み入れて計算させた場合、実際に測定した値の 2 倍になってしまったのです。このことが、シミュレーション・モデルの信憑性を低くしていたのです。けれども 1991 年、フィリピンのピナトゥボ火山が噴火した際に SO_2 が成層圏にまで吹き上がった時に、ハンセン率いるゴッダード研究所のグループのシミュレーション・モデルは、エーロゾル（浮遊微粒子）

が「負の放射強制力」として働き、0.5℃寒冷化することを予測したのです。ちなみに、この時のエーロゾルの日傘効果は、1995年まで続いたのです。さて、この予測通りの観測結果を得た時に、シミュレーション・モデルの開発に携わる科学者達はエーロゾルの影響をシミュレーション・モデルに組み入れることができるという自信を深めたのでした。実際に、産業革命後、人間の活動によって、硫酸塩、有機炭素、黒色炭素（熱を吸収する側面もある）、硝酸塩などのエーロゾルを大気中に撒き散らしてきたのです。こうして人間活動起源のエーロゾルの影響を組み入れて計算したところ、以前の計算結果では温室効果ガスによって、実測地の2倍になってしまっていた数値が、エーロゾルの影響に相殺された分、実測地にほぼ一致するような数値で落ち着いたのです。この事実は、シミュレーション・モデルの精度の高さをかえって実証するものとなり、モデルへの信頼性の度合いを高めていくことになりました。地球を寒冷化する要因をも含めても温暖化傾向を示すだろうことを定量的に評価できるという結論に至ったのです。エーロゾル粒子は、数週間しか滞空しないので、実際に、ピナトゥボ火山からのエーロゾルの影響が消えた90年代後半より、温度の上昇は加速化していくようになったのです。また、8か国において開発された14のシミュレーション・モデルにおいて、CO_2の人為的増加分を与えるとどれも同じような結果を示し、温暖化傾向を示さないモデルが存在しなかったことが、科学者に仮説の正しさを確信させたのです。人間活動のせいで増え続けた温室効果ガスが温暖化をもたらしているという発見は、実に多くの科学者が関わっているのです。1960年代に、地球寒冷化を説いた科学者が存在しましたが、彼等は、産業構造のグローバルな拡大によって、いわゆる「公害」によって空気中に放出されたエーロゾルの影響によって寒冷化傾向を示した時の気温を実測していたと言えるのです。2003年にヨーロッパが猛暑に見舞われた際に、EUが酸性雨の影響である硫黄の排出制限に踏み切ったためだ、と説いている科学者もいるくらいなのです。けれども、ピーター・コックスが憂慮しているように、シミュレーション・モデルの作成者が、エーロゾルの影響を過小評価していたということは、温室効果ガス量についてのモデルの感度をも過小評価してしまったことを意味し、私達がすでに「後戻りのできない点」を越えてしまっていることに気付かないでいるのかもしれないのです。

このピーター・コックスの憂慮を深刻に受け止め、温暖化に関する対策を講じるべきか、ということを熟慮してみましょう。「地球1個分の思考」ということは、科学にも影響します。考えてみてください。もし地球が2つあれば、例えば、双子地球の片方で、まさに対照実験として、現行のまま二酸化炭素を大量排出させるライフスタイルを保持していき、もう片方の地球上では、IPCCの提言に従って二酸化炭素の排出を抑えるライフスタイルへの変革を成し遂げ、100年後を待つことが可能でしょう。こうした確実性への保証が与えられない状況下にあって最善は何かを考えなければならないのです。こうした状況下では、専門家が手持ちの札を全て広げ、その中で多くの一致が見られるものを重視するというやり方が理性的な方法でしょう。IPCCは、世界中の科学的専門家の論文を集め、まさに今お話ししたようなやり方を採用したのです。報告書としてまとめ上げられるまでに、世界中にある多数の科学者コミュニティーが討論や査読などを通して合意を形成していくといった民主的なプロセスがあったのです。さらに、双子地球が叶わないゆえに、コンピュータによるシミュレーション・モデルを使って予測の蓋然性を高めようとしました。もちろん、双子地球が叶わないゆえに、モデルの妥当性を証明する経験的手段はありません。気候変動を予測するコンピュータ・シミュレーション・モデルは、世界中で、独立に開発され、日本にも「地球シミュレータ」が存在しているのです。こうしたモデルは、その精度を検証するために、過去や現在の事象を再現する実験を経て、改良を加えられ、最終的に、将来の気候変動を予測するために使われることになるのです。重要なことは、気候システムに影響を与える自然起源の要因のみをシミュレーション・モデルに算入すると、実測されている気温変化と一致しませんでしたが、自然要因に加えて、人為的起源の温室効果ガスの効果を共にシミュレーション・モデルに算入すると、実測値にマッチするということなのです。さらに重要なことは、こうして独立に開発された、世界各国のモデルが、どれも例外なく、21世紀末に向けての温暖化傾向を予測している、ということなのです。これは、何年の何月何日に何度上がるというような予測とは違います。「温暖化傾向」があるということと、それが人為的に排出された二酸化炭素が主要原因で起きつつある、ということ、さらに、温暖化がもたらすだろう負の要因が多いことが分かれば、それでは、主要原因とされる人為起源の二酸化炭素排出量を減少に転じることで、「温暖化傾向」を防ぐことにしましょう、という議論ができるのです。現行の温暖化が、時間スケールにして、自然現象からは説明できないような、急激な変化を示しているということが重要です。IPCC の第４次報告書が、専門家によって審議され、人為起源の二酸化炭素排出による温室効果を考慮しなければ、この 100 年間で観測された急激な変化は説明できない、ということで、専門家の見解が一致したことが大きいのです。こうして仮説の信頼性が高まってきましたので、IPCC は、大方の科学的専門家の間で見られた一致を報告書の形で全世界に向けて提起し、後は、最終的な政治的決断を、世界中を巻き込む民主主義に委ねたのです。査読つきの学術誌に、温暖化についての仮説を覆すような、強力な反証やライヴァルとなり得る仮説は登場していません。しかし、地球温暖化問題も、金で動くようなメディアや学者を総動員して、「Red herring（人を惑わすような似非情報）」をでっち上げて世論の動向を掻き乱そうとしている、石油・石炭業界や自動車業界のような既得権益を持った集団が存在していますし､性急な結論を出すことを差し控える「慎重派」の科学者もいますので、世界中の科学者全てが合意しているわけではありません。それでも、科学的な専門家の間では大方の一致が見られました。学術組織のレベルで、地球温暖化の人為的影響に疑義を呈する団体はない、ということなのです。

ところがこれを受けて、経済的な専門家の間では、科学の場合のような、見解の収束傾向が存在しているようには見えません。けれども、ニコラス・スターン卿を始めとする環境派の経済学者は、気候変動をそのまま放置してしまった場合の経済的損失は、それを改善しようと努力した時に支払う経済的費用を大幅に超えてしまうということで一致しているのです。2006 年 10 月、イギリス政府の委託を受けたスターン博士による有名な「スターン報告」の中で、気候変動が、最大規模の「市場の失敗」として、市場に任せるという方法を採り続けることを警告し、一度「後戻りのできない」変化が起きると、技術的な修正が困難になるだろうから、国際協調の下で、グローバルな対策を早急に講じていく時であることを強調しています。もし人類が温暖化問題に対して何も対策を講じなかった場合、今世紀中に気温が２～３℃上昇し、気候変動による災害の結果、世界の GDP の約 3%が失われ、22 世紀までに５～６℃上昇した場合は、世界の GDP の約 20%が失われる可能性があり、この場合の喪失は人類が経験した２度の世界大戦時の喪失に匹敵するだろうと結論しているのです。この報告書では「Cost of Action（対策行動を起こした時のコスト）」と「Cost of Inaction（対策行動を起こさなかった時のコスト）」を比較し、対策行動を早急に起こした場合の有効性が説かれているのです。

私達は、21世紀後半まで待つという選択肢が存在していることに気付きます。このことは、つまり、今、予測としての身分を持たされている仮説が実証されるのを待つ、ということを意味するのです。しかし、このような態度を採用する時、忘れてはならないことは、結果として仮説が正しかったことが分かるまで傍観するということに伴うリスクが存在する、ということなのです。しかも、このリスクは、もし仮説が正しかったら、人類にとって己の生存基盤を切り崩し兼ねないようなダメージ、しかも、後戻りのできないようなダメージ、を地球システムに与えることになり兼ねないという、「傍観の賭け」を間違いなく後悔させることになるようなリスクなのです。「傍観して待つ」か「取り組みを進めながら待つ」かという選択肢を天秤にかけてみなければならないのです。経済学的観点から言えば、二酸化炭素の排出を抑制する政策への投資と、人為的な二酸化炭素の増大によって壊乱される気候システムによってもたらされるだろうダメージから来る経済的な損失を秤にかけるわけなのです。ここで重大なことは、この経済的損失をもたらすだろうダメージが修復可能かどうか、という生態学的な問いを忘れないということです。つまり、時空の一断面を「現在」の名において切り取り、そこで「コスト・ベネフィット分析」をするだけでは、現行世代の「最大多数の最大幸福」しか考慮できなくなるゆえ、だめなのだ、ということなのです。私達は、今お話ししたような「生態学的配慮」を、「未来世代への責任」において、常に視野に収めておくべきでしょう。私達の生物学的基盤を脅かすかもしれないような環境問題についてのアセスメントには、「生態学的配慮」が重きを成すのは当然なのです。

科学者集団の見解や経済学者の見解が、国益と絡まって、全く不透明な動きを見せる政治の世界では、どのような影響を与えているのでしょうか？　1987年は、今振り返ると、「モントリオール議定書」が発効され、その後10年に渡って、オゾン層破壊の原因とされた「フロン」の放出を激減させることに成功した、まさに国際協力のお手本となるべき画期的な出来事として記念される年となったのです。温暖化に関する国際的合意は、この偉大なお手本のようにはいかず、紆余曲折を経て、ようやく2009年に入って、合意に向かう兆しが見え始めていますが、「国益」の壁は相変わらず厚いのです。

すでに、1985年に、オーストリアの「フィラッハ会議」において、科学者が総意の下、「全地球規模の平均気温の上昇」を警告し、各国政府に調査を要求していたのですが、モントリオールの成功を受けて、その翌年の1988年、「トロント会議」で、専門家が各国政府に温室効果ガスの排出削減目標を設定するよう要求したのです。これを受けて、同年、UNEP（国際環境計画）とWMO（世界気象機関）が中心となって、IPCCが設立され、バート・ボリン博士の指揮の下、温暖化の科学的な根拠を世界各国の専門家集団に求めました。この年は、「温暖化」警告派の急先鋒として名高いハンセン博士が、アメリカ上院議会の聴聞会において、平均気温上昇をもたらす温室効果が始まっていることを「99%の確信を持って」証言した年でもあるのです。1990年、IPCCは最初の報告書を発行し、温暖化傾向は正しいとしましたが、それが人為的な原因によるものかどうかは、まだ議論の余地があるとしたのです。こうして、続く90年代は、「環境の世紀」と呼ばれるようになった21世紀の「前奏曲」のように、多くの環境関連の国際会議が開催されていくのです。

1992年6月に、ブラジルのリオ・デ・ジャネイロで開催された「環境と開発に関する国際連合会議（第1回地球サミット）」は、地球環境問題に対する国際社会の取り組みの礎となった記念すべき会議でした。この時に「国連気候変動枠組条約」が結ばれ、「大気中の温室効果ガスの濃度を安定させること」を目標と定めました。「生態系が自然の力で順応できる期間内に、大気中の温室効果ガスの濃度を、気候システムに対して、危険な人為的干渉を及ぼすことの水準に抑える」という声明文にあるように、陸上の植物などや海洋といった「吸収源」に吸収される速度を超えない持続可能な排出速度にまで抑えることで、153か国が合意し調印したのです。これをきっかけに、「気候変動枠組締約国会議（COP）」が定期的に開かれるようになり、1997年に、「気候変動枠組条約第3回締約国会議（COP 3）」が京都で開かれ、排出削減のための具体的で法的な拘束力のある数値目標や目標達成のためのルールが定められた「京都議定書」として名高い合意文書が採択されました。よろけながらも小さな一歩を踏み出したかと思いきや、アメリカに本拠地を置く石油関連の多国籍大企業がロビー活動を通して猛攻を仕掛け始め、結局、2001年のマラケシュ会議では、京都議定書は骨抜きにされ、挙句の果てには、2001年に大統領選を勝ち抜いたブッシュが批准を拒否し議定書からの脱退を表明しただけではなく、オーストラリアもアメリカに続いたのです。「議定書」のような条約は、国家として認め、最終的に確定する「批准」というプロセスを経ないと発効されません。特に「京都議定書」の場合は、批准する国が少なかったり、批准した国の排出量の総計が少なかったりした場合は発効されないことになっていました。化石燃料エネルギーから既得権益を得ているグループから何度も潰されそうになりましたが、ロシアが批准するに踏み切った翌年の2005年2月16日に「京都議定書」が発効されたのです。日本は2012年までに「温室効果ガスの排出量を6%減らす」という目標値を掲げましたが、2007年には、逆に8%増加してしまっており、約束のためには、14%削減しなければならなくなったのです。けれども、国立環境研究所は、この時に、今世紀末までの気温上昇を2℃以下に抑えるためには、2050年までに、この年までのレベルから80%削減しなければならない、としているのです。現在、日本は、「6%削減」どころか、14%も増加してしまっています。そこで慌てて、「6%削減」を目標値として強調し始めました。けれども、この「6%」のための取り組みゆえに、「80%」という真の目標が見失われることになってしまったら、むしろ真の解決を先送りしてしまうことになってしまうでしょう。一歩譲って、2012年までに1990年のレベルから6%削減に成功する目標は、2050年の80%削減を見越した努力目標であることを周知させるべきなのです。

ところが、2008年に入ると、民主党大会において、大統領候補に指名されたオバマ氏が、後に「グリーン・ニューディール」と呼ばれることになる政策、すなわち「大統領に就任したら、その後、10年に渡って、太陽光、風力などの新エネルギーに1,500億ドルを投資し、500万人の雇用を生み出していく」という約束をしたのです。そのオバマ氏は、2009年には、大統領に就任し、約束通りの政策の実現に向けて進むだけではなく、温暖化に関して足枷となっていたブッシュ政権の方針を断ち切り、温暖化対策においてもリーダーシップを発揮するアメリカに変貌を遂げたのです。日本も、現在、本書を執筆中のこの時点において、民主党、鳩山邦夫首相が、9月22日、国連気候変動サミットにおいて、2020年までに二酸化炭素を 90 年比で 25%削減する、という画期的な中期目標を打ち立て、まさに、世界をリードする役割を果たしていくことになりました。このように、政治においても、先進国の足並みが揃い始めているという喜ばしい方向転換が成し遂げられたのです。もちろん、多種多様な懐疑論に開かれた態度は科学的に正しいのですが、一度、こうした方向転換がなされる時、古き体制にしがみつくことは、政治的には最悪の愚策でしょう。それゆえ、国益を最重視する政治も、脱化石エネルギーへと方向転換していくことでしょう。こうした収束に向かう一連の潮流を作った功績は、やはり、何と言っても IPCC の第４次報告書にあるのです。

２．IPCC の第４次報告書

2007 年、IPCC（Intergovernmental Panel on Climate Change：気候変動についての政府間調査委員会）が、第４次報告書を出しました。国連に IPCC が設立されたのは、1988 年のことです。温暖化の原因が人為的かどうかを評価するために組織されたわけですので、この地球上で生息している以上、今回の第４次報告書に記載されている内容を私達は気にかけねばなりません。「政府間パネル」という名前の通り、世界各国からの、気候変動の研究に携わる 300 人の科学者をコアにして、さらに関連分野を含めた 1,000 人以上の専門家が、国連に直属し、調査研究を進めているのです。報告書の作成に当たっては、代表執筆者が、査読を経て学術誌に公表されている既存の文献を引用することで、現時点で分かっている最良の科学的知見を整理し、草稿を作成します。その際に、対立する見解で、現時点で断定的に評価し得ないものは、両方の見解を紹介するなどの配慮をします。この草稿は、数百名の専門家のレヴューによって、コメントが寄せられ、そのコメントをフィードバックしていくことで、誤りや偏りを訂正した、より包括的な第２次草稿に仕上げられていくのです。こうして完成した第２次草稿が、今度は各国政府の専門家によるレヴューを受け、こうしたプロセスを経て完成した最終草稿が、再び政府に回され、最終的に作業部会に提出されるのです。こうした複数回にわたるレヴューとフィードバックという一連のプロセスを監視し、代表執筆者に助言する「レヴュー編集者」が選出され、レヴューの公正性を確保しているのです。さらに、レヴューによって寄せられたコメントは、最終版の報告書が、総会で承認された後も、一定期間公開されているのです。こうして作成された最終草稿は、数百ページにも上る本文の他に、50ページほどの「技術的要約」に加えて、20ページほどの「政策決定者向け要約」が載っていますが、この「政策決定者向け要約」は、総会の場で審議され、加筆・修正を施され、まさに1行ごとに総会の場において承認されていくのです。実際に、第4次報告書は、ホームページの謳い文句を引用すれば、その作成に、3年の歳月をかけ、130を超える国の450名を超える代表執筆者が、800名を超える執筆協力者を得て、2,500名を超える専門家の査読を経て、2007年に公開された、のです。それゆえ、ごく一部の専門家の見解がまとめられているのではありません。多くの専門家の合意の下、報告書が作成されるゆえ、中立的かつ権威的な報告書であるといえましょう。

評価報告書は、4部に分かれており、先ず、「自然科学的根拠」を詳述した「第1作業部会」の報告が、フランス、パリにて1月29日から2月1日の作業部会の総会で審議・採択され、続いて「影響・適応・脆弱性」と題して、生態系や社会・経済等における影響や適応策に関する評価を行う「第2作業部会」の総会が、4月2日から4月6日にかけて、ベルギーのブリュッセルにて開かれ、報告書が審議・採択され、「気候変動緩和策」に関する「第3作業部会」の総会が、4月30日から5月4日まで、タイ、バンコクにて開かれ、報告書が審議・採択されたのです。IPCCは、以上3つの作業部会に加えて、各国の温室効果ガス排出量、吸収量の目録を評価検討する「タスクフォース」と呼ばれている運営委員会があります。2007年、11月12日から11月16日にかけて、スペイン、バレンシアにて、第27回IPCC総会が開催され、総括にあたる「統合報告書」が審議されました。この総会の1か月前の10月12日には、IPCCとアル・ゴア元副大統領がノーベル平和賞を受賞したのです。いずれも、受賞理由は、温暖化の原因が人間の活動によるものである、ということを広く知らせたということにあるわけで、これによって、地球温暖化の問題が、まさに、一刻の猶予も無い、最優先すべき問題として認知されたということになります。

IPCCのホームページに置いてある画像で、例えば、第2作業部会の報告書が出された時のPress Conferenceの様子を見ることができますので、皆さんも見てみてください。IPCCの所長に当たるインドのパチャウリ博士の冒頭演説に始まり、科学者の代表が温暖化について話す様子を見ることができますよ。第4次報告書は、要約であるのならば、環境省や気象庁のホームページに行けば、日本語でも読むことができますので、ネットで検索してみてください。今回の報告書は、「気候の温暖化は疑う余地がない」ということを明確に述べています。2001年の第3次報告書の中に見られた「可能性がある」という言い方が、2007年の第4次報告書の邦訳版では「可能性が極めて高い」とか「可能性がかなり高い」という言い方になっていますが、これは、「Extremely likely」と「Very likely」の訳語で、前者は、「実現性95%超」、後者は「実現性90%超」なのだ、というのです。つまり、このような表現が使われている場合は、ほぼ確実である、ということが合意されているのです。また、確信度を表現する言葉使いとして「Very high confidence」がありますが、直訳的には、「とても高い確信」ということで、「確信度が非常に高い」という意味合いになりますので、「正解率9割以上」という感じで読むべきです。『不都合な真実』の中で、アル・ゴア元副大統領が語っていたように、1993年から2003年にかけて、世界で発表された温暖化をキーワードにした学術論文928本中、温暖化の原因として「人為的な影響」を否定しているものは、唯一つとして無かった、ということでした。石油や電力関連の会社や自動車産業などの資金援助を受けているような学者が、一般の人々を惑わすために書いている怪しげな本はありますが、さすが、学術論文の中には見当たらないというわけなのです。この時代は、確かに、一体誰が背後にいて金を出しているのかまで考えないと、科学者の言説の中立性ですら信用できないわけなのですが、この点、IPCCの報告は、利害関係がある企業の側からの圧力無しに、まさに金銭的な利害関心からは中立な立場の多くの科学者が合意した上で報告をまとめているので、十分に信頼できるわけなのです。

この努力が評価され、2007年、ノーベル平和賞は、IPCCとアル・ゴア元副大統領に授与されたのです。この受賞によって、気候変動の問題に、ますます、多くの人達が関心を寄せるようになりました。この報告書の内容に関して、さらに慎重に論議を重ねていくことは、通常ならば、確かに科学的で正しいことでしょう。けれども、この報告書に書かれていることが正しいとするのならば、慎重に論議を重ねていくための猶予は残されていないのです。したがって、正しい態度は、この世界有数の科学者達が合意をした、この報告書の内容を「真」であるとみなして、対策のための行動に打って出ることです。仮に「偽」であったとしても、「ああよかった」で済みますが、「真」であるということを認識のレベルで確実にしようとして、行動を先延ばしにしてしまえば、「真」であることを思い知らされるような事態が起きてしまった場合は、まさに、人類の存亡がかかるようなことになってしまっているのです。人類は、この報告書が正しいものとみなして、地球規模の一致の下、行動しなければならないのです。ノーベル平和賞受賞は、こうした地球規模の一致を呼びかけているのだ、と受け取るべきでしょう。

今回の報告書には、「現在の二酸化炭素やメタンの大気中の濃度は、過去65万年間の自然変動の範囲をはるかに超えている」と書かれているという事実を挙げておきましょう。工業化以前の温室効果ガスの濃度と2005年の時点の濃度を比較してみますと、例えば、二酸化炭素の場合は、約280 ppmから379 ppm（2009年執筆時には382 ppm）に、メタンの場合は、715 ppbから1,774 ppbにまで増えているのです。氷床コアの分析から、二酸化炭素の過去65万年の「自然変動の範囲」は、180 ppmから300 ppmなのです。ということは、現在は、79 ppmも自然変動の範囲を上回っていますし、それが2015年には、400 ppmに達するだろう、とされているので、自然変動の揺れ幅の上限から100 ppmも超えることになるのです。また、過去65万年のメタンの自然変動幅は、320 ppbから790 ppbですので、報告書に書かれている通りの著しい増加量なのです。このように、温室効果ガスは、二酸化炭素が30%、メタンが2倍、一酸化二窒素が15%などと増加しており、温室効果ガスの排出という形で、明らかに、地球の気候システムへの人為的干渉が始まっているのです。

第3次報告書にも、今回の報告書にも「SRESシナリオ（Special Report on Emissions Scenarios）」あるいは「排出シナリオ」について触れられていますが、これは、世界各国の専門家、6チームが協力して、コンピュータ上で制作した、21世紀に向けての予測シナリオです。人類が今後どのような経済体制を選択するのかによって、二酸化炭素排出量も違ってくると考えられますので、シナリオによって今後の予想幅が大きく異なっているのです。日本からも、スーパー・コンピュータの「地球シミュレータ」によるシミュレーションを提出しています。横軸に、「グローバル化（1）か、地域主義化か（2）」、縦軸に「経済発展重視（A）

か、環境と経済の調和（B）」かの４象限を取って、６つのシミュレーションが発表されています。各シミュレーションに名前をつけています。「A1」は、高度成長経済の持続していく中、効率化技術が進み、地域間の格差が縮減されていくというシナリオ群です。このシナリオ群は、どのエネルギーを重視するかによって３つに分けられます。「A1F1」と名づけられたものは、「化石燃料依存型高度成長社会」で、世界中が経済成長路線を進む中、化石燃料を使用する既存の技術がエネルギー効率という点で改善される、としたら、という設定におけるシミュレーションです。「F」は「化石燃料（fossil fuels）」を表す略語です。「A1B」は、「調和型高度成長社会」で、化石燃料と新エネルギーの技術がともに発展し、両方をバランスさせていくケースです。この場合の「B」は「バランス Balance」を意味します。「A1T」は、「高度技術指向型高成長社会」で、新エネルギー（太陽光、風力、バイオマス）の大幅な技術革新が行われ、非化石エネルギーを重視する方向での舵取りが起きるというケースです。この場合の「T」は、「技術 Technology」を表します。次の「A2」というシナリオは「多元化社会」で、世界の各地域が独立独行に成長を目指し、地域主義化するということで、政治・経済がブロック化されて、技術移転が制限されて技術革新が遅れ気味となるケースです。地域ごとに経済成長に突き進むけれども、かと言って、技術移転が進む「F1」と異なり技術移転もされないし、環境への関心もあまり高くならない、というシナリオですので、長期的にはいい結果をもたらさないでしょう。３つ目の「B1」は、持続可能性のための対策が世界的に行き渡り、「循環型社会」を地球規模で推し進めようとするというシナリオです。新エネルギーの技術革新とともに、３Rの進展により、環境産業が発展し、社会が国際的に循環型に転じたケースで、もちろん、これが最善です。そして最後に、「B2」は、「地域共存型社会」で、各地域で、環境問題等の解決策が実施される場合で、B1やA1型のモデルよりも穏やかだけれども、それでも広範囲に技術が発展していくだろう、という見立てなのですが、持続可能性に関して各地域での解決が重視されるというケースです。新エネルギー技術の改善が進みつつあるわけですが、それが広範囲で実用化されるのは時間がかかりそうなので、どうも、一番排出量が多くなる「A1F1」シナリオが、現実的なものとなりそうなのです。こうなると平均気温は今世紀末までに4℃上昇する、という予想です。第３次報告書では、「A1F1」の可能的な予想範囲が、1.4℃～5.8℃でした。第4次報告書では、おおむね一致していますが、この予想範囲が、「2.4℃～6.4℃」と、多少、予想幅を上方に修正しています。温暖化が近年に近いほど加速していますので、当然の修正でしょう。世界の傾向として、原子力発電所の増設と化石燃料を主体に多少、バイオ・エタノールを混ぜる、という程度の改革が進みそうですので、このままですと、「A1F1」シナリオが現実となりそうです。第三次報告書の時から、IPCCは、2100年に、産業革命以前との比で気温が2.0℃を超えて上昇すれば、珊瑚の白化や種の絶滅などの、生態系に対する不可逆なダメージをもたらしてしまうことになるだけではなく、貧困問題や健康への深刻な影響がでるだろう、ということが言われていたのです。それゆえ、2℃未満に上昇を抑えるべく努力しようという合意が、NGO団体を始めとする心ある人達の間での合言葉となったのです。最悪の事態を招かないためにも、温室効果ガスをCO_2換算で450 ppmに抑えねばならないのです。そのためには、今後10～15年に、先進諸国が排出量を減少に転じていき、最終的には、炭素排出0を実現し、途上国に対して技術移転を進めていかねばなりません。にもかかわらず、このままでは2015年に440 ppmに達してしまいそうなのです。

最悪の6.4℃という気温上昇が何をもたらすのか、ということを想像してもらうために、氷河期の気温と、最近までの比較的安定した気候システムがもたらしてくれた気温との間に、どれくらいの温度差があるのか、を述べておきましょう。その温度差は、5℃なのです。つまり、現在より5℃低くなると地球は氷で覆われた星になってしまうのですね。だとしたら、現在よりも、6.4℃上昇することの意味が、何となく想像できるのではないでしょうか？　平均気温1℃くらいと思う皆さんがいらっしゃると思いますので一言添えますと、平均気温1℃の上昇ということは、東京の気温が冬季に野球のキャンプ地になる宮崎の気温とほぼ等しくなる、と想像すれば、実感しやすいかもしれません。

3．インディペンデント紙、ガーディアン誌に掲載された予測

2007年2月3日、英国インディペンデント紙が、“Global warming: the final warning”というタイトルで、「A1F1」の可能的な気温上昇の予想幅の中で、今世紀末までの最も低い気温上昇を示す数値から、最も高い数値まで、5つのシナ

リオを用意し、22世紀までにどのようになっていくのかという予想を発表しました。最も低い予想値の2.4℃上昇から、最悪の場合の6.4℃までを五段階に分けたシナリオなのです。

最初に、2.4℃上昇のシナリオを見ていくことにしましょう。これによりますと、アメリカのネブラスカ州を中心とした高原地帯が砂漠化してしまい、南はテキサスから、北はモンタナ州に至る5つの州で砂丘が出現し、その辺一帯の農業や牧畜が消滅してしまう、というのです。グリーンランド氷床の融解が進み、海面上昇が加速化していくことで、環礁国や低地デルタ地帯（バングラディシュ）が水没します。南米アンデス山脈の氷河が消え、そのせいで1,000万人が水不足に苦しむことになります。現代でも、珊瑚礁の白化が進んでいますが、2.4℃の上昇による海水の温暖化によって、オーストラリアのグレート・バリア・リーフが消滅し、熱帯から珊瑚礁が実質的に無くなってしまうことになります。珊瑚礁を造る造礁珊瑚は、「ポリプ」と呼ばれるイソギンチャクのような生き物が集まっている群体性の生物で、体内に住む褐虫藻に、必要な栄養分を依存するという形で共生しています。その褐虫藻が、海水温が30℃を越えるようになると、珊瑚の体内から逃げ出してしまうのです。褐虫藻を失った珊瑚は、白い骨格が透けて見えるようになりますので、これを「白化現象」と呼ぶのです。これが長く続くと栄養不足になった珊瑚は死滅していくのです。世界中で3分の1の生物種が絶滅するのです。

2番目のシナリオは、3.4℃の上昇がもたらす現象を教えてくれています。それによりますと、アマゾンの熱帯雨林で破壊的な森林火災が起き、南米大陸は、灰と煙に覆われてしまいます。この時放出される二酸化炭素がさらに地球温暖化を促し、火災の跡地は砂漠化していきます。北極の海氷は、夏期に消滅するようになってしまい、そのせいで、北極グマ、セイウチなどが絶滅してしまいます。カリフォルニアはシエラネバダ氷原の融解で水不足が起きるのです。さらに、アフリカ大陸では、カラハリ砂漠が南アフリカを越えて拡がり、そのせいで、数千万の人々が立ち退きを余儀なくされるのです。

3番目のシナリオは、4.4℃上昇時のものです。人々が温暖化防止のために努力していても起きてしまう可能性のある最悪のシナリオです。北極圏の温度上昇に伴い、シベリアの永久凍土が融解し、膨大なメタンガスが放出されます。それゆえ、世界規模で気温は上昇します。海面上昇だけではなく、ヒマラヤなどの氷冠の融解が進み、そのせいで洪水が起きやすくなるのです。こうしてバングラディシュ、ナイル川デルタ地帯、上海などで、1億人の人々が立ち退きを余儀なくされることになります。熱波と旱魃によって、生活にはあまり適さない、亜熱帯地方が広がり、スペイン南部、イタリア、ギリシアといった人口密集地帯でも、砂漠化が広がっていくゆえに、ヨーロッパでも大規模な人類の大移動が開始されます。オーストラリアの農業は壊滅状態となります。さらに、野生生物の半分が絶滅し、恐竜の大絶滅以来の大規模絶滅が進行します。

4番目は、5.4℃上昇した場合のシナリオです。南極大陸西部の氷床が崩壊し、それが手伝って、5mの海面上昇が地球規模で起きます。この気温が持続すれば、地球全体から氷が消滅し、現在よりも70m海面が上昇します。アルプスの100倍もあるとされるヒマラヤの氷河も消えますので、インダス川の水が干上がり、南アジア社会は崩壊します。7.5億人の人達が、ヒマラヤ・チベット高原の氷河を水源にして生活を営んできたからなのです。ヒマラヤ氷河は、インダス川だけではなく、ガンジス川、メコン川、ブラフマプトラ川、サルウィン川、揚子江、黄河などの水源ですので、世界の40%の人達が深刻な水不足を迎えることになるのです。海水温度が高まるので、低気圧に供給される水蒸気が増え、東インドやバングラディシュで規模の大きいモンスーンが発生します。スーパーエルニーニョ（温暖化＋エルニーニョ：エルニーニョ現象とは、太平洋の日付変更線付近から南米のペルー沿岸にかけての広い海域で海面水温が平年に比べて高くなり、その状態が1年程度続く現象です。1997～1998年に20世紀最大と言われたエルニーニョが発生し、旱魃や大洪水などの異常気象をもたらしましたが、温暖化に伴ってこの時のようなエルニーニョ現象が起きやすくなるというわけです）の発生で、世界的な気候混乱が起きます。人類の多くが、高温地帯を避け、極地近くに避難場所を求め、移動を開始します。例えば、ヨーロッパでは、何千万という規模の難民が、スカンジナビア半島やイギリス諸島に押しかけます。世界の食糧供給は尽きてしまいます。

そして最後に、何も手を打たずにいた場合の上限値で最悪のシナリオである、6.4℃の上昇の場合を見ておきましょう。これによりますと、海洋の温暖化によって、海洋堆積物の下部に眠っている「メタンハイドレート（Methane hydrate）」

の噴出を招くことになるのです。メタンガスの火の玉が吹き上がり、さらなる温暖化が促進されるのです。これによって海は酸素を失って停滞し、海洋生物の死滅を招きます。海洋からは、死骸が発する猛毒の硫化水素ガスが放出されるようになり、これがオゾン層の破壊を促します。想像を絶するような凶暴なハリケーンが地球を周回し、洪水が土壌を剥ぎ取ってしまい、もはや耕作に適した土地が無くなってしまいます。そして、砂漠化が進行し、最後は、ほとんど極点近くまで砂漠化が進み、人類は極地に逃れたわずかな生き残りだけになってしまうのです。生き残った人類は砂漠化に脅かされるだけではなく、極地はオゾン層破壊の影響を直接受けますので、紫外線の厳しい過酷な環境を生き残っていかねばならなくなるのです。

このシナリオは、何も言っていませんが、このような限界状況で、人は一体何を食べることになるのでしょうか？　そもそも理性的に行動するのでしょうか？まさに、弱肉強食を地でいくような、「人間性」など微塵も無い人類とは呼べない代物が生き残るだけ、というのは寂しい話ではありませんか！私達は、こうしたあまりにも悲し過ぎるシナリオに、子孫を追い遣ってしまうことだけは、全力を上げて回避しなければなりませんね。

次に同様の予測を掲げている英国のガーディアン誌の出しているレポートも見ておくことにしましょう。ガーディアン誌の予測は、過去に遡って考察をしていますので、興味深いものがあります。つまり、過去の地球において、どのくらいの二酸化炭素濃度の時に、地球の様相がどうであったのかを地層などの調査から割り出しているのです。ガーディアン誌の予想では、１℃から６℃までの上昇幅を考え、それぞれにつき６つのシナリオを用意しているのです。『+6』というタイトルの本にも同様のシナリオが詳細に解説してあります。

先ず１℃上昇のシナリオです。6,000 年前の地球が現在より１℃高かったということで、その頃の地球と比較しています。その頃の地球は、アメリカ、テキサス州の辺りから、カナダ南部にかけて砂漠が広がっていたというのです。このことを根拠に砂漠化が進むことが予測されています。また、グレート・バリア・リーフのほとんどが消失し、海の酸性化によって、食物連鎖の底辺にあるプランクトンが殻を形成できなくなって死滅していくだろう、という恐ろしい予測があります。珊瑚は海水温の上昇に弱く、１℃の上昇が壊滅的な影響をもたらすのです。

2℃上昇の場合、グリーンランド氷床が完全に融解し、それによって7mの海面上昇がもたらされる可能性があるというのです。ペルーのアンデス山脈の氷河が消失してしまいます。そして何と、現在の生物種の3分の1が絶滅するのです。

3℃上昇の場合、地球規模の気温上昇に対する人間によるコントロールが不可能になる上昇温度が3℃である、としています。それは、正のフィードバック・ループの引き金が入ってしまうからです。アマゾンでは、乾燥によって火事が起き易くなるだけではなく、水分を失った木々が火に対する抵抗を失い、森林が消滅し、放出された二酸化炭素のせいで、さらなる気温上昇がもたらされることになるのです。旱魃、熱波、巨大ハリケーンが通常の状態になってしまい、地球は住みにくい星に様変わりします。

4℃上昇の場合、北極圏、特にシベリアに閉ざされていた何千億tにも上る二酸化炭素が放出されるようになります。北極圏の海氷が消滅し、開放水域となった海は、太陽光を吸収し温暖化をさらに促進します。スペイン、イタリア、ギリシア、トルコにまで砂漠が広がります。

5℃上昇の場合、5,500万年前の地球、始新世代と同じ平均気温とされ、この頃の地球の状態を知る鍵としては、亜熱帯性の気候帯に生息するワニや亀の化石が北極に残っていることが挙げられるでしょう。北極も南極も氷を失い、南極大陸の中央にまで森林が広がっていたとされる時代です。懸念すべきは、5℃上昇すると、海底に眠るメタンハイドレート（Methane hydrate）が海底から噴きあがってくるということなのです。これによってさらなる温暖化が促進されることになるのです。

最後に、6℃上昇の場合です。これは、後でお話ししますが、2億5,000年前のペルム期と同じ温度であるとされています。海底から噴出すメタンの噴出によって超温室化が引き起こされ、地球自体がシチュー鍋のような炎熱地獄になってしまう中、95%の動植物が絶滅します。砂漠はヨーロッパ全土を覆い、北極圏にまで到達します。最後には、地球は単なる岩の星と化してしまうのです。

もちろん、こうしたシナリオに関しても、科学的な論争の余地は十分にあるわけなのです。しかし、私達は、こうしたシナリオを、行動しない場合に対する警告として受け止め、行動するための「弾み車」であると考えておくことにしましょう。さて、6.4℃の上昇によってもたらされる最悪のシナリオに登場する「メタンハイドレート」は、「燃える水」と呼ばれ、世界中の海底に眠っています。水深400 m以上の深さに相当する水圧で、しかも水温が2℃以下であるという、低温高圧の条件下で、安定を保っているのです。それゆえ、温暖化の影響で、深海の水温が上昇すると、それが「メタンハイドレート」の崩壊に繋がる可能性があるのです。実は、「メタンハイドレート」の崩壊が過去に起きた「大絶滅」にも関わっている、という古生物学者の説が有力になっているのです。このことを説明しましょう。

過去6億年間で最大の大量絶滅が起きたのは、2億5,100万年前のペルム紀末の「ペルム紀（Permian period）の大絶滅」と呼ばれている出来事です。この時、何と、地球上の種のうちの95%ほどが絶滅したという証拠が残っているというのです。

この「ペルム紀の大絶滅」の謎は、まだ解明されているわけではありませんが、大規模な火山噴火が起こったのだろうと推測されています。これは、古生代最後の「ペルム紀（Permian period）」と次の中生代の初期の「三畳紀（Triassic period）」の間の出来事であったがゆえに、「P-T boundary」と呼ばれることもあります。このペルム紀の大絶滅を説明する、有力なモデルとして、地球温暖化説が出ているのです。それによれば、この当時、5大陸に分離する以前の、「超大陸パンゲア」と呼ばれる巨大な陸の塊がありました。皆さんは、アルフレート・ヴェーゲナーの「大陸移動説（Continental Drift Theory）」をご存知ですね。ヴェーゲナーの説は、かつて現存している大陸が分裂する前の巨大な陸塊が存在していて、これが2億年ほど前に分裂を始めて、現代の5大陸に分かれていった、という説なのです。彼は、分裂前の巨大な陸塊を「パンゲア」と呼びました。皆さんも、アフリカ大陸の大西洋に面しているナイジェリア、カメルーン辺りの入り組んだ地形と、南米ブラジルの出っ張った地形が重なるのを想像したことがあるのではないでしょうか？　皆さんの想像の通り、2億年前のペルム紀に、この2つの大陸は1つだったのです。さて、問題のペルム紀において、5大陸への分裂が開始されたのです。そして、その引き金が、「スーパー・プルーム（Super Plume）」と呼ばれている現象でした。地表から2,900 kmの深さ、コアとマントルの境界の辺りでは、間欠的に高温のマントルが上昇を起こすのです。「スーパー・

プルーム」は、このような「高温のマントル上昇流の突き上げ」のことだ、と理解してください。この「スーパー・プルーム」が活発化し、パンゲアに存在する火山の活動を促し、火山活動が次から次へと誘発され、全地球規模の、海底火山を含む火山噴火が起きたのです。流れ出る溶岩は、地上の生き物を飲み干し、20世紀最大規模と言われている、フィリピン、ピナトゥボ火山噴火の50万倍の二酸化炭素が空気中に放出され、温室効果ガスによって、地球は4℃～5℃急上昇したのでした。海底では、嫌気性細菌の活動によって作られ続けてきた「メタンハイドレート」が存在していました。急激な温暖化のせいで、海底に眠っていた「メタンハイドレート」が刺激され、推定で3,000ギガトンと言われている途方もない量のメタンガスが、大量噴出したことが挙げられているのです。メタンは火がつきやすいので、巨大な火の玉となって吹き上がりました。それが、大気中の酸素を奪ってしまうことになったのです。パンゲアの大陸は、巨大な木性シダ類や針葉樹の類の植物が覆い、光合成をする植物の出現によって、大気中の酸素の量は、現在の21％という比率よりもさらに高い30％の割合を占めていました。これが、連鎖的に起きた大噴火と莫大なメタンハイドレートの燃焼によって、10％程度にまで激減し、溶岩の難を逃れた多くの生物が呼吸困難を起こし、死滅していくことになったのです。ペルム紀の地層は、黒い地層なのだそうです。これが何を意味するのかと言いますと、もし酸素が沢山あると、海底に積もった生物の死骸などが微生物によって分解され、地層は赤茶けた色彩を帯びるようになるのです。分解されなかった生物の死骸が沢山あると黒い地層となってしまい、これはまさに、酸素がなかったということを意味するのです。また、この当時の地層からは、あまり酸素を必要としない二枚貝の類しか出土しないのだそうです。このように大気の組成が激変し、生物の進化の速度がそれに追いつけず、大量絶滅が起きてしまった、というわけなのです。皆さんご存知の三葉虫（Trilobites）もウミユリも、ムカシトンボのような巨大昆虫の類もこの時に絶滅しているのです（ちなみに、ペルム紀の１つ前の「石炭紀」には、ゴキブリやシロアリの共通の先祖が出現していますが、何と、ペルム紀の大絶滅を生き残ったのです）。

このモデルが正しいとしたら、現代の温暖化によって、もし6.4℃の平均気温上昇が起きた場合は、「大量絶滅」の悪夢に直結するシナリオとなるであろうということが言えるのです。しかも、この起き得るかもしれない「大量絶滅」によって、絶滅するだろう動物の中に、私達、人類も入ってくるのは確実ですね。巨大なメタンガスの火の玉が周囲の酸素を奪いながら噴出する地獄絵さながらの環境で、人類は、自らが招いたとは言え、あまりにも悲惨な窒息死を迎え、死滅していくのです。残された大地には、あのペルム紀の大量絶滅をも生き抜いたゴキブリやシロアリの類が、人類に代わって、さらなる進化の機会を窺いつつ生き残っていくのでしょうか？

以前お話ししましたように、今、シベリアでは、温暖化で刺激された「メタンハイドレート」の放出が始まってしまいました。アメリカ大気研究センター（NCAR）の予測によれば、シベリアの凍土は、2050年までに半分が、2100年までには90％が融解するだろうということなのです。こうして温暖化は急激に加速化し、世界中から、農耕地に相応しい環境が失われ、そのせいで、人々は、水不足や飢餓に苦しみ、飲食物を巡って、壮絶な戦争が引き起こされ、自然災害だけでも酷いのに、戦争による死者も加わって、45億人の人達が命を失うという予測があるのです。こうなると、まさに黙示録的な世界ですね。さらに、同じ研究センターのコンピュータ・シミュレーションによれば、2030年までには北極の氷が消滅してしまう、というのです。海氷が融解してしまえば、アルベド（太陽放射反射率）が高く、90％の太陽光を反射していた氷を失うことになり、アルベドが5～10％程度の水面だけになりますので、急速に水温上昇が起きることでしょう。実は、この北極の海氷の下に、膨大な量のメタンハイドレートが眠っている可能性が指摘されているのです。極地の方が、圧倒的に温暖化が進むという予想がありますので、北極の海底に眠る「メタンハイドレート」が刺激される恐れもあるのです。さらに、海底の「メタンハイドレート」は、深海層の安定を保つのに貢献しているのですが、これが急激に融解し気化し始めると、大規模な地滑りが起きる可能性があるのです。海底における大規模な地滑りは、津波を引き起こします。温暖化による海面上昇に加えて、大津波となれば、海岸線付近に集中している都市部に多大な被害を与えることでしょう。温暖化が進む今、「メタンハイドレート」の崩壊は、一種の時限爆弾のようなものなのです。

先ほど紹介した一番緩やかな予想である2.4℃の上昇で、1,000万人の人達が水不足に陥るという件がありましたね。けれども、もともとはIPCCの第2作業部会の報告では、「数億人」が水不足に悩む、としたそうです。最終的に採用された数値は、実は、世界中の人々がパニックに陥ることを恐れた各国の圧力を受けたIPCCが婉曲な表現を取り入れた結果である、とのことで、本当は、「20億～30億人」と記述されていた、というのです。中立的な立場にある科学者達の予想であるだけに空恐ろしいものがありますね。水不足は、そのまま食糧不足にも繋がっていきますので、何か不安にさせられます。

4．Past the point of no return ?

皆さん、『オペラ座の怪人』の中で、ファントムが歌う「Point of no return」という歌があったことをご存知ですか？「Past the point of no return もはや後戻りはできない」とファントムが歌っていましたが、この英語の意味は「後戻りできない点」ということです。温暖化の問題においても、一体、いつが「後戻りのできない点」となるのか、ということが議論されています。「後戻りのできない点」は、「Tipping point」とも呼ばれています。これは、「臨界点」ということで、「小さな変化がカタストロフィを生み出してしまう瞬間」のことを意味し、「閾値」と訳されています。以前、砂山を崩壊させる一粒についてお話ししましたが、まさに、小さな変化が激変に発展し、後は雪崩のように悪化に向かっていくという、そうした負の連鎖に至る瞬間があるというわけなのです。私達、人類は、破滅のシナリオに向けて、「後戻りできない点」を踏み越えてしまったのでしょうか？

ブッシュ政権に向けて、実に辛口の批判を展開してきたNASAのゴッダード宇宙研究所のハンセン博士は、「我々は、危険なくらいに『Point of no return』に限り無く近づいている。未来世代の行く末がこの10年で決してしまうと言っても過言ではないのだ」と警告を発しています。IPCCの第4次報告書の作成にも名を連ねている、英国気象庁ハドレー・センターのリチャード・ベッツさんも、この10年が人類の未来を決することになる、と語っているのです。

EUは、二酸化炭素濃度を450 ppmで安定化させることを主張しています。これですと、2～3.5℃の予想幅の平均気温に落ち着くというのです。EUの意図は、国際合意を取り得る最低水準で合意し、2℃安定を狙いたいということがあります。これに対して、ハンセン博士は350 ppmの安定化を主張し、2℃未満で抑えたいと考えているのです。博士は現状のままだと2030年には2℃を突破し、北極の氷が融解してしまうことを憂慮しているのです。北極海の海氷に関して Tipping point（閾値）を超えないラインで決着しようというのです。

IPCC が政策決定者向けに、緩和策を盛り込んだシナリオを用意していますが、それによりますと、2015 年までに二酸化炭素排出を減少傾向に転換し、その後は、３％の割合で削減をしていき、2050 年には、50 ～ 85％まで削減していくことを薦めています。この方法によって、2.0℃～ 2.4℃の上昇幅に安定させようというのが目標なのです。国際社会は、2020 年までに排出量の増加を抑え、これをピークとして排出量を減少に転じさせる政策を採ろうとしているようです。先ほど紹介したインディペンダント紙やガーディアン誌の予想を聞けば、皆さんも、この 2.4℃という最低限度の上げ幅においても、大変なことが起きるのだ、ということなのですから、本当に、できるだけの努力をした後で、２℃を大きく超えないように、まさに、神に祈るばかり、ということになるのでしょう。IPCC は慎重過ぎると非難されることがありますが、その IPCC が警告しているように、「もはや問題を先送りしている余裕は全く無い」のです。

IPCC の第４次報告書が発表されて、気候変動に関しては、世界中の学会において、見解の一致に向けて幅広い意見の収束があったわけなのですが、まだ不明瞭な点があることも確かです。けれども、たとえ、将来的に、現時点において見落としや過ちがあったことが明らかになるかもしれないという可能性があるとしても、私達は完全なる一致を待っている猶予はありません。私達は、たとえ、それが不完全でも、その時点で得られる最善の情報に基づいて決断しなければならない時があります。1992 年の「環境サミット」として知られている「環境と開発に関する国際連合会議（UNCED）」の際に出された「リオ・デ・ジャネイロ宣言」の中に、環境問題における「予防原則（precautionary principle）」として知られることになる重要な原則が記されています。それは「環境を防御するため、各国はその能力に応じて『予防的取組（precautionary approach）』を広く講じなければならない。重大あるいは取り返しのつかない損害の恐れがあるところでは、十分な科学的確実性がないことを、環境悪化を防ぐ費用対効果の高い対策を引き伸ばす理由にしてはならない」というものです。国際社会は、宣言の中のこの原則に基づいて、行動したという実績があるのです。それは、1987 年、前にも触れたことがある「モントリオール議定書」において、オゾン層を破壊する恐れのあるフロンガスを禁止した時でした。国際社会の反応は迅速で、フロンガスの段階的な除去に向かって一致団結したのです。気候変動の問題でも、最悪のシナリオへ突き進む臨界点である「Tipping point」が言われている以上、後の祭の状態になってしまってから、反実仮定的に、対策が不十分だったことを嘆き悲しむよりも、「予防原則」を念頭に、今すぐ「最悪のシナリオ」を避けるための方策に従って行動をすべきなのです。今、巷には、幾つもの温暖化懐疑論を謳った本が並んでいますが、学会では、そのような懐疑論が主流ではありません。第4次報告書の発表は、行動の指針としては、もはや懐疑論に則って行動すべきではない、という合図となっているのです。

インディペンデント紙には、2007年、現在、最悪のシナリオの3倍の速度で温暖化が進行中であることを述べた記事が出ていました。その根拠が今から述べるレポートなのです。National Academy of Sciences of the United States of America（米国科学アカデミー）が発表した機関誌には、グローバル・カーボンプロジェクトのマイケル・ビナス博士のチームのレポートが掲載されていました。それによれば、1990～1999年までは、二酸化炭素排出量の増加率は1年につき1.1％だったのが、2000～2004年には1年につき3％と、何と、3倍の速度で加速を始めているのです。1995年には、大気中に放出されていた二酸化炭素の量は60億tだったのが、2005年には、80億tに達し、IPCCが1990年に出した報告書にある、最も排出量が多いシナリオの予想を上回る量になってしまいました。このままでは、2007年の「A1F1」という化石燃料重視の最悪のシナリオをも超えてしまうことになるというのです。

その理由は、中国やインドを始めとする途上国が、「発展」を主張して、炭素を燃やすことでエネルギーを得る、先進国型のライフスタイルを取り入れ始めたからなのです。「開発・発展経済学」の仕組みに、途上国を組み入れたことの罪悪は、こんなところにも出てきているのです。「開発・発展経済学」から、甘い汁を吸うことで、経済大国となった日本にも、当然罪があるわけで、他人事と決め込むことは、今更、できないでしょう。このようになってみますと、トルーマンによって開始された、「開発・発展経済学」のもたらした陰の部分は、貧困問題だけではなく、環境問題でもあるということが分かってきますね。

2004年の段階で、先進国が累積的に排出した二酸化炭素の量は、77％で、途上国は、23%となるわけなのですが、この途上国が、「発展」を良しとして、排出量を上げてきているのです。BRICSと呼ばれている、経済発展の著しい国の中には、ロシアを除くと、ブラジル、インド、中国が含まれていますね。ここには、世界の人口の8割が住んでいるのです。そうした人々が、アメリカ人並みのライフスタイルを目指すとしたらどうでしょうか？　また、ロシアも資本主義国としては後進国ですので、アメリカに負けまいと発展を目指すことでしょうから、まさにBRICSの国々がこぞって「発展」を目標とするとなると、大変なことが待ち受けていることは想像に難くないでしょう。実際に、2006年、急激な経済発展を遂げている中国の二酸化炭素排出量は、62億tに上り、アメリカの58億tを超えてしまいました。インドが中国のようになる日も、そんなに遠くはありません。ブラジルも、経済発展を理由に、アマゾンの乱伐に歯止めが利かなくなってしまっているのです。国際的な合意が新しい議定書の形で表現されることが期待された、2009年、コペンハーゲンで開催されたCOP15において、結局、拘束力のある枠組を示す次期議定書を採択できなかった最大の理由は、急激な発展の途上にあり、さらなる成長を主張する中国を始めとする国々にとっての「国益」が、次期議定書による制約によって成長が阻害されることを回避したいという思惑にあったと言えるでしょう。

中国経済の台頭が著しい中、中国にシンデレラ城の偽物が登場するなどして、皆さんも苦笑していますが、ディズニーの、あのお城こそ、まさに「アメリカン・ドリーム」の象徴で、「発展はいいことだ」というイデオロギーの象徴なのであって、中国も「アメリカン・ドリーム」を夢見るようになってしまったということなのです。中国の偽物を嘲笑っている暇があるのならば、私達が、まず、「アメリカン・ドリーム」から目を醒ますべきなのです。まさに、あのまがい物は、「発展」のカリカチュアなのです。結局、私達、日本人も、偽物を追ってきたわけなのですからね。まさに、「同じ穴の狢」であって笑う資格はありませんね。今の65億の人口が皆、アメリカ人並みの生活水準を享受したいと願うためには、この地球が5個と1/3必要になるのです。この地球1個の中で思考し得ないとしたら、それはどんなものでも偽物なのです。「自然の時間」を理解し、その中に、経済を組み入れることが、当然のモラルとして要求されねばなりません。

皆さんは、石油が無くなれば、化石燃料は終わると思うかもしれませんが、まだ、石炭があるのです。硫黄を多く含むリグナイトと呼ばれるものまで入れれば、地球には、1,500年分の石炭が埋蔵されているのです。実際に、中国経済は、石炭を主力にして伸びてきているわけです。石油の二酸化炭素排出量を「1」とした場合、石炭は「1.3」ですので、石油より性質の悪い化石燃料なのです。オーストラリアも石炭に依存していますが、放射性の物質を含む、粗悪な石炭で、そのせいで癌の患者が多く出ているということは、あまり知られていませんね。

2000～2005年に、人為起源の二酸化炭素の年間総排出量は72億tでした。その内、海洋に吸収された量が22億t、森林に吸収された量が9億tですので、自然の吸収分（海洋＋森林）が31億tということになります。すると、単純な引き算で、大気中に蓄積された量が41億tということになるのです。このように、現時点で化石燃料を燃やすことによって排出される二酸化炭素の内、半分にも満たない量が、海洋および森林による自然の吸収分に当たるのです。残った半分より多い分量が、大気中に蓄積されてしまうのです。人類は、自然の吸収分の倍以上の二酸化炭素を排出してしまっているのです。自然の吸収量が現状のままである、と単純化した場合でも、分かることは、人間が排出可能な二酸化炭素量を、自然の吸収分以下に抑えなければ、二酸化炭素の大気中への蓄積に歯止めをかけることはできない、ということなのです。

二酸化炭素の森林への吸収分は、植物の光合成によるものです。植物は光合成で二酸化炭素を取り込み、バイオマスを形成し、炭素を固定しています。最近では、この吸収量は、泥炭からのものや森林破壊などによる二酸化炭素放出量にほぼ匹敵するくらいになっていくというので、陸上生態系への吸収分が放出分と相殺されてしまうかもしれないのです。

海洋への吸収は、植物性プランクトンが光合成によって二酸化炭素を取り込み固定し、食物連鎖の底辺を形作り、一方では、動物性プランクトンや魚に食べられていき、他方では、死んでマリンスノーとなって深海に堆積する、という二酸化炭素吸収の「生物ポンプ」と名付けられている仕組みがあります。マリンスノーは海底に降り積もって有機物の泥を形成し、炭素は堆積物として固定されていくのです。「石油」や「石炭」は、こうした堆積物が、様々な地質学的な過程を経て変化していったものなのです。また他方では、海水は、PH8程度で安定しており、弱アルカリであるがゆえに、弱酸性の二酸化炭素を溶かし込む、という化学的特性に基づく、「アルカリポンプ」と呼ばれている二酸化炭素吸収の仕組が存在しています。

海洋への二酸化炭素の吸収もいつまでも当てにしていいのかどうか分かりません。2009年1月30日、前年にモナコで開かれた国際海洋シンポジウムの成果を踏まえて、世界各国の海洋学者ら150人以上が、政策立案者への提言として、「Monaco Declaration（モナコ宣言）」を発表しました。海洋学者達は「海洋の化学的性質の急激な変化、特に加速化している酸性化によって、海洋生態系がダメージを受け、海洋生物や食物連鎖、生物多様性、漁業などに与える深刻な影響を与える」ことを警告しているのです。これを防止するための唯一の対策は、大気中の二酸化炭素量を減らすことだとし、放置しておけば、海洋資源に深刻なダメージを与え、食料安全保障をも脅かすに至ることを憂慮しています。海水には、カルシウムイオンや炭酸イオンが含まれており、これらの化学物質から、珊瑚やプランクトンなどの海洋生物は、炭酸カルシウムの殻や骨格を作っています。二酸化炭素は、水に溶けると、水素イオンが増え、それが酸の性質を持つので、海水のPHが低下して、炭酸カルシウムが溶解するようになるというのです。海洋生態系の底辺を形作るプランクトンが殻を形成しにくくなるような生育環境に晒されるという事態になってしまうのです。大気中の二酸化炭素が600 ppmを超えると酸性化した海水に珊瑚礁が溶け出す、ということが実験の結果、分かっているとされています。大気中の二酸化炭素濃度は、予想では、2050年に600 ppmに達するだろうというのです。同じ2050年には、南極海においてプランクトンへの影響が出始めるといった予想が出されているのです。プランクトンが被害を受けるようになっていけば、「生物ポンプ」にも影響が出てしまいます。それは、回りに回って人類にも被害をもたらすのは必至なのです。自然の収容力は限界に来ていることを認識しなければなりません。

この世界はいつまでも同じように続いていくだろう、という、実はあまり根拠の無い期待を私達は、「自明性」の感覚とともに、何か当たり前のように思って生きています。ところが、今後は、まさに、この「自明性」が崩れてしまう不安を生きねばなりません。「昨日あったように、今日もあり、また明日も同じように、何も変わらず続いていくだろう」という、自明性がいつ崩れてもおかしくない、そうした時代を生きねばならないのです。地球の恵みが、今まで、気候や環境を安定させてくれていて、こうした「自明性」の感覚を享受できるようにしてくれていたのです。けれども、私達、人類が、人為的な原因で、こうした恵みを破壊しつつあるのです。それゆえ、これからは、まさに、意識的に関与し、「今日も、明日も同じように、何も変わらず続いていけるように」私達が一緒になって努力し続けなければならないのです。それができない時、あなたも私も、他の動植物とともに、灼熱の鍋と化した地球で、シチューと化して死んでいくことになるのです。

5．未来世代への責任をどう考えるのか？

以前の講義で、私達は、「直接殺すこと」と「死にいくのを死ぬに任せて何もせずにただただ死んでいくのを見続けること」との間に、道徳的な違いが無いという結論を得ました。環境問題の場合、「否、見えなかったんだ」という言い訳が出てきてしまいます。確かに、環境問題の難しさは、以前お話ししたように、Invisible Problem にある、と言えます。ここでは、特に、未来世代との関係における Invisible Problem が何をもたらすのかを確認しておきましょう。

「自明性」が「不確実性」に変わってしまった、この時代、しかも、もし私達が、この期に及んで、なお、「自明性」がその名の示す通り、当たり前だと思って何もしないとしたら、「不確実性」は、「明日への不安」という形で、さらには「今、生存することへの恐怖」という形で、未来世代へ送りつけられることになるでしょう。「アメリカン・ドリーム」を求めて、化石燃料がもたらした大量生産・大量消費型の繁栄を享受した過去から現在までの世代が加害者で、未来の世代が被害者になる、という、こうした構図は、未来世代に、不条理を押し付けることになるでしょう。ただ、この時間、この場所に生まれついたというだけで、自分が選んだわけでもない、まさに何の言われも無い苦痛や生存のための最低条件の欠乏を被らねばならない、という「宿命」を負わされること、それは「不条理（absurdity）」なのです。「不条理」とは、その時、その場所という「偶然性」の影響で、生きることに何の意義も見いだしがたい状況を指すのです。生きることに意義を見いだす条件は、その時、その場所、という「偶然性」にもかかわらず、「選択の自由がある」ということにかかっています。私達の現行の生活が、もし、未来世代に不条理をもたらすのであるのならば、しかも、そのことを知りつつ、まだ「分かっちゃいるけど止められない」とうそぶき続けるとしたら、それはやはり道徳的に悪であると言わざるを得ません。近い将来、温暖化の影響で、水や食糧という生存に必要な基本的な条件が欠乏しているような状況に生まれてくる子ども達がもっとたくさん出てくるわけで（今も実はそういう地域がある）、そうした子ども達は、まさに「不条理」の中に投げ込まれることになるのです。熱波や旱魃、あるいは、大洪水、凶暴化する熱帯性低気圧、海面上昇などに怯え、その日を生きるための「水」や「食糧」あるいは「雨露を防ぐ場所」を確保することしか残されていない生活に投げ込まれることになるのです。それを嫌がったとたんに死が確実にやってくる、そうした状況なのです。そうした状況下では、生きるために「水」や「食糧」をどうするのか、といった必然性に追われることになってしまい、そうした状況には、もはや「選択の自由」はあり得ません。あなたは、平凡な人間の私には何もできない、と言うかもしれないけれども、その平凡な人間が、現行の大量生産・大量消費の時代の中で、消費による自己実現を享受する主役になっているのです。何もできないというのは嘘でしょう。私達は、確かに、「選択の自由」を行使できるわけですが、その時に、意識的にある1つの生活様式を選ばない、という「倫理」にコミットしなければならなくなるでしょう。「倫理」とは、「他者の自由や生存条件に悪影響を与えるような自由選択を制限すること」なのです。今後の気候変動に多大な影響を与えるとされるのは、まさに、この10年をどう生きるかということなのですが、この10年を生きる私達の倫理こそ、「こうした可能性は選び得たにもかかわらず、未来世代のために敢えて自粛する」という倫理なのです。

確かに、そんな「倫理」にコミットなんかしたくないよ、という人が出てくるでしょう。温暖化が人為的原因による、ということが、科学的に100%の確実さをもって証明される日を待っている余裕はないという状況で、敢えてするコミットメントなのです。

パスカルは、『パンセ』の中に、「私が、あそこでなくて、ここにいることに、恐れと驚きを感じる。あそこでなくてここ、あの時ではなくて、この時に、なぜいなくてはならないのか、という理由は全くないから。」という言葉を記しています。これは、偶然性の問題として、鋭敏で感受性豊かなパスカルを「恐れと驚き」の感情で打ちのめした問題で、意味付与をする動物としての人間を脅かす問題なのです。私が「この時、この場所で」生きていることには理由がないのです。私は、偶然、この化石燃料で豊かな文明を築いた20世紀から21世紀にかけての時代を、しかもその豊かさを享受できる日本で過ごしているわけなのです。けれども、「この時、この場所で」という根本のところの理由を欠いたまま生きているのです。「生まれる（Be born）」という受け身の前で、私の自由は無力なのです。なのに、否、だからこそ、私は、「無意味な死」を死にたくないと思ってしまうのかもしれません。「生誕」は、意味付与され得ないのだったら、「死」だけは、意味付与し、「意味のある死」でありたい、と願ってしまうのでしょう。もちろん、「死」も意味付与され得ませんが、残された遺族や友人達は、本人自身が嫌っていた以上に「無意味な死」を許さないことでしょう。「生誕」や「死」という、自由とは、全く別次元の偶然性の次元から逃れようがないのです。こうした偶然性ゆえに、生まれた瞬間から「不幸」である、としたら、それこそ「不条理」なのです。根底に、こうした偶然性がある以上、私は、「この時、この場所」に生まれてこないで、「あの時、あの場所」に生まれてきたかもしれないのです。つまり、私は「この世代」ではなく、「あの世代」、例えば「未来世代」の一員として、生まれたかもしれない、という、拭い去ることのできない、そんな偶然性の問題があるのです。私は「未来世代のあの人」であり得たかもしれないのです。こうした偶然性をベースにして、「未来世代」との相互性を想像してみることは可能なのです。「生誕」と「死」という偶然性ゆえに、生を享受しているこの現在は、選択の自由を行使し、幾通りにも可能な自分の物語を選び取り綴っていきたいと望むのです。人が「自由」に執着するのは、「自由」とは別の、「偶然性」の次元を何となく分かっているからではないでしょうか？　「未来世代」を「不条理」に追い込むような選択を私達がしてしまうことに、責任を感じてしまう理由の一端は、私達自身が「不条理」ゆえに、「意味」に回収され得ぬ偶然性が猛威を振るい、私達を「無意味な死」に追い遣るような状況を恐れているからでしょう。自分がそうした「不条理」に満ちた状況に生まれたかもしれない可能性を考え、その「不条理」を、「この時、この場所」に生れ落ちた私が享受しているライフスタイルが、「取り返しがつかない」形で生み出してしまうとしたら、私は「倫理的」であろうと考えるでしょう。私の現行の選択が「取り返しのつかない」形で、地球の「復元力」にダメージをもたらし、そのせいで、私がそこに生れ落ちたかもしれない「未来世代」が「不条理」ゆえに「無意味な死」に怯えるとしたら、ということが想像できる以上、私は現行の可能的なその選択肢を敢えて選ばないという「倫理的」態度を貫くことでしょう。

以前皆さんに紹介した予測シナリオは、どれを採っても、私達、人類にとって、まさに茨の道となるわけで、こうしたシナリオが描かれているにもかかわらず、まだ、快適さや利便性に固執する欲望に私達は打ち負かされてしまっているのです。仏陀は、キリストと同様に、比喩を使って分かりやすく語る天才でしたが、彼の訓話の中に、現代の私達の様子を描いていると思われてならない、男の話が出てきます。それは、こんな話です。

> ある男が道を行くと背後に大きなトラが現れた。難を逃れようと、前方を見ると、大きな古井戸があったので、男は、その古井戸に飛び込もうとした。ところが、井戸の底には大蛇がとぐろを巻いているのが見えたので、咄嗟に、古井戸に被さるように茂っていた木の枝に掴まった。井戸の底に落ちることも、元来た道に戻ることも、死を意味するので、男は、枝にぶら下がって必死でこらえた。すると、自分が掴まっている枝を白い鼠と黒い鼠がくるくると回りながら、かじっているのが見えた。まさに絶体絶命、男は自分の運命を呪っていたが、ふと目の前を見ると、上の枝の方から、花の蜜が滴っているのが見えた。男は、舌を精一杯伸ばして、その蜜の雫を受け止め、舐め始め、暫しの快楽に我を忘れた。

もともと歩いて来た道、すなわち、誕生してから現在に至るまでの道を引き返すわけにもいかない（トラがいるわけですからね＝時間の不可逆性）、かと言って、死ぬのは嫌だ（井戸に落ちること＝死の不可避性）というわけで、必死で生に執着する（木の枝に掴まる）男ですが、白の鼠（昼の時間）と黒の鼠（夜の時間）が絶えず時を刻んで、縋るべき生命（枝）が徐々に尽きようとしているのです。にもかかわらず、どうでしょう、欲望の正体が分からぬまま、ただただ目の前の快楽に執着し、舌を伸ばして蜜を必死で舐め取ろうとしてしまう、そんな一時の欲望に屈しやすい生き物が人間なのです。

滅亡のシナリオに向けて、白と黒の鼠が、時を刻んでいます。にもかかわらず、快適さや便利さを味わい尽くそうと、短い舌べらを必死で伸ばして、快楽を貪ろうとしている、そのせいで枝が軋み、自分で自分の首を絞めるはめになっている、こうした愚かな人間の姿を、仏陀の訓話の中に見ることができますね。愚かさということに関連して、「京都議定書」程度の目標では、温暖化を防ぐことはできない、という声が上がっていましたが、残念なことは、むしろ、京都議定書の目標値さえ達成できなかった、ということなのです。せっかく、京都議定書の発効という小さな1歩を踏み出したというのに、この期に及んで、まだ舌を伸ばし続ける方を選ぶということは、何とも悲しいことです。もはや、小手先の省エネ技術の導入で経済成長も環境保全も共に望む行き方が、袋小路に突き当たっているのです。それゆえ、経済成長の方にブレーキをということを真剣に考える時が来ており、国民レベルで、成長によらずとも「幸せ」であると言い得るベーシックな生活レベルについての合意を形成すべきなのです。

この仏陀の説話の中の快楽にしがみつく男のように、人間の生物学的基盤が脅かされているという時になってさえも、それでも、人間の生存条件を悪化させる選択を行うことは可能でしょう。かつて、ドイツのワイマール共和国の民主的な手続きの中でヒットラーに全権委任がされたような、そうした自分の首を絞めるような選択を民主主義は許容してしまう、という難点を持っています。「自分の成立基盤を自ら切り崩してしまうような選択」というのも可能性としてあるわけなのです。アルフレッド・ジャリの小説の中に、「自分が自由だから、奴隷になることを選ぶのも自由」といった逆説が出てきます。つまり、自由の前提条件を自らの自由選択によって切り崩してしまう、という逆説なのですね。先ほどのヒットラーのケースも、「民主主義的でないものを民主主義的に選ぶ」ことで、民主主義の前提条件を切り崩す、という逆説なのです。ジャリに出てくるような、個人的自由の場合は、「奴隷にでも何にでもなってください」で済みますが、ヒットラーのケースは、現行の世代が決めてしまったせいで、後に続く世代は、「民主主義的な選択」が不可能になってしまったケースなのです。ここで考えていただきたいことはこういうことです。自分が今、自由に選択できるのも、実は、そうした自由や民主主義の前提条件が、歴史的に守られてきたからなのであって、それが「heritage：ヘリテージ（文化的・歴史的遺産、先祖代々のもの）」となっているからこそ、自由や民主的な手続きを享受できるということです。選択ができるという、この刹那だけを考えるのではなく、「今、ここで選択できるという、まさにこのことが、長い歴史的な闘争を経て、文化的遺産として私達に受け継がれてきたゆえに可能になったのだ」という感受性を持ち得るかどうか、ということ、それが私達の民度の成熟の問題なのです。成熟した人、つまり、「ヘリテージ」の意味を良く分かっている人、の行う選択とは、その選択の帰結が、その後、選択のための前提条件を脅かさないような選択なのです。それならば私達は、未来世代のために、彼等、彼女等の生存条件を悪化させ、彼等、彼女等の選択肢を狭め、不条理に追い遣るような選択をしてはならないのです。未来世代のために、私達が受け継いだ「ヘリテージ」をそのまま受け渡すべきでしょう。

80年代から、有力な多国籍大企業、ウォール街の銀行、アメリカの発券銀行、世界銀行や国際通貨基金などの国際的な金融機関の間で非公式な協定が結ばれました。1989年、世界銀行の上級エコノミストで副総裁のジョン・ウィリアムソンによって、そうした非公式な協定が定式化され、「ワシントン・コンセンサス」として知られるようになりました。商品、サービス、資本など、あらゆる市場を自由化し、「見えざる手」によって自己規制するグローバル市場を作り出すために、国家組織であれ非国家組織であれ、ありとあらゆる規制に関わる組織を解体していくことこそが、このコンセンサスの基本路線なのです。これは、同じく、80年代から、「ネオリベラリズム」の実験を開始した、イギリス、アメリカ、それに日本の政府にも受け入れられていきます。「ワシントン・コンセンサス」を基盤にしたネオリベラリズム路線によって「経済成長」がなされる時、それは単なる「成長のための成長」になってしまいます。なぜならば、「規制に関わる組織の解体」の対象は、再分配に関わる「国家」や地方自治体のような「社会」を形成する組織の解体をもたらすわけで、一握りの富裕層へと富が集中することを妨げる手立てが無くなることを意味するからです。グローバル化した市場において「成長のための成長」がただただ続けられるのだとしたら、もはや、「経済成長」こそが、ありとあらゆる社会問題を解決する鍵である、ということすら言えなくなるのです。「規制に関わる組織の解体」に合意した政体は、市場の法則に道を譲るべく脱政治化せざるを得ないからなのです。サッチャーが言っていたように、まさに「社会というものは無い」という状態がもたらされることになるのです。「経済成長路線」を肯定するという政策を採ることによって、政治そのものが脱政治化されてしまう、という逆説がここにあるわけなのです。「ワシントン・コンセンサス」に基づくネオリベラリズムによって、市場原理主義的な政策を実行することは、まさに、政策を打ち立てる前提条件を切り崩してしまうような政策を推進していくことに他ならないのです。そもそも何のための「経済成長」だったのでしょうか？　大義名分は、個々の社会問題を解決するために、お金を捻出せねばならず、そのためには、経済成長が必要ということでした。けれども、「ワシントン・コンセンサス」によって、脱政治化路線を突き進むならば、「経済成長」が「成長のための成長」になってしまうことになり、それは、ただ富裕層に富を集中させるだけのもので、もはや社会問題の解決には貢献しはしない無意味な成長となるのです。しかも規制当局は解体されるので、環境劣化や労働条件の悪化などの社会問題は野放しになるわけで、むしろ「成長のための成長」は、有限の地球という大前提そのものを無視することで、社会問題の悪化に貢献することになってしまうのです。これは、未来世代に不条理への道を用意してしまうようなものです。

今までは、資本主義の正当化に「民主主義」が使われてきたけれども、もっとラディカルに（根本的に）、問いかけなければならないでしょう。つまり、「資本主義」は、「市場原理主義」という形態を採るのであるのならば、そもそも「民主主義」とは相容れないのではないだろうかということなのです。ゲーム板の外に、「ノー・カラー」を排斥したり、脱政治化という政策作成そのものを切り崩してしまうような政策を提起したりするような資本主義の形態は、民主主義そのものを崩壊させてしまうことでしょう。こうしたことも、当然ながら、未来世代に不条理をもたらすことになってしまいます。

今、皆さんにお話ししましように、未来世代に不条理をもたらすことを分かっていながらも、それでもなおかつ、皆さんが、全てを他人任せにして、仏陀の説話の男のように、現行の生活水準を享受する快楽にしがみつくことを選択したらどうなるのでしょうか？　人々が皆、欲望を自粛しない世界には、紛争や戦争が待ち構えていることでしょう。その辺のところを、アメリカ国防省の予測が教えてくれるでしょうから、紹介しましょう。

アメリカの国防省の予測は、可能的な紛争や戦争を計算に入れた予測という点では、まさに、「国防省」の名前が暗示する通りのものとなっています。それによりますと、2010年頃から、世界の農業地帯において、旱魃や洪水が常態化して起きるようになっていき、そのせいで、まさに世界規模の水不足と食糧危機が起きる、ということを予想しています。そして2020年には、食糧や水を奪い合う紛争が日常的に起きるようになるだろう、というのです。私達が見てきましたように、３大穀倉地帯の化石帯水層が涸れつつあるだけではなく、温暖化で海が暖まるせいで、海上に上昇気流が発生し、その場で雲を形成し、雨を降らせるのですが、雨を降らせた後の乾燥した空気に大陸方面が曝されて、旱魃が起きるといった、気になる現象が世界規模で起きているのです。アメリカ中西部やオーストラリアの穀倉地帯も、乾燥した空気に襲われ、旱魃を起こしやすくなっているのです。この国防省のシナリオでは、資源を巡って、アメリカや中国のような超大国が、第３次世界大戦に入る可能性も否定できない、としています。この予測は、もう目の前に迫っている2010年、2020年という年代を視野に収めている点で、緊迫したものを感じますね。予想通りであるとしたら、確かに、不安や過剰防衛から起きるかもしれない、紛争や戦争という名の人災がどれだけ恐ろしいものになるのかは未知数であるがゆえに、悪寒をすら感じさせます。

田中優さんの『戦争って、環境問題とは関係ないと思ってた』という本の中に興味深いデータが載っています。戦車は１ℓ当たりの走行距離が200ｍ程度しかないというのです。これに対して、乗用車は、大体、現代のものだったら20km は走るでしょう。この一事を比較するだけで、二酸化炭素の排出量ということに限って言ったとしても、戦争というものがいかに環境汚染に貢献するか、ということを想像できるでしょう。さらに、戦闘機であるのならば、１分飛ぶごとに90ℓも消費し、田中さんによれば、これは「約８時間飛ぶだけで、日本人１人が生涯に輩出する二酸化炭素を使い終えてしまう」(p. 46) というのです。つまり、どんなに頑張って、二酸化炭素削減目標を達成しようとしても、戦争が１回でもあれば、そうした努力が水泡に帰すことだってあり得るわけなのです。こうしたことを視野に入れ、環境問題は、平和運動と手を取り合って前進すべきである、ということを強調しておきます。

先ほどのインディペンデント紙やガーディアン紙の予想では、紛争や戦争の可能性には触れていないわけですが、人心に引き起こされるだろう、心理的パニックほど、恐ろしい敵はいないのかもしれません。「もはや、戦争をしなければならないような事態にまで追い詰められているのだ」ということを一人ひとりの人間が感じ始めて、引き起こされるだろう、心理的パニックは、どんな恐怖映画も描いたことのないような、恐ろしい事態を招くことでしょうね。地球上の全ての人間が、自己防衛本能のためにだけ行動を始めるとしたら、どうでしょうか？他の動物は、自己防衛本能を感じても、相手を威嚇するに留めるか、あるいは自分を危険に晒すような殺し合いは避けるものなのです。けれども、自己防衛をしなければならない、という欲動はあっても、それをどう行動に移していいか分からない、本能の壊れた動物である人間は、恐らく、自己防衛本能と呼ばれる欲動によって、人それぞれの過激な行動に駆り立てられていくことでしょう。他の動物と違って、どのような行動を起こすのかが未知数であるだけ、それだけ一層、人間という生き物は不気味なのです。また、そのような状況下に生まれてくる子ども達は、やはり、「不条理」を免れ得ないことになるのです。マズローの「ニーズ階層説」によれば、人間の場合、生存のニーズが満たされても、安全のニーズがあり、安全のニーズが満たされても、愛や所属のニーズがあり、さらに自己実現のニーズがあります。人間の生物的な基盤に基づく、最下層の「生存ニーズ」が、人間にとって最も強いニーズで、下位の層にいくほど、優先されるのです。例えば、「餓死しそうだ」という「生存ニーズ」に迫られている人は、「射殺されるかもしれない」という危険をかえりみずに、人の畑から、トウモロコシを盗むかもしれません。この場合、「食べるためなら、射殺されてもかまわない」と思うことは、「安全性ニーズ」よりも「生存ニーズ」を優先していることになります。そこでもし、環境劣化の影響で、食糧不足や水不足が引き起こされれば、人間は、「生存ニーズ」を優先させ、モラルは低下し、そのせいで、社会秩序の崩壊が起きるかもしれません。環境劣化に伴うモラルの低下というリスクを考えると、理性的な合意が可能な間に行動を起こすことが賢明なのです。

極度な不安による心理的パニックという、最悪の人災を防ぐためにも、私達は、こうしたリスク予想を検討し、少なくとも、知識として事前に知っておく必要があります。野生チンパンジーの研究者として名高い、動物学者のジェーン・グドール博士が、こんなことを言っていました。「理解してこそ初めて、私達は気遣うことができ、気遣う時にだけ、私達は助けになることができ、私達が助けさえすれば、全てが救われる」と。彼女の言葉にあるように、まず、理解することから、私達も始めるべきなのです。それがたとえ、どんなに恐ろしい事実を並べているにせよ、目を逸らさず、正しい知識を得ようと努力し、何が起きているのかを理解するのです。それが出発点です。こうした理解は、不必要なパニックに陥ることを避けるためにも、また、グドール博士が述べているように、「全てを救う」ためにも、不可欠な第１歩なのです。

どうでしょうか？　この期に及んで、私達の愚かさのつけを、まだ、未来世代に、先送りをしようというのでしょうか？　もはや、それは絶対にできないでしょう。なぜなら、先送りは、最悪のシナリオを手渡すことになってしまうからです。そして、あなた達の世代の次の世代、つまり、皆さんの子ども達の世代は、絶滅のシナリオの中に飲み込まれてしまって、最後の人類となるかもしれないからなのです。このシナリオは、たとえ、あなたが「勝ち組」となろうが、「負け組」に転落しようが、全くお構いなしに、地球上に生存している限りにおいて、誰でも平等に破局に導くことを予測しているからなのです。タイタニック号の時のように、一部の「金持ち」が助かる、ということがあり得ない、そんな破滅が待ち受けているというわけなのです。こう考えますと、どのシナリオも私達に、相当な覚悟を持たねばならないことを伝えてくれているわけなのです。それゆえ、私は皆さんに、相当な覚悟をするように促すのです。それは、ラディカルにライフスタイルを変えてしまうことを意味するのです。同じく仏陀の説話の中に、「建物の土台や１階はいらないから、さっさと２階を造れ」と叫ぶ、２階建ての建物の２階のみを欲する男の話が出てきますが、自分達の生物的基盤ともなる「自然の時間」という土台を考えずに「もっと経済成長を！」と叫ぶ、タイタニック現実主義者こそ、「２階」のみを欲する愚か者なのです。

ガイア仮説で有名なジェームズ・ラヴロック氏は、「持続可能な発展」をこの期に及んで望むことを非難して、「持続可能な退却」を行うべきだ、としています。彼は、自然エネルギー使用のための技術革新が起きるまでの間、「原子力」に頼るのが一時的な処方箋であるとまで言っているのです。彼は、地球の修復能力を超えてしまうような「正のフィードバック・ループ」にスイッチが入って滅亡に突き進むことに比べたらまだ「原子力」の危険の方がましだ、と考えているのですが、いずれにせよ綱渡りです。

原子力はやむを得ないとあなたが言うのであるのならば、イギリスで起きたセラフィールドの再処理工場とその周辺にいかに放射能汚染が拡張していったのかを調べてみるといいでしょう。放射能汚染に晒されたノルウェー産のサーモンなど、恐くて食べられなくなるでしょう。そして、何と、同様な再処理工場が、日本の六ヶ所村で、2007年3月末に試運転され、本格稼働に向かっているという事実を知った時、皆さんは、未来世代は、三陸海岸の海の幸を失うことになることに気付くことでしょう。これに関しては、音楽家の坂本龍一さんの立ち上げたサイト「Rokkasho」に詳しいので、興味のある皆さんは、一度そのサイトを訪れてみてください。

ラヴロックさんは、「退却」を勧めながらもまだ、「原子力」にしがみつくわけで、今までに築き上げた文明は手放したくないのです。温暖化の影響が切実なものになれば、放射性物質が持つ脅威とエネルギーとしての可能性を天秤にかけた場合、どうしても、エネルギーとしての可能性という方に、議論が傾きがちなのですが、再度、検討しなければならない教訓は、まさに、温暖化をもたらした化石燃料は、持続可能性という点で、欠陥があったということなのです。同様に、持続可能性という点で大いに危険性がある核エネルギーに、傾斜していくとしたら、将来的に、人類は、二酸化炭素を大量に放出した過ちと同様の過ちを繰り返すことになるでしょう。二酸化炭素の大量放出によって、私達の生物的な生存基盤が脅かされるに至ったことを考えれば、放射性物質の放出によって、やはり生物的な生存基盤が危うくされることが、火を見るよりも明らかであるがゆえに、脱原発の方向性への舵取りは必然でしょう。二酸化炭素の過剰排出の時と同じ過ちを繰り返さないようにしなければなりません。現行のライフスタイルを望むことも、ラヴロック氏のような態度を取ることも、いずれも仏陀の訓話に出てくる、あの男と変わりないのです。現状維持をまだ望みたいのならば、自然エネルギー使用を目指す技術革新を真剣に成し遂げることしかないのです。あるいは、二酸化炭素やメタンガスを処理する技術を開発するしかないのです（日本では、例えば、三井が、メタンガスを空気中から回収する装置の研究を始めています）。それができないのなら、この期に及んで、まだ「舌」を伸ばし続けることを考えるよりも、私達の子孫を含めた全生命種のために、利便さの点では後退しようが、環境劣化を私達の代で食い止めるべきではないでしょうか？

先ほど紹介した、アメリカ航空宇宙局（NASA）のジェームズ・ハンセン博士は、温暖化対策を政策に全く取り入れていないブッシュ政権に対して、「火力発電所の即時停止」を主張しています。どうですか？　大変、過激に聞こえますか？

ドイツが2020年までに温室効果ガスを50％削減することを、2007年のG8サミットで主張していましたが、50％まで落とすことができるなら、一番緩やかなシナリオのようにことが進むのです。だとしたら、ハンセン氏の主張は、過激どころか当たり前なのです。日本でも、2005年に、12億9,700万t排出した二酸化炭素の内、4分の1は、火力発電所からのものなのです。2020年までに、発電も全て自然エネルギーによるものに変えていくようにしなければ、最悪のシナリオにそのまま移行するかもしれないのです。

気候変動に対する対策は、脱化石燃料を促すゆえに、エネルギーの安全保障問題を引き起こすだけではなく、食糧問題や水危機という形で人間の生物学的基盤を崩壊させ、生存ニーズを脅かすことになるのです。これは、まさに国家安全保障にも関わる潜在的なリスクを秘めているのです。生存ニーズに脅かされて暮らす人達は、文化的な豊かさに結実するような質的なライフスタイルの追求が不可能となることでしょう。根本的には、生態系の壊乱を通して他の生物種をも巻き込む大問題なのですが、そのことは、人間中心主義にしがみつく人達にとっても、人間の生存ニーズに関わる、安全保障問題として捉えるべき大問題でもあるということを意味するのです。

6．定常状態（Stationary state）を模索すべし

私は、東京タワーが完成した昭和33年の1年前、昭和32年（1957年）に生まれ、まさに高度成長期から成熟期に至る日本を生きてきたわけなのですが、私が中学生になるまでは、私が生まれ育った実家には自動車はありませんでしたし、冷蔵庫も、氷屋さんが運んでくる大きな氷に頼っていました。エアコンに至っては、1990年になって初めて、実家に導入されたのでした。私はそうした時代をまだ知っていますので、いざとなったらすぐにそうした時代に戻ることができます。2007年のレベルの日本の生活水準を世界中の全て人が享受するとなると、地球は2個と半分必要になるのです。地球1個で済ませたいと願うとしたら、そのぎりぎりのところが、現在の生活水準を40％切り下げていくことになり、それは、大体、60～70年代初頭の生活水準となるのです。

日本は1968年には、GNPが世界第2位の経済大国になり、1970年、総額4,000億円と言われている大阪万国博覧会が開催されるに至るのです。ファスト・フード店が日本に導入されたのも万博のころで、これによって、食品の規格化ということだけではなく、「使い捨て文化」が日本にやってきたのです。さて皆さんの知っているマクドナルドは今では日本全国いたるところにあります。大阪万博の次の年、1971年に、使い捨て文化を象徴するマクドナルドの1号店が、東京の銀座に開店しました。およそ30秒でハンバーガーが1個できる、ということで、その評判を聞きつけて、開店前に2,000人以上の人々が列を作りました。マクドナルドは、1975年には年商100億円を突破し、翌年の1976年には、日本における100号店開店を祝っているのです。まさに、ファスト・フード産業花盛りの時代です。その証拠に、KFCは、実はマックより1年早い1970年に名古屋に1号店を出していますし、ミスタードーナツもマックと同じ1971年に大阪に1号店を出店しています。1973年には、ピザハットが1号店を東京に出し、1974年には、コンビニの代名詞のようになった「セブンイレブン」1号店が東京に誕生するのです。面白いことに、マクドナルドの1号店開店と同じ1971年に、文化の発信地である東京は、「東京都ごみ戦争宣言」を出しているのです。東京は常に時代の先端に位置付けられますので、東京を例にして考えると面白いものが見えてきます。実際に、東京都は、すでに1957年に「夢の島」を設け、ごみの埋め立て地を確保しています。けれども、10年後の1967年には夢の島の埋め立てが終了してしまっているのです。ファスト・フードに代表される使い捨て文化の中で、東京のごみ問題は深刻化していたのでした。大量消費による使い捨て文化が定着していく時代こそが70年代であり、ごみの問題は、そうした時代に伴う陰として、この時代を語る時に忘れ去られてはならないことなのです。こうして、70年を境に、日本では「大量消費型の使い捨て文化」が定着していくわけです。私が参照したいのは、70年以前の生活水準なのです。そうですね、皆さんが『ALWAYS：三丁目の夕日』でご覧になられた、あの時代を参考にして考えてください。先ず、あそこまで生活水準を落とすこと、それと同時に、自然エネルギーの導入を進めていくのです。化石燃料は、温室効果ガスの排出や公害など、今まで「外部化」されてきたコストを除外することなく、価格に算入すれば、本当は高価格になるわけなのです。自然エネルギーとの間の見かけのコストの差額を「環境税」などの導入によって埋めていくことが、自然エネルギー開発の更なるインセンティヴとしても働くのです。

1957年に、経済学者のウィルヘルム・レプケは、「金銭収入を品物に換える以外に、人間の幸せを構成するあらゆるものを失っている」と述べ、そのような商品の所有に明け暮れる人間を「ホモ・サピエンス・コンシューメンス（消費する人間）」と名付けました。こうして、「消費する人間」となった「消費者」達は、消費という手段によって幸せを求めようとしました。「誰でも消費者としては平等だ」というのは、ある意味、魅惑的なアイディアでした。けれども、2000年には、アメリカは、この1957年の2倍以上の国民総生産を上げ、どの家庭においても、物は倍以上に増加しているのですが、豊かさの感覚、あるいは幸せであるという実感は、1957年が頂点で、それ以降は、物質的欲望が高まるのにつれて、豊かさの感覚も、幸せであるという実感も全くそれに伴わない、という風になってしまいます。レプケは、これからの人間は自分の活動の精神的価値について自問すべきだ、さもないと、単に市場の動向に流されてしまうことになる、と警告しました。このレプケの警告は、1973年以降の日本でも有効になります。物が溢れているのに、幸せには感じられないのです。それゆえ『ALWAYS：三丁目の夕日』のような戦後の高度成長期初期を懐かしむレトロな動きが出てきているのでしょう。レプケが正しいとしたら、もはや幸せの感覚に貢献すらしない、物質的欲望の追及は意味をなさないのではないでしょうか？　成長路線を突き進んできましたが、1957年を超えて随分と先へと進んできましたが、豊かさと幸せに満ち溢れた未来は待っていませんでした。

ジョン・スチュワート・ミルの『経済学原理』に「Stationary state（定常状態）」という概念があります。ミルは、無限に成長を続けて行くのではなく、経済的成長によってもたらされる、「誰も貧しくないが、もっと豊かになろうとする者もない」そんな「競争によって自分が押しのけられることを恐れる必要が無くなった」状態を、「Stationary state」と呼んでいるのです。彼は、経済成長は、「Stationary state」に到達した時に、その役割を終えるものと考えていたのです。シューマッハーも、「物事には適正な限度というものがあり、それを上下に越えると誤りに陥る」（『スモール・イズ・ビューティフル再論』p. 47）と「適正」に留まることをよしとしています。衣食住のような基本的な物質面での不自由がなくなり、全ての人間が「人間的」という形容詞の精神的意味合いに集中できるようになる、そんな状態が「Stationary state」なのです。レプケによれば、「豊かさの感覚」の飽和点とも呼ぶべき状態が、1957年に来ていたわけですが、その時、アメリカ人達は「Stationary state」に達していたのではないでしょうか？　衣食住の点で満ち足りた状態を迎えた「Stationary state」に入った時点で、人は、物質面では「ゼロ成長」を志向し、自己実現の追及や自然との調和などといった、人生の精神的な豊かさを試行していく段階に踏み込むべきだったのです。ところが、人間の「欲望」は、とどまる所を知らず、過剰なコマーシャリズムに煽られて、「Stationary state」など無いかのごとき勢いで熾烈な競争を推し進めているのです。その結果、例えば、貸し倉庫産業が栄え、何のために購入したのか分からないような物が溢れかえっているのです。そこで、私達としては、このミルの考え方を、「地球１個分の思考」という考え方で置き直さねばならない、と思うわけなのです。つまり、地球生態系の収容力を下回るように「経済」を従属させても味わうことのできる幸福感を求めよう、というのです。レプケの考察は、それが十分可能なのだということを教えてくれます。経済成長への期待は幸福には至らなかっただけではなく、自然に沿った生き方から私達を引き剥がしてしまったということを忘れないようにしましょう。

確かに、物質的欲求の追及は、結果として間違ってはいましたが、私の生きた、あの高度成長期の時代は、少なくとも、「未来」に関するヴィジョンが描かれていました。『鉄腕アトム』のような漫画によって子どもの心に深く浸透し、万博が実現可能性を垣間見せてくれた、そんなヴィジョンが活き活きとしていた時代でした。ひるがえって、今の私達は、子どもの世代に向けて、「未来」に関するヴィジョンを示すことすらできないほど、深い絶望に囚われてしまっているのです。私は最終章において、何らかのヴィジョンの提示を試みようと考えています。

7．「警告」に耳を傾け、「０」に止める勇気を！

―「温暖化問題」に向かうために―

私達は、ここで、２つの事件を扱いますが、その２つの事件の接点に浮上してくることから、温暖化問題にも役立ち得る教訓を引き出してみることにします。

それでは、アメリカ、ノースカロライナで起きた世にも恐ろしい話から始めましょう。ノースカロライナ州の湾に注ぐヌース川流域で高等軍法会議の裁判官の職にあったリック・ダウは、魚捕りの趣味があり、よくヌース川河口で腰まで水に浸かりながら、網を仕掛けて魚を捕っていました。そんな彼がある日、記憶障害を訴えて、裁判官の職を退くと、 川の水質を管理するリバー・キーパーの仕事に転職しました。彼がこの職に就いて、1980 年代に入ると、死んだ魚が浮かぶようになり、どの魚の腹にも、抉り取られたような痕が残されています。毎年のように、5,000 匹から１万匹にも及ぶ魚の死骸が浮かぶようになったのです。魚の死骸は年々増加し、1995 年、この年の魚の大量死は、100 万匹を超えるという、無視できない状態になっていったのです。鰈のように水底で生活しているような魚も含めて、魚が何かを避けるように、水面近くに上がってきたり、まるで砂浜を歩いているかのようにばたばたと陸地にあがってきたりする有様が、毎年のように見受けられるようになったのです。

ちょうどその頃、ジョアン・バークホルダー博士（Dr. Joan Burkholder）は、不思議な生態を持つ新種のプランクトンを特定しました。それは、魚を襲い、魚を捕食する渦鞭毛藻（ダイノ＝Dinophyta、ディノフィータ、渦鞭毛藻門）に属するプランクトンでした。渦鞭毛藻に分類されるプランクトンの中には、赤潮の原因にもなっているものもいます。博士の発見したプランクトンは、確かに渦鞭毛藻に属するのですが、他の種類とは違って、形態を幾つにも変異させるという信じられない特徴を持っていたのです。同僚の科学者達も、自分の目で確認するまでは、にわかには信じられないという有様だったのです。それらのプランクトンは、魚がいない時は、鱗状の殻を形成し、植物として光合成をしているのですが、魚が水槽に入れられるや否や殻からはじけ出て、２本の鞭毛をプロペラのように回転させながら、遊泳し、魚に近づくと相手を失神させる猛毒の神経毒を出し、筋肉を麻痺させ魚の鱗を腐食させてしまうのです。この毒素によって腐食されてしまうのですが、これは何と蟹の甲羅でさえ腐食させてしまうのです。この段階で、このプランクトンは、もう１段階変態を起こし、擬口柄（ぎこうへい）と呼ばれる管状の器官を発達させ、これを使って魚の腹に穴を開け、魚を食べ始めるのです。この時、魚を網で水槽の外に掬い取ると、この獰猛なプランクトンは、再び、鱗状の殻を形成し、活動を停止してしまうのです。けれども、再び魚を入れると、殻から出て、神経毒を噴出し、魚を麻痺させると、一番獰猛な形態に変態して、魚の肉を喰らい尽くすのです。プランクトンを食べる天敵の生物、繊毛虫という原生生物が現れると、肉眼でも確認できるほどのアメーバ状の形態に巨大化し、その天敵を、仮足を伸ばして取り込んで捕食してしまうのです。もともとのダイノの20倍以上に巨大化する驚異的な変態が確認されたのです。このように、危機的な環境に適応し、幾つもの形態に変態するこの不気味なプランクトンは、博士によって、「Pfiesteria piscicida フィエステリア・ピシシーダ」と名付けられました。「魚座」は、ラテン語で「Pisces ピスケース」ですよね。「ピシシーダ」には「魚（Piscis）を殺すもの（-cide）」という意味があり、この殺し屋プランクトン（Killer plankton）に相応しい名前が与えられたのです。皆さん、想像してみてください。顕微鏡を使わなければ確認できないような微生物が、無数に発生し、それが大挙して、魚を追い立てていく有様を。人間の目には、まさに、見えない脅威が魚を追い立てていくように見えるというわけで、ホラー映画よりも恐ろしい現実を見せられることになるのです。

フィエステリア・ピシシーダの不気味さは、それだけではなかったのです。90年代辺りから、ノースカロライナ州の湾岸では、奇病に悩む漁師や住民が見られるようになっていきます。突然、記憶を失って、その間何をしていたのかが思い出せなくなってしまったり、簡単な計算ができなくなったり、言葉が上手に話せなくなったりするのです。しかも気性が荒くなったり、気難しくなったり、といった感情面での影響も現れるのです。あるいは、皮膚に赤くじくじくとした腫れ物ができ、抗生物質でも完治しないで医者でさえも首を傾げるような難病が発生し始めたのです。皆さんのご想像通り、これらの症状は全て、「フィエステリア・ピシシーダ」が関係していたのです。フィエステリア・ピシシーダの噴出する神経毒はエアゾール化し大気中にも広がり、それが人間の神経をも侵してしまうのです。リック・ダウさんの記憶障害も実は、フィエステリア・ピシシーダの神経毒が関与していたのです。このエアゾール化した神経毒を浴びると短期記憶がやられてしまい、自分が今まで何をしていたのかが分からなくなってしまうのです。フィエステリア・ピシシーダに襲われて、傷や腫れ物を作った人々は、悪寒に襲われ、皮膚が抓られているかのように痛み、電気が走っているような感覚とともに筋肉が痙攣し、猛烈な火照りが始まる、といった症状が見られたのです。それも必ず、記憶障害や痴呆化、感情の悪い方向への変化、性格の消極化などの症状を伴って起きるのです。物忘れがひどくなるだけではなく、周囲の人達が、人格が変ってしまったと訝るほど、不安を口にしたり、絶えずいらいらしたりしており、激しやすくなってしまっているのです。こうした一連の「フィエステリア症候群」と名付けられた病状を示す人達が見られるようになっていきます。漁師だけではなく、川遊びをした子ども達、水上スキーなどのウォーター・スポーツを楽しむ人達、生態観測のダイバー、川辺や海岸で遊んだり散策したりした観光客などが目に見えないこの恐ろしい生き物の餌食になってしまったのでした。何の病気か医者でさえ特定できずに、病院を転々としてきた人達に共通していたことは、ノースカロライナ州の河口で遊んだということだったのです。こうしている内に、フィエステリア・ピシシーダは人間の赤血球にも襲い掛かり食べることが分かったのです。

これからお話ししますように、「地獄から来た細胞（Cell from hell）」とあだ名されるようになった、この不気味な生き物は、まさに、人間が出した公害が、進化する環境を提供してしまった、という例なのです。ノースカロライナ州は、養豚、養鶏が、さかんで、海外への輸出という点でも、まさにドル箱となっている一大産業なのです。豚や鶏を飼育する効率的な方法の１つとして、１か所に集中的に集めて一括管理するという、工場畜産というやり方があります。こうして、１万頭以上の豚が集められた養豚場が作られました。けれども、今までのように豚が小規模農家で飼育されていた時は、豚の排泄物は肥料に利用できたのですが、１か所に集約したとたんに、排泄物は、それ以上でも以下でもないもの、否、むしろ、悪臭の源として、病原菌の発生源として、嫌われるようになるわけなのです。ノースカロライナ州の州政府は、畜産業に関わる巨大企業が、養豚場、養鶏場から出る排泄物を、「ラグーン lagoon 」と呼ばれる巨大汚水溜めに大量に垂れ流すことを黙認していました。やがて、微生物によって汚物が分解されて、自然に帰っていく、という論法でした。ラグーンから漏れ出る厩肥が、雨が降る度に川の支流を汚染していたのです。養豚場の作業員が川に流れ込む溝に汚水を捨てているというニュースも報道されました。さらに悪いことに、1995 年、大型ハリケーンが襲った際に、この汚水溜めのラグーンが決壊して、汚物が大量に河川に流れ込むという大事件が起きたのです。豚１万頭分の溜まりに溜まった糞尿（約

9,500 万ℓ）が、農地に広がり、そのせいで作物は枯れ、周辺住民が使っていた井戸水を汚染し、川の支流に流れ込んだのです。水中の大腸菌は許容範囲の３万倍にも達し、4,000 匹近い魚が死んで川を覆ったのです。この漏出事故の際に漏れた汚水には、大腸菌だけではなく、ヴィブリオ・ヴァルニフィカスという人体に危険な病原菌が含まれていました。この菌に汚染された魚介類を食べたり、これが傷口から侵入したりした場合、３分の１という高い割合で死に至るというのです。こうして明らかに畜産業界が原因で、公害が起きたにもかかわらず、州政府は、畜産業界を庇い、因果関係を認めようとしなかったのです。ノースカロライナ州に雇用とドルをもたらす一大産業の不利になるような動きを避け続けてきたからなのです。こうして、汚染を浄化する政策は採られず、結局、川と河口付近一帯の海は、汚水によって富栄養化されて、渦鞭毛藻の生育しやすい環境になっていったのです。

それでは２つ目の事件に目を転じることにしましょう。2009 年、豚インフルエンザが猛威を振るい、全世界で多くの死者が出るような、大流行となってしまいました。今までは、インフルエンザは冬季に流行するものという常識が通用していましたが、今後、私達は、夏季でもインフルエンザ感染を警戒しなければならなくなりました。感染拡大に、日本でも、ワクチンが間に合わず、私達、一人ひとりが我が身を守るという予防策しかない状態に置かれています。この流行がここまで拡大してしまうと、一番根本的な素朴な問いが忘れられてしまいます。その問いとは、こうです。豚インフルエンザは、一体、どのような経緯で発生するに至ったのでしょうか？　なぜ、突然、このようなインフルエンザが出てくるようになったのか、という根本を知らないと、再び、また、突然、新手の病気が発生するかもしれません。そこで、この問いに答えを見いだすべく調査を進めていきますと、面白いことに、フィエステリア・ピシシーダの発生原因となった事件と類似の事件にたどり着いたのです。この２つの事件の接点に何があるのかを見てみましょう。

フィエステリア・ピシシーダの発生原因となった事件を起こした多国籍大企業の名前は、スミスフィールド・フード社といいます。このアメリカに本拠地を置く多国籍大企業、スミスフィールド・フード社はノースカロライナ州で政治家を買収するのに、約 100 万ドルを使ったことが分かっています。同州をハリケーンが襲った時、豚の排泄物を貯めたラグーンが決壊し、河川を汚染し、それが川と海の富栄養化に繋がり、フィエステリア・ピシシーダにとって恰好な生育条件を提供することになったことは、先ほど、お話しした通りなのです。

メキシコのラグロリアにある米国主導の多国籍養豚会社「スミスフィールド・フード社（Smithfield Food Corporation）」のザルテペック養豚工場が、「豚インフルエンザ」すなわち、H1N1ウィルスの発生源であるとされています。ここでは、１万頭の豚が狭く、不潔な場所に押し込められ、衛生状態を保つための工夫として、抗生物質のカクテルをシャワーで毎日浴びせられているというのです。安易に抗生物質に頼る、このような状況下で懸念されることは、抗生物質への耐性菌が生まれてしまうことです。ここでも豚の排泄物が豚舎の下から自動的にラグーンに流れ込み溜まるようになっているのです。周囲は想像を絶するような悪臭に見舞われ、大量の蝿の発生源となり、地域の住民を悩ませているというのです。しかも、腐った豚の死骸が放置されており、こうしたことが疫病の発祥源としての実態なのです。

これまでWHOは、こうした工場化された畜産業の現状を見て、早くから、「新しい疫病の発生は不可避である」と警告をしていました。EUとFAOも「伝統的な小規模の養豚業から巨大な工場畜産型への移行は、疫病の発生と流行の危険性を増す」と警告しています。畜産業が工場化された現状はあまりにも悲惨です。動物の福祉が無視され、人道にも背く惨状がそこにはあるのです。こうしたことに鈍感になった人間達にとって、人倫も道徳もどうでもよくなってしまうのでは、と思ってしまうほどなのです。

さて、スミスフィールド・フード社は、EUの多額の農業補助金を狙って、ポーランドとルーマニアが農業国であり、失業者が多いゆえに安い労働力が見込めることをお目当てに東欧進出を企て、それに成功しました。この企業は、豚舎だけではなく、飼料工場、屠殺場を含む一大食品工場を展開し、ルーマニアでは40か所にのぼる最大の養豚業者になっているのです。そのため、ルーマニアの小規模養豚業を破産に追い込みました。さらに、わずか５年間で両国の政治家を懐柔し、環境保護の法律を骨抜きにしてしまい、予め、近隣の住民が訴えられないようにしてしまったのです。こうして、東欧への進出を果たした、スミスフィールド・フード社は、安い豚肉を大量にEUに送り、ヨーロッパ市場を席巻しようと企て、それが成功してしまうのです。ところが、ルーマニアとハンガリーとの国境近くに位置するスミスフィールド・フード社の養豚工場で、2007年に豚がインフルエンザに罹ったという例が報告されているのです。この時に、燃やすことが間に合わないほど、おびただしい豚の死骸が転がっていたというのです。

この時の騒ぎでは、まだ豚から人への感染事例は見られませんでした。けれども、この事件を受けて、先ほど少し触れたWHOの警告が出されるに至るのです。「新しい疫病の発生は不可避である」と。そして、この警告が出された、その2年後、すなわち、2009年に、この警告は、悪夢のような現実となってしまったのです。今や私達は、感染力が強く、あっと言う間に、全世界に広まり、多くの死者を出すようになった、この「豚インフルエンザ」が、強毒性のものに変異するかもしれないことに、怯えて生きねばならないようになってしまったのです。インフルエンザは冬のものである、という常識が覆され、私達は、今後、夏場も、この新種のインフルエンザに、しかも、変異して強毒性を得るかもしれないインフルエンザに、怯え続けねばならなくなってしまったのです。

この節では、フィエステリア・ピシシーダという新種の微生物の登場という事例と、「豚インフルエンザ」という、これもまた新種のウィルスの蔓延という事例の2つを取扱いました。結論として押さえておきたいことがあります。今挙げた2つの事例に共通のことは、人為的な原因によってもたらされた環境の激変が、生態系をどのように乱し、予想もし得ないような結果を招いてしまうかということ、なのです。警告が現実のものとなってしまった時に、多国籍大企業に向けて、幾ら、この環境の激変の責任を問うたところで、起きてしまったことを「0」にしてしまうことは不可能なのです。せいぜい、彼等にとって痛くも痒くもない程度の賠償金が支払われて終わってしまうことでしょう。彼等にとっては、その程度の責任で済んでしまいますが、これから述べることは確実なのです。つまり、フィエステリア・ピシシーダも、「豚インフルエンザ」も、今後も人類を苦しめ続けるだろうということです。そこで教訓ですが、まだ「警告」の段階で「0」に止められる時に「0」のままにする勇気が必要なのだ、ということです。この教訓を活かすならば、二酸化炭素の排出問題も、人為的な原因によって環境の激変をもたらす可能性があるわけですから、「警告」の段階で「0」にできるよう、行動しましょう、と言えるわけです。「0」に止めるか「1」にしてしまうか？

いったん「１」にしてしまうと、そこには、後はドミノ倒しのように、止まる所を知らぬくらい、崩壊に至るかも知れぬ恐ろしい道が開けてしまいます。余談ですが、「麻薬」のケースも同じですね。「０」に止める、つまり、「麻薬」に手を出さないか、「１」つまり、手を出してしまって、その常習性に負けるに至り、廃人と成り果てるか…。世の中には、そうした恐ろしい選択があり得るのです。「警告」に耳を傾け、「０」に止める勇気を持ちましょう。

８．気候変動を口実にした原子力の導入に「No！」を

現在、日本にある原発付随の貯蔵プールに、使用済み燃料を溜めているのですが、これが、そろそろいっぱいになってしまいます。それゆえ、電力会社としては、青森県、六ヶ所再処理工場にある、貯蔵プールに、原発のゴミを移動してしまいたいわけなのです。青森県は、うちはゴミ捨て場でないぞ、と反発するゆえ、青森県を宥めるために、再処理工場を稼動して、これはゴミではなく、リサイクルのための資源である、としなければならないのです。こうして、日本中の原発から、六ヶ所村に使用済み燃料が集められているのです。

一口に「ウラン」と言っても、ウランには、同位体が存在し、天然のウランには U_{235} と U_{238} が主に含まれており、中性子の数が違うのですね。この 235 とか 238 という数字は「陽子の数と中性子の数を足した数」で、その原子の重さを表すと考えることができます。原子と中性子はほぼ同じ質量ですので、数字同士比べれば、当然 238 の方が大きいので、重いということになります。ウランを濃縮する、ということは、質量の差を利用して、遠心分離機にかけてウラン 235 の含有率を上げていくことをいうのです。それでも、4.5％の濃縮度まで濃縮できても、95.5％は燃えにくいウラン 238 なのです。たった数パーセントを燃やせば、使い終わってしまい、後には、燃えにくいウラン 238 が 93.2％も残り、それに加えて、高レベル放射性廃棄物や、プルトニウムといった厄介な放射性物質が生成されてしまうのです。この原発の使用済み燃料は、①核分裂生成物、②燃えカスのウランつまり、核分裂を起こさないウラン 238 と燃え残ってしまったウラン 235 に分けられます、③ウラン 238 が中性子を吸収することで変化したプルトニウム、が含まれているのです。「核分裂生成物」とは、ウランが核分裂を起こし

てできるセシウム137、ストロンチウム90、セリウム144などといった様々な放射性物質からなっています。

このように、核分裂をしやすいウラン235の使用済み燃料の中には、悪魔の物質と呼ばれるプルトニウムが含まれているのです。冥王星（プルート）の名の由来は、ギリシア神話の地獄の王、ハーデスのローマ神話名のプルートにあるのですが、この地獄の王の名を持つ原子が、プルトニウムなのです。このウランの燃えカスは、「死の灰」と呼ばれるものと同じだと言えば、広島の皆さんには訴えるものがあるのではないでしょうか？

再処理工場とは、こうした「死の灰」を日本全国の原子力発電所から回収し、高レベル廃棄物から、ウラン燃料（ウラン235）とプルトニウムを分離し再利用するための工場なのです。こうして取り出したウラン燃料をリサイクルしようというのです。

再処理工場が稼働したら、何が起きるのか、ということですが、環境問題に関して言えば、放射能汚染が始まるのです。再処理工場では、原発の使用済み燃料を切り刻んで、硝酸溶液に溶かし出します。硝酸溶液は、こうして使用済み燃料に存在している、ありとあらゆる放射性物質が溶けて出てきていることになります。次にこれを有機溶媒に接触させると、高レベル廃棄物のみが溶液中に残され、ウランとプルトニウムの抽出が可能になるのです。このウランとプルトニウムの混合溶液から、プルトニウムを抽出し、ウランと分けていくのです。けれども、この抽出されたプルトニウムにわざとウランを混ぜておくのです。これは、核不拡散の理由から、純粋なプルトニウムを製造していない、ということのために、アメリカから圧力がかかって実施しているのです。使用済み燃料を切り刻む過程で、排気筒と呼ばれる、150 mの高さの煙突から、排風機によって、時速70 kmのスピードで、気体のクリプトンが放出されますし、ヨウ素も気体になって放出しやすいので、当然、煙突から出てきます。しかもヨウ素192などのように、半減期が長い種類の放射性物質は、当然、周囲の環境に蓄積されていくことでしょう。またトリチウムは酸素と結合して、トリチウム水となります。そしてトリチウムを含む放射性廃棄物が排水管を通って、沖合3 kmの地点から、ポンプによって、時速20 kmで、数日ごとに600 tに及ぶペースで排水され、海洋汚染が開始されるのです。大気や海中に拡散されて薄まれば安全というようなものではないのですが、煙突から空に向けて、また排水管から海へと、完全に回収し切れない放射性物質が、日常的に垂れ流されるわけですから、放射能による大気汚染、土壌汚染、海洋汚染、飲料水の汚染をもたらすという意味において、生物が生息する環境に対して、破壊的な影響を与えていくようになるのです。食糧自給率が4割にも満たない日本が、農産物や海産物まで食糧生産の担い手となっている東北地方に再処理工場を立地することで、自ら、食糧を生産する環境を破壊し、自分の生物学的な生存基盤を削りながらも、それでも、原発に拠らざるを得ないのでしょうか？

六ヶ所再処理工場が稼働する前から、もうすでに1995年頃から、隣接する高レベル放射性廃棄物管理センターには、フランスやイギリスから返されてくる高レベル廃棄物が管理されています。ガラス固化体にして合計で約2,200本が管理されます。再処理工場が稼働すれば、プルトニウムやウランを取り出した後の硝酸溶液が、非常に高濃度の放射性溶液となりますので、高レベル放射性廃棄物が、毎年、ガラス固化体にして1,000本ずつ蓄積されていくことになるのです。再処理をしても、原発の使用済み燃料は、取り出されたプルトニウムやウランの他に、放射性廃液を固めたガラス固化体などに姿を変えるだけで、結局、管理が必要な放射性物質は、むしろ増えてしまうのです。プルトニウムだけでも危険なのですが、放射性溶液を固めたガラス固化体1本分に含まれる「死の灰」は、広島原爆30発分にも相当するような強力な放射性物質が含まれており、この側に立てば、30秒以内に致死量に達する放射線を浴びてしまうことになるというのです。青森県の施設の位置付けは、「中間貯蔵」ということにしてありますので、300 m以上の深さに貯蔵できるような最終処分場を探すということになっています。六ヶ所再処理工場を稼働するためにも、何としても最終処分場を確保しないわけにはいかないので、国は、交付金などをちらつかせながらも、強引に高知県東洋町に立候補させたのです。けれども、町民がそれを許しませんでした。2007年には、高レベル廃棄物の処分場を誘致するかどうかをかけて、高知県、東洋町にて、町長選がありましたね。この選挙で、誘致反対を訴える候補者が、誘致賛成派の候補者に2倍以上の得票で当選しました。高知県知事やお隣の徳島県知事も反対を表明し、国に働きかけています。皆さんもこのニュースを耳にしたのではないかと思いますが、恐らく、その時点では、一体何が争点なのか、理解できなかっただろうと思います。候補地が無ければ、岐阜県、瑞浪市が懸念するような事態が起こりかねないでしょう。『六ヶ所村の記録』の中で鎌田慧氏が書いているように、「日本の政治は、論理や信義よりも既成事実の押しつけによっている」ゆえに、瑞浪市の研究施設の受け入れという既成事実が利用され、そのまま処理場になっていく可能性は高いのです。六ヶ所村も、「開拓」事業を受け入れた、という既成事実の延長線上に、再処理工場の件が浮上してくるという歴史があるわけで、鎌田氏が一般化されているように、日本の政治の常套手段になっているのでしょう。

プルトニウムは、放射性物質で、放射線を出しながら自然崩壊し、半分に減衰していく時期（半減期）が大変長く、2万4,360年であるとされていますので、現在の人類の祖先に当たるクロマニヨン人が地上に現れてから、現在に至る位の信じられないくらいの時間に匹敵するのです。ですから一度生成されれば、人類史に相当する位の長きに渡って、未来世代に、放射能の脅威を与えることになるのです。

原発の場合は、核廃棄物という放射性物質のゴミが出るという出口の問題を抱え込んでいるだけではなく、入口の問題も大変厄介なものがあります。皆さんも『ブッダの嘆き』というホームページを訪ねてみてください。そこには、インド国内最大のウラン鉱山、ジャドゥゴダ一帯に住んでいる先住民達の放射能被害について紹介されています。放射性物質の危険性を知らされることなくウラン採掘に従事している労働者の多くが癌や白血病などの被害を受けているだけではありません。採掘場に放置された廃棄物が風化して、粉塵となり、地域一帯の飲料水や大気を汚染し、地元の人達に内部被爆の脅威をもたらしたのです。皮膚癌や肺癌、白血病が増加しているだけではなく、内部から被爆し遺伝子を傷つけられることになるので、新陳代謝の著しい胎児や子どもに対する被害は甚大なものになるのです。それゆえ、先天的な障害を背負って生まれる子どもや死産が増加しているのです。活動家の富田貴史さんが『わたしにつながるいのちのために』という冊子に書いているように、「この村には、真実を何も知らないまま、わけも分らずに死んでいく命の姿」があるのです。先進国の人間の「Benefit ベネフィット（利潤、恩恵）」のために、なぜ、リスクを被っているのか、という問いをすら問うことのできない、不正義が世の中には存在しているのです。逆に言えば、私達が、原子力発電所の電気から、「ベネフィット」を得ている陰では、そのリスクを背負わされて生きている人達が存在しているのです。

富田さんの冊子には、ジャドゥゴダで暮らす１人の女性の言葉が引用されています。彼女はこう言うのです。「私は最初、村の女性が死産を体験し続けるのは、悪霊のせいだと思っていました。しかし、そうではなかったのですね。それが放射能の影響だと、あとから知りました」彼女は、ずっと自分達の被っている苦しみを「不運」のせいだと考えていました。自分達の村の女性を襲う不幸は、まさに悪霊の仕業というしかない、そんな「不運」である、と考えていたのです。けれども、「放射能の影響」という言葉を与えられることで、自分達の置かれている状況を理解できるようになり、それは「不運」ではなく、「不正義」なのだ、という自覚を持つに至ったのです。「不運」や「不正義」のせいで、「選択の余地が全く残されていない境遇で生きねばならない」としたら、それは、まさに「不条理」なのです。「不条理」の原因が「不運」にあるのならば、それは「仕方がない」ということになるでしょう。けれども、「不条理」が「不正義」によってもたらされたとしたら、それをもたらす者達や組織、仕組みなどは、その「不道徳性」を責められてしかるべきでしょう。私達は、現行の原子力発電のエネルギーによるライフスタイルから何らかの「利益」を得ている限りにおいて、ジャドゥゴダの子ども達を「不条理」に陥れることになるのです。

このように、ウラン採掘という入口においても、核廃棄物処理という出口においても、また原発を動かし発電をするという過程においても、どの段階を取り出してみても、「核の平和利用」などと間違っても言えなくなってしまいます。原発労働者の被曝に関して、電力会社は沈黙するだけではなく、むしろ隠蔽しようとし、報道もされないだけではなく、裁判所もなかなか「労災」であることを認定していません。原発労働者の遺族による手記などが、出版されていますので、それらを熟読し、今後、日本が国策として推進していく社会に何が待っているのかを知っておきましょう。

2007 年５月４日、タイのバンコクにて、IPCC 第４次報告書のために第３作業部会の総会が開催されました。緩和策を論じる第３作業部会は、各国の温暖化対策の政策そのものに、影響を与えるため、報告書作成に当たっては、各国の利害が対立し、激論となったことで知られています。それゆえ、報告書の脚注に、他の報告書には見られないような文章が入っているのです。例えば、「オーストリアはこの箇所に同意できなかった」のような脚注です。今、問題にした脚注は、実は、原子力発電に関する脚注です。脚注が加えられた報告書の文章はこうです。「原子力は2005年、電力供給量の16%を占めるが、他の供給オプションと比較して、コストを考えるなら、2030年には、炭素価格を二酸化炭素換算で1t当たり50ドル以下として、電力供給量の18%を占めることができる。しかし、安全性、核兵器拡散、核廃棄物の問題が制約条件として残る」この文章は、報告書原案には、存在しなかったのだけれども、日本やアメリカなどの原発推進国の圧力があって加えられたと言われています。これでは、原子力発電所の増設を、IPCCが政策として容認したことになってしまいます。オーストリアは、反原発の立場を最後まで貫いたゆえ、脚注が加えられるに至ったのです。実際に、日本は、京都議定書の削減目標値達成のために、経団連の「自主行動計画」の他には、原子力発電所の増設くらいしか、見るべき政策はありません。1998年、「地球温暖化対策推進大綱」という、京都議定書採択後に出された政府計画によりますと、やはり原発20基の増設計画が記され、それによって2010年までに15%の削減を目指すというのです。ところが建設反対運動等もあって、2002年に「大綱」は改定され、原発の増設は10〜13基とされました。2005年の「京都議定書目標達成計画」では、建設中の原発3基を2010年に稼働させる、という風にトーンダウンしています。計画では、原発の稼働率を上げようと謳っているのですが、新潟中越沖地震のせいで、稼働率を上げることは叶わなくなっています。結局、あの中越沖地震の影響で、柏崎刈羽原発が止まってしまい、それを補うのに、火力発電に頼らざるを得ないということになり、二酸化炭素の排出量は増加したのです。原発は、自然エネルギーに比べて、電力を安定供給できる、と言われていますが、日本が地震国であることを考えると、これも怪しいのだ、ということが、今回の地震ではっきり分かりました。

国はなぜこうまでして、原子力政策を国策として維持したいのでしょうか？2006年1月、ブッシュ大統領は、一般教書演説の中で、2025年までに、中東からの原油の75%を代替していく、という方針を示しました。代替の方法は、原子力やバイオ燃料ということになるのですが、2月に、「国際原子力エネルギー・パートナーシップ構想」、略して「GNEP構想（ジーネップ構想）」なるものを考案しました。これは、戦略的には、アイゼンハウアー大統領が示した「atoms for peace（核の平和利用）」路線と同じで、「核不拡散」を目標にした構想なのです。これは、世界を「原子力パートナーシップ」に属する国とそうでない国に分けてしまい、パートナーシップ国においてのみ、核燃の濃縮、再処理や高速炉の開発・利用を許可し、他の国々は、パートナーシップ国から、核燃料を購入し、発電という「平和利用」にのみ使い、使用済み燃料は、再び、パートナーシップ国に返還する、という構想なのです。アメリカ主導の核管理構想に、日本も加わりたいわけなのです。

「洞爺湖サミット」に向けて、2008年6月7日より、青森市で開かれたG8エネルギー相会合で、「国際エネルギー機関（IEA = International Energy Agency）」の行った試算が紹介されました。この試算は、2005年時点の二酸化炭素排出量が27ギガトン（1ギガトン = 10億t）から2050年には62ギガトンに増加するという見通しを先ず示し、2005年の時点の排出量の半減を目指すのであるのならば、約40年間で48ギガトンの削減が求められることになるとしているのです。家庭や企業で省エネ対策の強化を行うことで、24%（約11.5ギガトン）の削減、自然エネルギーの利用促進で21%（約10ギガトン）の削減が可能だとしています。それに加えて、IEAは、2050年までに温室効果ガスを半減するための方策として、世界で原子力発電所を年間32基ずつ建設していく必要を説いているのです。これを受けて、首脳宣言にも、原子力発電の拡大に向けて国際協力を強化することが謳われることになりました。宣言には、原発推進の前提は、「核不拡散」「安全性」「安全保障」の3点だとして、軍事転用の禁止を視野に、平和利用のためのガイドラインを作成することが強調されています。「ジーネップ構想」あるいはそれに類する構想の実現のための路線を走り始めたという観を呈してきましたね。

また、「京都メカニズム」として知られている「Clean Development Mechanism（= CDM）」という制度が、温暖化対策となり得る制度である、ということで騒がれています。この制度は、発展途上国に、温暖化を緩和する技術や資金を支援することで、温室効果ガスの削減に貢献できた時、削減できた量の一部を、支援した国の温室効果ガス削減量として考えていいという仕組みなのです。つまり、有体に言えば、自国における排出削減を逃れる手段なのですね。自国における排出削減は、それで進めながら、途上国においても削減技術の移転を進めていくというのならいいのですが、どうも目論みは他にありそうです。つまり、こうして再び、支援を名目に、先進国の企業が儲けるという、古くからの図式が繰り返されるということで、発展途上国から見れば、CO_2削減という本来の目的が利用されていると取られてしまうわけで、この制度は大変評判が悪いのです。しかも、日本は、この「CDM」を利用して、「原発」市場を、途上国に広げようと目論んでいるのです。6%削減の約束も達成できない、日本にとっては、自国の産業は潤うし、「CDM」による削減目標の達成も可能になるので、まさに、一石二鳥なのです。出力100万キロワットの通常の原子炉を1基造れば、3,000億円かかるわけですから、日本の原発メーカーは、アジアの原発市場への参入を「原発ルネッサンス」などと言ってはしゃいでいますね。けれども、こんなものを製造したり運送したり建築したりする際に放出される大量の二酸化炭素量はきちんと計算に入れるのかどうかがはなはだ怪しいわけです。ましてや、こうしてアジアにも拡張するだろう放射能汚染に対しては、日本国内の汚染についても何もしていないわけですから、日本政府は何もしないことでしょう。そして自分達が、その導入を民主的な手段を経て望んだわけでもない、多くの人達に、放射能汚染の被害が襲い掛かることでしょう。にもかかわらず、恐らく、日本は、今後、温暖化対策の名目の下、「CDM」を利用した「原発」輸出大国になっていくことでしょう。「ジーネップ構想」が実現するならば、パートナーシップ国の日本が「再処理」を請け負い、それに頼るアジア諸国という構図までもが生まれ、原子力を巡る市場が日本を中心に形成されてしまうことになります。これまで見てきましたように、原子力エネルギーの使用を拡張していくことは、放射能汚染の拡大、核兵器の拡散、そして何よりも、人間自身の生物的生存基盤を切り崩すような、愚かしい欲望の拡大に手を貸すとともに、その欲望の犠牲になる弱者を差別していくことにもなるのです。恐らく、アジア諸国でも、自分がなぜ苦しむのかが分からずに死んでいく人達がでてくることでしょう。悲しむべきことですが、「愚か者」が舵を取る船に私達は乗ってしまっているのです。あなたの船は泥の船、舵を取るのは、欲に駆られたお馬鹿さん。目を醒ましましょう。

量的な利潤にのみ囚われる経済学者が主流を占める中、人間生活の質に注目をしていた、良識ある経済学者のシューマッハーは、イギリス政府出版局が出した報告書『汚染──公害か天罰か』の一節を引き、それにコメントを加えています。紹介しましょう。その報告書には「人類は、廃棄物処理には解決策がないと気付くよりも先に、原子力に運命を委ねてしまったのではないかという懸念が強い」という一節があり、放射性物質のように毒性の強い物質を大量に溜め込むことになることについて、強い懸念を表明しているのです。シューマッハーはこれを受けて、「そんなことをするのは、生命そのものに対する冒瀆であり、その罪は、かつて人間の犯したどんな罪よりも数段重い。文明がそのような罪の上に成り立つと考えるのは、倫理的にも精神的にも、また形而上学的にいっても、化け物じみている。それは経済生活を営むにあたって、人間をまったく度外視することを意味するものである」と述べています。原子力政策に基づく経済は、まさに、人間を度外視するような経済であり、それでは一体何のために、そのような政策が実行されているのかが分からなくなります。こうした政策に対しては「No」を表明し、未来世代を不条理に陥れるような愚行を避けねばなりません。

9．秋葉原殺傷事件を読む　匿名性を強要する社会

—ネット上の「匿名性」が回復し得ない社会の「匿名性」について—

2008 年６月８日、日曜日、オタクの聖地となっている東京、秋葉原は、歩行者天国でにぎわっていました。この秋葉原で、１年前の池田小学校の事件を思わせるような連続殺傷事件が起き、７人の命が奪われました。先ず、犯人の携帯サイトへの書き込みの抜粋を紹介しましょう。ここには、「メッセージ・イン・ザ・ボトル」の心境、つまり、自分のことを「見てくれている誰か」を期待する心境が窺えます。

「作業場行ったらツナギが無かった　辞めろってか」（５日午前６時 17 分）
「やっかい払いができた会社としては万々歳なんだろうな」（午前７時 44 分）
「『誰でもよかった』なんかわかる気がする」（午後０時５分）
「住所不定無職になったのか、ますます絶望的だ」（６日午前１時 44 分）
「やりたいこと…殺人　夢…ワイドショー独占」（午前２時 48 分）、
「誰にも理解されない　理解しようとされない」（午前３時 35 分）

こうした書き込みの中に混ざって、「友達欲しい、でもできない、何でかな。不細工だから」（４日８時６分）とか「彼女がいない。それが全ての元凶」（６日３時４分）とか、自分の対人関係への不器用さを嘆く書き込みが見られるのですが、そこには、容姿、性格などへの劣等感が表現されているのです。ネットでは、自分の身体性に関する情報と自分に関する他の情報を関連付けにくい状況があるがゆえに成立する「匿名性」があります。つまり、それは「身体性」に関する情報への参照無しに済ませることができるゆえに生まれる匿名性なのです。「匿名性」すなわち、「悪いこと」というわけでは決しありません。なぜならば、デボラ・ジョンソンが言っているように、「人種、ジェンダー、身体的外見などによって公正な扱いを受けられない文脈がある以上、匿名性は平等化装置として働くだろう」からです。今回の犯人は、容姿や性格に劣等感を持っていたため、ネットの匿名性の中でしか自己表現が可能ではなかったのでしょう。

彼が犯行に及ぶ引き金となった要因として、作業場で「ツナギがなかった」ことにアプセットして、大騒ぎをして、仕事をせずに、自宅に引き揚げてしまった、ということが報道されていました。ここで考えていただきたいことは、彼が騒ぎ立てていることは、単に作業服のあるなしを騒ぎ立てているのではないということなのです。つまり、唯一与えられていた「役割」からも捨てられてしまう恐怖が表現されているのです。

ポスト・フォーディズムの現行の社会では、労働による自己実現が可能であるがゆえ「固有名」のある存在でいられる人達と、交換可能ゆえ誰でもいい「無名」の存在ゆえ、匿名性に埋没してしまう人達との間の格差が広がりつつあるのです。現行の社会システムは、こうした格差を放置し、再チャレンジできる機会すら与えていないだけではなく、匿名性に埋没してしまう人達を道具のように使い捨てにしているという現実があるのです。彼は、この「ツナギ」紛失事件をきっかけに、「ツナギ」を着れば誰でもいい、交換可能なのだ、ということを悟ってしまったのでしょう。その証拠に、その日の書き込みに、「『誰でもよかった』なんかわかる気がする」という件があるのです。「誰にも理解されない、理解しようとされない」という書き込みからは、自分でなくとも誰でもいい、という匿名性から抜け出せない、そんな悲鳴を感じ取ることができます。同じ機能を果たせば誰でもいい、という交換可能性の中では、誰からも承認の言葉を与えられることはないのです。このように、現行の社会では、交換可能（誰でもいい誰か）であるという意味で、匿名性の中に埋没してしまう人達が出てきているのです。彼は、「夢…ワイドショー独占」と書き込みをしていますが、ここには、匿名性に埋没してしまった自分の「固有性」の回復を図ろうとする、虚しい試みが感じられます。

デボラ・ジョンソンが述べていますように、ネット上では、自分の身体性を自分に関する他の情報と結び付け難くしてしまうことから生じる匿名性ゆえに、最もプライヴェートな内面世界の吐露が可能なのでした。けれども、ネットでいくら自己の内面を曝し、自己表現しても、ネットはもともと匿名性の場なのです。したがって、ネット上で「固有名」のある存在になろうとして自己表現しても、それは単なる呟きにしかならないのです。彼が見いだした自己表現の場であるネットは、残念ながら、「固有名」回復の場にはならないのです。私達が気付かねばならないことは、現行の社会システムは、これと似たような多くの呟きに満ち溢れている、ということなのです。

1990年代後半から、労働の柔軟化、ということで、マスコミ辺りが、「フリーター」という生き方を１つの自由な生き方への選択肢であるかのように、称揚していた時がありました。このころの日本では、派遣労働は禁止されていましたが、マスコミは、それをクローズアップして、一刻も早く規制緩和して、新しいフレキシブルな生き方に繋がる労働の自由を手に入れようというキャンペーンを展開したのです。このように、労働者の労働形態の自由という視座から、派遣労働に関する規制を緩和しようとしたのでした。けれども、労働の柔軟化とは、雇用者の視座から見れば、いつでも使い捨てにできる安価な労働力のプールができることを意味しているのです。「フレキシブルな生き方」とは、裏を返せば、安定性の無い、明日をも知れぬ不安に満ちた生き方のことなのです。実際に、今や、住居も定まらず、ネット・カフェ難民化したり、働けども楽にならないワーキング・プアと化したり、してしまう、そうした労働層が増加しているのです。この当時、経団連は、「雇用柔軟型グループ」という呼び方を採用し、低賃金でいつ雇用者から首を切られるか分からない不安定な単純労働者を一括しました。秋葉原の犯人も、こうした「雇用柔軟型グループ」に属していたのです。人は、そこでは、「誰でもいいもの」と化し、「安価な使い捨て労働力」として、「交換可能」なものにされてしまいます。そうしたものとして、「道具的価値」が人間に付与されることになるのです。「道具」の根本的な特徴は、「それが何かのために、手段として使用される」ということなのです。以前お話ししましたように、「書くための道具」としての機能を失った瞬間に、例えば、この「マジック」には、もはや何の関心も寄せられずに、単なる「ゴミ」として廃棄されることになるのです。「ゴミ」とは、すなわち「道具的価値」を失ったものなのです。これこそ、以前紹介した映画『ジョンQ』的に言えば、「ノー・カラー」である、ということの究極的な意味なのです。これは悲しいことです。ですが、「顔」そして固有名のある、そうした存在を望むのに、殺人によって「ワイドショー独占」といった飛躍をせずともいいような社会作りは可能なはずです。

いつの間にか「経済の時間」を受け入れてしまった結果、何でもかんでも入れ替え可能になってしまったのだから、多少の不便は覚悟で、入れ替え不可能性があった時代に戻ってもいいという人達が出ていることは確かです。快適さと利便性の「蜜」を舐め続けてきた代償として、自分自身を含めて、全てが入れ替え可能になってしまっているのに、まだ、「蜜を舐め続ける」ということはしなくなるのではないでしょうか？　多少、不便でも、多少、快適ではなくても、それでも、他でも無い「この私」が、「顔」を持った人々の間で、相互に認め合いながら生きていきたい、と願うのではないでしょうか？　「顔」を持った人間同士が、しかも環境に過重な負荷をかけることなく、生きていくことができるような、社会システムを構築できるでしょうか？　私達が最終章で検討すべきはまさにこのことなのです。現行のグローバル化した経済が、生態学的には、これだけ地球環境に負担をかけておきながらも、地球人口の20%にあたる人達の基本的ニーズを満たし得ないという事実が確固と存在している以上、現行のシステムをそのままにはできません。私達は、今まで議論してきたことを活かしつつ、生態学的な持続可能性に配慮し、さらにその配慮が未来世代をも視野に収めるようなものである時、最善のライフスタイルは、どのような社会形態の下で維持され得るのかを考えなければなりません。

今、アメリカを始めとする世界各国が「グリーン・ニューディール」という名の下、世界同時不況からの回復を図ろうとしています。これを、単に景気刺激を求めたり、雇用を創出したりするという短期的な政策で終わらせずに、これを機会に「地球１個分」の制約の下に経済システムを組み入れていく長期的なヴィジョンを共有し、持続可能な社会構造を構築していかねばなりません。こうした長期的なヴィジョンの共有無しに、経済的刺激のみを求める短期的政策を実行すれば、それは最悪の場合、再びバブルを作って終わってしまうことでしょう。環境問題の根幹に人間の経済活動が関わっているがゆえに、これ以上、人間圏の活動が地球生態系を壊乱しないようにするにはどうしたらいいのかを真剣に考えねばなりません。本書執筆中の2009年、民主党政権が誕生しました。新政権は、やがては、中央政府の機能として、外交や防衛あるいは食糧やエネルギーなどの安全保障に関わるものを残し、他の多くの権限は財源と一緒に地方分権化するということを基本政策としています。それゆえ、今後、地域が地域としてどのような未来を望み、どのような社会を構築していくのかという重大なヴィジョンの決定が、政治プロセスへの参加者としての地域住民に委ねられていくことになるでしょう。そこで最終章において、私は、「地域」をキーワードに、持続可能な社会構造の1つの理想像をヴィジョンとして提示してみようと思います。

第７章

自然の中の役割を考える
―「生命／生活地域主義（bioregionalism）」―

「愛」を通して、私達は「内在的価値」に導かれました。「内在的価値」の発見こそが、「掛け替えの無さ」に気付きを与え、全てに「道具的価値」を見いだして暴走を始めた「経済の時間」に対抗できるのです。けれども、「愛」ということには、初めから限界が存在していたのです。なぜならば、「誰をも（何でも）愛す」ということは、結局は「誰も（何も）愛していない」のと等しいからです。しかも、「誰か（何か）への愛は、他の人達（何か）を犠牲にすることなくしては成立しない」のです。それゆえ、神ならぬ人間的な愛は、自ずと、こうした限界を抱え込むことになります。「愛」が抱え込む限界を人間は乗り越えることができないのです。こうした限界を分かった上で、「愛」が導く「内在的価値」に開かれることを奨励し得るとしたら、それはまず身近な自然、例えば、自分がそこで活かされ、子どもの内から慣れ親しんできた郷土の自然への「愛」ということになるでしょう。「愛」は個別に向かうゆえ、「固有名」で名指されている郷土の自然に開かれるきっかけを与えてくれることでしょう。そこで、この章において、この「郷土の自然」から出発する、という発想を真剣に受け止めてみることにしましょう。このために、まず、シューマッハーが「ふるさと派」と呼ぶ考え方を探ることから始めていくことにしましょう。

エルンスト・フリードリッヒ・シューマッハーは、今や古典とも呼べる『スモール・イズ・ビューティフル』という本を残しています。彼は、経済学者ですが「仏教経済学」なるものを考案するなど、大変ユニークな経済学者です。彼によれば、今、現代技術が作り上げたこの世界において、人類が直面している３重の危機があるというのです。第１の危機は、技術、組織、政治のあり方が、非人間的で、人の心を蝕むということです。第２の危機は、人間の生物的基盤でもある生態系が痛めつけられ、一部に崩壊の兆しが見られるということです。そして第３の危機は、化石燃料のように、再生不能資源が、枯渇の一途を辿っているということです。この３重の危機に対処するのに、２つの異なる処方箋があるというのです。

一方には、シューマッハーによって「Forward stampede 猛進派」と名付けられた、３重の危機という問題の解決を「科学技術至上主義」に委ね、ともかく発展を望み、自然をとことん開発していこうとする人達がいます。「猛進派」の人達は、ともかく前進しなければならない、とし、現代技術には、欠陥はないが不完全であるので、その完成を科学に委ねながら、ともかく、進歩・発展、開発を望む人達なのです。環境問題も貧困問題も、その対策費用を捻出するために、経済成長を必要としているのだ、と主張し、さらなる経済成長へと拍車をかける人達なのです。図式は全く単純で、リニアー、つまり、「直線」のイメージですね。自然資源が涸渇するのなら、科学が代替し得る方法を探してくれるゆえ、そのせいで前進を止めることなどできない、と考えているのです。技術革新こそが、危機を乗り越える手段と考えるゆえ、あらゆる難題の解決を「科学技術至上主義」に賭ける人達なのです。これは、まさに「タイタニック現実主義者」ですね。

他方には、シューマッハーが、「Home-comers ふるさと派」と呼んでいる、自然と共存する新しい真理を求め、人間の身の丈にあった技術を促進することで、新しい生活様式を創造していこうとする、少数派の人達がいるのです。これは、どこに行くとも分からぬリニアーのイメージに対して、「循環」を模索する生き方です。

化石燃料をベースに、闇雲に発展や開発を謳い、大量生産、大量消費、大量廃棄を求めるあまり、自然の有限性を無視してきた「Forward stampede 猛進派」は、自分達の築き上げた技術や体制への手綱を失い、それゆえ、当然ながら、自然という人間の生存基盤をも削ってしまい、やがては、「Sustainability 持続可能性」という点において、崩壊していくことでしょう。有限な自然環境という舞台で無限な成長を求めることは、不可能なのですからね。これに対して、「Home-comers ふるさと派」は、猛進派が推進する、大量生産、大量消費、大量廃棄型の物質文明に対して、方向転換する必要を確信しているのです。「Home-comers ふるさと派」の名前の通り、そこには、生活が大地に根付く感じがあるわけです。「Forward stampede 猛進派」の推進するグローバリゼーションのせいで、こうした土着の感覚が失われた時こそ、平気で自然破壊が行われるようになるのです。その土地から離れられないほど、自然と共存し、土着している人達は、グローバリゼーションを推進する「Forward stampede 猛進派」によって自然破壊を被ると、その自然への土着と共に育まれてきた、自分達の文化をも奪われることになるのです。「パトリ」とは、自然破壊がそのまま文化破壊に通じるような、そうしたライフスタイルを維持してきた人達が、育む「郷土愛」のことなのです。そうした場所にこそ、私達は「Home」であることを実感します。「Home-comers ふるさと派」は、自然の搾取ではなく、エコロジーの法則に叛くことなく自然との調和を、そして生活の量的な向上ではなく、質的な向上を目指すのです。

「Forward stampede 猛進派」にとって、多くを消費する人の方が、少なく消費する人よりも豊かである、ということになります。シューマッハーは、消費をすればするほど豊かである、という考え方に、彼が「仏教経済学」と呼ぶライフスタイルを対置するのです。それは、最大限の消費に駆り立てられること無く、「驚くほどわずかな手段でもって、十分な満足を得る」という、まさに、「Sustainability 持続可能性」を実行するのに相応しい適正規模の消費で満ち足りるというライフスタイルなのです。こうしたライフスタイルは、シューマッハーが言うように、「地域の必要に応じ、地域で取れる資源を使って生産を行う」という点で、地産地消的なライフスタイルなのです。この「Home-comers ふるさと派」のライフスタイルを実現し得るとしたら、私は、「bioregionalism（生命／生活地域主義）」をベースにすべきである、と主張したいのです。「bioregionalism（生命／生活地域主義）」とは、何なのかを説明していくことにしましょう。

1．生命／生活地域主義（Bioregionalism）の発想

大気や海洋汚染の問題、酸性雨の問題、あるいは二酸化炭素排出の問題やそれに関連した地球における水没地域の問題などでお分かりのように、大気や海洋の汚染などはたやすく国境を越えて、まさしく国際的な問題となっていきます。けれどもこの際に、こうした公害の源となっている国に、苦言を呈し、何らかの対策を取るように働きかけるならば、直ぐに「内政干渉」である、と切り返されてしまいます。このように環境交渉を、国家を介在して実行していくことにはかなりの困難があるわけです。国家は「国益（National interest）」を優先させ「内政

干渉」という切り札を持っています。また、多国籍大企業は、法律による規制をしようとすると、環境汚染、労働、安全性に関する規制の緩い国へ移転してしまい、国際競争の激化する中、最低基準という底辺に向かうスパイラルが開始されてしまうのです。これらは、国境を越える環境問題に対処しにくい要因となっています。これに対して「Global common interest（地球共同利益）」を主張することがいかに困難なことなのかは、これまでにあった幾つもの国際的な環境会議が難航している様子を見れば誰にでも分かります。

幸いなことに1992年のリオのサミットにおいては、少なくとも「地球を守ろう」という点では国際的な合意を得たわけですが、実際には、「内政干渉」という切り札によって切り捨てられてしまい、国際政治の場面では、地球環境問題を具体的な政策に反映していくことができないできたわけです。それならばどうすればいいのか？　私が考えている方策は、「越境民主主義的な横の繋がりのネットを作っていくこと」です。確かに、個人の欲望を押さえるには、国家レベルの規制に訴えることが可能であるかも知れませんが、国家レベルの欲望の規制は、地球が１つの国家にならぬ限り可能ではないでしょう。けれども残念なことに、これは現時点では夢物語であって現実性を帯びた話ではありません。私達が国家レベルの欲望を押さえようと試みる時、せいぜいインター・ナショナルなレベルに超出できるだけでしょう。そこで地球環境問題が末期症状を呈する以前に私達はインター・ナショナルなコミュニケーションを洗練されたものにしていき、インター・ナショナルな合意を築き上げておかねばならないでしょう。そのためには、同じような危機的状況に直面している人々が国家を超えトランス・ナショナルな関係を多く結んでいくような、下からの運動によってインター・ナショナルな合意の下ごしらえをしていく、ということが地道だが、有効な戦術だろうと考えます。つまり環境問題の起きている地域が、まず国を介在させずに直接に交流していくことです。その際に、地域で起きてしまっている問題に関する実証的データを積み重ね、「越境民主主義的な協力体制の下で」それが地球規模では一体、どのような影響を与え始めているのかを着実に示していくことで、国家レベルの協力の下地を作っていくのです。ですから、ここでまず、重要な単位は「国家」ではなく「地域」ということです。「地域」のエコロジーから出発する、という発想は新しいものではありません。これは日本では、南方熊楠が持っていた発想なのです。

未だ明治の頃は、日本の各地には「産土（うぶすな）」の神社があり、少なくともその神社の周辺は森林に覆われていました。高い梢を伝って神々が地上に降りてくるという信仰があったから、神々のよりしろである樹木は伐採してはならない、という禁忌があったのです。そうした神社を覆う森林の見事な生態系に注目し、その生態系を実に多様な角度から捉えた学者が日本にはいます。南方熊楠です。とても多彩な仕事をした人ですので、簡単に総括できないようなところがありますが、自然環境問題との関連で言えば、彼は神社を取り巻く地域社会の生活が神社の森の生態系と密接な繋がりを持っているのだ、ということを初めて分析して見せた学者なのです。明治期に当時の政府は近代化を効率良く押し進めるために強力な中央集権化を欲していたのです。その中央集権政策の一環として、「神社合祀（ごうし）令」を打ち出したのです。「合祀」というのは、２神以上の神を一本化してしまうことなのです。ですから、これは謂わば神社のリストラで、西欧社会を精神的に律しているキリスト教と同じような宗教的バックボーンを求めていた当時の政府は、伊勢神宮を頂点として神社を系列化し、国民を精神的に教化していく体制を作ろうとしていたのです。1906年から1911年にかけて約８万の神社が合併されたり廃止されたりしたのです。こうした動きに対して、エコロジーの観点から、反対運動を展開した男こそ、南方熊楠なのです。南方熊楠の考え方は「Bioregionalism（生命／生活地域主義）」と呼ばれているものであり、この考え方は自分達が生活圏としている地域社会の特色をなす生態系を主軸にして生活様式の見直しと再編成を迫る考え方なのです。南方熊楠は、実際にこの考え方に基づいて行動し、幾つかの社寺の森を救っただけではなく、三重県の神島を、「天然記念物」にしようという日本最初の運動を起こしました。神島は保安林に指定され、保護されるようになったのです。

それでは、この「Bioregionalism（生命／生活地域主義）」が、どのような形を採るのか、具体的に見ていきましょう。今回の講義は、よく漫画を使っていますので、ここでも、漫画を手段にしましょう。使用する漫画は『美味しんぼ、46巻、第２話、牡蠣の旬』です。牡蠣と言えば、皆さんに敬意を表して広島ですが、静岡出身の私にとっては、牡蠣と言えば、「宮城県」（静岡県「浜名湖」でも養殖をしていますが）です。この『美味しんぼ、46巻、第２話』でも、舞台は、宮城県、牡蠣の養殖で知られる唐桑半島なのです。この46巻第2話では、東西新聞社に勤める主人公の山岡士郎が、牡蠣の旬について、東西新聞社の大原社主と論争になります。山岡は、牡蠣は春がおいしい、なぜならば牡蠣のおいしさと山が関係しているからと、ちょっと謎めいた主張をするのですが、大原社主は、11月、12月がおいしいに決まっていると主張し、全く山岡を相手にもしません。そんな矢先、東西新聞は、環境に関するキャンペーンで出遅れていると、国際環境保護推進団体から非難されてしまうのです。そこで山岡は、牡蠣が春においしい、ということを環境問題に関係付けながら、上手に説得するために、大原社主を伴って、唐桑半島にやってくるのです。

さて、地元の養殖所の人の話は、意外なことにも、「牡蠣が良く育つように、室根山の植林を始めた」と、先に挙げた山岡の謎めいた言葉を裏付けるような発言をし、室根山に彼らを案内するのです。山岡の話をまとめてみましょう。海にとって川は重要なのです。なぜならば、川が海に陸の栄養分を運ぶからです。栄養のある川の水が流れ込んではじめて、魚や貝の食べるプランクトンが育つのです。その川の水は、山から来るのですが、山にブナやナラのような落葉樹林が生えていて、それの落ち葉によってできる腐葉土こそが、川に流れ込む栄養の源なのです。

北海道大学の松永勝彦先生のお話によりますと、植物プランクトンは、基本的には、二酸化炭素と水と太陽の光で光合成をして生きているわけですが、光合成のための色素の合成に不可欠なのが、鉄分なのです。自然界の鉄は酸素に触れて粒子になっていますので、そのままでは、生体膜を通過できません。鉄イオンは、空気に触れると鉄粒子に変わってしまうのです。さて、木の葉が堆積して腐植が進むと、基本的には、二酸化炭素と水に分解してしまうのです。本来は二酸化炭素になるはずなのですが、分解しにくいので有機物の形で残ってしまうものを「腐植物質」と呼んでいるのです。こうした「腐植物質」の中にフルボ酸があります。フルボ酸は、カルボキル基（－COOH）やカルボニル基（－C－O）を含んでいて、金属と結合しやすいのです。このフルボ酸が、土中の鉄イオンと結びつくと「フルボ酸鉄」になります。この「フルボ酸鉄」という形ですと化学物質としても安定していますし、生体膜に浸透していくことができるのです。ですから、腐植土がフルボ酸鉄を作ってくれて、それが川の流れに運ばれ、海にくると、プランクトンは，フルボ酸鉄を摂取でき、光合成もできるようになる、といったふうに物事が運ばれていくのです。何という偉大な仕組みでしょうか！　しかも腐葉土は、貯水池の働きもしているというのです。森林がなかったら、雨は鉄砲水のように、流れていってしまうのです。

こうして考えると生態系の密接な関係というものに驚きを感じます。いかがでしたか？　こうした生態系の繋がりを考慮に入れた上で、ブナの植林を、室根山で始めたわけですね。こうして今まで、海のことには無関心だった農家の人々も、生態系という観点から見た「陸と海の関係」の重要さに目覚め、農薬が川に入り込まないような対策を考えるようになった、というのです。海の水を栄養分に富んだ豊かなものにするために、山にブナの植林をする、という広大な発想が、可能なのも、その地方独特の産業と生態系という観点に立つことができたからなのです。ちなみに、牡蠣の旬についての山岡の見解なのですが、腐葉土の栄養をたっぷり含んだ山の雪解け水が川に流れ、春の陽光を浴びてプランクトンが育ち、それを食べて牡蠣が肥える春こそ、牡蠣の旬になるのだ、というわけです。

ブナは育つのが遅く、人の背の高さになるのに８年もかかるのです。『もののけ姫』にもあったように、「シシ神様の森は、２度と帰ってこない」と言われるように、原生林をつぶしてしまうのは、こうした意味でも、環境破壊なのです。昭和35年、拡大造林計画という国の政策によって、山は杉一辺倒の単一林に様変わりしてしまいました。杉は生長が速いから、伐採周期を短くできるわけです。高度成長に伴いただただ木材が必要だったわけです。森林に「材木」としての道具的価値しか見いだすことができず、「生態系が担う保全的な機能」を見ることができなかったわけです。こうした目先の理由で、ブナやナラの森をつぶし、成長の早い杉を植林することで、木材や紙の生産に間に合わせようというのが、これまでの日本の方針だったのですが、そのせいで、杉の花粉症が当たり前のような病気になってしまいましたし、結局、豊かな山の土は、そのまま川に流れ込んでしまい、土地が少しずつやせてしまっているのです。

この話は、漫画の上での作り話では、決してありません。宮城県、唐桑半島では、牡蠣の養殖業に従事する漁師が、牡蠣の生育条件を考えていく内に、環境保護の重要さに思い至るわけですが、このように、地域社会の産業とその地域の環境が同時に発展共存できる道を考えていくのが「Bioregionalism（生命／生活地域主義）」という考え方なのです。宮城県と言えば、リアス式海岸ですが、リアス式海岸特有の入り江を持っている唐桑町は、大川の源流域である山村、室根村と協力し合うようになりました。この協力関係の元を築き上げたのは、一人の漁師さんでした。彼の名は、畠山重篤さん、『美味しんぼ』にも実名で登場していました。水山養殖所の畠山重篤さんです。漫画に出てきたからといって、決して架空の人物ではありませんよ。帆立と牡蠣の養殖業を営む彼は、海と川と山を結ぶ生態系という大きな視点から、室根山に広葉樹林の植林を始めたのです。彼は、平成1年より、室根山に植樹を始め、「牡蠣の森を慕う会」を発起しました。畠山さんの活動は、公共事業を乱発してきた「土建行政」によって破壊された「地域経済圏」の再建の試みになっている、ということは注目に値します。私達は、失われた「地域経済圏」を再建する意味でも、「bioregionalism（生命／生活地域主義）」に注目しなければならないのです。

彼は『森は海の恋人』と題する本を出版していますので、読んでみてください。彼の本の題名をそのままとった『森は海の恋人植樹祭』を室根村では、毎年行っています。毎年6月頃植樹をしていますので、興味のある人は、「森は海の恋人」運動に参加してください。

私が「bioregionalism（生命／生活地域主義）」ということで、生活圏の見直しをはかるよう、呼びかけている理由は、この私達の「生命／生活圏」を支える生態系からどのような恩恵を被っているかということから出発したいからなのです。つまり、この私達の「生命／生活圏」を支える生態系から生かされているのだ、という感覚を持つことですね。それが生態系全体への愛に通じていくのだ、ということを以前紹介したソローも教えているわけです。狩猟をしないと食べていけなかったソローと同様に、畠山重篤さんも、「牡蠣を育てる、という生業によって食べていかねばならない」という生活に基づいた動機から発し、牡蠣、そして、その牡蠣を支えている生態系全体への愛に目覚めていったわけです。

このように、「バイオ・リージョン（Bioregion「生命／生活圏」）」の「地域」性を知る手掛かりは、自分の衣食住の根付いている風土にあります。例えば、自分達はどこからきた水を飲んでいるのか、という問いから、地域の水系を辿ることによって、「河川流域の広がり」を「バイオ・リージョン」と考えることができるでしょう。その河川流域の「生物相」はどうなっているのか、どのような生態系を構成しているのか、を調べていくきっかけになることでしょう。また南方熊楠が研究したように、その地域独特の「聖なる場所」を再発見しようとすることも大切でしょう。固有の地形や天候、生物相や地理的な特徴から、神聖な場所とされているところが至る所にあるわけですが、自然との関連でなぜその場所が神聖視されてきたのか、どういう歴史や伝統、あるいは儀式があるのかを調べることです。そうした調査を通して、土着すること、つまり「土地に根付くこと」の意味を知るのです。または、その地域独特の自然の恵みを祝福する祭のあり方を改めて意識的に考察してみる、といったことを通して、自然との調和の術を学ぶことも可能です。さらに、子ども時代に、身体活動することによって、初めて自然の意味を知ることになった、そんな「記憶の中にある場所」を再発見し、生まれ育った場でもある「故郷」ということの意味を知ろうとすることも重要でしょう。一言で言えば、自分が生活している場をより良く知ることで、自然との関わりを回復していく試みが、「Bioregionalism（生命／生活地域主義）」なのです。

2．身体的故郷と精神的価値

ここで、少し子ども時代の頃を思い起こしてみるとしましょう。私達を取り巻く世界に「意味」が付与されていく過程を思い出しておくことにしたいのです。私の息子の智君が初めて、チューリップを見て、「智ちゃん、それがお花だよ！」と言われた時、「いい匂いがするよ！」と言われて、大人に倣って、前屈みになって匂いを嗅いでみる、という行為をしたはずですし、幼稚園のお遊戯などで、両手で花の形を作ってみることなどもやってみたのではないでしょうか。「花を摘んでごらん」といって両親と花摘みをした人も多いことでしょう。同様に１個のボールが「ボール」と名付けられた時、それは手で輪郭をなぞるように触られたり、投げられたり、蹴られたりしたはずです。「魚」という言葉なら、魚の泳ぎに合わせて身体を振ったり、少なくとも目でその動きを追ったりしたはずです。「猫」という言葉なら、毛玉などで猫をじゃらす行為や、あの柔らかい背中を撫でてやるといった行為を伴って理解してきたはずです。数字ならば、実際に物を数えるという行為を伴って習得されたことでしょうし、「椅子」ならば、実際に「座ってみる」といった動作とともに覚えたはずです。

このように私達が習得してきた基本的な言葉にはどれも何らかの行為や動作が伴っています。「名前」を弁別できるような基本的な行為や動作がないならば、私達はジェスチャー・ゲームなどで「名前」を当てることなどできないでしょう。何らかの身体活動が密接に結びついているような言葉を私達が持っているからこそ、ジェスチャーで表現しやすい言葉が存在しているのです。逆に言えば、ジェスチャーで比較的表現しやすい言葉が基本語なのです。こうして考えてみると、子どもにとって最初の概念形成の際に、「名前で名付けられる対象」を弁別する行為や動作とともに、「名前」を理解する、ということが言えそうです。もっとも早い時期に学習される言葉には、その対象を弁別する行為あるいは身体的な動作が伴う、ということを強調しておきましょう。これをロジャー・ブラウンに倣って「弁別行為」と呼ぶことにしましょう。弁別行為を通して、名付けの対象と身体が交わる時に生み出されるだろう豊富なイメージが言葉の持つ現実感覚を支えているのです。

私達は、ジャスチャー表現し得るような言葉には、言葉の持つ現実的な感覚を支える非言語的身体的行為があるのだということを見てきました。子ども時代、私達は身体活動を通して外界と戯れ、周囲の事物は言語の持つ現実感覚という心情的な投錨点としてのリアリティを持つようになっていくのです。身体が外界と非言語的交流を持つことによってできあがる心情的な故郷が確かに存在しているからこそ人は、最初に自分の身体が投錨点を持った故郷の自然と呼ばれる現実を懐かしがるのではないでしょうか？　それはいわば子ども時代に最初に身体によって探られ冒険された身体的な故郷であり、言語の持つ現実感覚の故郷でもあるのです。私達の身体性が最初に投錨し、言葉の生きられた現実感覚を最初に紡ぎ出していった環境世界こそが「故郷」と呼ばれるべきものなのです。それは、まさに「原風景」とでも呼べるような、身体が覚えている、そんな世界との交流の場なのであって、「意味」の源泉となっているのです。そうした交流を通して、愛着や想い出といった感情的要因が生まれ、それが「精神的価値」を生み出すがゆえに、私達は、「故郷」と分かち難く結ばれていくのです。「精神的価値」とは何でしょうか？

デヴィッド・スズキが「精神的価値」を説明する際に、面白い例を出して説明しています。あなたが、子ども時代を過ごした「子ども部屋」に入ってみると、そこには、数多くの想い出に満ちた「宝物」があるわけで、一度、そんな宝物になった事物は、もはや単なる事物であることを超えた価値を帯びていることに気付かされるのです。それは、あたなにとって大切なわけだけれども、他の人達には、その大切さが理解できないかもしれません。「なぜ、そんなガラクタに執着するんだ」と訝られる場合すらあるでしょう。このような、「人それぞれが抱く感情とか、想い出によって作られる価値」を、彼は「精神的価値（Spiritual value)」と呼んでいます。あなたにとって、「子ども部屋」にある事物は、掛け替えが無いゆえ「交換不可能」であるがゆえに、そこには「内在的価値」がある、と言い得るのです。これは「子ども部屋」に限らず、『20世紀少年』に出てくるような「秘密基地」でもいいし、子ども時代を過ごした故郷の川や山でもいいのです。もし子ども達が「バイオ・リージョン（Bioregion「生命／生活圏」)」の自然と交流し、故郷の自然が、そこに住んでいる多くの子ども達にとって「子ども部屋」と等価の「精神的価値」を帯びた世界になっていけば、「自然」に「内在的価値」を見いだし、自然を守っていこうという動機は高まるのではないでしょうか？　人間が自然から疎外された感覚を抱かないようにするには、レイチェル・カーソンの言っているような、「畏敬と驚きの感覚（センス・オブ・ワンダー)」を認めてあげられるような大人による導きが重要なのです。

さて、「バイオ・リージョン（Bioregion「生命／生活圏」)」には、例えば、その風土に根差した食物を育てたり、特有の仕方で魚を獲ったり、布地を織ったり染めたり、自分達の道具や工芸品を作ったり、独特の調理法を考案したりしてきた伝統的な技能や知恵が必ず存在しています。つまり、「ローカル・アイデンティティ」すなわち、その地域の独自性、その地域がその地域である由縁、の基礎になっているのです。都市化やグローバル化の波の中で、権力を握った者達が、資源を押さえ、森林や漁場を私物と化してしまうことによって、そうした素朴な技能や知恵が消滅してしまう危機に瀕しているわけですが、そうした技能や知恵には、「バイオ・リージョン（Bioregion「生命／生活圏」)」の自然と調和して生きてきた人達の歴史が秘められているのです。私達は、そうした技能や知恵が自然との調和を具現していることにこそ、「精神的価値」を再発見し、自然との関わり方を謙虚に学び直す必要があるのです。

３．「生命／生活地域主義（Bioregionalism）」と「越境的民主主義（Transnational democracy）」

畠山さんが、「森は海の恋人」運動を展開していく直接の理由として、私達は再び、「公害」と総称されるようになった「高度成長期のひずみ」を考えなければなりません。東京オリンピックの頃までに、急激な高度成長のために必要な資材として、山林の伐採が著しくなり、工場や家庭からの排水が川を汚すようになります。そして山から木々が姿を消したせいで、今まではあまりなかった洪水が頻繁に起きるようになりました。そのころ、気仙沼で赤潮が発生し、唐桑半島にも影響を及ぼすようになったのです。赤潮のせいで、身の赤く染まった牡蠣が売れるはずがなく、養殖業の未来が悲観されるようになりました。畠山さんは、そんなころ、牡蠣の養殖場の視察にフランスのロワール川に出かけ、ロワール川の上流が広葉樹の大森林地帯であることに気付かされたのです。牡蠣の世界的産地はどこも河口にあるゆえ、川が山と海を結ぶパイプ役を果たしているのではないのか、と直感した畠山さんは、帰国後、海と川と山の生態系を結ぶ運動を開始したのです。漫画『美味しんぼ』では、フランスの牡蠣の養殖関係者が唐桑半島の牡蠣の養殖技術を見学に来たことになっていましたが、これも本当のことなのです。宮城県で獲れる種牡蠣は、「宮城種」と呼ばれていますが、成長が早く、病気に強く、味もいい、というので、フランスやアメリカで養殖されている牡蠣は、ほとんどが「宮城種」なのです。

日本国内の牡蠣養殖業者はもちろんのこと、フランスやアメリカの牡蠣養殖業者といったように、同じような生活環境にある人々が、まさに国境を飛び越えて、国を介入せずに直接交流していくという在り方がここに描かれているのです。このようにして、同じような問題を抱えた地域社会が、「ノウハウ」を交換しながら横に連帯していくわけです。これが「Transnational democracy 越境的民主主義」の運動なのです。皆さんも、宮城県、唐桑半島で行われた「Bioregionalism（生命／生活地域主義）」のお手本のような環境対策を聞けば、同じ牡蠣の産地である広島でも、応用がきかないだろうか、と考えることでしょう。太田川を遡って上流まで行くと、三段峡や戸河内（とごうち）の恐羅漢山（おそらかんさん）がありますが、三段峡は、紅葉で有名であるわけで、落葉樹がありますし、恐羅漢山にはブナの原生林が残っています。唐桑半島の場合やフランス、ロワール川の場合と同じように、やはり、落葉樹林が、牡蠣と関係しているのかもしれません。実際に、1998年、西広島タイムスには、このような記事がありました。

> 豊かな山で生まれた清らかな水が海に流れ出せば、海も豊かになる－。海を持つ佐伯郡大野町と山に囲まれた山県郡戸河内町は、「森は海の恋人」をテーマに昨年五月、友好交流提携を結んだ。提携にともない、お互いの町の自然環境をよく知ってそれぞれの産業に役立てようと、昨年から五年間の予定でふれあい交流研修会を開いている。

広島におけるこの植樹は、1996年に始められました。広島の水産研究所によれば、「広島湾に流れ込む窒素の50～70%、リン酸の60～90%が太田川によってもたらされており、だから広島湾の牡蠣はおいしい」のだそうです。このように、畠山さんの影響が広がり、広島でも、広島市牡蠣養殖連絡協議会が「緑の山で豊かな海づくり」運動を、広島県魚連が「広島かきと魚の森づくり」運動を開始しています。皆さんも、地域の「Bioregionalism（生命／生活地域主義）」に基づくこうした活動に関心をもってください。

環境問題は、いろいろな原因の相乗効果によってSuper・problem（予測できない大問題）という形でカタストロフィを起こすのだ、ということを前にお話ししました。私達は、Super・problem（予測できない大問題）が起きてしまった後で、事後的に科学的な説明をすることが、かろうじてできるのだ、とやや悲観的なお話をしました。けれども、たとえそれが事後的な説明であっても、いったんそこから教訓を得れば、私達は、よほど愚かでない限り、同じ失敗を繰り返すことはしないでしょう。確かに、Super・problem（予測できない大問題）を被った地域の人達は、苦しみを味わいます。けれども、同じような問題を抱えてしまった他の地域の人達に、自分達の教訓を活かし、「ノウハウ」を伝授することは可能でしょう。それは、「再生」のための、創造的な知識として役立てることができるわけです。畠山さんは、彼の得た「森と海の関係に関する知識」を、他の地域の人達にも、分かち与え、自分の得た教訓を、自然を再生するための創造的な提案として、役立てているのです。ただ単に、被った苦しみを打ち消すための知識ではなく、自然を再生する創造的な行為を生み出す知識として、畠山さんは、自分の教訓を活かしているわけですね。だからこそ、彼の始めた運動は、日本全国に広がっているのです。いったん手に入れた教訓を、自然再生のための創造的な知に変換していくという、このプロセスには、美しさを感じます。人間的な創造を自然の再生に役立てることができる、ということは、救いであるし、実に感動的です。事後的な説明であれ、せっかく手に入れた教訓は、自然再生に向けて創造的に活かしていかねばなりません。それだからこそ、私達は、「Transnational democracy 越境的民主主義」という形で、同じような問題を抱えている人達と、横の連帯を結んでいこう、としているのです。

「Bioregionalism（生命／生活地域主義）」ということで、このように、生活圏の環境を見直すとともに、同じような問題を抱えている地域が、国を介入せず、横に直接連帯を結んでいくのです。こうした直接の横の連帯によって、国家レベルの合意の下地を作ってしまおうというのが、「Transnational democracy 越境的民主主義」なのでした。「Bioregionalism（生命／生活地域主義）」から出発して、培われた「ノウハウ」をもって、同じような問題を抱えている他の地域と、国家を介入せずに、横に繋がっていくような、「連帯のネットワーク」を形成していくことで、「Transnational democracy 越境的民主主義」を築き上げることが、私達が選択すべき戦略なのです。「Bioregionalism（生命／生活地域主義）」と「Transnational democracy 越境的民主主義」を結婚させること。これこそ、国家レベルでは、なかなか解決が難しい国際的な社会・政治問題へ私達が立ち向かっていくために選ばれるべき道なのです。「経済成長」の号令の下、グローバル化してしまった巨大システムが無視してきた生態系を地域ごとに取り戻す運動を展開することで、地域ごとに巨大システムに亀裂を入れてしまうことが可能なのです。畠山重篤さんの例からも窺い知ることができますように、「バイオ・リージョン」を意識した運動は、当然ながらエコロジカルな運動と直結していきます。例えば、「森は海の恋人」という標語が知られるようになると、河川域の農民達が河川へなるべく農薬を流さないためにはどうしたらいいか、という問題と真剣に取り組むようになったというのです。今例に挙げた農薬もそうですが、他にも遺伝子組み換え作物、地球温暖化など、グローバルに猛威を撒き散らしている問題にローカルに取り組む体勢が必然的に生まれてくることでしょう。こうした取り組みから生まれた「ノウハウ」を「Transnational democracy 越境民主主義」的に横に結びつけ、まさに国境を越えて、他の「バイオ・リージョン」との連帯を強めていく必要があります。

4．生命／生活地域主義（Bioregionalism）を考える

——自然をベースにしたリンクは何故重要か？　想像力を鍛えなおそう——

「川繋がり」、「海繋がり」、「雨繋がり」、「大気繋がり」、「森林繋がり」などといった、一言で言えば「生態系繋がり」と言えるような「リンク（Link 輪＝繋がり）」を考えてみましょう。例えば、最近、日本では、大挙してやってくる越前クラゲが、魚網をだめにしてしまい、甚大な被害をもたらしています。このクラゲが、海流に乗って日本海から、青森を回って、今度は、太平洋側に出て、親潮に乗って千葉の方まで流れていっています。クラゲの場所をマップにとっていけば、九州から日本海側の地域、それから一部は北海道へ、そして他は青森を回って千葉、房総半島にまで至る地域が、海流などの影響で、まさに「海繋がり」という関係で繋がっているということが分かってきます。今まで全く無関係だった地域が、「海繋がり」という観点から考えてみると、実際は結ばれているのだ、という風に想像できるようになります。

最近、中国で産業化が著しく、それに伴って、大気汚染が深刻な公害問題となっています。大気汚染の影響は、中国の大都市を侵すだけではなく、光化学スモッグという形で、韓国や日本にまでも影響を与えているのです。こうした影響関係を考えると、「大気繋がり」という関係で結ばれている地域を想像することができるでしょう。例えば、光化学スモッグが発生した地域を、クラゲの時と同様に、マップにとってみたらいいでしょう。すると、今まで見えてこなかった「繋がり」がはっきり見て取れるようになります。同様に、酸性雨で悩む地域をマップに入れていけば、「雨繋がり」の地域が浮かび上がってくることでしょう。これは「大気繋がり」でもあるわけですが。

川もそうですね。これは、先ほど紹介した畠山篤志さんのお陰で知れわたることになった繋がりです。山に落葉広葉樹林が豊かであれば、海産物の実りがもたらされるという関係を、畠山さんは直感し、学問的な裏づけを求めて北海道大学を訪れた、という有名な話があります。川の生態系が、山間の地域と海岸部の地域を結んでいる、ということが植林活動を通して実証されたわけで、直感と科学

的裏づけ、それに基づく広大な実験が「川繋がり」という地域リンクを可能にしてくれました。

こうした生態系による「リンク（Link）」は、今、見てきましたように、実に多様なわけで、それぞれについて、「バイオ・リージョン」を考えていくことができるでしょうし、複数の「バイオ・リージョン」の中に生かされてある私達を想像することも可能となりましょう。

私達の多くは都会に住んでいます。都市部に住んでいると、自分達の飲み水が一体全体どこからやってきて、トイレや台所等の排水はどこへ流れていくのか、などといったことへ想像力を働かせないで済むようになってしまいます。ちょうど、あのディズニーランドの地下に、巨大な汚水溜めやゴミ処理関連の仕組みが存在し、ディズニーランドを訪れる人達の目からは完全に遮断されてしまっているように、都市は、私達を、まさに「利便さ」のカプセルの中に入れ、そうした「生態系繋がり」のようなリンクに、想像力を巡らすことなく暮らせるようになっているのです。そしてちょうどディズニーランドを訪れる家族や恋人達が、家族や恋人同士、あるいは友人同士という、小さな「ユニット」に自閉し、ディズニーランドの提供するセットの中で、自分達だけの小さな妄想に執着できるように、都市に住んでいる人達も、「利便性」のカプセルの中を出ることのない、小さな「ユニット」の幸せに自閉してしまいます。この「ユニット」は、空間的にも、心理的にも完全に生態系から切断されているのですが、それでも「利便性」に守られて幸せに生きていられるわけなのです。そうしたカプセルの中で、現代人の幸福は、まさに、その小さな「ユニット」を守ることしか考えられなくなってしまっています。小さな「ユニット」の幸せに自閉し、今まで本当は存在していたはずの様々な「リンク」を失っていったのです。失われた「リンク」の中には、人間関係も含まれています。特に、地域社会との繋がりという「リンク」は、もはや見る影もありません。コミュニケーション形態も、小さな「ユニット」内以外のところでは、全て親密になる必要が無い、マニュアル的な語りに基づいた、社会的役割相互の関係で済んでしまうのです。最近では、友人すら面倒なものとされ、家族のメンバーさえも、それぞれの個室に閉じこもって、テレビと一体化したパソコンに向かい、コンビニで買ったもので孤食し、それぞれがネットで製品を購入し、といった具合に、「個人」という最小単位に及ぶ細分化が見られるようになりました。そうした中で「個人」が､可愛い「自我」とのみ対面する最小の「ユニット」が残ったのです。都市化のお陰で維持されているこの小さな「ユニット」にいる限りは、外部からの過剰なまでの資源やエネルギーの流入に過度に依存していることにすら気付かないでいられるのです。

けれども、どうでしょうか？　そうした小さなユニットの幸せを維持するために、見えない裏舞台で、悲惨な状況が展開しているとしたら、そして、その裏舞台に回したつけが、まさに、今度はその小さなユニットの幸せの生存基盤そのものを脅かしているとしたら？　たとえ、こうした問題に気がついても、小さなユニットの幸せに自閉することに慣らされている現代人は、「１人では何もできない、それは政府の仕事」などとうそぶいて、何も行動は起こさないかもしれません。「私達『小さなユニット』の中の世界」と、「その他大勢がいる、残りの外の世界」という大雑把な分け方で、関心は専ら「小さなユニット」の安寧にのみ向けられているのです。外の世界は無視され得る限り無視し、外の世界に少しでも不快に感じられる者が現れるとモンスターペアレント的な高圧な態度で「小さなユニット」の安寧のために外の世界を再編しようとまでしてくるわけなのです。「小さなユニット」は、そんなわけで、幼児的全能感に包まれて、外部には痛みなど存在しないかのようにいられる場所なのです。

そもそも、小さなユニットに自閉するようになったのが間違いだったのではないでしょうか？　小さなユニット化が起きるのは、戦後の核家族化の中で出てきたことですので、まだ歴史が浅いわけなのです。むしろ、環境の世紀である、この21世紀を生きていくためには、「生態系繋がり」を意識的にし、「リンク」先の地域と「顔」のある関係を築いていくことが必要なのです。以前皆さんにお話しした、あの「人魚姫的感受性」に磨きをかけて、小さなユニットに自閉する幸せの外に目を向けていきましょう。

広島県には、「大朝」という循環型社会のモデルになるような素晴らしい場所があります。私はゼミ生とともに、「大朝」を視察し、循環型社会を主導されている保田哲博さんや堀田高広さんのお話を聞いて、私達がモデルとすることになるだろう、可能な未来を見せていただき、深い感動を覚えました。「大朝」では、「菜の花エコ・プロジェクト」発祥の地である滋賀県大東町の試みに触発されて、休耕田で菜の花を栽培し、景観を美しくすると同時に、菜種油を食用に利用し、さらに廃食油を、精製プラントでバイオ燃料に精製し、プラント自体の燃料、および、バスや作業用の車の燃料にし、精製の過程で残った余り物は肥料として畑に還元されていく、といったほぼ完璧な循環型社会を実現しつつあるのです。そうしたプロジェクトに込められている情熱で地域社会自体も活性化しているのですから、本当に「素晴らしい」の一言です。２人のお話は「Bioregionalism（生命／生活地域主義）」に根付いているせいか、生態系を背負っているかのような独特のオーラが感じられ、何か偉大なものに感染させられていくのを感じました。これこそが、「リンク」を増殖させる力でもあるのでしょう。さて、このような循環型社会が地域にできることで、その地域は自立していくわけで、それは大変良いことではあります。けれども、そうした自立型地域社会が、自立しているがゆえに、他から独立し、それゆえ孤立化してしまうとしましょう。そんな矢先に、例えば、そうした孤立化した地域に、再処理工場のようなものが誘致されてしまうとしたら、自立がかえってあだとなってしまい、他の地域から全く無視されてしまうということにもなりかねません。けれども、大朝の試みの凄いと思われる点は、「い〜ね（INE）おおあさ」の標語中の「I」が「IT」である、ということに見られるように、IT を取り入れているということです。これは、インターネットを通して孤立化を防ぎ、地域間の連携を密にしていこうという決意の表れとも読むことができるのです。実際に、大朝では、「菜の花エコ・プロジェクト」を実践している他の地域と関係性を維持していました。他の地域と連携し、まさに「リンク」先を増やしていく、ということですね。私が考えていることは、今回の講義で触れた「生態系繋がり」に基づいた「リンク」を確立して、さらに他との交流を深めていくということなのです。畠山重篤さんの試みも、同じように牡蠣が採れる地域と「リンク」していくという、横の民主的繋がりが入っています。畠山さんの試みは、牡蠣の産地、広島にも根付き、さらにフランスやアメリカ、ニューオーリンズの牡蠣養殖場とも繋がっていきました。大朝も、滋賀県大東町や、青森県横浜町などといった菜の花が育つ土壌を持つ地域と横に結びついていますね。このように「bioregionalism（生命／生活地域主義）」に根差した地域同士が、横の繋がりを、グローバルに拡張していくと、これはまさに、「越境的民主主義（Transnational democracy）」ということになるのです。こうして広がっていく「リンク」先同士が、相互に、その地域に適正な技術を提携し合ったり、生態系保全のための「ノウハウ」を交換し合ったりして、共に栄えていく道を探っていくのです。

5．バイオ・リージョナリズムとスローフード

環境省が、2003年に調べたデータによりますと、食品廃棄物の発生量は、1,972万ｔです。確かに、コンビニやスーパーの賞味期限切れ食品の廃棄が多いのですが、この内、家庭からの廃棄量は全体の58％にも達するということです。こうしたデータを前に、「飽食」という言葉が浮かびます。けれども、1960年以降、子どもを持つ主婦を対象とした、食卓の実態調査の記録を基に書かれている『変わる家族、変わる食卓』を読むと、「飽食」の時代、と言われてはいるが、実は、家庭の食卓においては、「食」ということ自体が貧困化していることに気付かされます。むしろ、食費から食べる時間をまでも切り詰めて、趣味や遊びに収入や時間を回す、家族の姿が浮き彫りになっているのです。目一杯遊びたいから朝食は簡単に済ませ、行楽先でも遊びを優先したいから昼食を簡単にし、夕食も遊びで疲れたからまたもや簡単に済ませ、金銭的にも節約する、というわけで、大人も子どもも、「食生活」という面、つまり、「食」は生活であるということや、「食べる」ことそのものを楽しもうという発想が無いのです。つまり、「食べる」ということ自体への無関心振りが、記録から浮かび出てくるのです。『美味しんぼ、101巻、食の安全』の中に、『食品の裏側』の著者、安部司さんが漫画化されて実名で登場していますが、「食べる」ということ自体の崩壊振りを嘆いて、このように語るのです。「子どもたちが食べ物を大事にしません。弁当でも好きなものだけ食べて、後は平気で捨てます。『捨ててもいいもん、また買ってくるから』と言います。親もそれを止めません。生活に欠かせない食べ物を大切にしない子どもは、食べ物を与えてくれる親も同様に大切にしない」(107) コンビニなどの流通システムの利便性にアクセスすれば、子どもの欲しいものを即刻供給できるゆえ、躾は行われず、やりたい放題になっているのです。こうして、「食べ物」が粗末にされ「ゴミ」のように溢れかえる国ができあがってしまうのです。共食の習慣もなくなり、『変わる家族、変わる食卓』の著者、岩村暢子さんが「勝手食」と呼んでいるように、家族のメンバー銘々が、好きな時に自分の好きなものを勝

手に出してきて食べたり、一緒に食卓についている時でさえ銘々が自分好みのものを出してきて食べたりするというふうになってきているのです。「勝手食」にすることで、躾に代表されるような家族間の葛藤を生じなくさせ、自分も満足していれば、他のメンバーが何を食べていようが無関心なのだ、というのです。このように家庭の食卓は、「食べる」ということの意味を、少しでも考えさせられる時間を提供してくれる空間ではなくなっているのです。

私の師のガース・ギラン教授は、「食生活」に、一種の区切りを与えていた儀式的要素が、合理化によって押しのけられ、人間は、今や食事をするのではなく、効率良く「詰め込む（Stuff）」だけとなってしまったと言っています。アメリカの食卓には、神に祈りを捧げることによって、これから食事をするのだ、という構えを与えるような儀式があります。日本でも「いただきます」「ごちそうさまでした」という言葉を発することによって、食事時間を他の活動時間と区切るような「儀式」が存在しています。こうした儀式を通して、私達のために犠牲になった命への感謝が込められ、そうした命をシェアして、私達が今こうして生きて食卓を囲んでいられることへの感謝が捧げられるのだ、とギラン教授は強調していました。儀式の真髄は、まさに感謝を通して、自然との繋がりを意識し、そこに共生の意味を見いだす人達の絆にあるのです。ギランはそうした儀式の喪失を嘆いているのです。彼は、ファスト・フード店に、フットボール選手のような体格の男達が、数十名やって来て、その男達が、席に着くや否や、一斉にほとんど一口でハンバーガーを詰め込んで出ていった、異様な光景について話してくれたことがあります。マクドナルドでは、客足を回転させるために、わざと硬めの座り心地の悪い椅子が用意されているだけではなく、あまり長く座っていたいと思わなくなるような、落ち着かない赤を基調とした室内装飾や、混雑し始めると大きくなるBGMによって、人は食べたら自動的に店を出て行くようになっているのだ、という話は有名です。恐らく、一口でハンバーガーを平らげて店を出て行った客達は、彼らの身体が、マクドナルド的な効率性に馴致されてしまった結果、「詰め込んだらさっさと店を出る」という生活様式を、何か当たり前のことのように受け入れてしまうようになったからなのかもしれません。そしてその結果、食事をすることは、人間生活の中で、何かつまらないこと、あるいは、どうでもいいことのような錯覚を与えられるようになり、マイナーな活動に貶められてしまっているのです。さらに、食事などのようなつまらないことは、身体維持に関する最低限の条件が満たされればいいのであるという錯覚の中、人間身体を、もっと生産的な経済活動に従事させるような、自発的な規制が生まれていくのです。こうして、「食べる」ということは、「遊ぶこと」や「働くこと」という、より重要と考えられる活動のために、脇に追い遣られ、効率良く済ますべきものに成り下がってしまいました。私達は、もはや、食卓において、死んでいった「命」に感謝を感じることもなく、そうであるがゆえに、「遊ぶこと」や「働くこと」に対する「手段」として「道具的価値」しか見いだし得なくなってしまった「食べ物」を粗末にし、まさに「ゴミ」として廃棄するようになってしまったのでしょう。このように「食べ物」に「道具的価値」しか見いだしにくくなってしまうと、私達は、完全に自然との繋がりを反省する機会を失うことになるのです。

私達は「衣食住」は基本だ、ということの意味が分からなくなっているのではないのでしょうか？　イギリスでは、1733年、ジョン・ケイによって「飛び杼（ひ）」が発明され、布を織る速度が2倍になりますと、今度は、糸の生産が間に合わない状態になりました。これが、今度は、1768年、アークライトによる水力紡績機の発明を促すこととなったのです。こうして糸が大量生産されるようになると、そのことがさらに、1785年のカートライトによる力織機の発明を動機付けることとなったのです。このカートライトによる発明は、1769年に発明されたワットの蒸気機関を動力源として使い、繊維工業における大量生産の時代が開始され、これが他の産業のモデルとなって、産業革命の時代が活気付いていくのです。これが、原材料や市場の確保という形で、植民地主義をもたらし、世界大戦にまで発展していく一方で、生産手段を持つ者と持たざる者の差を、まさに貧富の格差という形で生み出していくのです。また、蒸気機関を生み出した辺りから動力源は、化石燃料となり、それが現在騒がれている温暖化の問題にも繋がっていくことは言うまでもないでしょう。偉大なマハトマ・ガンジーは、紡ぎ車を手にして、こうした巨大な悪に「No」をつきつけました。ガンジーは、今列挙した大きな問題の陰に隠れて、あまり注目されてこなかったけれども、無視し得ない問題に光を当てたのです。イギリス産業革命において、衣食住という人間生活にとって必要不可欠の領域の内、まず、「衣」の分野が、日常的に当たり前であった「手仕事」の領域から独立していってしまいました。「住」の分野にも工業化が進み、やがてこれが「食」の分野の徹底した工業化によって完成していくのが20世紀後半の出来事でした。考えてみれば、この歴史は、「必要不可欠」ということの意味を人間が忘却していく歴史でもあるのです。今や、人間にとっての生物学的基盤と密接な関係のある「衣食住」の領域は、私達が必要ゆえに手仕事を経て作り出されていくという過程があったことすら忘れられてしまい、それと同時に、人類の生物学的基盤に根差すがゆえに「必要不可欠」だったことが忘却されていくようになったのです。今や、これらの３つの領域は、人間の手を離れ、工業生産化し、与えられるものとして、市場で求めざるを得なくなってしまったのです。先進国に住む私達は、「必要不可欠」の意味をもはや体感し得ないようになってしまっているのです。紡ぎ車を手にしたガンジーは「足るを知る」ことを教えようとしていたのです。「衣食住」のように必要不可欠な領域では、かつては生産と消費が一体化していました。自分で作り自分で食べたり着たり住んだりしていたのですからね。ガンジーが述べているように「生産と消費の両方が各地で分散して行われるようになれば、生産速度を無限に、何としても速めたいという誘惑に駆られることもなくなります」ので、「地産地消」の精神の復興が鍵となるのです。

こうした文脈の中で、「スローフード運動」の歴史的意味を捉え直してみましょう。1980年代のこと、イタリア、ローマの、あの有名なスペイン広場にマクドナルドが進出してくることが分かった時、ファスト・フードに対して猛烈な反対運動が起き、それが激化していく中、イタリア伝統の食文化および食生活を見直そうという動きが出てきたのです。マクドナルドは、グローバリゼーションの代名詞である「アメリカナイゼーション」を象徴するチェーン店ですので、それに対抗する「スローフード」は、まさに反グローバリゼーション的、地域主義的運動として、古き伝統がそのまま息づいているヨーロッパ各地に広がっていったのです。フランスでも、農民のジョゼ・ボヴェが、食の安全性や伝統的な調理法や味などよりも、経済効率性を露骨に推進するグローバリゼーションがフランスの食文化の伝統を破壊していくのに黙っていられず、「反グローバリゼーション」を叫ぶと、グローバリゼーションの象徴であるマクドナルドを破壊するという過激な行動に出ましたが、にもかかわらず、彼は、フランスの伝統を擁護する英雄として称えられることになったのです。皆さんもボヴェさんの本を読んでみてください。ボヴェさんによりますと、ヨーロッパが、アメリカから輸入されてくる「ホルモン肥育牛肉」の安全性を疑い、輸入を拒んだために、アメリカが制裁措置として、ヨーロッパから輸出される農作物に100%の関税を課すことを決定したことが、彼が「マクドナルド参り」と呼ぶ襲撃事件を起こすきっかけだったというのです。安全性の疑わしいホルモン剤を投与された牛の肉を拒んだがゆえに、ヨーロッパは、制裁を受けることになったというのだから、何か変ではないのか、と誰もが感じるでしょう。ホルモン肥育だけではありません、GMO、BSEなどといった、食の安全性を脅かす状況がなぜ、こうも頻繁に生じるようになったのでしょうか？　こうした奇妙さがグローバリゼーションの名の下に罷り通るのはおかしいと考えたボヴェさんは、「私達は、工業的な農業と食品の象徴であるマクドナルドを標的にするつもりだ」と宣言し、マクドナルドを実際に標的にしたのです。『ニューヨーク・タイムズ』にアメリカの多国籍企業よりの記事が出ていましたが、それを一読すればボヴェさんが反発するのも当然だと思えてきます。その記事は、このように述べているのです。「ヨーロッパ人は何を食べるのかを自分で決めたがる変な連中だ」と。つまり、多国籍大企業が提供するものを黙って食べていればいいんだ、ということをこの記者は言いたいわけなのです。ボヴェさんの主張は、「我々は、自分で決めたいのだ！」というものでした。どちらが健全なのか、考えてみてください。2007年、「偽」の文字がその年の象徴に選ばれた通り、日本でも、食の安全を脅かすような偽装が相次ぎました。賞味期限を遥かに超えてしまった食品が、単なるラベルの印字をごまかすだけで、市場に流通していたわけですし、他の客が残したものを、たとえ、再加熱したとは言え、知らぬ内に提供されていたわけなのです。大企業が提供するものを黙って食べよ、ということの奇妙さを私達は経験したわけなのです。

確かに「食べる」ということは、商業的行為の文脈で語り切れるはずがありません。食卓を飾る、共に囲む、共に味わう、健康を気遣う、あるいは、共に笑い、談話をするといった、ゆったりとした時間に身を任せつつも親密な人間関係を築いていく、あるいは、こうして食することができるということに感謝をすることを通して食卓を共に囲む幸せや、その地域独特の自然の恵みや生産者に思いを馳せる、そうした豊かさを含んだ行為であったはずなのです。こうした関係性が維持できていれば、そこには、まさに、幸せがあるわけなのです。生かされている、有難い、という偶然性を共有している相手とのコミュニケーションを紡ぎ出していく豊かさが幸せを生むという、そうしたあり方、そこにスローフード運動の真髄があります。それが、ファスト・フードの名の下、「食べる」という行為はむしろ「経済の時間」の無駄であり、なるべく効率良く「詰め込む（Stuff）」そして店を出ることが、当然のようになってきているのです。「経済の時間」の中で、私達は、幸福であるためには、「消費による自己実現（いわゆる、遊ぶこと）」か、「自分の能力を活かせる仕事を通した自己実現（働くこと）」か、どちらかしかない、と思い込まされてしまっていますが、「経済の時間」の知らない、そうした幸せが、ここにはあるのです。食卓を囲んで、友人や家族と共にあることの有難さを味わうことで、幸福感を享受できる、という在り方が、スローフードの伝統にはあるのです。自然の中で私達が生かされていることを感じるには、「食べること」への感謝を取り戻すことが、誰にでも実感できるやり方であるはずなのに、私達は、「詰め込む（Stuff）」式の食生活を許容し、「道具的価値観」の浸透を当たり前のようにしてしまったのです。

日本で、「スローフード」と混同されて「LOHAS ロハス」という言葉が流行しています。私は、この流行を一定方向に導くことができれば、と考えています。説明しましょう。1998 年、アメリカの社会学者ポール・レイと心理学者シェリー・アンダーソンが、全米 15 万人を対象に 15 年間に渡って実施した調査によって、民主主義と科学技術に拠り所を求める「Moderns 近代派」が 48％と約半数を占め、キリスト教に基づく伝統的価値観への帰依によるライフスタイルを送る「Traditionals 伝統派」が 24％と多いことを確認した際に、彼等は、第３の層として、彼等が「Culture Creatives 生活創造者」と名付けたアメリカ市民が存在することを指摘しました。この「生活創造者」と呼ばれる市民層は、健康と環境に優しいライフスタイルを意識的に選択しようと心掛ける人達なのです。彼等の調査結果は、環境を商売にしようとして台頭してきた企業に注目され、彼等によって「生活創造者」と呼ばれた人達をターゲットにしたマーケティング・コンセプトが誕生したのです。これが健康と環境に優しいライフスタイルを心掛ける「LOHA ロハス Lifestyles Of Health And Sustainability」と呼ばれることになる市民層を取り込もうとするマーケット戦術の開始となったのです。当然、ターゲットは、「環境や健康に良い商品を意識的に消費するよう心がけることで、自己開発や社会的責任を果たそうとする消費者層」ということになります。こうして、この「LOHAS」というコンセプトは「資本主義」と共存的なマーケティング戦術として、商業的に利用され始めたのです。けれども、実は、もともと、この「LOHAS」層を形成する人達は、「資本主義」とは相容れない主義を主張する人達が源流として存在している、という事実を見逃してはいけません。

1960年代後半から1970年代にかけて、主流となった「消費文化」に対して「No」を言う、「カウンター・カルチャー（Counter-culture）」の運動が若者を中心に盛んに展開されました。大量生産・大量消費・大量廃棄の産業文明の中で、環境破壊が進み、人間がますます「非人間化」していく状況を見てきた若者達は、「ベトナム戦争」の勃発を機に、「科学技術」の進歩に頼った発展形態に対して疑念を抱くようになったのです。若者達は、主流文化に対してオルタナティヴになるような生活様式を求め始めました。この生活様式は、「ヒッピー」や「ニューエイジ」と呼ばれる、消費文化とは異なるライフスタイルを模索しました。若者達は、自然への回帰とそれを可能にさせてくれるような、人間のより高次な「精神性（Spirituality）」を求め、ヨガや禅などに範を求めて、自然と調和し得るシンプルなライフスタイルを模索したのです。「LOHAS」層の中核を担った人達は、実は、このような60年代、70年代初頭の若者達の運動の流れを汲んでいたのです。コロラド州のボールダーは、こうした「カウンター・カルチャー」の考えを引き継いでいる人達が多数派で、しかも、あの当時の若者が模索した自然回帰や精神性の追及が伝統となっていたのでした。ですから、このボールダーこそが「ロハス」生誕の地だと言われることがあるくらいなのです。ボールダーの人々は、オーガニック（有機）やナチュラル（自然）を謳った「食文化」を育むことを目指したコミュニティーや「精神性」を追求するコミュニティーなどに属し、自然環境と調和したライフスタイルを模索しているのです。

アメリカには、主流の消費分化に対抗し得る文化形態が脈々と受け継がれており、それが「生活創造者」と呼ばれたというわけなのです。すると、「LOHAS」の源流に存在している「市場原理主義」に抗う思潮は、「スローフード」運動と地下水脈で繋がっている、と言えるでしょう。私達は、「LOHAS」を単なるマーケット・コンセプトにしてしまわないで、むしろ、日本中で、今や地方の田舎に細々と断片的に残存しているだけとなった「スローフード」的なものを、再構築する意志を持った「生活創造者」のための「旗印」として、戦略的に意識的に利用していくことができるのです。

「バイオ・リージョナリズム」を採ることと、地域生態系の恵みから生まれた豊かな郷土料理を風化させないようにすることで、地域生態系の恩恵に浴する近隣農業を地産地消の精神で支え、意識的に「スローフード」に回帰していくこととは同根なのです。なぜならば、「バイオ・リージョナリズム」は地域生態系の恵みに思いを馳せることから始まるからなのです。地域生態系に生活が根付いているという感触は、何よりも「食」文化を通して確かなものになるのです。これを「衣」と「住」の分野にも広げていき、「必要不可欠」の意味を取り返していくことができたら、どれだけ素晴らしいでしょうか？

マハトマ・ガンジーは、ある村で生産されたものは、まず、その村の住民達によって使われるべきである、と考えていました。彼は、いわゆる「地産地消」と呼ばれている形態の地域経済を優先させたのです。しかもこうした考え方を、植民地支配からの独立への確実な第一歩として取り入れたのです。そうであるのならば、このガンジー的発想を、グローバル経済への再編化の過程で起きている、大都市一極型で地方を切り捨てる動きに対する抵抗運動のために役立てることが可能でしょう。ガンジーは、地域共同体のメンバーは自分自身の需要を満たし得る、自立可能な経済基盤を打ち立てるべく、人的資源として、まず地域経済に貢献すべきだ、と説いたのです。確かに、自分の制作したものを使ってくれる人達を身近に感じてこそ、仕事への尊厳が回復されるのです。「地域共同体のメンバーのメンバーによるメンバーのための生産活動」という形で、生活必需品を生産するための生産手段が各メンバーに配分されていることを理想にしたガンジーは、インドの伝統である手仕事を重視しました。ガンジーは、共産主義のように「生産」を国家に集約させるのではなく、地域という単位ごとに、皆が「衣食住」の根本を確保するという意味合いにおいて社会化することを考えていたのです。こうして日常品であるのならば、手仕事によって、地域共同体内で賄うことが十分に可能にすることで、地域の自立を確立しようとしていたのです。日常の必需品を手仕事によって、自給するわけですので、当然、環境への負荷も最小限に抑えられることになるのです。このように、ガンジー的戦略によって、自分の仕事の貢献度が目に見えるような、互いの「顔」が見える範囲で共同性を確立し、そこから、共同体のメンバー各自が、己の仕事に喜びを見いだし、自信を得ることから出発するのです。

このようなガンジー的な戦略に基づいて、地域ごとに自立可能性を確保し、そうした上で、「越境的民主主義」的な協力体制を他の共同体との間で築いていくことが重要なのです。「バイオ・リージョナリズム」と「越境的民主主義」の結婚によってこそ、グローバリゼーションの良い側面が引き出されていくことが期待できるのです。

私達は、「スローフード」運動の中に、「経済の時間」の中で、ひたすら成長を追わねば幸せにはなれない、という強迫神経症的な生き方を離れるためのヒントを探すことができます。例えば、「郷土料理」を意識的に取り戻す、ということを通して、地域社会という生活圏と地域の生態系の恵みとの結びつきを再考してみることが可能です。地域生態系という環境と同時に守るものが自分の生活圏である、という思想にコミットできれば、私達のライフスタイルは変わるのではないでしょうか？　私は、Bio-regionalism（生命／生活圏地域主義）を実現することで、ライフスタイルを変えていくことができるのではないか、と思っています。日本の場合は、食糧自給率を今の39%から100%に高め、地産池消の体制が取れるようにしていくべきでしょう。そのためにも、私達の生活基盤であるBio-region（生命／生活圏）を見直さねばなりません。

6.「世界は売り物じゃないぞ!!」—地産地消の意味を回復する—

「世界は売り物じゃないぞ!!!」と叫んで、グローバリゼーションによる、貿易自由化と、規制緩和に反対の声を上げた、フランスの農民、ジョゼ・ボヴェさんの住む村の印象記が残されています。彼の村では、「人々は持ち寄った食べ物やワインを共に料理し、食べ、飲み、歌う。芝居による出し物までがある」というのです。この村には、生産者と消費者の区別がなく、まさに1つの共同体があるばかりなのです。これこそ、まさに本来あるべき「地産地消」なのです。「地産地消」と私達が呼ぶようになったことの本当の意味を知る必要があるのです。なぜ、このようなことを強調するのか、といいますと、「地産地消」の本当の意味が分かっていれば、グローバリゼーションによって失われるものが本当は何なのかが分かるからです。

生産者と消費者が、今や、「地方」の「田舎」にいる「生産者」と、「都会」に住む「消費者」という形で、分断されてしまっています。むしろ、私達は、これが当たり前のように見えてしまうシステムの中に住んでいますね。けれども、このようにいったん、「地方」の生産者と「都市」の消費者という分断が作られてしまうと、「日本の消費者」の利益を盾にして、海外の激安商品を輸入してくることが容易に行われるようになるのです。例えば、「日本の米は、カリフォルニア米やタイ米に比べて、10倍ほど高い」という事実を突きつけて、「消費者にとって、安価な製品を手に入れられるのは利益である」とやればいいわけです。「都会」の「消費者」は、「地方」の「生産者」の生活など考えること無しに、「安さ」という基準のみに準拠して、製品を選択するようになるでしょう。私達も、「消費者」という役割以上でも以下でもない者としてしか「生産者」との関係を考えなくなり、「ともかく安いものを求める」のが「消費者」の美徳である、と考えるようになってしまいます。「消費者」は、「消費者」として「安いものを選ぶ」し、それに応じて「生産者」は、「安いものを提供してくれれば、誰であろうといい」ということになり、「顔」を消失するのです。「顔」の無い者に感謝ができようはずがありません。

こうして、グローバリゼーションによる、貿易自由化と、規制緩和が招く空洞化へ向かうスパイラルが開始されます。

①　海外の激安商品の流入

②　国内の生産者の手取りが減る

③　安い商品へのニーズが高まる

③が①へと回帰し、①～③がさらに底辺に向かって進んでいくことになるのです。そして、この①～③の負へのスパイラルの中で、

⑴　食などの安全性への疑惑！

⑵　労働条件の悪化！

⑶　農業や地場産業の崩壊！

が起き、結局、地域経済の崩壊が止め処も無く続いていくのです。この負のスパイラルの中で、「安いもの」を提供してくれれば、生産者は「誰でもいい」という形で「顔」を奪われてしまいます。けれども、それと引き換えに、一度、「生

産物」に対する疑惑が浮上すると、「誰でもいい」というふうに忘却されていたことが、改めて「誰が作っているのか」という不安に姿を変えて、出てくることになるのです。

そもそも、もともと、生産者と消費者が一体感を持っていた所に、楔が打たれてしまい、分断されてしまう、という所から、この負へのスパイラルが開始されてしまったのです。地域生産者と都市部の人達との繋がりも、商店街に並ぶ小売店を介して、「顔」のある関係が保たれてきました。「今は、鰤が旬だよ」という魚屋のおじさんの言葉は、そのまま、彼が魚市場で関係を結んだ漁師の言葉を伝えてくれている、と考えることができました。しかし、いったん、「生産者」として、分断されて、切り離されてしまえば、「生産者」相互の競争に駆り立てられていくことになるのです。「顔」を奪われて競争させられるとしたら、やはり「消費者」に選んでもらうための、最も分かりやすい基準は「価格」ということになり、グローバルな「価格競争」に取り込まれてしまうことになるのです。ボヴェさんの運動は、まさに、最初のこの分断に対して「No」を言う運動だとも考えられるのです。市場原理の支配で全て商品化されることに、「No」を突きつけることで、金に換算できないものがあることを気付かせてくれました。それは、まさに、彼の住む村に残っている「生産者と消費者」の一体感であるし、それを支える家族や友人達との共同体であるし、そうしたことに価値観を見いだすことをよしとする文化、そして味覚などを守ろうとしてきた伝統、そして何よりも、今挙げてきたことどもを可能にしている、その土地の自然なのです。地域の自給自足である「地産地消」は、ボヴェさんの故郷の村が典型であるように、「生産者」「消費者」という区分以前から存在しており、「地産地消」を意識的に取り戻そうという運動を展開したいのなら、「生産者」や「消費者」のようなカテゴリーを持ち込まないで、純然たる「顔」のある関係に回帰できれば素晴らしいでしょう。ここまで徹底して意識化できれば、グローバリゼーションの破壊の波に飲み込まれない関係性を主張できるかもしれません。

食糧もエネルギーも「地産地消」を目指す試みとして「菜の花エコ・プロジェクト」を挙げることができます。食糧自給率が40%弱、エネルギー自給率が20%程度の日本にあって、こうしたプロジェクトの貴重性を訴えることもできましょうが、何よりも、価値観の根底的な転換を期待できるのです。説明しましょう。「菜の花エコ・プロジェクト」に参加している滋賀県の愛東町や広島県の大朝などの自治体は、まさに、廃油の回収に協力する全ての人達が、「循環型」の社会を築く過程において、消費者であり同時に生産者でもある、という、あのボヴェさんの村に存在している、一体感を体感しているわけなのです。菜種油を消費し廃油を出す消費者達は、その廃油から「エネルギー」、そして最後には「肥料」を生産する過程に関わる生産者でもあるわけなのですからね。したがって、地域規模で、循環型を目指そうとするのならば、消費者は生産の過程にも参加するわけですから、そこに「生産者と消費者」の連帯を回復することが可能となりましょう。消費者は廃食油などの廃棄物の回収プロセスに参加することで生産活動の一環を担うわけなのですが、この一体化のプロセスは、地場産業が拠って立つ地域生態系への配慮の上に成り立っているのです。また、食糧だけではなく、太陽光発電、風力発電、小規模水力発電、波力発電、地熱発電、バイオマスの利用など、地域の特性ごとにふさわしいエネルギー源によって、エネルギーの「地産地消」を実現するのです。バイオマスや太陽光発電などは、消費者がそのまま生産者となり得るケースでしょう。

1960年代以前は、まさに「朧月夜」の歌が表現しているような、故郷の原光景として、休耕田に広がる菜の花は、当たり前の風景として日本各地に存在していたのです。ところが、1960年に入ると、油脂原料の輸入自由化に伴い、海外から入ってくる安い植物油に圧倒されて、菜の花畑は消えていき、国内の植物油の自給率は4%未満にまで落ち込んでしまいました。「菜の花エコ・プロジェクト」では、休耕田を再び活かし、菜の花を植え、家庭からの廃食油を回収することで、地域の川を汚染から守りつつ、環境に優しい「バイオ・エネルギー」に変換していく、というのです。地域の環境を汚染から守り、それによって、「大気」や「川」で繋がる他の地域の人達にも貢献し、さらには、唱歌の中にかろうじて残されている「心の故郷」を目に見える形に回復することで、世代間の繋がりも回復していくだろうし、未来世代にも残してあげられる故郷の原光景を伝えていくこともできるのです。故郷の自然が、「顔」のある人間関係の基礎となり、そのような自然に「内在的価値」を感じる人達同士が「感謝」の気持ちを通して連帯をなして結ばれていくという、理想の形が実現しつつあるわけなのです。

グローバリゼーションによって、考えられ得るありとあらゆるものが「商品」

にされようとしています。地域共同体の共有遺産、共同財産として、あまりにも当然のものとして、産業化以前の遥か昔からあったがゆえに名前すら必要なかった領域、私的所有のような独占形態とは対極を成し、商品化に抗うものとして「commons コモンズ」という名称で知られるようになった、そんな領域、が、どの伝統的文化にも存在しています。例えば、大気、水、海、森林、その土地特有の生態系から来る恵み、共有地、種子、民間伝承のような伝統的知識、言語、文化などのように、共同体の人々が「皆で分かち合うべきものだ」という暗黙の了解の下、分かち合うために存在している領域に与えられた名称こそ「コモンズ」なのです。日々の暮らしに必要最低限なものを、共同体の人々は、市場に頼ることなく、誰でも「コモンズ」から得ることができるのです。日本でも、「コモンズ」の伝統があり、地域住民が山林や野原あるいは池沼などに立ち入って、木材や薬草や魚などを採取することができた共同の土地を「入会地」と呼んでいます。環境問題との関連で言えば、澄んだ空気、清い水、恵みの海、多様な生物群など、あまりにも当たり前に受け継がれてきたゆえ、無くなって初めて価値が分かるような、私達の生物的な基盤を支える共有世襲財産が「コモンズ」なのです。それは、そのように命の存続のための基底としての価値を帯びているがゆえ、今までと同様に、いつまでも在り続けねばならぬものとして、未来世代へも受け継がれていくべきものなのです。「コモンズ」は、それが危機に瀕している時、「皆で分かち合うべき」という暗黙の了解が、直ぐさま、「皆で守るべき」という意識的規範に転換するだろうような、「heritage ヘリテージ」として受け継がれてきているのです。それゆえ、巧まずして、その地域に安全保障を与え続けてくれてきた考え方なのです。

「バイオ・リージョナリズム」は、循環型を目指すことによって「生産」を社会化し、ある意味で、自然も「コモンズ」として社会化してしまうことで、グローバリゼーションに抗うのです。グローバリゼーションによって、自然が私物化されたり、「コストの外部化」の犠牲を払わされたりしているわけですから、「コモンズ」として、地域共同体の民主主義的な配慮の下、自然を管理する体制を目指さねばならないのです。

子どものころから交流があり「内在的価値」を感じて育ってきた自然であり、それに加えて私達が生命として、「バイオ・リージョナリズム」という形で、いかに、その自然の生態系に依存せざるを得ないのか、を自覚し得たとしたら、「所有」という概念を離れて、「コモンズ」や「ヘリテージ」あるいは「人権」などといった言葉で守ろうと自ずと思えてくる自然に住まうことができるようになるでしょう。「バイオ・リージョン」の自然から恵まれる範囲で、「食」の自給や「自然エネルギー」の自給を確保していき、「バイオ・リージョン」に活かされているという感覚を共有し得る人達と連帯し、「共生」を現行世代だけではなく、未来世代にも、そして他の生き物達にも保証していく、というだけではなく、「越境民主主義」的に、『間・「バイオ・リージョン」』的な連帯を紡いで行く、という形で、「共生」というあり方を一地域的に孤立させないようにしていくことで、弱肉強食的なグローバリゼーションと対抗し得るでしょう。最終的には、「大気」や「水」、「森林」などといった「コモンズ」や、「コモンズ」に関する伝統的な態度や知恵などといった「ヘリテージ」のような共通項によって、地球上の多くの「バイオ・リージョン」が結びついていくことは可能なのです。

７．バイオ・リージョナリズムにおける地域を中核とした市場経済

人類は、未だかつて、生態学的な持続可能性の中で経済をコントロールするようなモデルを持たずにきました。「持続可能性」という要求に応えられるように、経済の在り方を変形していくことは可能か、という問いに向き合わないわけにはいきません。そこで「バイオ・リージョナリズム」における「社会」の運営に関して考えてみることにしましょう。私は、ここにのみ、生態学的な制約の下、経済を統制する道が開かれると考えるからです。

「バイオ・リージョナリズム」は、自分達の生活圏が地域生態系の恩恵を被っていることを意識し、その保護に積極的に関与していく考え方です。それゆえ、まず、「Invisible problem（見えない問題）」から、比較的自由になれるという利点があります。地域の生態系の異常は、地域住民には観察可能ですし、それは生活圏に影響をもたらしますので、無関心ではいられないでしょう。さらに地域の自然物を「固有名」で呼ぶ、愛着も生じていますので、地域が責任をもって自分達が「内在的価値」を感じている生態系を保護しようという動機が生まれやすいのです。しかも、その生態系に守られている地域の生活圏で、人々は「顔」のあ

る関係を切り結んでいますので、未来世代も、この地域の発展を委ねることのできる「私達」の子ども達、という括りで考えることができます。ですから、決して、赤の他人の子ども達ということにはなりません。「内在的価値」の発見は、やはり、道徳性の基盤となるわけなのです。各地域の生活圏は、それぞれの地域が拠って立つところの生態系が与える条件の範囲内で、「社会」を存続させる術を学ばねばならないのです。次に、こうした身の丈に合わせた条件内で考えられる「幸福な社会」に関して、地域住民が合意を持つことが重要です。これによって、「成長のための成長」といった異常事態を予め排除できるのです。「バイオ・リージョン」を意識することで、自分は生態系の一部だと同時に、その生態系に恩恵を被っている地域社会の一部でもある、という２重の道徳的制約が生じます。それは、限界を意識することで生じる自制心として働くのです。

現行のグローバリゼーション下の企業活動のように、「利潤の追求」のみが優先され、消費者の選好構造も「安価であること」のみを追い求めるとしたら、「安全性」とか「信頼」とか「思いやり」とか「環境負荷の低減」などといったような、より良い社会を実現する際に有益となる価値が犠牲にされるのだ、ということを私達は、ここ50年間に渡って経験してきました。「利潤の追求」のみが至上命題であるのならば、社会的責任行動を採ることは、企業にとって自滅の道を選択することに等しくなってしまい、そのような選択をしたCEOは確実にその地位を追われることになってしまうでしょう。こうなってしまえば、「社会」の中で「経済」を回すことは不可能となってしまうのです。

市場では、消費者の嗜好に基づいて優先順位が決定される、という原則があります。市場の均衡は消費者の選好構造に依存するのです。「バイオ・リージョン」に基づく地域型の経済体制は、地域という単位を基にしますので小規模です。地域型ですので、政治的にも人々の利害関心が直接結果として地元経済にも反映されることになります。つまり、自分達が意志決定の場に関与し、決定されたことが直接、そのまま自分の生活様式に影響するのです。地元経済の繁栄は、「バイオ・リージョン」をいかに保護していくかに繋っていることが、大前提となる合意事項ですので、人々の選好構造にもその大前提が影響することになります。これは、地域の人々との繋がりを地域生態系に支えられてある繋がりと考えることで合意される大前提なのです。地域型政治体制で、常に、この大前提が、例えば、教育の場を通して、確認され続けていけば、地域住民の選好構造も、自ずと「生態系」を考慮した価値体系になるわけなのです。私達は誰でも公正な社会を望むわけですが、だからと言って、結果として公正な社会構造が与えられたとしても十分ではありません。こうした公正な社会構造をヘリテージとして捉え、それを保持し得るような個人個人の社会的資質が教育の場において陶冶されていなければなりません。それも、ただ単に教え込むということではなく、地域共同体や地域の自然に対して、レイチェル・カーソンが述べていたような、「内在的価値」を発見し得る感性が下地になっていることが重要なのです。これが連帯を促す社会的なエートスとして作用してくれない限り、自分の生まれ育った場所を「郷土」として受け止め、それを「ヘリテージ」として受け渡したいという個人的な思いが、社会的な気運にまで高められるということはないのです。

経済的にも、地場産業との間で、売り手と買い手が「顔」のある関係を築きやすいため、人々がコミュニケーションする機会が生まれます。小規模生産者と、コミュニケーションすることによって、まさに「顔」のある関係を結び、「顔」があるがゆえに生まれる安心や感謝に基づく信頼関係が１つの長所になるのです。そもそも、昨今の食品偽装問題を見てみますと、消費者が不安を感じる大きな理由の１つとして、作物を生産する生産者が、一体どのような肥料や農薬を使い、どのような生産方法を採っているのか、などの情報が分からないからなのです。一言で言えば、自分達が何を食べさせられているのか、ということに関する情報が伝わらないことに対する不安があるのです。つまり、ここには生産者なら知っている情報を消費者の側は知らないという事態があるのです。こうした事態を、「情報の非対称性」と呼びます。一般的に言って、人は、自分が経験を積んで、コントロールできると思われるリスクは、実際よりも小さく感じ、未知なる要素が多いため、コントロールが可能でないと思われるリスクは、実際よりも大きいと感じる傾向があります。大量生産される輸入農作物は、一体どこの誰が何を目的に、どのような手段で耕作しているのかが分かりませんので、それだけ、私達の不安が増大するようになってしまうのです。これに対して、「バイオ・リージョナリズム」を重んじた、地元地域の生産者と「顔」のある関係を取り結べば、私達は、こんな意味の無い不安に曝されることはなくなることでしょう。「顔」のある関係が生まれれば、生産者は品質や安全性に気遣うようになるでしょうし、消費者は、安いだけが取り柄の他の製品と比べても、安全性と信頼関係、それから地域生態系の保護を加味したお金を支払っているのだ、という気持ちを抱くようになることでしょう。こうして、人々が利他的に振舞う下地が生まれますので、こうした「社会」の中で「市場経済」を営めば、「市場」は、自ずと社会的な価値を反映する方向へ向かって均衡していくことでしょう。それに加えて、そもそも「交換」という行為には、経済的な意味だけではなく、社会的な意味合いが多分に含まれていたはずなのです。経済の基盤を成す「信頼」ということは、まさに、「交換」の持つ社会的な意味合いを抜きにして語ることは難しいはずなのに、どういうわけか、経済的意味が「自己利益の追求」が強調されてしまう形で、社会的意味合いからは切断されてしまうに至りました。「市場」が、「自己利益の追求」という単なる個人主義的動機だけで動く場合、欲望はとどまる所を知らずに、地球を食い潰すまで続いていってしまうことでしょう。けれども、いったん「社会的意味」が見直されれば、そこには、個人主義的な価値観とは異なる、社会的「連帯」を強化していく価値観が重視されるようになるでしょう。こうした「連帯」のために生産活動をすることで、社会的価値の創出に貢献し、そうすることで、個人主義的な「欲望」の暴走に歯止めをかけることも可能となることでしょう。

ノーム・チョムスキーが、新自由主義者によるアダム・スミスの引用の仕方に異議を唱えています。彼は『すばらしきアメリカ帝国』という著書の中で、アダム・スミスについて次のように述べているのです。「彼は共感こそが人間の核心的価値であり、社会は、人間が共感と相互扶助に対して自然に献身できるようなかたちで構成されるべきだと考えていました」(p. 143) と述べ、それに続けて「彼はイギリスの生産者や投資家が外国から輸入を行い、海外へ投資したならば、イギリスに損害をもたらすと述べているのです」と明言しています。「資本家は、国内で生産された製品を使用し、国内に投資する方を選ぶだろう」から、イギリスの利益を損ねるという最後の文面をそれほど、深刻に捉える必要はないだろう、とアダム・スミスは考えていたのだ、とも付け加えているのです。アダム・スミスの『道徳感情論』の基礎は、「共感」で、これは、「他人の感情と同様の感情を自分の中に引き起こす能力」をいうのです。人は、社会の中で、他の人達に不快な思いをさせたり、他の人達から感謝されたりするといったことを「共感」によって感知し、「公平な観察者」を心の中に作り出していきます。これによって、互いに不快な思いをさせずに、感謝されようとして、行動する時に、正直で公正な取引が成立する、というのが基本的な考え方なのです。分業化が進み、取引によって生活する社会になると、社会から相手にされないことは、死を意味するため、「共感」に基づく交流が重視されることになるのです。こうした「共感」の作用が届く範囲での交流こそが、「公正な取引」を成立させる条件なのです。売り手と買い手が、「公正な観察者」を思い描き、売買に必要な情報開示を行い、市場価格を操作できないような市場は、「共感」の作用が届く程度の小規模な市場であるはずなのです。そこで、この「共感可能性」ということで、思考した場合、まさに、「バイオ・リージョナリズム」こそ、そうした「共感可能性」を、地域社会だけではなく、その地域社会を支えている「生態系」にまで及ぼすことのできる考え方なのだ、ということを強調したいのです。「共感可能性」こそが、アダム・スミスの考えていた「市場」を健全なものにするのだとしたら、「バイオ・リージョナリズム」の実現は、「市場」を健全化するための１つの方法には違いありません。

ソビエト・ロシアは、資本を国家に集中させるという方式を採って、国家主導の計画経済を展開しました。これに対して、ソビエト・ロシアの崩壊によって、国民経済を計画できるような全知全能の中央政権は不可能である、という批判が現実的な裏付けを得ることになったのです。それゆえ、市場経済に対する国家の介入は、恣意的にならざるを得ないがゆえに、いかなる形でも有害である、という見解が、「市場原理主義」への道こそが唯一の道という風潮を強化したのです。グローバリゼーションは、この唯一の道を選択することを意味していました。ところが、ソビエト・ロシアの崩壊を現実的な裏付けと考えていいのであるのならば、この唯一の道も、「サブプライム問題に端を発する経済危機」を現実的な裏付けと考えて、規制無き放任の危うさを証明したのです。唯一の道と考えられていた道は、地球環境をさらなる悪化に導き、様々な不平等に苦しむ多くの弱者を生み出し、抑圧することで、世界中を混乱に巻き込み、多くの人達に不幸や不安をもたらしたという意味で間違った道であったわけなのです。こうした一連の失敗を鑑みて、「バイオ・リージョナリズム」は、「自己調整機能」しか従うものがあり得ないとみなされている「市場」に対して、「環境」という制約を置き、「計画経済の恣意性」に対して、地域生態系を意識した地域住民の合意による「計画性」ということを置くことで、両者の欠陥を乗り越えようとするでしょう。「バイオ・リージョン」は、「地域生態系の恩恵を被り、それに愛（内在的価値）を感じる人々」という「共同性」を保証し、したがって「連帯」を可能にしてくれます。その「連帯」に基づいた「社会性」を考えることができるのです。したがって、新自由主義の女王、サッチャー元英首相が言ったように「社会なるものは存在しない」などとうそぶかずに、「社会」を取り戻すことによって、民主的な計画性を、その「社会」の中で打ち立てることによって、経済に導入していくことが可能となるわけなのです。国家のような大規模システムを「計画性」という価値で統制することには、確かに、恣意性が伴い、専制への道が開けてしまう可能性が高くなるでしょう。ところが、「バイオ・リージョン」は、規模も小さい上に「地域生態系の恩恵を被り、それに愛（内在的価値）を感じる」という大きな枠組みによって、その地域の生活者の選好に対する一定の方向付けがあるため、専制への道を初めから閉ざすことでしょう。「バイオ・リージョン」という、よりローカルなレベルでの意思決定と、それに基づくコントロールを尊重することで初めて、自然環境との調和を成し遂げることが可能なのです。もちろん、生態系を害さないという大きな枠組みを踏み外すことさえ無ければ、つまり、「バイオ・リージョン」の意味を良く分かっていて原資産を評価でき、実体に基づいて投資したい投資家であるのならば、投資活動も問題ありません。投資に関して、自分の利益だけを考えるのではなく、環境破壊や児童労働、奴隷労働のような人権無視、あるいは武器製造などの社会悪から儲けを引き出すような企業には投資せず、社会に貢献している企業に優先的に投資することで、より良い社会への方向性を志向しようという投資活動を「社会的責任投資（SRI）」と言います。この「社会的責任投資」の考え方を利用して、様々な社会貢献が可能となることでしょう。例えば、ヨーロッパには、軍事産業や原子力発電、あるいは環境破壊に手を染めてしまっている企業などにはお金を投資しない、という「社会的責任投資」の運動があります。この運動に参加することで、銀行に貯蓄するお金の流れを正しい方向に変えていくことができるのです。もし「教育」を通して、「バイオ・リージョン」に依拠する地域住民の選好構造が、「生態系」を考慮した価値体系になり、地域社会作りに反映するのならば、「社会的責任投資」の考え方が活きることでしょう。自分が出資したお金がどうなっていくのかに常に関心を持つには、それが、自分が見届けることができ、恩恵を実感できる範囲に限るでしょう。自分が出資したお金が地域に根付き、自分が住んでいる「地域社会」を活性化し、「地域社会」つくりに役に立っているということを見届ける習慣ができれば、選好構造も強化され、未来世代に着実に、豊かなる環境を「ヘリテージ」として受け渡すことができるようになることでしょう。地域のためにお金が使われる仕組みを確立せねばなりません。グローバリゼーションの時代は、地方銀行でも、外国為替や有価証券によって、資金運用がされているゆえ、地域外にお金が流出していくのです。地域の銀行に預金することと地域の生活がよくなっていくことが直結するように、私達自身も、銀行がどこにどれだけ融資しており、それがどこにどのような結果をもたらしているのかを知ろうとしなければならないのです。例えば、私達の預金が、無駄な公共事業のための原資として使われてしまっているかもしれないのです。これがおかしいと思うのならば、地域主権を取り戻し、行政が地域住民のニーズに忠実になると同時に、地方銀行が駄目ならNPOバンクを設立し、地域再生および活性化のためのアイディアや努力に出資し、地域でお金が回っていく仕組みを確立すれば、地域住民が地域の変化に関心を寄せ、地域をよくしたい、という選好を持つ人達で地域が運営されていくようになるでしょう。税金や預金が地域に還元されるようになれば、利子や配当を過重に要求するような現行の制度からも脱却できることでしょう。投資家のいる「バイオ・リージョン」こそが、資本が根付く場所である、という条件下においてのみ、私利の追求が公益に変化する、というアダム・スミス的な見解、すなわち、市場原理が社会的利益という副産物をもたらすということが、真理となることでしょう。地方銀行は、このような「地域に役立つ」投資を歓迎すべきでしょう。この条件が守られれば、未来世代への責任も自ずと果たされることになるでしょう。例えば、里山は、地域住民が生活をするために手を入れ保全してきた自然なのです。それがまさに、「故郷」の自然として、日本人の心に定着してきたわけなのです。そこでは、人間が動物と共存し、多くの「動物報恩譚」に分類される民話を生み出してきました。里山を人工的に取り戻すことで、私達の心に定着してきたはずのものを再構築することが必要なほど、地方の自然はコンクリート漬けになっています。こうした再構築に投資することは、「故郷」の自然に「内在的価値」を見いだす運動を生み出し、子々孫々に至るまで、心の拠り所として伝えられていく「バイオ・リージョン」に還元されていくことでしょう。こうした有意義な投資があるわけなのです。また、例えば、現代社会において、社会的、環境的コストを外部化しようとする輩が出た場合でも、その地域の企業がどこなのかを地域住民は分かっているがゆえに、その企業に向けた批判を展開でき、責任の追及が可能なのです。このように、「バイオ・リージョナリズム」を大きな枠組みとして考えることによって、資本の民主的なコントロールと地域経済へ有意に働く投資に関する民主的なルールを作る必要があるのです。

8．「同じような苦しみを繰り返して欲しくない」と願うことから来る「普遍」

2007年にバリ島で行われたCOP13でも、地球温暖化対策の国際会議が、国益が絡んでしまって決裂してしまったように、国家同士の話し合いは、「国益の壁」が立ちふさがるゆえに難しいということがあります。例えば、日本は、アメリカなどの先進国をベースにした多国籍大企業がグローバル資本を展開する体制を強化したいブッシュ政権に協調し、CO_2排出が最も低い安定化シナリオを採用することに躊躇を示し、ポスト京都に向けて、前進を示すどころか後退を示し顰蹙を買いました。このように、国際政治の際にリードする立場にあるアメリカのような先進国が、国益が絡むせいで、環境問題を率先して改良していくような指導的な立場には立てず、むしろ健全な交渉に対する最大の障壁となって孤立化してしまうのです。ですから、国家を介入させないで、1999年にノーベル平和賞を受賞した「国境無き医師団」の一員、ロニー・ブローマンさんが言っているように、「国家と対立せず、従属もしない」そんな立場から、問題を抱えて困っている人達が横に直接連帯していくような「草の根運動」を展開していくことが必要になってくるのです。「問題を抱えて苦しんでいる人達がまず声を上げる」ということから出発するから、説得的であるし、運動の推進力も力強いのです。環境問題に真剣に向き合う時、国家レベルの活動となると、「国益の壁」が邪魔をして身動きがとれなくなるのです。ですから、環境問題のような問題を考えている人達にとって、世界中至る所で、国家という制度に対する信頼が低下してきているのです。今、NGOの活動が益々盛んになってきている理由の1つがここにあるのです。例えば、NGOのような「Non・State Actorsノン・ステート・アクターズ（国家ということに拠らない活動家)」が、Transnationalな民主主義を実践していくことでこそ、本当のグローバル・コミュニティーができあがっていくのです。「私達」と呼べるものが初めからあるわけではありません。コミュニケーション、つまり、対話があって初めて「私達」ということができるようになるのですから、同じような問題を抱えて困っている人達が横に直接連帯し、コミュニケーションしていくことによって、「私達」を広げていくわけです。これを私は、「グローバル・コミュニティー」と呼んでいるのです。コミュニケーション、対話がまずなければ、「私達」と呼べるようなコミュニティーは成立しないのだ、ということを覚えておいてください。対話があって初めて誕生する「私達」ということ、まさにこれこそが、民主主義の基盤になっていくのです。

例えば、1961年にロンドンで、Amnesty Internationalアムネスティ・インターナショナルが創立されました。これは、政治思想的な理由で、不当に監禁されている囚人を救おうという目的をもったNGO団体です。この団体は「人権」ということを旗印に、「人権は、国家、文化、宗教、思想上の境界線を越えるのだ」と宣言し、国家が国民にのみ保障している「主権」さえも越え得る「人権」という立場を打ち立てたのです。こうしてNGOが国家を介入させずに、まさに「人権」のためにという理由で、活動できる基盤ができたのです。NGOは、基本的には、「国家と対立せず、従属もしない」立場の活動なのですが、「国益の壁」に妨げられて身動きできない国家に対して、「人権」という切り札を突きつけることができるわけですね。「主権」と「人権」の違いということは、とても大事なので、後ほど詳しくお話します。ちなみにこのアムネスティ・インターナショナルは、1977年に、ノーベル平和賞を受賞しています。

「内政干渉」というジョーカーや「国益の壁」に妨げられている国家単位の活動には、とても真似できない、まさに国家の壁を越えたNGOの活動をもう１つ紹介しましょう。1999年、シアトルで開かれたWTO（世界貿易機関）の会議の際に、世界貿易を、企業収益を基準にして、グローバル化を推進する方針を示したWTOに対して、世界各地のNGOが中心となって反対を表明するデモ行進をしました。自由貿易をグローバル化すれば、環境破壊に繋がるし、発展途上国の女性や弱年の労働者を搾取することになるだろうし、南北の貧富の差はますます広がってしまう、という内容の実に大規模なデモでした。NGOのようなノン・

ステート・アクターズは、まさに国家という単位以外の活動の基盤になってきているのです。「国家と対立せず、従属もしない」そんな立場を強調していますが、そうした立場から「人権」を旗印に活動するわけです。

「国家と対立せず、従属もしない」ということの必要性が良く分かる例をもう１つ例を挙げてみます。この例の場合は、先ほどの「牡蠣の森」のような自然環境プラス生活環境ということではありませんが、少なくとも生活環境から出発している例です。グローバル化の名の下に、汚染物質を他国に押し付けるというようなことが出てきた、ということは、前にバーゼル条約についてお話しした時に出てきました。汚染を出す工場そのものが、汚染に関する規制の緩い外国に移転され、そこで公害を撒き散らすようになるのですが、賃金は安いけれども労働力を吸収しているので、そこに住んでいる住民は苦しんでいるのに、その国の政府は、国の経済成長を助けているという理由で非難の声を上げることができない、というようなこともあります。

1972年に、アメリカで、政府が、子どものパジャマは火がつきやすいのは危険であるとして、火のつきにくい素材で子ども用パジャマを加工することを義務付けました。そしてそうした素材として、トリスという難燃剤が選ばれました。けれども、1977年に、トリスに発癌性物質のレッテルが貼られるようになると、パジャマメーカーは大慌てでトリスを使用した子ども用パジャマを回収したのです。そこまでは良かったのですが、何と、そうして回収した子ども用パジャマを、援助という名目で発展途上国向けの輸出品にしてしまったのです。この時に抗議の声を上げたのは、子どもを持つ消費者だったのでした。自分達の子どもが発癌した時に味わうだろう苦しみは想像できる、だからこそ、同じ苦しみを海外に輸出してはならない、という決意で、消費者安全委員会が動いたのです。けれども、アメリカ商務省は、「アメリカの国内の基準を海外にまで課すのは適切ではない、ゆえにトリス素材のパジャマを規制する法的根拠はない」としました。結果として、輸出は続行されることになりました。これに消費者団体が徹底した抗議活動を開始し、1978年にようやく輸出禁止が決まったのです。けれども残念なことに、その約１年の間、240万着のパジャマがアフリカや南米に輸出されてしまったのです。

どうでしょうか？　アメリカの法は、国内の基準を決めているだけで、国外のことには一切関与しない、というわけです。もし、そのパジャマが原因で、癌で苦しむ子どもが、アメリカ国外に増えたとしても、国外のことだから関与できないというのです。確かに、法が無力であるとしても、それでも、癌の子どもの苦しみ、癌の子どもを持った親の苦しみというものが残ります。そうした苦しみを、同じ子どもを持つ者として放置できない、というところから、消費者の運動はスタートし、ついには、法を動かすに至るのです。

法は、普遍的であるとされる規則を、個別事例にただ適用することだ、と思っていらっしゃる方がいるかもしれません。法律の本に書かれている規則があって、それを個々の事例に当て嵌めるだけ、というわけです。そうしたイメージを持っていらっしゃる方がほとんどなのではないでしょうか？　法ということには「普遍的な規則を個別事例に適用することで判断する」という側面が確かにあるわけです。法が「普遍」に関わることに対して「正義」は、個別事例に関わります。「正義」ということ、これは、あくまでも個別事例に向き合うことです。今そこで苦しんでいるその人に向き合うことです。今そこにあって苦しんでいる地域に向き合うことです。目の前にあって、見過ごすことができない個別的な苦しみから出発して、「他の人にも同じ苦しみを繰り返して欲しくない」と願うところに「普遍性」が芽生えていくわけなのです。これは、適用範囲の限定されているような、閉ざされた「普遍性」とは違い、開かれた「普遍性」なのです。法律家の仕事もただ単に普遍的な法を個別事例に当て嵌めるだけではありません。「判例法」というものがあるではないですか。法律家が、個々の事例に向き合い、それと格闘した記録が「判例法」として残されるのです。見過ごすことができない個別的な苦しみから出発して、「他の人にも同じ苦しみを繰り返して欲しくない」という願いが個々の「判例」に反映されているはずなのです。「私だけではなく、他の人にも同じような苦しみを繰り返して欲しくない」と願うそうした願いが「判例」に込められた「普遍性」なのです。ここで、「同じようなことを繰り返して欲しくない」という表現に注意しましょう。「同じような苦しみ」であって「全く同じ苦しみ」ではありません。「同じような苦しみ」であるからこそ、そのつど、個別事例に向き合わねばならないのです。「判例法」に表現されている普遍性は、「同じような苦しみ」と表現されることによって、これから起きるだろう「似たような事例」に開かれているのです。これから起きるだろう未来の似たような事例にも向き合う姿勢が表現されているのですね。つまり「同じような苦しみを繰り返して欲しくない」というこの願いは、未来に開かれている「普遍性」なのです。法律家は、ただ単に、既存の法を適用すればいいというわけではなく、個別の苦しみに向き合って、そこから未来の似たような苦しみにも開かれた「判例」をまさに発明していかなければならないのです。「判例法」に込められた「同じような苦しみを繰り返して欲しくない」というこの願いは、未来の人々が被るかもしれない苦しみにも、他の地域の同じような問題を負っている人々の苦しみにも責任を負う姿勢を示しているのです。環境問題とは、まさに現在の私達が犯してしまった環境破壊という過ちを、未来世代に責任を負う形で、解決していこう、という問題なのでした。「同じような苦しみを繰り返して欲しくない」というこの願いは、未来世代に責任を負う姿勢を示しているという意味で重要なのです。なぜなら、この「同じような苦しみを繰り返して欲しくない」というこの願いには、「今の自分さえよければいい」という考え方を乗り越えることを可能にする、未来世代をも視野に入れた、ヴィジョンが含まれているからです。これは何度強調してもし過ぎることのないような重要なヴィジョンなのです。

さて、同様なことは「主権」と「人権」の違いにも当てはまります。「主権」は、もうその適用範囲が定まってしまっている「普遍」です。なぜなら、「主権」によって守られているのは、「現在生きている国民」だけなのですから。けれども、「人権」は違います。誰か不正義を被って苦しんでいる人を、「人権」という概念で守ってあげるということは、「同じような苦しみを繰り返して欲しくない」というこの願いから出発し、この願いを、他の地域や未来において似たような苦しみを被るかもしれない人達にも、広げていくということなのです。ですから、「人権」は、適用範囲が未来や他の地域にも開かれている、そんな普遍性なのです。「主権」は現行の国民にしか適用されないような「閉ざされた普遍性」なのだけれども、「人権」は、その適用範囲が未来や他の地域にも開かれている、そんな「開かれた普遍性」なのです。

広島市長の秋葉忠利さんも、こうした「開かれた普遍性」に可能性を見いだしていらっしゃる方の１人なのです。彼のスピーチを引用しましょう。

被爆者は、現在、平均年齢75歳を超え、その数が急激に減少する中で精力的に活動を続けている。「こんな思いを他の誰にもさせてはならない」という強い信念のもと忘れてしまいたい体験を語り続けている。この「誰にも」には、通常「敵」と称される人など全ての人が含まれている。核兵器による悲劇を防ぐという被爆者の願いは報復の可能性を排除し、そこから非暴力と人類愛という哲学が生まれた。

秋葉市長の言うように、この「普遍性」の「開かれ」が、いわゆる「味方」だけではなく「敵」をも包摂する時、私達は「人類愛」の可能性を垣間見ることができるのです。開かれた普遍性は、そのつど、暫定的な普遍性として、まだそこに包摂されていない地平を垣間見せるのです。そこは、まさに「他者」の地平なのです。私達は、手持ちの語彙や概念を鍛え直すことを通して「他者」と正しく出会うことができれば、開かれた普遍性は、思い掛けないやり方で「他者」に向かって開かれていくかもしれません。実際に、この講義で見てきたように、この「普遍性」の「開かれ」が現行の「人間」だけではなく、未来世代や「動植物」や「自然物」をも招き入れる、そうした瞬間を、私達は、20世紀後半から目撃するようになってきているのです。

9．持続可能性と「バイオ・リージョナリズム」

「持続可能性」ということを考えた場合、私達は、「持続可能性」という言葉の持つ２つの意味に気付かされます。それら２つの意味は、密接に関係している以下の２つの質問の答えに対応しています。

①　人間の生活の質が持続可能かどうか？

②　自然環境が持続可能かどうか？

２番目の「持続可能性」は、「地球１個分の思考」ということで私達が考えてきた、生態学的限界が存在しているがゆえ、地球上に生存している限り、無視し得ない制約として絶対的な意味を持ちます。こうした絶対的な制約の下、私達のライフスタイルの質の問題に関わる１番目の問いが出てくるのです。私達の直接の関心の問題としては、「生活の質」を問う第１の問いの方が優先してしまいがちですので、見かけの優先順位によって、第１の問いとしましたが、第１の問いは、実質は「自然環境の持続可能性」を問う第２の問いの答えに依存するのです。

１番目の「持続可能性」が絶対的な制約として存在するのに対して、２番目の「持続可能性」は、例えば、どこまで生活の質を落とすことに耐えられるのかが人それぞれゆえ、２番目の「持続可能性」からの制約を受けるということ以上に内容の規定が難しいことでしょう。内容の規定が難しいから、私達は「どのようなライフスタイルを押し付けられるのか」が不透明であるがゆえに不安を抱き、それゆえ、「持続可能性」ということが問題になると第１の関心時として「生活の質」の問題の方が優先されてしまうのです。

そこで、アプローチの仕方を変えて、このように問うてみましょう。１番目の「持続可能性」つまり、自然環境の持続可能性からの制約を強制としてではなく受け入れられる場合とはどのような場合でしょうか？　言い換えると、「多少高くとも環境のため」とか「多少不便でも環境のため」と考えることのできる条件を探ってみましょう、ということなのです。それはやはり、「内在的価値」を感じることのできる自然からの制約であるがゆえに、この制約を甘んじて受け入れましょう、という場合でしょう。このことが私達の選好構造そのものにも影響を与えることになるのです。私達は、各自が「善」であると思っていることを追求する自由を尊びます。この自由を拘束されると私達は不安を感じ、抵抗しようとします。私達の「ライフスタイルの追求」も、今述べた「善」の１つですね。私達の「選択の自由」を保持するためにどのような前提条件を護持すべきか、というのが社会的正義の問題なのです。すると、問題は、自然環境の持続可能性を保持しつつ、これを社会的正義の問いに組み入れてしまうことができるのか、ということになるのです。私達、めいめいが、「善」であると思っていることを追求する自由を要求する一方で、個々が「善」であると思っていることは、目先の生活の質に焦点を合わせてしまうがゆえに、未来世代への配慮が疎かになってしまうということも事実なのです。しかし、目先の生活の質を誰もが一斉に追い求めることで、自然環境の持続可能性にピリオドを打つという行為は、未来世代の「選択の自由」の前提条件を切り崩すことになりますので、不正義であると言えます。

未来世代のために「多少高くとも環境のため」とか「多少不便でも環境のため」と考えることが、苦も無くできる条件として、私達自身が「内在的価値」を感じているからこそ、それをそのまま未来世代にも残し続けたいと願うということがあるでしょう。「内在的価値」を感じることのできる自然を「バイオ・リージョン」に確保することで、その地域社会の基盤となる自然の「持続可能性」とその自然への愛ゆえに選好されるライフスタイルの質を、その地域社会の住人の子々孫々まで残し続けることが可能となるのです。

10．人間の「役割」―ホモロゲインを通して、自然の代弁者たること―

レオ・シュトラウスは、現代の危機の根源を探り、自然という規範が歴史に場を譲ってしまったことこそ、現代の危機を生み出した元凶になっているという診断を下しました。特に、自然という規範から直接導き出されたはずの「自然権」の可能性を否定してしまったことに、現代人のもたらした危機の根源があるとし、次のように述べているのです。

> 自然権を否定することは、あらゆる権利が実定的な権利であるというに等しく、そしてこのことは、何が正しいかはもっぱら様々な国の立法者や法廷によって決定されることを意味している。ところが不正な法や不正な決定について語ることは明らかに意味のあることであり、ときには必要でさえある。このような判断をくだす際の我々の含意は、実定的な権利から独立し、実定的な権利より高次の正・不正の基準、つまり我々がそれを参照して実定的な権利を判定しうる基準が存在するというのである。（p. 5）

ナチズム支配下の法の腐敗という歴史的事実がシュトラウスの探求の後押しをしたことは否めないでしょう。確かに、実定法のみが法であるとすれば、ナチズム支配下の法の正当性ということが問えなくなってしまうのです。

ナチズムの衝撃の余震は、法哲学の領域では、シュトラウスに思索を促しただけではなく、法の道徳性を巡る「ハート・フラー論争」という形でも現れました。実証主義寄りのハートでさえ、ナチズムという史的事実から法実証主義を批判するフラーの批判を受けて、法の道徳性を思索せざるを得なくなったのです。彼は、自然法に最低限の内容を与えようとして、人間の本性を思索し始めます。ハートは、彼の主著の『法の概念』の中で「自然法」という言葉に意味を与えてくれるような人間活動の目的を探すとしたら、それは「生存」ということだろうとしています。彼は「生存」という目的に照らして、自然法の根拠になるような人間的な自然に特有な性質を５つにまとめています。①人間の肉体的な傷つきやすさ、②おおよその平等性、③限られた利他心、④限られた資源、⑤理解力と意志の強さの限界。道徳と法を分離させることなく双方ともに理解する根底がここにある、とハートは考えています。ハートが列挙しているこうした特徴で、特筆すべきは、これらの特徴がどれも人間的な弱さに繋がっているということです。生存する、という根本的事態に伴う、種としての人間に特有な脆さ、弱さ、不完全さ、それから生存基盤を支える資源の有限性ゆえに、人間は庇護を求めるという形で、法を求めるのです。つまり、ハートの場合、こうした弱さを根拠に、それを補う必要性としていわゆる「自然法」が要請されると考えるのです。ハートが列挙したような意味における人間的な自然の持つ「Vulnerability（傷つきやすさ、脆さ）」に人間の生存は曝されています。確かに、自然が終わるところに、法が始まるのですが、人間的な自然の持つ「Vulnerability（傷つきやすさ、脆さ）」が私達の生存の基盤にあるからこそ、法による庇護を求めて、「訴え」の声を上げるのです。

人間がこうしたVulnerabilityによって苦痛を与えたり与えられたりしてしまうわけですが、そんな時、「苦痛を訴える場」が保たれているかどうか、ということが大きな問題となって浮上してくるでしょう。ジュディス・シュクラーは、「不正義の感覚」という言葉によって、人々が被った苦痛を訴える声を聞き取ろうとしています。「自然権」に濃い中身を与えてしまうと、予め設定された理想的な規範が私達の自由を拘束することになるということで「自然権」を避けるシュクラーですが、私達は、ハートとともに「自然権」には、生存基盤に関する最低限の中身を認めるのみであることを強調しておきたいのです。シュクラーは、自分の立場を「恐怖の自由主義」と命名し、「恐怖の自由主義が〈共通悪〉（summum malum）から出発しているのは確かである。〈共通悪〉とは、わたしたちみなが知っており、できれば避けようとしている悪のことである。」と述べています。シュクラーは、恣意的な強制力の行使から来る「恐怖」を例として挙げています。「生きることは恐れることである」という規定の仕方をシュクラー自身がしています。人間的な自然の持つ「Vulnerability（傷つきやすさ、脆さ）」を傷つけられること、はまさにそうした「共通悪」に属すると考えられるでしょう。「共通悪」は、生存の「Vulnerability（傷つきやすさ、脆さ）」を根底としている以上、人間だけではなく動物とも共通するものもあることでしょう。

さて、ハートと論争したフラーは、ただ「生存すること」から「自然法」の最低限の原理を引き出したハートに反論して、「コミュニケーション回路を完全無欠な状態のまま開放」することを自然法の中心原理として置くべきだと主張していますが、私はハートとフラーの折衷案をここで提示したく思うのです。すなわち、ハートが挙げているような、生存に伴う人間的な弱さゆえに、私達は、まさに「苦痛を訴える場」として、コミュニケーションの場が開放されていることを要請するだろう、ということを。これこそシュクラーが強調しているような「民主主義の原理」なのではないでしょうか？　シュクラーの民主主義は「万民に訴えの声を上げる場が平等に開けていること」ということに集約できるようなシンプルなものなのです。「こんな世の中に生まれてしまったのは不運なのだ、仕方がない」というふうに、「不運」に偽装されてきた「不正義」を訴える声を黙殺せずに、行政の側が、変革に向けての原動力として捉え直すことのできるような、そんな制度として、民主主義が求められているのです。誰が自分の利益を代表してくれているのかが分らないにもかかわらず、全員に１票を投じる権利があるゆえ、投票の瞬間だけ民主的に思えるような、代表制民主主義ではなく、「生存を脅かされている者の訴えの声を聞く場」が誰にも平等に開けている、という形の「参加型民主主義」が求められているのです。ランシエールは、「デモクラシー」を、「年齢、ジェンダー、学歴、所得、エスニシティ、性的志向、疾病、国籍、などのせいで、制度化された民主主義の中で『言葉をもたないもの』とされてきた他者の異議申し立てによって絶えず更新され続ける運動」と位置付けています。そうした「不正義」に曝されて、「言葉をもたないもの」とされてきた他者の異議申し立てが、絶えず行われていくような場所を確保する運動が民主主義なのです。

さらに、人間的な自然の持つ「Vulnerability（傷つきやすさ、脆さ）」を、ハートは、簡単に「限られた資源」と要約していますが、最近、国連開発計画が「地球公共財」と呼ぶことを提案した、大気や海洋などの「国境や世代を越えてもたらされる非排除的、非競合的な便益」が生態系の有限性、進化の時間の不可逆性という「Vulnerability（傷つきやすさ、脆さ）」にも根差すものである、ということを認識すべきでしょう。生態系を形成する無数の「自然の時間」の絡み合いの中で、微妙なバランスが保たれ、そこから私達は恩恵を被っています。このバランスに関しては、人間の肉体という小宇宙でも同じことなのです。自然の絶妙なバランスゆえに、「Vulnerability（傷つきやすさ、脆さ）」が存在してしまうわけで、そのバランスに乱れが生じれば、不可逆な時間の動的な変化が突如として前面に出てきて、多くのものが劣化したり、喪失したりしてしまい、生態系という相互連関性の中で、その乱れが増幅し、カタストロフィを生じてしまうことだってあるでしょう。それは「死」や「絶滅」という名前の不可逆性である時もあるわけなのです。私達の「Vulnerability（傷つきやすさ、脆さ）」は、自然との連続性に根差しているのですが、ただ自然と異なる点は、私達、人間は、言葉で、そうした「Vulnerability（傷つきやすさ、脆さ）」を認識し、生活や生存の基盤が脅かされぬように、「権利」を求める声を上げ得るのだ、ということなのです。こうしたことを視野に収めつつ、人間は、「Vulnerability（傷つきやすさ、脆さ）」に曝されている万物の代弁者として、「コミュニケーション回路を完全無欠な状態のまま開放」する必要がある、ということを訴えたいのです。人間活動が、この地球上において場を持たなければ、地球の「Vulnerability（傷つきやすさ、脆さ）」が、「Vulnerability（傷つきやすさ、脆さ）」として反省されることはなかったことでしょう。いったん、人間の言語という象徴の世界で、地球の「Vulnerability（傷つきやすさ、脆さ）」が、「Vulnerability（傷つきやすさ、脆さ）」として反省され、意味の世界にもたらされてしまった以上、人間は、まさに、地球上の万物の代弁者として、人間を含むあらゆる生物の苦痛や生態系の綻びに声を与えるために「コミュニケーション回路を完全無欠な状態のまま開放」すべきなのです。

最後に、自然の代弁者としていかに語るべきかということを考えるヒントとして、少し難しいかもしれませんが、ハイデガーの「ホモロゲイン」という言い方に注目してみましょう。

日本語で「自然」と翻訳される“φυσις”（フュシス）というギリシア語は、「絶えず立ち現われてくるもの」という意味で、「存在の動的な生成の次元」を名付けようとしている言葉なのです。「フュシス」は、事物の「何であるのか」、すなわち、「本質」を意味するのではなく、「何であるのか」という問い掛けを指針にしては捉えられない、「存在の動的な生成の次元」である「自ずから生成しているもの」のことなのです。人間は、己の有限性が必然であること、すなわち、「死」

と向き合うことで、「死に行く者」として、自分自身も「絶えず立ち現われる」という“φυσις”（フュシス）の時間性を引き受けるという選択を迫られることになるはずなのです。ハイデガーは、「死を自覚し、そこから来る時間性を生きる」ことを「死への先駆」と呼びます。つまり、「死への先駆」を引き受けるという選択は、「死への先駆」が、人間自身も「フュシス」の時間性に準拠せざるを得ないという点を自覚することなのです。

このように、人間自身も「死に行く者（この「行く」という動的な生成の次元に注意して読んでください）」として、「自ら生成しているフュシス」に属しているのですが、人間が自然の代弁者として「フュシス」の「動的な生成の次元」を語ることは至難の業なのであることを確認しておきましょう。この「フュシス」の、この「絶えず立ち現れてくる」という生成の時間は、現代風に言い換えれば、まさに生態系を形成する諸々の存在事物が織り成す無数の「自然の時間」の絡み合いの中で、絶妙なバランスが保たれ、「１つのシステム」として自然が生成していくということを表しています。ハイデガーは、古代ギリシアの哲人、ヘラクレイトスが「ロゴス」という言葉で表そうとしていたものも、「フュシス」同様、この「絶えず立ち現れてくる」という「動的な生成の次元」であると考えているのです。人間はこの動的な生成の次元を、「何であるのか」という本質を捉える問いによって名詞化してしまうことで、動的な生成がそれであるところのダイナミックな「時間性」を捨象し捉え損ねてしまうのです。人間が自然の代弁者として「フュシス＝ロゴス」と「同じこと」を言うことがいかに難しいのかを、彼の「ホモロゲイン（＝ロゴスと等しいことを言い表すこと）」というギリシア語の解釈を通して考えてみます。ハイデガー独特の言い回しが難しいのですが、人間が言葉でもって「ロゴス」と同じことを言い表そうとしても、生成という「動的な次元」が抜け落ちてしまうことになるという、そんなもどかしさを感じてくだされればと思います。

それでは、ハイデガーが ’ομολογειν（ホモロゲイン）というギリシア語に与えた解釈を再考しておきましょう。ホモロゲインとは、「同じことを言うこと」といった意味なのですが、ハイデガーはこの言葉の内に「レゲイン（Legein）」と「ロゴス（Logos）」を読み取り、「ロゴスと等しいことを言い表すこと」としています。ハイデガーは、古代ギリシアの哲学者、ヘラクレイトスの残した「断片50」として知られる文章を解釈していますが、この断片は、「私にではなくロゴスに聴くのならば」という一節で良く知られている有名な断片です。ヘラクレイトスは「万物は流転する」という言葉によって知られているように、まさに自然が「絶えず立ち現れてくる」という「動的な次元」に目を向けていた哲学者なのです。この断片中に、「ホモロゲイン」というギリシア語が使われているのです。それはとりあえず「ホモ（＝同じこと）」を「ロゲオー（＝言う）」すること、すなわち、「同じことを言う」ことというように説明できます。ハイデガーは、「ロゴス」の動詞型である「レゲイン」を、「横たえる、拾い集める」のように解釈し、「集約する」と訳しています。つまり、「ホモロゲイン」は、「ロゴス＝フュシス」と「同じことを集約する」ことなのです。しかし、人間が「ロゴスを聴く」ことは、それが「ホモロゲイン」である限り、ロゴスと全く同じにはならないのだ、というのです。「死すべきものたちの本来の聴くことは、ある面ではロゴスと同じものである。とはいえ、それはまさにホモロゲインとしてまったくもって同じではない」と彼は書いています。つまり、「ロゴス＝フュシス」が生成するありのままをそのありのままの通り「同じことを言おう」と人間の言語に置き換えようとしても、そこには決定的なずれが生じてしまうのだ、というのです。ハイデガーの解釈によると、ヘラクレイトスにとって、彼の思索の鍵となる「ロゴス」は「集約するもの」ゆえ、同じくヘラクレイトスの断片に登場する「一（いつ）（＝Ἕν ヘン）」、すなわち、「一切を合一化する」働きであるような、そんな「一（＝ヘン）」なのです。ここでハイデガーが重視するギリシア語の「一（＝ヘン）」とは、今風に言えば、生態系を形成する無数の存在事物が織り成す「自然の時間」の絡み合いの中で、微妙なバランスが保たれ、「１つのシステム」として自然が生起していく、といった時の、まさにこの「『１つ』のシステムとして」という表現中の「一」を意味するのだ、と思っていただければいいでしょう。生態系を形成する諸々の存在事物が無数の「自然の時間」を織り成し、それがシステムとして「１つ」に「合一化」され、まさに「自然（フュシス）」が生成していくのですから。問題は、この「一切を合一化する」といった「自然（フュシス）」という存在の動的な次元です。人間は「ロゴス＝フュシス」と「同じことを集約（ホモロゲイン）」しようとするのですが、その際、動的な「一」として、つまり言い換えれば、無数の存在事物が織り成す「自然の時間」の絡み合いの中でバランスする「１つ」

のシステムとして現前しているものを、諸々の存在事物が集合論的に集まっているだけの「全体（ギリシア語で言うと「全てのもの＝Παντα（パンタ）」）」として表象してしまうのです。つまり、人間的なホモロゲイン――これは「表象作用」と呼ばれています――は、常に「ロゴス＝フュシス」をありのままに捉えようと試みるのですが、その際、必ず「ロゴス＝フュシス」の動的次元を取り逃がしてしまうというのです。生態系を形成する諸々の存在が無数の「自然の時間」を織り成し、それがシステムとして「合一化」され、まさに「自然（フュシス）」が「１つのシステム」として生成していく、ということを捉えなければならないのに、人間は、生態系を織り成す諸々の存在事物一つひとつを名詞化して「全てのもの＝Παντα（パンタ）」として集合論的に取りまとめる際に、諸々の存在事物が織り成す無数の時間的な関係性を捉え損なうわけで、ましてや、こうした諸々の存在事物が織り成す無数の「自然の時間」が関係し合って「一」として、すなわち、「１つのシステム」として、絶妙なバランスを保ちつつ動的に生起していることなどには思いも及ばないのです。つまり、動的な「一」として生起する「フュシス」が、静的な「全てのもの＝Παντα（パンタ）」に置き換えられ、その置き換えの中で、個々の存在事物は存在事物それ自身の生成の時間や存在事物相互の時間的な関係性を捨象され、ただただ個々の存在事物が集積しているだけのものとして集合論的に処理されてしまうのです。生態系を形成する諸々の存在事物が織り成す無数の「自然の時間」が関係し合って、「１つのシステム」として絶妙なバランスをなしていることは忘れられ、後は、「存在しているものの全体」という静的な集合の中で捉えられるようになった諸々の存在事物が、相互の動的な関連性を失ったまま表象されてしまうのです。これこそが哲学の始まりを刻印付ける堕落なのだ、とハイデガーは考えています。「フュシス」は、自然事物とされる個々の存在事物の集合体（「全てのもの＝Παντα（パンタ）」）には置き換えられないのです。人間の言語は、自然の中の個々の存在事物を、「自然」をなす「全てのもの」として集合論的に捉えることができるだけで、存在事物相互が時間的に関係し「１つのシステム」として「絶えず立ち現れてくる」という「動的な生成の次元」は、集合論的な捉え方の中で忘れられてしまうのだ、ということをハイデガーは述べているのです。人間の言語による「ホモロゲイン」は、生成する「フュシス」の動的な時間が止められてしまったかのような一断面図として、自然事物の集合体（「全てのもの＝Παντα（パンタ）」）を写し取る程度のことしかできないのです。古代ギリシアの偉大な思索者やヘルダーリンのような感受性豊かな詩人達は、人間の言語では捉えにくい「フュシス」の「動的な生成の次元」に感嘆し、それでも何とか言葉に残そうと「ホモロゲイン」しようとしてきたのです。

この21世紀は、地球生態系が、その動的に絡み合う「1つのシステム」としての次元を私達が見落としてきたことに関して、まさに人類に対する復讐であるかのように、例えば、気候変動のような問題をもたらし、「フュシス」、すなわち、「地球生態系」、との関わり方を再考するよう、私達に迫っているのではないでしょうか？今までは、自然を研究しようとすると、「フュシス」は、自然事物とされる「全てのもの＝Παντα（パンタ）」の集合に含まれる個々の存在事物に分解されてしまい、その存在事物に関する個別に特化した専門的な知が集積していくのみでしたが、「全てのもの＝Παντα（パンタ）」を合一化する「一（＝ Ἑνヘン）」、つまり「1つのシステム」としてのダイナミックな働きが、有難いことに、ようやく20世紀後半に入って、「生態系」や「ガイア」の名の下に、反省されるようになってきていると考えることができるのです。

「フュシス」を、その動的次元を取り逃がすことなく「ホモロゲイン」するという至難の業が、自然と人間の関係を思索していく上で求められています。「ロゴス＝フュシス」への「ホモロゲイン」という形の聴従が、思索者や詩人の役割であり、それこそが時代を画することになる法制度や社会システムの萌芽となっていく、というハイデガー的な考え方は、今まで真面目に受け取られることがありませんでした。けれども、今や、私達は、「フュシス」との正しい関係に入ることができなければ、「持続可能」な社会を存続させていくことが不可能となることを知っているのです。

自然の「動的な次元」が教えてくれるように、人間がその一部でありながらも、「人間の言語の秩序に属さぬもの」が存在しているのです。このことを無視する限りにおいて、「人間中心主義」は破綻して当然なのです。自然の「Vulnerability（傷つきやすさ、脆さ）」とは、個々の自然事物の「Vulnerability（傷つきやすさ、脆さ）」はもちろんのこと、まさに、生態系を形成する諸々の自然事物が織り成す無数の「自然の時間」が関係し合って、「1つのシステム」として絶妙なバランスをなしていることに存するのです。私達は、自然の「Vulnerability（傷つきやすさ、脆さ）」があればこそ、「言語（象徴）」による意味の世界において「同じことを言うこと」で、自然という「ロゴス」を代弁しなければなりません。「言語（象徴）」に依存する人間はストーリーを語らねば生きていけない動物です。ただし、私達は、「ホモロゲイン」に基づいて、もろもろの自然事物が織り成すダイナミックな「生態系」を、あるいは「ガイア」を、「絶えず立ち現れてくるもの」として捉えられるよう、正しく語らねばならないのです。私達の意味の世界が、人間特有の欲望によって歪められた「妄想」に陥って、自然から乖離してしまわないための投錨点を死守すること、そのためには、「絶えず立ち現れてくるもの」の織り成すダイナミックな次元として、私達の内なる自然をも貫いて広がる「自然」という「ロゴス＝フュシス」を「ホモロゲイン」するのが、自然の代弁者たる人間としての役割であり、この役割を忘れないことが肝心なのです。

引用文献および参考文献

第１章

1. 松井孝典『地球システムの崩壊』新潮選書、2007.
2. 川上紳一、東條文治『地球史がよくわかる本』秀和システム、2006.
3. ダグラス＝ラミス『経済成長がなければ私たちは豊かになれないのだろうか』平凡社、2000.
4. スーザン・ジョージ『オルター・グローバリゼーション宣言』作品社、2004.
5. アラン・アトキンソン『カサンドラのジレンマ』PHP 研究社、2003.
6. シューマッハー『スモール・イズ・ビューティフル』講談社学術文庫、1986.
7. 宮崎駿『風の谷のナウシカ』ワイド版全７巻、徳間書店、1995.
8. 宮崎駿『もののけ姫』(映画パンフレット)、東宝株式会社、1997.
9. 和辻哲郎『風土』岩波文庫、1979.
10. 安田喜憲『森と文明—環境考古学の視点』日本放送出版協会、1997.
11. 矢島文夫『ギルガメッシュ叙事詩』ちくま学芸文庫、1998.
12. 矢島文夫『メソポタミアの神話』筑摩書房、1982.
13. 梅原猛『梅原猛著作集：小説集』小学館、2002.
14. エンゲルス『自然の弁証法』新日本出版社、2000.
15. ジャレド・ダイアモンド『文明崩壊（上)』草思社、2005.
16. ポール・ゾルブロッド『アメリカインディアンの神話：ナバホの創世物語』大修館書店、1989.
17. エラ・イ・クラーク『アメリカ・インディアンの神話と伝説』岩崎美術社、1972.
18. Sagoff, Mark,1991, "Zuckerman's Dilemma: A Plea for Environmental Ethics," in *People, Penguins, and Plastic Trees*, ed. by VanDeVeer D. Wadsworth Publishing Company, 1995.
19. E.B.White, *Charlotte's Web*, Happer Collins Publishers, 1980.
20. サン＝テグジュペリ『星の王子様』集英社文庫、2005.
21. 徳島自治体問題研究所『第十堰のうた—吉野川の河川事業を考える』自治体研究所、1999.
22. ハイデガー『存在と時間』岩波文庫、1960.
23. レイチェル・カーソン『センス・オブ・ワンダー』新潮社、1996.

第２章

1. レイチェル・カーソン『沈黙の春』新潮社、1987.
2. ローワン・ジェイコブセン『ハチはなぜ大量死したのか』文藝春秋、2009.
3. シーア・コルボーン『奪われし未来』翔泳社、1997.
4. シーア・コルボーン『よくわかる環境ホルモン学』環境新聞社、1998.
5. 山崎清『環境危機はつくり話か』緑風出版、2008.
6. アル・ゴア『不都合な真実』ランダムハウス講談社、2006.
7. ドネラ・メドウズ『成長の限界：人類の選択』ダイヤモンド社、2005.
8. マーティン・ワケナゲル『エコロジカル・フットプリントの活用』インターシフト、2005.
9. レスター・ブラウン『ワールドウォッチ地球白書 1993-94』ダイヤモンド社、1993.
10. ハーマン・デイリー『持続可能な発展の経済学』みすず書房、2005.
11. アンデルセン『アンデルセン童話集１』岩波文庫、1984.
12. 神保哲生『ツバル』春秋社、2007.
13. レスター・ブラウン『プラン B3.0』ワールド・ウォッチジャパン、2008.
14. レスター・ブラウン『フード・セキュリティー：誰が世界を養うのか』ワールド・ウォッチジャパン、2005.
15. 石弘之『私の地球遍歴』講談社、2002.
16. Millennium Ecosystem Assessment,『国連ミレニアムエコシステム評価：生態系サービスと人類の将来』オーム社、2007.
17. ヴァンダナ・シヴァ『アース・デモクラシー』明石書店、2007.
18. ヘーシオドス『仕事と日』岩波文庫、1986.
19. シコ・メンデス『アマゾンの戦争』現代企画室、1991.
20. ブルーノ・マンサー『熱帯雨林からの声』野草社、1997.
21. フランソワ・ネクストゥー『熱帯林破壊と日本の木材貿易』築地書館、1989.
22. 黒田洋一『熱帯林破壊とたたかう―森に生きるひとびとと日本』岩波ブックレット No278、1992.
23. ヴァンダナ・シヴァ『緑の革命とその暴力』日本経済評論社、1997.
24. セヴァン・スズキ『私にできること』ゆっくり堂、2007.
25. ワンガリ・マータイ『モッタイナイで地球は緑になる』木楽社、2005.

第３章

1. 池上俊一『動物裁判』講談社現代新書、1990.
2. ロデリック・ナッシュ『自然の権利』TBS ブリタニカ、1993.

3．トール・ノーレットランダーシュ『ユーザーイリュージョン』紀伊国屋書店、2002.
4．ピーター・シンガー『動物の解放』技術と人間、1986.
5．ピーター・シンガー『動物の権利』技術と人間、1988.
6．宮沢賢治『宮沢賢治全集６』ちくま文庫、1986.
7．レヴィ＝ストロース『野生の思考』みすず書房、1976.
8．今西錦司『ダーウィン：世界の名著 50』中央公論社、1979.
9．Johnson, Mark, *Moral Imagination: Implications of Cognitive Science for Ethics*, Univ. of Chicago, 1994.
10. ジョージ・レイコフ『比喩によるモラルと政治』木鐸社、1998.
11. 遙洋子『東大で上野千鶴子にケンカを学ぶ』筑摩書房、2000.
12. アドルノ『ミニマ・モラリア』法政大学出版局、1979.
13. ヘンリー・デイヴィッド・ソロー『ウォールデン：森の生活』上下、岩波文庫、1995.
14. Lappe, Frances Moor, Diet for a Small Planet, Ballantine Books, 1976.
15. ジム・メイソン、ピーター・シンガー『アニマル・ファクトリー』現代書館、1982.
16. 野上ふさ子『新・動物実験を考える』三一書房、2003.
17. デリダ、ルディネスコ『来るべき世界のために』岩波書店、2003.
18. ヤーコプ・フォン・ユクスキュル『生物から見た世界』岩波文庫、2005.
19. 岸田秀『ものぐさ精神分析』中公文庫、1996.
20. 岸田秀『幻想の未来』講談社学術文庫、2002.
21. ダニエル・デネット『心はどこにあるのか』草思社、1997.
22. アンソニー・ギデンズ『近代とはいかなる時代か？』而立書房、1993.
23. 佐々木孝次、伊丹十三『快の打ち出の小槌』朝日出版社、1980.
24. 新宮一成『無意識の組曲』岩波書店、1997.
25. ラカン、ジャック、1972『エクリ』Ⅰ～Ⅲ、弘文堂、1972.
26. ラカン、ジャック、1987『精神病』上下、岩波書店、1997.
27. ラカン、ジャック、2000『精神分析の四基本概念』岩波書店、2000.
28. マーク・トウェイン『人間とは何か』岩波文庫、1973.
29. アロンソン『ザ・ソーシャル・アニマル』サイエンス社、1994.
30. 安部司『食品の裏側』東洋経済新聞社、2005.

第４章

1．H.G ウェルズ『宇宙戦争』創元 SF 文庫、2005.

2．デヴィッド・スズキ『きみは地球だ』大月書店、2007.
3．アルド・レオポルド『野性のうたが聞こえる』講談社、1997.
4．ジョン・ロック『市民政府論』岩波文庫、1968.
5．ジェームズ・ラヴロック『ガイア』産調出版、2003.
6．マーギュリス『共生生命 30 億年』草思社、2000.
7．アルネ・ネス『ディープ・エコロジーとは何か』文化書房博文社、1997.
8．アラン・ドレングソン『ディープ・エコロジー』昭和堂、2001.
9．Stone、Christopher,D.、Should Trees Have Standing?— "Toward Legal Rights for Natural Objects" in *People, Penguins, and Plastic Trees*, ed. by VanDeVeer D. Wadsworth Publishing Company, 1995. pp.113—125.
10. エマソン『自然について』日本教文社、2002.
11. ジョン・ミューア『1000 マイルウォーク緑へ』立風書房、1994.

第５章

1．ヘンリー・フォード『藁のハンドル』中公文庫、2002.
2．ケインズ『雇用・利子および貨幣の一般理論』岩波文庫、2008.
3．シューマッハー『スモール・イズ・ビューティフル』講談社学術文庫、1986.
4．鎌田慧『六ヶ所村の記録』講談社文庫、1997.
5．セヴァン・カリス＝スズキ『あなたが世界を変える日』学陽書房、2003.
6．ジョエル・ベイカン『ザ・コーポレーション』早川書房、2004.
7．ノリーナ・ハーツ『巨大企業が民主主義を滅ぼす』早川書房、2003.
8．グレッグ・パラスト『金で買えるアメリカ民主主義』角川書店、2003.
9．相沢幸悦『カジノ資本主義の克服』新日本出版社、2008.
10. ジョージ・ソロス『ソロスは警告する』講談社、2008.
11. アマルティア・セン『不平等の再検討：潜在能力と自由』岩波書店、1999.
12. 内橋克人『もう一つの日本は可能だ』光文社、2003.
13. スーザン・ジョージ『ルガノ秘密報告：グローバル市場経済生き残り戦略』朝日新聞社、2000.
14. ジャン・ジグレール『私物化される世界』阪急コミュニケーションズ、2004.
15. ピーター・シンガー『グローバリゼーションの倫理学』昭和堂、2005.
16. カール・ポラニー『大転換』東洋経済新報社、1975.
17. ジョン・グレイ『グローバリズムという妄想』日本経済新聞社、1999.
18. 河邑厚徳『エンデの遺産』NHK 出版、2000.
19. ジャン・ジグレール『世界の半分が飢えるのはなぜ？』合同出版、2003.
20. ダグラス＝ラミス『経済成長がなければ私たちは豊かになれないのだろうか』平凡

社、2000.
21. ハンス・ヨナス『責任という原理』東信堂、2000.
22. 環境庁『環境白書　1980 年版』大蔵省印刷局、1980.
23. 石牟礼道子『苦海浄土』講談社文庫、2004.
24. 辻信一『スローライフ 100 のキーワード』弘文堂、2003.
25. イバン・イリイチ『生きる思想』藤原書店、1999.
26. オスワルド・デ・リベロ『発展神話の仮面を剥ぐ』古今書院、2005.
27. ミシェル・チョスドフスキー『貧困の世界化』つげ書房新社、1999.
28. ガルブレイス『豊かな社会』岩波現代文庫、2006.
29. ジェリー・マンダー『グローバル経済が世界を破壊する』朝日新聞社、2000.
30. 北沢洋子『利潤か人間か』コモンズ、2003.
31. スーザン・ジョージ『なぜ世界の半分が飢えるのか』朝日新聞社、1984.
32. ヴァンダナ・シヴァ『生きる歓び』築地書館、1994.
33. ナオミ・クライン『貧困と不正を生む資本主義を潰せ』はまの出版、2003.
34. マックス・ウェーバー『法社会学：経済と社会』創文社、2000.
35. 岡崎照男訳『パパラギ』学習研究社、1981.
36. 岡崎照男訳、和田誠絵『絵本：パパラギ』立風書房、2002.
37. ミヒャエル・エンデ『モモ』岩波書店、1976.
38. C.S. ルイス『ライオンと魔女』岩波少年文庫、1985.
39. C.S. ルイス『最後の戦い』岩波少年文庫、2000.
40. アラン・アレクサンダー・ミルン『プー横丁にたった家』岩波少年文庫、2000.
41. ベンジャミン・フランクリン『若き商人への忠告』総合法令出版、2004.
42. ベンジャミン・フランクリン『フランクリン自伝』岩波文庫、1957.
43. 諸星大二郎『汝神となれ、鬼となれ』集英社文庫、2004.
44. 矢部史郎、山の手緑『無産大衆神髄』河出書房新社、2001.
45. アダム・スミス『道徳感情論（下)』岩波文庫、2003.
46. シューマッハー『スモール・イズ・ビューティフル』講談社学術文庫、1986.
47. Lachs, John, 1964、"To Have and To Be" in *Personalist*, vol.45, #1, Winter 1964, Basil Blackwell, London, pp.540-547.
48. ジョン・デ・グラーフ『アフルエンザ』日本教文社、2004.
49. ギー・ドゥボール『スペクタクルの社会』筑摩学芸文庫、2003.
50. 香山リカ『貧乏くじ世代』PHP 新書、2005.
51. ナオミ・クライン『ブランドなんか、いらない』はまの出版、2000.
52. カレ・ラースン『さようなら、消費社会』大月書店、2006.
53. 鈴木大拙『禅による生活』春秋社、1975.

第６章

1．ワート『温暖化の発見とは何か』みすず書房、2005.
2．スティーヴン・シュナイダー『地球温暖化で何が起こるか』草思社、1998.
3．ティム・フラナリー『地球を殺そうとしている私たち』ヴィレッジブックス、2007.
4．ジョージ・モンビオ『地球を冷ませ』日本教文社、2007.
5．大河内直彦『チェンジング・ブルー』岩波書店、2008.
6．明日香壽川『地球温暖化』岩波ブックレット No.760、2009.
7．江守正多『地球温暖化の予測は「正しい」か？』化学同人、2008.
8．独立行政法人、国立環境研究所、地球環境研究センター『ココが知りたい地球温暖化』成山堂、2009.
9．気候ネットワーク『よくわかる地球温暖化問題』中央法規、2009.
10. 東京大学海洋研究所『海の環境 100 の危機』東京書籍、2006.
11. ラジェンドラ・パチャウリ、原沢英夫『地球温暖化 IPCC からの警告』NHK 出版、2008.
12. 江守正多『気候大異変、地球シミュレータの警告』NHK 出版、2006.
13. Intergovernmental Panel on Climate Change、*Climate Change 2007 - The Physical Science Basis: Working Group I Contribution to the Fourth Assessment Report of the IPCC*、Cambridge University Press、2007.
14. Intergovernmental Panel on Climate Change、*Climate Change 2007 - Impacts, Adaptation and Vulnerability: Working Group II contribution to the Fourth Assessment Report of the IPCC*、Cambridge University Press、2008.
15. Intergovernmental Panel on Climate Change、*Climate Change 2007 - Mitigation of Climate Change: Working Group III contribution to the Fourth Assessment Report of the IPCC*、Cambridge University Press、2007.
16. Stern、Nicholas、*The Economics of Climate Change: The Stern Review*、Cambridge University Press、2007.
17. 国連ミレニアムエコシステム評価『生態系サービスと人類の将来』オーム社、2007.
18. マーク・ライナス『＋６：地球温暖化最悪のシナリオ』ランダムハウス講談社、2008.
19. 山本良一『温暖化地獄』ダイヤモンド社、2007.
20. 山本良一『温暖化地獄 Ver.2』ダイヤモンド社、2008.
21. パスカル『パンセ』中公文庫、1973.
22. 田中優『戦争って、環境問題とは関係ないと思ってた』岩波ブックレット

No.675、2006.

23. ジェームズ・ラヴロック『ガイアの復讐』中央公論社、2006.
24. ピーター・シンガー『私たちはどう生きるべきか』法律文化社、1995.
25. アラン・ダーニング『どれだけ消費すれば満足なのか』ダイヤモンド社、1996.
26. Mill,John Stuart, "Principles of Political Economy" in *Collected Works of John Stuart Mill volume III*, ed. J.M.Robson, Liberty Fund,1965.
27. シューマッハー『スモール・イズ・ビューティフル再論』講談社学術文庫、2000.
28. ロドニー・バーカー『川が死で満ちるとき』草思社、1998.
29. シューマッハー『スモール・イズ・ビューティフル』講談社学術文庫、1986.
30. 坂本龍一『ロッカショ』講談社、2007.
31. 鎌仲ひとみ『六ヶ所村ラプソディー』(映画パンフレット)、宣巧社、2007.
32. 肥田舜太郎、鎌仲ひとみ『内部被爆の脅威』筑摩新書、2005.
33. 高木仁三郎『証言』七つ森書館、2000.
34. 小出裕章、足立明『原子力と共存できるか』かもがわ出版、1997.
35. 坂昇二、前田栄作『日本を滅ぼす原発大災害』風媒社、2007.
36. 富田貴史『わたしにつながるいのちのために』エープリント、2006.
37. 止めよう再処理全国実行委員会『動かしていいの？六ヶ所再処理工場』止めよう再処理全国実行委員会、2007.
38. 小野周、天笠啓祐『原発はなぜこわいか』高文研、1986.
39. 新潟日報社特別取材班『原発と地震』講談社、2009.
40. デボラ・ジョンソン『コンピュータ倫理学』オーム社、2002.

第７章

1. シューマッハー『スモール・イズ・ビューティフル』講談社学術文庫、1986.
2. 鶴見和子『南方熊楠』講談社学術文庫、1981.
3. 雁屋哲、花咲アキラ『美味しんぼ46』小学館、1994.
4. 畠山重篤『森は海の恋人』文春文庫、2006.
5. 畠山重篤、松永勝彦『漁師が山に木を植える理由』成量出版、1999.
6. 畠山重篤『漁師さんの森づくり』講談社、2000.
7. 松永勝彦『森が消えれば海も死ぬ』講談社、1993.
8. Lakoff, George, 1987, *Women, Fire, and Dangerous Things*, Chicago: Chicago Univ. Press.（邦訳『認知意味論』池上嘉彦他訳、紀伊国屋書店、1993）
9. デイヴィット・スズキ『きみは地球だ』大月書店、2007.
10. 藤井洵子『菜の花エコ・プロジェクト』創森社、2004.
11. 岩村 暢子『変わる家族、変わる食卓』勁草書房、2003.

12. 雁屋哲、花咲アキラ『美味しんぼ 101』小学館、2008.
13. 安部司『食品の裏側』東洋経済新聞社、2005.
14. ジョゼ・ボヴェ『地球は売り物じゃない!』紀伊国屋書店、2001.
15. ガンジー『ガンジー自立の思想』地湧社、1999.
16. ノーム・チョムスキー『すばらしきアメリカ帝国』集英社、2008.
17. ビル・マッキベン『ディープエコノミー』英治出版、2008.
18. シュトラウス、レオ『自然権と歴史』塚崎智訳、昭和堂、1988.
19. ハート、H. L. A.『法の概念』矢崎光圀訳、みすず書房、1976.
20. 大川正彦『正義』岩波書店、1999.
21. ランシエール、ジャック『民主主義への憎悪』松葉祥一訳、インスクリプト、2008.
22. ハイデガー『ロゴス・モイラ・アレーテイア』宇都宮芳明訳、理想社、1983.

あとがき

アイルランドの詩人、トマス・ムーアの叙事詩『ララ・ルーク』に惹かれたシューマンは、オラトリオ風の大作『楽園とペリ』を作曲しました。「ペリ」は、ペルシャの神話に登場する妖精で、人間の女性と結婚した堕天使の子どもという設定です。ペリは天国に憧れるのですが、堕天使の子どもゆえ、天国の門は簡単には開きませんでした。しかし天国の門番はペリの純真な気持ちに打たれ、天国に相応しい捧げ物を地上で探し当てることができたら、ペリは天国に迎え入れられるだろうと告げるのです。ペリの最初の捧げ物は、暴君に逆らって、最後の１人となっても、自由のために戦う勇気を失わず、命を失った若い英雄の血潮でした。天国は、この捧げ物は確かに尊いが、未だ十分ではない、ということをペリに告げるのです。２番目の捧げ物は、ペストを患って瀕死の若者の許へ、愛を貫くために、命を失う危険も顧みずに駆け寄って、口づけを交わしながら死んでいった恋人の「愛の息吹」でした。ところが、この捧げ物も十分に尊いけれども、未だ、天国の扉を開けるには至りませんでした。ペリは、それでも諦めず、地上の太陽の寺院に降り立つと、数多くの悪徳に身を染めながら、老境に至るまで生き長らえてきた極悪人を観止めます。男が自分の為した悪行の数々を思い返していると、純粋無垢な子どもが、悪相の彼を恐れることなく近づいてきて傍らに跪き、寺院に向かって一心に祈りを捧げ始めたのでした。「俺にもこんな頃があったのだ。それが今では …」男の目から悔恨の涙が零れます。この時、ペリは、天国から北極星のように煌く光を感知します。そう、天国の扉が開いたのです。この１人の男の悔悛の涙こそ、天国に相応しい捧げ物だったのです。

この３つの捧げ物の意味を考えてみてください。最初のものは、「自由という価値」に捧げる人間の普遍的な想いです。この「自由」という価値は、確かに、時には、利己的な人間に、自己犠牲をも厭わなくさせてくれるような、そうした強い「利他性」に開かれています。「自由」は、現代という時代に至るまで、人間の関心の中心にある主要な理念でした。現代（モダン）という時代は、自由を享受し得る人達が集合論的に拡張していった時代です。奴隷解放、そしてフェミニズムの運動がその代表的な例でしょう。「自由」は、「私達」という言い方で括ることのできる人達を拡張させたのです。けれども、「自由」は、もちろん、尊い人間的な価値には違いはなかったのですが、反面、20世紀における「自由」の追求は、あらゆる脅威を遠ざけるために「自然の征服」へまで拡張されていき、その結果、自然環境の劣化や他の生物の軽視ということを齎しました。「自由」とは、「本能の壊れた動物」である「人間」という種が、「何をしていいのか分からない」ということを、「高尚」に聞こえる言い方で覆い隠したに過ぎなかったのではないのか、という疑惑の声が上がるようになりました。「何をしていいか分からない」連中が多くの生命を巻き添えにして自滅に至らぬためにも、「生態系」の収容力という限界を意識させねばならなくなってきました。

２番目の捧げ物である「愛」も、時には、利己的な人間に、自己犠牲をも厭わなくさせてくれるような、そうした強い「利他性」に開かれているのです。「愛」も、もちろん、個々の例外はありますが、人種・民族による差別や、種差別を乗り越えて広がることはありませんでした。それに加えて、「愛」ということには、初めから限界が存在していたのです。なぜならば、「誰をも愛す」ということは、結局は「誰も愛していない」のと等しいからです。しかも、「誰か（何か）への愛は、他の人達を犠牲にすることなくしては成立しない」のです。それゆえ、神ならぬ人間的な愛は、自ずと、こうした限界を抱え込むことになります。「愛」が抱え込む限界を人間は乗り越えることができないのです。「愛」は個別に向かうゆえ、郷土の自然に開かれるきっかけを与えてくれることでしょう。こうした限界を分かった上で、「愛」が導く「内在的価値」に開かれることは、いいことには違いありません。

人類は、人間的価値観が編み出した世界観に基づいて、地球システムの物質・エネルギー循環に介入し、「人間圏」である「第２の自然」を「利便性」を合言葉に構築し続けてきました。「第２の自然」は、人間の目的を叶えるための「手段」として、ありとあらゆるものを再編成し、その過程で、「第２の自然」に回収されるものは、「道具的価値」を持つかどうかで篩い分けされるようになったのです。特に「市場原理主義」を主導する「経済学」によるグローバルな市場の統合がなされようとしてきた20世紀後半に、「経済の時間」は、まさに、「自然の時間」

を飲み込んでしまい、自然は「資源」として、あるいは廃棄物の処理場として「経済の時間」に従属するに至ったのです。そのせいで、人類は、寺院で祈るあの罪人のように、ありとあらゆる愚行を重ね、取り返しのつかないようなダメージをあらゆる生命の成立基盤である地球環境に与え続けてきたのです。あの罪人が、純真無垢な子どもの祈りに瞠目したように、「自然の時間」に一番近い「子どもの時間」に触れることによって、私達は、悔悛しなければならないのではないでしょうか？　気候変動が人為的に引き起こされるに至った、この現代社会において、贖罪の音楽が、再評価されるようになったのは、偶然ではないのかもしれません。

専門としている認知意味論や「応用倫理学」をアメリカで勉強して帰国した後、広島の女子大学で職に就けたことは幸運でした。大変熱心で純情に溢れる学生を聴衆として得たからです。彼女達のために、どうしたら分かり易くなるのか、色々工夫し、試行錯誤をしてきた歴史が、手元にある講義ノートに残されています。まだ当時は、「環境倫理学」という分野そのものが、今ほど知られていませんでしたので、分かりやすくということには、かなり気を遣って教え始めました。本書も、学生達のために書いた講義ノートを下敷きにしており、講義が理解できなかった学生に再読してもらうつもりで、あの当時、まだ新鮮だったホームページにも同じ講義ノートをそのまま掲載していました。学生のためのホームページのつもりでしたが、一般の方々にも読んでいただいたようで、時々引用していただいたりもしました。そんなわけで、講義を聴講してくれている多くの学生達、特に青木ゼミの学生達には、感謝しています。

そのゼミ生達とは、毎年、広島県大朝町を訪れ、そこでほぼ完璧な循環型社会モデルが成立していることを視察に行き、深い感動を共にし、多くのことを学んできました。大朝訪問を初期の段階から一緒に計画した２期生の澤田有希さん、加登見希さんには感謝しています。大朝にて抜群のリーダーシップを発揮していらっしゃるカリスマ的な存在の保田哲博さんと広報を一身に引き受けていらっしゃる堀田高広さんに出会えたことは大きな喜びです。本書でも特に最終章において学ばせていただいたことを活用させていただいております。ありがとうございました。

また、同僚の戸井加奈子先生には、「金融資本主義」に関して教えていただきました。それから、折本浩一先生には、環境問題に関して行動を起こすためのプランを一緒に考えていただいております。この場を借りて、お2人に御礼申し上げます。妻の順子と息子の智愛は自分の一部になっています。2人にも、そして父母、義父母にも深く感謝しています。アメリカ留学中に私を「倫理学」の世界に導いてくださった、Dr.Bruce Paternoster、Dr.William Conolly、Dr.Mark Johnson、そしてDr. Garth Gillanにも感謝の意を記しておきたいと思います。

出版に際して、いつもながら、大学教育出版の佐藤守さん、それから担当者の安田愛さんのお世話になりました。長いお付き合いに感謝しております。

最後になりましたが、今回の出版にあたって、勤務先の安田女子大学より研究助成費をいただいております。ありがとうございました。

2010年2月

著　者

■著者紹介
青木　克仁（あおき　かつひと）
1957年、静岡市清水区に生まれる。
アメリカ合衆国、Southern Illinois University にて、社会哲学をガース・ギラン、認知意味論をマーク・ジョンソンのもとで学ぶ。
1992年、同大学院哲学科より Ph.D. を取得。
現在は広島市安田女子大学現代ビジネス学科教授。
専門は言語哲学（認知意味論）、応用倫理学。

環境の世紀をどう生きるか
— 環境倫理学入門 —

2010年4月30日　初版第1刷発行

■著　　者—— 青木克仁
■発 行 者—— 佐藤　守
■発 行 所—— 株式会社 大学教育出版
〒700-0953　岡山市南区西市855-4
電話（086）244-1268㈹　FAX（086）246-0294
■印刷製本—— モリモト印刷㈱

ISBN978-4-88730-985-2